基础生命科学 第2版
学习指导与习题

李菡 吴庆余

高等教育出版社·北京

图书在版编目(CIP)数据

基础生命科学(第2版)学习指导与习题/李菡,吴庆余.—北京:高等教育出版社,2006.7(2025.5重印)
ISBN 978-7-04-019198-1

Ⅰ.基… Ⅱ.①李…②吴… Ⅲ.生命科学－高等学校－教学参考资料 Ⅳ.Q1-0

中国版本图书馆 CIP 数据核字(2006)第 051990 号

| 策划编辑 | 吴雪梅 | 责任编辑 | 赵晓媛 | 封面设计 | 于 涛 |
| 责任印制 | 赵义民 | | | | |

出版发行	高等教育出版社	咨询电话	400-810-0598
社　　址	北京市西城区德外大街4号	网　　址	http://www.hep.edu.cn
邮政编码	100120		http://www.hep.com.cn
印　　刷	北京市白帆印务有限公司	网上订购	http://www.landraco.com
开　　本	787mm×1092mm 1/16		http://www.landraco.com.cn
印　　张	21	版　　次	2006年7月第1版
字　　数	510 000	印　　次	2025年5月第10次印刷
购书热线	010-58581118	定　　价	24.30元

本书如有缺页、倒页、脱页等质量问题,请到所购图书销售部门联系调换
版权所有　侵权必究
物　料　号　19198-00

目 录

第1章 生物与生命科学 ...... (1)
    一、要点提示 ...... (1)
    二、基本概念 ...... (2)
    三、热点聚焦 ...... (4)
    四、精选习题 ...... (6)
    五、思考与讨论 ...... (9)
    六、推荐阅读材料 ...... (11)
    七、参考答案 ...... (11)

第2章 生物的化学组成 ...... (13)
    一、要点提示 ...... (13)
    二、基本概念 ...... (16)
    三、热点聚焦 ...... (19)
    四、精选习题 ...... (21)
    五、思考与讨论 ...... (32)
    六、推荐阅读材料 ...... (34)
    七、参考答案 ...... (35)

第3章 细胞——生命的基本单位 ...... (40)
    一、要点提示 ...... (40)
    二、基本概念 ...... (42)
    三、热点聚焦 ...... (46)
    四、精选习题 ...... (48)
    五、思考与讨论 ...... (61)
    六、推荐阅读材料 ...... (64)
    七、参考答案 ...... (64)

第4章 能量与代谢 ...... (70)
    一、要点提示 ...... (70)
    二、基本概念 ...... (71)
    三、热点聚焦 ...... (74)
    四、精选习题 ...... (77)
    五、思考与讨论 ...... (91)
    六、推荐阅读材料 ...... (92)
    七、参考答案 ...... (92)

第5章 遗传及其分子基础 ...... (98)
    一、要点提示 ...... (98)
    二、基本概念 ...... (100)

三、热点聚焦 ……………………………………………………………… (103)
四、精选习题 ……………………………………………………………… (105)
五、思考与讨论 …………………………………………………………… (120)
六、推荐阅读材料 ………………………………………………………… (123)
七、参考答案 ……………………………………………………………… (123)

第6章　发育 …………………………………………………………………… (131)
一、要点提示 ……………………………………………………………… (131)
二、基本概念 ……………………………………………………………… (133)
三、热点聚焦 ……………………………………………………………… (135)
四、精选习题 ……………………………………………………………… (137)
五、思考与讨论 …………………………………………………………… (147)
六、推荐阅读材料 ………………………………………………………… (149)
七、参考答案 ……………………………………………………………… (149)

第7章　进化 …………………………………………………………………… (154)
一、要点提示 ……………………………………………………………… (154)
二、基本概念 ……………………………………………………………… (156)
三、热点聚焦 ……………………………………………………………… (159)
四、精选习题 ……………………………………………………………… (161)
五、思考与讨论 …………………………………………………………… (173)
六、推荐阅读材料 ………………………………………………………… (175)
七、参考答案 ……………………………………………………………… (176)

第8章　植物的结构与功能 …………………………………………………… (182)
一、要点提示 ……………………………………………………………… (182)
二、基本概念 ……………………………………………………………… (183)
三、热点聚焦 ……………………………………………………………… (187)
四、精选习题 ……………………………………………………………… (189)
五、思考与讨论 …………………………………………………………… (204)
六、推荐阅读材料 ………………………………………………………… (208)
七、参考答案 ……………………………………………………………… (208)

第9章　动物的结构与功能 …………………………………………………… (215)
一、要点提示 ……………………………………………………………… (215)
二、基本概念 ……………………………………………………………… (216)
三、热点聚焦 ……………………………………………………………… (221)
四、精选习题 ……………………………………………………………… (222)
五、思考与讨论 …………………………………………………………… (242)
六、推荐阅读材料 ………………………………………………………… (243)
七、参考答案 ……………………………………………………………… (244)

第10章　生物与环境 …………………………………………………………… (250)
一、要点提示 ……………………………………………………………… (250)
二、基本概念 ……………………………………………………………… (252)

三、热点聚焦 ………………………………………………………………… (253)
　四、精选习题 ………………………………………………………………… (255)
　五、思考与讨论 ……………………………………………………………… (265)
　六、推荐阅读材料 …………………………………………………………… (268)
　七、参考答案 ………………………………………………………………… (268)

第 11 章　人体健康与重大疾病预防 ……………………………………… (273)
　一、要点提示 ………………………………………………………………… (273)
　二、基本概念 ………………………………………………………………… (275)
　三、热点聚焦 ………………………………………………………………… (278)
　四、精选习题 ………………………………………………………………… (280)
　五、思考与讨论 ……………………………………………………………… (296)
　六、推荐阅读材料 …………………………………………………………… (298)
　七、参考答案 ………………………………………………………………… (299)

第 12 章　生物技术与人类未来 …………………………………………… (304)
　一、要点提示 ………………………………………………………………… (304)
　二、基本概念 ………………………………………………………………… (306)
　三、热点聚焦 ………………………………………………………………… (308)
　四、精选习题 ………………………………………………………………… (310)
　五、思考与讨论 ……………………………………………………………… (321)
　六、推荐阅读材料 …………………………………………………………… (323)
　七、参考答案 ………………………………………………………………… (324)

后记 …………………………………………………………………………… (329)

第 1 章 生物与生命科学

一、要点提示

生命及生命科学

　　这是一个很难全面而准确回答的问题。生命现象如此复杂而又丰富多彩，并且还有很多不被人们所了解的问题，因此使得人们难于对生命进行定义。尽管如此，生命却都具有下列共同的特征：生命的基本组成单位是细胞；新陈代谢、生长和运动是生命的本能；生命通过繁殖而延续，DNA 是生物遗传的基本物质；生物具有个体发育的经历和系统进化的历史；生物对外界刺激可产生应激反应并对环境具有适应性。生命是集合这些主要特征的物质存在形式。病毒需要借助寄主才会表现出生命现象，因此病毒是介于生命与非生命之间的一种形态。

　　基础生命科学涵盖的基本内容包括：生命的化学组成，细胞的结构与功能，能量与代谢，繁殖与遗传，遗传信息的传递与控制，生命的起源、进化与系统分类，生物个体的发育、结构、功能和行为，生态环境，生物技术等。

　　现代生命科学研究正在由宏观向微观深入发展，这两个领域是相互联系，相辅相成的，我们需要从微观和宏观两个方面把握生命科学的基本概念和内容。同时应特别注重了解包括基因调控、克隆、重组 DNA、生物芯片、干细胞、人类基因组计划等现代生物学前沿方面的最新进展。

生命科学是 21 世纪自然科学的带头学科

　　生命科学是在分子、细胞、整体以及系统等各个层次水平上探讨生物体生长、发育、遗传、进化以及认知活动等生命现象本质及其规律的科学，是自然科学中最具有挑战性的学科。如果说 20 世纪科学技术的发展以物理、化学学科为主导，生命科学蒸蒸日上的话，那么 21 世纪则生命科学异军突起，迅猛发展成为自然科学的前沿学科。当今人类社会面临的最重大问题和挑战包括：人口膨胀、粮食短缺、疾病危害、环境污染、能源危机、资源匮乏、生态平衡被破坏和生物物种大量消亡等。解决人类生存与发展所面临的一系列重大问题，在很大程度上将依赖于生命科学的发展。掌握生命科学和相关学科的新理论和新技术,能够帮助人类解决我们共同面临的上述重大问题。

生命科学的重点发展领域是:基因组与蛋白质组;生物大分子的结构与功能;计算生物学与生物信息学;代谢组学与代谢工程;生物防御系统的细胞和分子基础;生命的起源与进化;系统生物学;可持续生物圈的生态学基础。建立在生物学基础研究上的生物技术正在成为发展最快、应用最广、潜力最大、竞争最为激烈的领域之一,也是最有希望孕育关键性突破的学科之一。生物技术产业作为一个正在崛起的主导性产业,已成为产业结构调整的战略重点和新的经济增长点,将成为我国赶超世界发达国家生产力水平,实现后发优势和跨越式发展最有前途、最有希望的领域。

现代研究领域里越来越多地出现了学科交叉的研究领域,生物物理学、生物信息学、生物医学工程等都需要多学科人员的共同协作研究。飞速发展的生物学需要其他学科人员的支持,其他学科也可在生物领域中寻找学科的生长点。非生物类专业学生学习生命科学能够完善自身知识结构,认识自然科学最核心内容,将自己培养为既懂生命科学又有其他专门学科知识的复合型人才。

创新性研究推动生命科学向前发展

知识的积累、归纳形成体系就是科学。科学知识的创新就是新发现,科学技术的创新就是新发明。创新往往是对原有知识的新组合,其意义是对知识和信息的学习、继承与组合。实现创新性研究需要在学习和继承的基础上进行巧妙的组合。

创新性的科学研究不仅推动了生命科学的进步和大发展,而且深刻地影响着人们的世界观、价值观和人生观,同时也深刻改变了人类文明的发展进程。热爱科学、追求真理、实事求是、团结协作等是一些最成功的科学家所具备的基本科学态度和精神。科学研究经常采用演绎和归纳两种基本的系统思维方式。科学研究的过程通常包括对客观现象的观察(或实验),提出特殊、有意义的问题,针对问题引出若干假说,通过设计和进行实验(包括进一步观察)来排除不能成立的假说。对没有被排除的假说作出预测,再分别通过实验,从不同方面证实预测的正确性。从那些被反复检验而且具有普遍意义的重要假说中,科学家发展或创立相关的理论。整个过程离不开科学家的想象力、逻辑思维能力和创新性的思维方法。

二、基本概念

生命(life):生命就是具有以下主要特征、开放有序的物质存在形式:细胞是生物的基本组成单位;新陈代谢、生长和运动是生命的本能;生命通过繁殖而延续,DNA是生物遗传的基本物质;生物具有个体发育的经历和系统进化的历史;生物对外界刺激可产生应激反应并对环境具有适应性。

细胞(cell):一切生物体(病毒除外)的微观结构与功能的基本单位,是生命存在的最基本形式,是生命活动的基础;一般由细胞核、细胞质和保持界限的细胞膜组成,被称为生命的"单位";新的细胞必须经过已存在的细胞分裂而产生。

病毒(virus):一大类直径在 10~250 nm 的感染因子,由核酸和包围核酸的蛋白质外壳组成,其新陈代谢为宿主依赖性的。根据其侵染宿主的不同,分为动物病毒、植物病毒和噬菌体。

遗传(heredity):遗传是生物特征之一,使生物特性得以延续,表现为子代与亲代相似的现象,与变异一起构成了生物进化的基础,形成了生物延续性和多样性。

变异(differentiation):生物子代与亲代之间、子代与子代之间性状的变化;分为可遗传变异和不可遗传变异,其中可遗传的变异在生物进化中起着重要的作用。

发育(development):生物体的一生,通常从生殖细胞形成受精卵开始,受精卵分裂并经过一系列形态、结构和功能的变化形成一个新的个体,新个体通过增加细胞体积和由于细胞分裂增加细胞数目而生长,再经过性成熟、繁殖后代、衰老后最终死亡,生物这一总的转变过程称为发育。

进化(evolution):是遗传、变异和自然选择的长期作用导致的生物由低等到高等、由简单到复杂的逐渐演变过程。在进化的过程中,形成了生物的适应性和多种多样的类型,因此,进化还是生物多样性的来源。

生态系统(ecosystem):一定时间、空间内,生物及其所在的非生物环境在相互影响、相互依存过程中形成的、通过物质循环和能量流动相互联系的统一的复合体;根据其物质和能量交换形式的不同,分为开放生态系统(与外界能进行能量与物质交换)、封闭生态系统(与外界能进行能量交换,不能进行物质交换)和隔离生态系统(与外界不能进行能量与物质交换)。

生物多样性(biodiversity):生物多样性指的是生命形式存在的多样性;各种生命形式间及其与环境之间的多种相互作用,以及各种生物群落、生态系统及其生境与生态过程的复杂性,反映了地球上一切生命都有各不相同的特征及生存环境;包括遗传多样性、物种多样性和生态系统多样性。

进化流(evolution flow):生物在地球上已经有35亿年的历史,生物进化是一个漫长而又生动的过程。利用进化的观念把包括人在内的所有生命形式以及相关现象串连起来。

信息流(information flow):所有生物都需要获得精确的信息指令来指导和控制其生长、运动、代谢、分化和繁殖等过程,因此发生在分子水平上的信息传递或信息流动是一切生命活动必不可少的过程。信息流包括由DNA分子组成的遗传信息向后代的传递,还包括由基因控制的遗传信息通过转录、翻译过程合成蛋白质而控制细胞与组织的结构与功能,蛋白质和其他化学物质(如激素等)还可以作为特殊的化学信号通过细胞的信号转导途径来启动相应的生物化学反应。

能量流(energy flow):所有生命都共享地球上的外部环境,高度有序的生命要依靠不断从外部输入能量来维持,由此造成生物与环境、不同生物之间和同一生物体内发生以物质流带动的能量流动,它是许多生物之间相互作用和生命活动相互影响的重要原因。

基础研究(fundamental research):科技基础研究是通过对科学数据、种质资源、科学标本、资料、信息的采(收)集、整理、保存、传输以及制定相关技术基础标准,为科学研究与技术开发提供共享资源和条件的工作。

应用研究(applied research):是指运用基础理论研究的成果,探索、开辟应用的新途径。应用研究的特点是使基础理论研究的成果具体化,既将基础理论加以分解,截取或选择某个单项问题,联系实际目标,在理论、观点、方法上酝酿新的飞跃与突破,使基础理论充分扩散。

演绎(deduction):应用一般的法则或定律去推论出一个新的特殊结论或假设。

归纳(induction):应用一些特殊的观察或实验来获得一个新的一般法则或定律。

假说(hypothesis):是以人们一定的经验材料和已知的事实为依据,以已有的科学理论和技术方法为指导,对未知的自然事物或现象产生的原因及其运动规律所做出的推测和推测性解释。

新陈代谢(metabolism):是生物体中进行的所有化学反应的总称,包括物质的合成与分解(物质代谢)及能量转换(能量代谢);合成代谢与分解代谢构成了新陈代谢的两个方面;新陈代谢被认为是生命与非生命的根本差异所在。

光合作用(photosynthesis):是指植物吸收太阳能将二氧化碳与水合成为葡萄糖的过程。

呼吸作用(respiration):在有氧的情况下葡萄糖在生物细胞中被分解成二氧化碳与水,同时产生生命代谢活动所需要的能量的过程。

基因组(genome):指生物所具有的携带遗传信息的遗传物质总和。

蛋白质组(proteomics):一个基因组的全部基因所表达的蛋白质总和。

分子生物学(molecular biology):是以遗传学、生物化学、细胞生物学等学科为基础,研究生物大分子之间相互关系和作用,根据细胞内分子的物理化学性质来解释生物学内容的一门学科;主要包括核酸的分子生物学、蛋白质的分子生物学和细胞信号转导的分子生物学。

生理学(physiology):是研究机体正常的生命活动规律的生物学分支学科;根据其研究对象可分为微生物生理学、植物生理学、动物生理学和人体生理学等;其中动物生理学特别是哺乳动物生理学和人体生理学的关系密切,它们之间具有许多共同点,可结合在一起研究。

细胞生物学(cell biology):是研究细胞基本生命活动规律的科学。它是在细胞、细胞超微结构和分子水平等不同层次上,研究细胞结构、功能及其生命活动的基本科学。

神经生物学(neurobiology):是对神经系统基本活动的神经生理学、神经生物化学、神经生物物理学以及有关发育生物学、分子生物学、细胞生物学的研究。

生态学(ecology):是研究生物与生物之间,以及生物与其所生活的环境之间相互关系的学科,其研究范围包括个体、种群、群落、生态系统以及生物圈等不同层次。

发育生物学(developmental biology):是研究生物生长、成熟和衰老死亡的发育过程的学科,其研究的核心问题是一个受精卵如何发育成为具有复杂结构的有机体。

免疫学(immunology):是指研究生物体对抗原物质免疫应答性及其方法学的生物-医学科学。现代免疫学逐步发展为既有自身的理论体系、又有特殊研究方法的独立学科。免疫学方法已成为当今医学、生物化学、遗传学和细胞学等科研中极其重要的实验手段。

双盲设计(double-blind fashion):是指被试和研究实施者(主试)都不清楚研究的某些重要方面。双盲的实验设计有助于预防偏见,消除观察者偏差和期望偏差,加强了实验的标准化。

SCI论文:SCI是美国科学情报研究所(Institute for Scientific Information,简称ISI,)出版的一部世界著名的期刊文献检索工具——《科学引文索引》,英文全称为Science Citation Index。其出版形式包括印刷版期刊和光盘版及联机数据库,现在还发行了互联网上Web版数据库。SCI收录全世界出版的数、理、化、农、林、医、生命科学、天文、地理、环境、材料、工程技术等自然科学的核心期刊约3500种。ISI通过严格的选刊标准和评估程序挑选刊源,收录的文献基本覆盖全世界最重要和最有影响力的研究成果。凡是被SCI收录的论文通称为SCI论文。

影响因子(impact factor):是指刊物前二年发表的文献在当前年的平均被引用次数。一种刊物的影响因子越高,也即其刊载的文献被引用率越高,一方面说明这些文献报道的研究成果影响力大,另一方面也反映该刊物的学术水平高。科研机构和科学家被SCI收录的论文总量和影响因子大小,从一个方面反映了整个机构和个人的科研、尤其是基础研究的水平。

三、热点聚焦

生命科学的强大生命力将带动生物产业的崛起

近几年《科学》评出的每年的十大科技进展中,许多都与生命科学相关。2004年,排在首位的是机器人发现火星上曾经有大量的水并可能有生命。第二项是在印尼弗洛勒斯发现"小矮人"化石,他们生活在约1.8万年前,表明智人(现代人)与弗洛勒斯小矮人曾同时期在地球上居住过,有些人把这项发现称为"考古学研究领域半世纪来最大的发现"。第五项是发现"垃圾DNA"的重要作用,它是人类基因结构中已知基因之间的基本配对,扮演着重要角色。第七项是负责追踪世界各地野生动物命运的自然科学家报告的坏消息,对两栖动物的调查显示,在已知5700个物种中,30%面临灭绝之灾。第九项是一种新式的研究和协作,世界各地公共机构与民间组织的合作,正改变着药物研制、试验和分配给第三世界国家的方式。第十大突破是科学家开发出识别海洋生物基因和从地下掘出的物种中的基因的技术。2005年的十大科学进展中与生命科学直接相关的也占有半数,排在首位的是基因层次上的进化研究,该研究是在流感病毒基因、黑猩猩基因以及棘鱼的硬鳞中,观察进化究竟是在怎样进行的,是能够证明达尔文进化论的最新成果。排在第三位的是对于植物研究的成果,植物分子生物学家找到了启动植物季节性发育的信号、刺激开花的基因以及隐藏的RNA等;第五项为大脑回路与疾病的关系的研究,逐步揭示精神分裂症、抽动-秽语综合征(Tourettesyndrome)以及阅读困难等疾病的根源。第七项的细胞蛋白质作用详图,揭示出了电压控制的负责钾离子进出细胞的看门蛋白质——钾通道,这是迄今为止分子最高分辨率的图像。第九项是细胞信号研究方面的大量成果,人们逐渐了解了细胞是如何响应其周围化学和环境信号的过程,并据此创建了近8000个化学信号模型,它们都与细胞凋亡有关。

生命科学领域一系列突破性成就,不但改变了它在自然科学中的地位,而且引发了一场生物技术革命,这场革命将为人类带来巨大的利益和财富,直接推动医学的发展和农牧业的生产,有效地改善人们的生活质量,这也是科学研究的最终目的。

据报道以生物学和生物技术为基础的生物经济产品的销售额可望在30年内超过15万亿美元,将超过以信息为基础的信息经济,成为世界上最强大的经济力量。各种生物技术产品已被广泛应用于医疗、工业、农业、海洋和国防等领域。

进入21世纪,生命科学的发展重点从人类基因组测序转向了基因功能探测和蛋白质功能探测,以蛋白质和药物基因学为研究重点的后基因组时代已经到来。在美国,私立和政府研究机构分别启动了基因变异鉴别工程,目的是寻找出20万个与人类疾病有关的变异基因,这方面的成果将有助于开发更有效、副作用更小的药物。

我国目前拥有国家、部委和地方政府资助的生物技术重点实验室近200个,技术和产品研发人员2万多人,许多大学设有生命科学与生物技术领域的专业。中国涉及现代生物技术的企业约500家,从业人员超过5万人,并以每年增加近100家公司的速度增长。北京、上海、广州、深圳等地已建立了20多个生物技术园区。

有关统计表明,就世界范围而言,生物技术产业销售额的增长率高达25%~30%,是世界经济增长率的10倍左右。针对中国生物技术产业的预测研究表明,中国能够在生物医药、转基因、功能食品、生物反应器等10大产业率先研究开发约150类产品,初步估计经济总值达15 000亿元。

科技部中国科技促进发展研究中心王夏表示:"目前中国与发达国家相比,生物技术实验室技术差距不大,但产业化水平差距较大……中国既有难得的机遇,又面临空前挑战。只要我们克服困难,政策得当,中国完全有可能走在世界生物经济的前列。"

"基础生命科学"学习方法

该课程涉及了生命科学众多领域,如果你期望这门课程仅仅是对一个大自然电视连续片的欣赏课的话,可能会使你失望;即使你对该课程有强烈的兴趣和爱好,课程里面也会遇到困难和挑战。除了欣赏之外,更多的内容需要把你的观察力、想象力、记忆力和分析解决问题的能力调动起来。作为生命科学的研究和许多领域有关联,包括物理、化学和数学等,尤其是化学,要通过化学反应来理解生命的基本代谢规律,甚至是在原子或亚原子的水平上理解分子的结构和功能。对于如何学好这门课程在教材中有很好的阐述,除此我们还提出如下几点建议:

(1)预习、听课、记笔记、问问题,相信大多数学习是在教室里进行。预习可以使你做到心中有数,积极地听讲解,做好笔记是取得好成绩的关键。好的笔记不仅是写得清楚整齐,而且条理清晰、全面,下课后应在24h内尽快复习一下,并把重点的内容标记出来。

(2)识别并且特别注意关键词。如果一个术语经常在教科书里或在讲授过程中被使用,你必须知道它是一个关键词,并且应该熟悉和掌握它。

(3) 抓住教材的核心内容,理解和记住教材里面的图解。为了避免"只知其然,不知其所以然",教材中引用了大量的科学研究历史和典故,通过了解科学发现的经过和科学家的思路,使大家顺理成章地接受科学研究的成果,即需要掌握的知识。另外教材中还有大量图片,不要只匆匆看一下这些插图、表格、方程式等,它不是教材的装饰画,而是对内容的浓缩和精华的提取,也是你理解概念的重要工具,研究图解是记忆其主要内容或特征的最好方法。

(4) 把相关的内容联系起来学习。课程中涉及很多的概念和名词,不要孤立地来研究它,避免"见树不见林",要用系列的概念、图解把它们连成一个整幅生命结构的画卷。例如,一朵美丽的鲜花包括了花萼、花冠(花瓣)、雄蕊、雌蕊几部分,而每部分又有各自更细微的结构和功能,应把它们联系起来作为整体来学习。

(5) 尽可能多地与任课老师交流,遇到不理解的问题及时解决。大多数教师是深深的尊敬他们为之奋斗终身的这个领域的科学家。培养这样的一种敬意不仅可帮助你理解和享受这门课程,也将使你更密切地顺应生物学家的姿态,这对你将受益匪浅。你要用生物学家的思维去研究生命规律,主动地获取知识,而不要把自己当成是填鸭式教育的被动学习者。

(6) 利用指导书的帮助。本指导书与教材的章节相关联,每章给予要点提示、核心概念、习题和解答,协助同学准确的理解和掌握相关内容,同时对教科书每章后面的思考题给出参考答案。你还会发现很多的参考答案来自同学的讨论,所以你可以参与到其中,发表你的见解。在每章的重点和热点聚焦中列举了当前的研究热点。由于生物学研究的深入、发展和涉及的交叉学科越来越多,并且研究热点也会发生转移,本书不可能涵盖所有的前沿内容,通过本课程的学习希望启发同学们追寻前沿,探求研究的方向和方法。

四、精选习题

填空题

1. ** 本章提出了生命的 5 个最基本特征,如果每个特征仅用 2 个字代表,它们分别应该是(   )、(   )、(   )、(   )和(   )。
2. 生命科学是研究(   )及其(   )的科学,广义的概念还包括生物技术、医学、农学、生物与环境、生物学与其他学科交叉的领域。
3. (   )、(   )和(   )是生命的本能;生物体内每时每刻都有新的物质被合成,又有一些物质不断被分解,这就是(   ),包括(   )和(   );其本质是(   )的转化。
4. 除(   )之外,所有的生物体都是由(   )组成的。
5. 细胞内最重要的结构体系包括(   )、(   )和(   )。
6. 在生物体内,以(   )为代表的化学能不断地被合成和分解,维持着生命活动的能量需要和平衡。
7. 噬菌体是没有细胞结构的(   ),寄生于(   )中。
8. 生物繁殖包括(   )、(   )等形式。
9. (   )和(   )是生物进化的基础。
10. 由(   )分子构成的基因负责将亲代特征的遗传信息传递给子代,并决定了蛋白质分子的

** 是主教材课文的习题。

( ),从而决定了生物体的性状。
11. 探索生物个体从出生到发育成熟以及衰老和死亡的规律是( )的研究内容;研究生物与环境的相互作用是( )最主要的内容。
12. ( )、( )、( )、( )、( )与( )形成基础生物学研究的一条主线。
13. 很多人预测,以( )、( )和( )为特点的生物技术产业将成为全球下一轮新的经济生长点。
14. 把握基本概念之间的内在联系可以通过( )、( )和( )3个线索。
15. 双蛙心灌流实验中传递迷走神经信息的化学物质是( )。
16. Science一词来源于拉丁文,原意为( )。
17. 人类文明和科学技术发展经历了( )、( )和( )3个阶段。其中( )和( )都是以非生命的客观世界为主要研究对象,而( )的对象是包括人在内的生命本身。
18. 科学研究经常采用( )和( )两种基本的系统思维方式。( )就是应用一般的法则或定律去推论出一个新的特殊结论或假设。( )就是应用一些特殊的观察或实验来获得一个新的一般法则或定律。
19. ( )是科学研究的灵魂,( )大小是科学研究成果最重要的评价指标。

选择题

1. ** 正确的生物结构的层次是( )。
   A. 原子,分子,细胞器,细胞,组织,器官,器官系统,生物体,生态系统
   B. 原子,分子,细胞,组织,细胞器,器官,器官系统,生物体,生态系统
   C. 原子,分子,细胞器,组织,细胞,器官系统,器官,生物体,生态系统
   D. 原子,分子,细胞器,组织,器官,器官系统,生物体,生态系统

2. 下列哪项是对理论正确的说明( )。
   A. 理论是指已经被反复证明过的不会错的真理
   B. 理论仅仅是一个需要进一步实验和观察的假说
   C. 理论是不能用实验和观察来支持的假说
   D. 科学中理论一词是指那些已经证明具有最大解释力的假说

3. 生物区别于非生物的最基本的特征是( )。
   A. 环境适应性   B. 运动性   C. 新陈代谢   D. 生长

4. 植物的演化顺序是( )。
   A. 细菌→藻类→苔藓→蕨类→裸子植物→被子植物
   B. 细菌→苔藓→藻类→蕨类→裸子植物→被子植物
   C. 细菌→藻类→苔藓→蕨类→被子植物→裸子植物
   D. 藻类→细菌→苔藓→蕨类→裸子植物→被子植物

5. 无脊椎动物的演化顺序是( )。
   A. 原生动物门→腔肠动物门→扁形动物门→线形动物门→环节动物门→软体动物门→节肢动物门
   B. 原生动物门→扁形动物门→线形动物门→腔肠动物门→环节动物门→软体动物门→节肢动物门
   C. 原生动物门→腔肠动物门→扁形动物门→环节动物门→软体动物门→线形动物门→节肢动物门

D. 原生动物门→线形动物门→扁形动物门→腔肠动物门→环节动物门→软体动物门→节肢动物门

6. 脊椎动物的演化顺序是（　　）。
   A. 鱼纲→两栖纲→爬行纲→鸟纲→哺乳纲
   B. 鱼纲→爬行纲→两栖纲→鸟纲→哺乳纲
   C. 鱼纲→爬行纲→鸟纲→两栖纲→哺乳纲
   D. 两栖纲→鱼纲→爬行纲→鸟纲→哺乳纲

7. 当科学家对假说进行验证时，下列叙述不正确的是（　　）。
   A. 产生的不支持原先假说的实验结果也是有意义的
   B. 验证过程中，也可以建立新的假说
   C. 保留支持假说的试验结果，剔除不支持的试验结果
   D. 通过对假说的多次验证，发展和创立新理论

8. 在现代生物学的研究中，生物学家认为生命的本质是（　　）。
   A. 机械的　　　　B. 物化的　　　　C. 精神的　　　　D. 上述各项

9. 在科学研究的步骤中，最先得到的是（　　）。
   A. 假说　　　　　B. 结论　　　　　C. 原理　　　　　D. 理论

10. 科学研究成果的最重要的评价指标是（　　）。
    A. 所发表刊物的影响因子的大小　　　　B. 研究的创新性
    C. 成果的商业价值大小　　　　　　　　D. 研究过程中使用的研究手段的先进性

连线题

1. 将下列的科学家和他们在生物学上的贡献进行匹配：
   A. Cohn 和 Boyer　　　　　　　　Ⅰ. DNA 双螺旋结构
   B. Darwin　　　　　　　　　　　Ⅱ. 超级杂交稻
   C. Fleming　　　　　　　　　　　Ⅲ. 生物进化论
   D. Griffith，Avery　　　　　　　Ⅳ. PCR 技术
   E. Leewenhoek　　　　　　　　　Ⅴ. 重组 DNA 技术
   F. Mendel　　　　　　　　　　　Ⅵ. 籼稻基因组顺序
   G. Morgan　　　　　　　　　　　Ⅶ. 绵羊"多莉"克隆
   H. Mullis　　　　　　　　　　　Ⅷ. 遗传物质是核酸（不是蛋白质）
   I. Pasteur　　　　　　　　　　　Ⅸ. 青霉素
   J. Watson 和 Crick　　　　　　　Ⅹ. 微生物发酵理论
   K. Wilmut　　　　　　　　　　　Ⅺ. 显微镜
   L. 袁隆平　　　　　　　　　　　Ⅻ. 基因的染色体定位
   M. 杨焕明等　　　　　　　　　　ⅩⅢ. 经典的遗传学法则

2. 将下列描述和相应的生物学特性匹配：
   A. 当狐狸接近时，野兔立即逃回洞里　　　Ⅰ. 生物有机体
   B. "蜻蜓点水"　　　　　　　　　　　　Ⅱ. 生物新陈代谢
   C. 生物体由细胞构成　　　　　　　　　Ⅲ. 生物应激
   D. 地球上有丰富多彩的生物种类　　　　Ⅳ. 生物进化
   E. 细胞利用外界物质能量来进行自身的生长　Ⅴ. 生物繁殖

3. 请将科学论文所包含的几个部分和其要求对应起来：
   A. 论文的题目　　　　Ⅰ. 必须紧扣主题，符合"最新、关键、必要和亲自阅读过"的原则；
   B. 摘要　　　　　　　Ⅱ. 要求切题、论点明确且合乎逻辑；
   C. 关键词　　　　　　Ⅲ. 数据可靠，文、图、表的内容没有重复，内容能明确和准确地表达论文的主要成果或结论；
   D. 前言　　　　　　　Ⅳ. 能够让他人明确如何重复或验证该项研究过程；
   E. 材料与方法部分　　Ⅴ. 能准确介绍研究背景及相关研究进展、存在的科技问题及研究目的等；
   F. 结果　　　　　　　Ⅵ. 能够表达论文主题，便于读者检索；
   G. 讨论　　　　　　　Ⅶ. 能简明扼要地概括研究工作的目的、方法、主要成果或结论；
   H. 引用的参考文献　　Ⅷ. 应准确表达论文的中心内容、恰如其分地概括研究的范围与深度；

简答题

1. 病毒是不是生命？为什么？
2. 当今人类社会面临的最重大的问题和挑战有哪些？请举出至少4个。
3. 一个假设需要有其逻辑性和可验证性，在生命科学中经常通过提出假设进行研究，应用科学的方法可以对假设进行否定，但不一定能证明假设是正确的，因为常常不可能对假设进行完全验证，请举例说明。
4. 你将如何验证"SARS疫苗对人体的有效性"？
5. 科技论文包括的主要内容有哪些？

五、思考与讨论

1. 生物同非生物相比，具有哪些独有的特征？
   由于不可能对生命进行确切定义，但是我们可以将生命的基本特征总结如下：
   （1）生命的基本组成单位是细胞。
   （2）新陈代谢：生命体无时无刻都在进行着物质和能量的代谢，新陈代谢是生命的最基本特征。
   （3）繁殖：生物体有繁殖的能力。
   （4）生长：生物体具有通过同化环境中的物质来增加自身物质重量的能力。
   （5）应激性：生物体有对刺激物——内部或外部环境的改变做出应答的能力。
   （6）适应性：生物体可以通过其结构、功能或行为的变化来适应特定环境以生存下去。
   （7）运动：包括生物体内的运动（生命运动或新陈代谢）或生物体从一处移至别处。
   （8）进化：生物具有个体发育和系统进化的历史。

2. 有些同学在高中阶段对生物学课程并不十分感兴趣，请分析原因。对如何学好大学基础生命科学课程提出你的建议。
   生命是一个未知的谜，学好生命科学最重要的是要有兴趣，对生命奥秘的探索需要付出艰辛的劳动，但一旦有所理解或有所启示，兴趣便会油然而生。学习生命科学不但要继承前人总结的宝贵经验和理论，更需要创新。问题的提出必须基于观察和实验，而答案必须能被进一步的观察和实验所证实。努力思考这些有意义的问题将会使学习逐渐深入。生命科学是实验科学，实验是一个非常重要的方面，实验使我们很好的理解这些基本概念与原理。科学实验和观察是假设成为理论的桥梁。生命科学的学习离不开实验，生物学实验可以提高我们的动手能力、分析问题和解决问题的能力。

3. 一位正准备参加高考的学生家长问：生命科学类专业将来的就业前景如何？请您对这一问题作出分析和回答。

21世纪生命科学的发展前景比任何其他的学科都要广阔。生物已经进入了分子生物学时代，可以从基因的角度进行研究开发。学习课程包括一般生物学、动物学、植物学、微生物学、生态学、胚胎学和基因学。而化学、物理、数学方面的课程是其不可缺少的基础科学，为理解生物学提供必需的适当背景和方法理论。

生物科学专业为学生提供广阔的知识背景，其中包括许多其他专业的知识，进而为学生提供丰富的就业机会。根据调查显示，除了科研院所的专业人员外，生物以及相关专业就业机会还有以下相关产业：农业科学、植物保护、生物摄影、生物统计学、消费品研究、动物营养、兽医、环境教育、水产业、基因顾问、工业卫生学、海洋生物、医药产业、医学插图、核能医药、公众健康、科学图书管理员、科普作家、科技插图画家、科技信息专家、科技代表、销售、科技写作、保险索赔、教育节目制作、职业杂志编辑等等。

随着国内生物产业的发展，需要更多的专业或交叉学科的人才。由于生物学正在高速发展，还有很多未知领域等待人们去探索。只要有决心，就有可能在学术上取得成绩。

4. 什么是双盲设计，科学研究中的假象和误差是如何产生的？

双盲设计是指被试和研究实施者（主试）都不清楚研究的某些重要方面。双盲的实验设计有助于预防偏见，消除观察者偏差和期望偏差，加强了实验的标准化。

科学研究中的误差包括：随机误差（因不确定因素引起误差）和系统误差（由方法、仪器和人为因素而引起误差）两类。

5. 科学研究一般遵循哪些最基本的思维方式和步骤？请用本书第六章图6-8和图6-9所介绍的实验研究实例，总结出科学研究的一般步骤。

科学研究中最基本的思维方式包括：

(1) 归纳和演绎；

(2) 分析和综合；

(3) 抽象和具体；

(4) 逻辑的和历史的；

每一个人都应该学会科学的思维，这就需要遵循逻辑思维的要求，把握辨证思维的方法，培养创新思维的能力，提升自己的思维品质。

科学研究遵循的一般步骤：

(1) 发现问题；

(2) 收集与此问题相关的资料（通过观察、测量等）；

(3) 筛选相关资料，寻找理想的联系和规律；

(4) 提出假设（一个总结），此假设应能够解释已有的资料，并对进一步需要研究问题提出建设；

(5) 严格验证假设；

(6) 根据新发现对假设进行证实、修订或否定。

6. 众所周知，北京的中关村是中国计算机及信息技术的大本营，为什么在它的广场上没有计算机模型或电子模型，却树立了一个DNA双螺旋模型（见教材图5-2）？

在原始的海洋孕育出第一个生命之前，裸露的DNA就存在于这个世界上了；而当今世界引领科技潮流浪尖的信息技术相比于 DNA 来说却是年轻了不知道多少倍。信息技术是当代人类用聪睿智慧的大脑发展出来的;而人类本身,无论是远古还是现今,直至将来,都无法脱离开 DNA 的影响。自然孕育出 DNA,它一步步把无机物神奇的组成这个生命的载体,奇妙的双螺旋梦幻般的谱写出人类的密码,这其中所深藏的机理和极高的复杂程度是任何一块集成电路板都无法比拟的。DNA 对人类进化的影响和贡献是不言而喻的,只有越来越高等、越来越睿智的人类才能让科技浪潮不断奔涌向前。之所以在中关村一街的十字路口要高耸起这样一个 DNA 模型,在我看来,它的用意莫过于暗示大家:DNA 的奥秘尚未解开,高新技术产业的未来发展空间也正像 DNA 的奥秘一样深不可测。DNA 正以它曼妙的双螺旋舞姿默默的引领着我们和我们的信息技术在科技的浪尖上飞扬!

7. 以本章每一节的标题为议题,进行分组讨论。
   讨论:
   (1) 什么是生命?
   (2) 为什么要学习生命科学?
   (3) 生命科学涵盖的主要内容有哪些?
   (4) 如何学习生命科学?
   (5) 阐述创新性在推动生命科学发展中的重要性。

六、推荐阅读材料

1. 黄诗笺 主编.现代生命科学概论.北京:高等教育出版社/施普林格出版社,2001
2. 陆瑶华,郭承华 主编.生命科学基础.山东:山东大学出版社,2001
3. 张自立 主编.现代生命科学进展.北京:科学出版社,2004
4. 宋思扬 主编.生命科学导论.北京:高等教育出版社,2004
5. 钱海丰,裘娟萍 主编.生命科学概论.北京:科学出版社,2004
6. 庚镇城 主编.生命本质的探索.北京:上海科学技术出版社,2004
7. Solomon E. Biology. Thomson Learning,2005
8. Solomon E P, Berg L R, Martin D W. Biology. Brooks/Cole Thomson Learning Inc.,2002
9. Raven P H, Johnson G B. Biology. New York:McGraw-Hill Companies,2002
10. Hademenos, George J. Schaum's Easy Outline of Biology. New York:McGraw-Hill Companies,2001
11. 与课程相关的国家级精品课程网址:
    现代生物学导论:清华大学　http://166.111.37.254
    生命科学导论:浙江大学　http://jpkc.zju.edu.cn/kj/0525/
    　　　　　　上海交通大学　http://bioscience.sjtu.edu.cn/

七、参考答案

填空题

1. 代谢,生长,运动,繁殖,适应　　2. 生物体,运动规律　　3. 新陈代谢,生长,运动,新陈代谢,合成代谢,分解代谢,物质和能量　　4. 病毒,细胞　　5. 遗传信息结构体系,膜结构体系,细胞骨架结构体系   6. 腺苷三磷酸(ATP)   7. 病毒,细菌   8. 无性生殖,有性生殖   9. 遗传,变异   10. DNA,氨基酸组成和排列顺序   11. 发育生物学,生态学   12. 基因,蛋白质,细胞,发育,进化,生态研究   13. 高技术,高投入,高利润   14. 进化流、能量流、信息流   15. 乙酰胆碱   16. 去认知   17. 工业革命,信息技术革命,生命科学与生物技术革命,工业革命,信息技术革命,生命科学与生物技术革命   18. 演绎,归纳,演绎,归纳   19. 创新,创新性

选择题

1. A   2. D   3. C   4. A   5. A   6. A   7. B   8. B
9. A   10. B

连线题

1. A–Ⅴ,B–Ⅲ,C–Ⅸ,D–Ⅷ,E–Ⅺ,F–ⅩⅢ,G–Ⅻ,H–Ⅳ,I–Ⅹ,J–Ⅰ,K–Ⅶ,L–Ⅱ,M–Ⅵ
2. A–Ⅲ,B–Ⅴ,C–Ⅰ,D–Ⅳ,E–Ⅱ
3. A–Ⅷ,B–Ⅶ,C–Ⅵ,D–Ⅴ,E–Ⅳ,F–Ⅲ,G–Ⅱ,H–Ⅰ

简答题

1. 病毒是由核酸和蛋白质外壳组成的简单生命个体,虽然没有细胞结构,但有生命的其他基本特征,因而病毒是介于生命与非生命之间的一种形态。
2. 人口膨胀、粮食短缺、疾病危害、环境污染、能源危机、资源匮乏、生态平衡被破坏和生物物种大量消亡。
3. 如有一家宠物食品厂提出一种品牌的宠物食品对狗的骨骼发育是有好处的,需要进行实验验证,实验结果可能否定此假设,也可能支持此假定,但是由于不可能对每条狗进行实验,所以该假设是不能被完全验证的。
4. 可通过"双盲设计"实验来验证,见教材第一章第五节的"二、如何进行创新科学研究"。
5. 一篇完整的科技论文通常包括题目、作者署名与通讯地址、摘要、关键词、前言、研究方法和材料、结果、讨论及结论、参考文献等几部分内容。其中要告诉读者的最主要内容有:①研究的目的;②使用的方法和材料;③研究的结果,即有哪些新发现或新发明;④该结果的科学意义或应用前景,以及引出新的科学问题等等。

第 2 章 生物的化学组成

一、要点提示

电子、原子和分子

所有的物质都是由原子组成,每个原子由一个原子核,包含质子和中子组成。围绕原子核的轨道运行是电子。质子带正电,中子不带电荷,电子带负电。具有相同的质子数而中子数不同的原子我们称之为同位素元素,同位素的化学性质是相同的。有些同位素是具有放射性的,可将放射性同位素作为标记物质用于生命过程的研究中。

原子中的电子按照"能量越低越稳定"的原则优先占据能量较低的原子轨道,如果克服原子核的吸引力将电子向离原子核更远的能级轨道上移动,便将增加电子的势能成为高能电子。能量既不能被产生也不能消失,只能转化。生物体所需要的能量主要是光能,叶绿素捕获和吸收光能后,叶绿素分子中的电子便被激发为可以做功的高能电子,被激发的电子被化学物质吸收并贮存为化学能同时合成有机物质,即通过光合作用把光能转化为化学能并贮存在有机化合物中。

原子的化学性质很大程度上取决于核外电子的分布和运动状态。当最外层轨道充满电子时原子处于最稳定状态,否则原子就可能失去或获得电子直到最外层处于稳定状态。得到、失去或者共用电子是原子形成化合物以及进行化学反应的本质。

两个或更多的原子通过化学键组成分子。根据原子的电子得失或共用状态,化学键分为离子键和共价键,共价键中有极性共价键和非极性共价键。分子之间的电子转移或原子交换称之为化学反应,化学反应的物质转化过程中伴随着能量的变化。氧化还原反应是化学反应的基本过程之一,失去电子的物质被氧化,得到电子物质被还原,两者同时进行。

地球上有 92 种天然元素,生物体也是由这些元素组成的。同样,生命体的化学组成及其代谢过程遵循一切物理、化学的原理。

水是生命的基础物质

水是细胞中所占比例最大的组分。H_2O 分子之间可形成氢键,并使其具有极性,因此是很好的溶剂,生命体中进行的化学反应都是在水溶液中进行的。水不仅是溶剂,同时也是生命过程中很多化学反应的底物或产物。另外水的比热较高,可以保温;其固体冰的比重比液体小,浮在水表面上,可以使水中生物得以生存等等。

有机化合物的碳骨架与功能基团

除了水以外,含碳化合物是生物体中最普遍的物质。碳原子有 4 个外层电子,能与其他原子形成 4 个强共价键。碳原子及与其他原子间以共价键等形式相结合,可以形成大量化学性质与相对分子质量不同的生物分子。碳碳之间可以单键相结合,也可以双键或三键相结合;碳原子还能与 O、H、N 以及 P、S 等原子形成共价键,可以形成不同长度的链状、分支链状或环状结构;这些结构称为有机化合物的碳骨架。碳骨架结构排列和长短决定了有机化合物的基本性质,是组成生命体的化合物的基本框架。在此基本骨架基础上形成各类生物大分子,这正是各种生物体一致的分子基础。

除了碳骨架外,有机化合物的性质还取决于与碳骨架相连接的某些含氧、氮、硫、磷的原子团(即功能基团),这些功能基团往往可以引发有机化合物间特定的化学反应。常见的功能基团有:

羟基(—OH):存在于醇、糖、个别氨基酸(丝氨酸、苏氨酸等)

醛基(—CHO):存在于糖

酮基(—CO—):存在于糖

羧基(—COOH):存在于氨基酸、脂肪酸和其他有机物中

氨基(—NH_2):存在于氨基酸

巯基(—SH):存在于半胱氨酸

磷酸根(—PO_4^{3+}):存在于细胞中的能量运输物质

糖类化合物

糖分子含 C、H、O 3 种元素,通常 3 者的比例为 1∶2∶1,一般化学通式为 $(CH_2O)_n$。糖类包括小分子的单糖、寡糖和多糖。从化学本质上来说,糖类是多羟醛、多羟酮或其衍生物。

天然的单糖一般都是 D 型,重要的单糖包括葡萄糖、果糖、半乳糖、核糖、脱氧核糖等。重要的二糖包括蔗糖、麦芽糖、乳糖等。麦芽糖由两分子葡萄糖单体脱水缩合形成;蔗糖由一分子葡萄糖和一分子果糖缩合形成;乳糖由一分子葡萄糖和一分子半乳糖缩合而成。重要的多糖有淀粉、糖原、纤维素、氨基葡聚糖等,由葡萄糖单体聚合而成。

糖类生物学功能:

(1)作为生物体的结构成分:植物、真菌以及细菌的细胞壁,昆虫和甲壳类的外骨骼等;

(2)作为生物体内的主要能源物质:生物氧化的燃料,葡萄糖和能量的贮存物质——淀粉和糖原等;

(3)生物体内的重要中间代谢物质:糖类通过这些中间物质为其他生物分子如氨基酸、核苷酸以及脂肪酸等提供碳骨架;

(4)作为细胞识别的信息分子:许多膜蛋白、分泌蛋白和受体蛋白都是糖蛋白,即在特定部位结合一定量的寡糖,这些糖链可能起信号识别的作用。

脂类

生物体内的脂类是指不溶于水的物质,包括三酰甘油、磷脂、类固醇等几类。脂类可溶于乙醚、

氯仿等非极性溶剂。中性脂肪和油都是由脂肪酸与甘油经过脱水缩合形成的脂类，由3个脂肪酸上的羧基与一分子甘油上的3个羟基分别脱水缩合形成的脂类又叫三酰甘油。三酰甘油分子中甘油的1个羟基与磷酸及其衍生物结合便构成为磷脂，如卵磷脂（磷脂酰胆碱）、脑磷脂等；磷脂是生物膜的主要成分。类固醇也称甾类，以环戊烷多氢菲为基础，不含脂肪酸，但具有脂类性质，也是细胞膜的重要成分。常见其他类型的脂类包括糖脂、多异戊二烯类、某些脂溶性维生素等。

脂类生物学功能：
（1）是生物体的能量提供者，脂肪氧化时产生的能量大约是糖的二倍；
（2）磷脂是生物膜的主要成分；
（3）参与细胞的识别，作为细胞的表面物质，与细胞识别、种特异性和组织免疫等有密切关系。
（4）某些萜类及类固醇类物质如维生素A、D、E、K、胆酸及固醇类激素具有营养、代谢及调节功能；
（5）生物表面的保护层：保持体温、水分、抗逆等。

蛋白质

蛋白质是重要的生物大分子，其组成单位是氨基酸。组成蛋白质的氨基酸有20种，均为α-氨基酸。每个氨基酸的α-碳上连接一个羧基，一个氨基，一个氢原子和一个侧链R基团。20种氨基酸结构的差别就在于它们的R基团结构的不同。根据R基团的极性，可将其分为4大类：非极性氨基酸（8种）；极性不带电荷氨基酸（7种）；带负电荷氨基酸（酸性氨基酸）（2种）；带正电荷氨基酸（碱性氨基酸）（3种）。

一个氨基酸的α-氨基与另一个氨基酸的α-羧基脱水缩合形成了肽键，通过肽键相互连接而成的化合物称为肽。蛋白质是由多个氨基酸单体组成的生物大分子多聚体。蛋白质结构分为4个结构水平，包括一级结构、二级结构、三级结构和四级结构。

蛋白质的一级结构指多肽链中氨基酸的排列顺序和二硫键的位置。在多肽链的含有游离氨基的一端称为肽链的氨基端或N端，而含有游离羧基的一端称为肽链的羧基端或C端。

蛋白质的二级结构是指多肽链骨架盘绕折叠所形成的有规律性的结构单元。最基本的二级结构单元类型有α-螺旋、β-折叠、β-转角和自由回转。

蛋白质的三级结构是整个多肽链的三维构象，它是在二级结构的基础上，多肽链进一步折叠卷曲形成复杂的球状分子结构。

蛋白质的四级结构指具有独立的三级结构的数条多肽链相互聚集而成的复合体。在具有四级结构的蛋白质中，每一条具有三级结构的肽链称为亚基。四级结构涉及亚基在整个分子中的空间排布以及亚基之间的相互关系。亚基本身不具有生物活性。

按照功能，蛋白质可分为：
（1）结构蛋白：生物结构成分，如胶原蛋白、角蛋白等；
（2）伸缩蛋白：收缩与运动，如肌纤维中的肌球蛋白等；
（3）防御蛋白：如免疫球蛋白、金属硫蛋白等；
（4）贮存蛋白：贮存氨基酸和离子等，如酪蛋白、卵清蛋白、载铁蛋白等；
（5）运输蛋白：运输功能，如血液中运送O_2与CO_2的血红蛋白和运送脂质的脂蛋白；控制离子进出的离子泵等；
（6）激素蛋白：调节物质代谢、生长分化等，如生长激素；
（7）信号蛋白：接受与传递信号，如受体蛋白等；
（8）酶：催化功能，包括参与生命活动的大多数酶。

核酸

　　核酸可分为 DNA 和 RNA 两大类。除病毒外,所有生物细胞都含有这两类核酸。核酸是由核苷酸单体连接形成的大分子多聚体。每一个核苷酸单体由 3 部分组成:戊糖、磷酸和含氮碱基。碱基包括腺嘌呤、鸟嘌呤、胸腺嘧啶、胞嘧啶和尿嘧啶 5 种。组成 DNA 的碱基中有胸腺嘧啶、RNA 中有尿嘧啶,两者均有腺嘌呤、鸟嘌呤和胞嘧啶;一个核苷酸单体戊糖第 5 位碳的磷酸根与另一个核苷酸单体戊糖第 3 位碳相连,形成 3′,5′-磷酸二酯键,如此重复连接形成核酸链的磷酸戊糖基本骨架,构成 DNA 分子的为 D-2-脱氧核糖,构成 RNA 的为核糖。碱基则与骨架上戊糖的第 1 位碳相连。

　　DNA 分子是由两条脱氧核糖核酸长链以碱基相互配对连接而成的螺旋状双链分子。RNA 分子多是单链分子,有局部的碱基配对所形成的双链,这样双链和单链相间形成"发夹结构"。根据功能的不同 RNA 分为信使 RNA(mRNA)、转移 RNA(tRNA)和核糖体 RNA(rRNA)。

　　核酸生物学功能主要有:贮存遗传信息,控制蛋白质的合成,从而控制细胞和生物体的生命过程。

生命中的化学

　　生命体的化学组成层次是:

　　　　原子──→分子(基本生物分子)──→生物大分子──→细胞──→组织──→器官──→生物体

　　由生命的组成层次看出,要了解生命的过程,就离不开化学。用化学的理论去理解生命,由此产生的生物化学以及现代的分子生物学均是现代生命科学的前沿,而且正在逐步走进生命奥秘之门。

二、基本概念

　　极性(polarity):是指两个不同原子形成的共价键中,电子更多的时间围绕在电负性(对电子的吸引力)强的原子周围,这种共价键为极性共价键。

　　碳骨架(carbon skeleton):碳原子有 4 个外层电子,能与其他原子形成 4 个强共价键。碳原子之间及与其他原子间以共价键等形式相结合,可以形成大量化学性质与相对分子质量不同的生物分子。碳碳之间可以单键相结合,也可以双键或三键相结合;可以形成不同长度的链状、分支链状或环状结构。这些结构称为有机化合物的碳骨架。碳骨架结构排列和长短决定了有机化合物的基本性质。

　　烃类化合物(hydrocarbons):由碳原子和氢原子组成的化合物称为烃类化合物。

　　功能基团(functional group):是指与碳骨架相连接的某些含氧、氮、硫、磷的原子团。生物体中的有机化合物主要含有羟基、羰基、羧基和氨基等功能基团。这些功能基团往往可以引发有机化合物间特定的化学反应。

　　多聚体(polymer):是指由一些含有功能基团的彼此相同或相近的单个有机化合物聚合而成的化合物。蛋白质、核酸、糖类等生物大分子分别是由氨基酸、核苷酸、单糖等单体分子聚合成的多聚化合物。

　　水解反应(hydrolysis):在水的参与下,多聚化合物分解为单体分子的反应。

　　基序(motif):在蛋白质中,特别是球状蛋白质中,经常可以看到由若干相邻的二级结构单元组合在一起,彼此相互作用,形成有规则、在空间上能辨认的二级结构组合体,也称超二级结构。常见形式有:$(\alpha-\alpha-\alpha)$、$(\beta-\alpha-\beta)$、$(\beta-\beta-\beta)$。

　　结构域(structural domain):在较大的蛋白质分子或亚基中,多肽链往往由两个或两个以上相对独立的三维实体缔合而成三级结构,这种相对独立的三维实体称为结构域。它是介于二级结构和三级结构之间的蛋白质结构层次。

原子(atom):原子由原子核和核外电子组成,原子核带正电荷,并位于原子中心,电子带负电荷,在原子核周围空间做高速运动。原子核所带的正电荷数与核外电子所带负电荷总量相等,所以整个原子是电中性的。物质是由原子组成的,原子不能创造,也不能毁灭,并且在一般化学变化中不可再分割,在化学反应中保持性质不变。

元素(element):元素是具有相同核电荷数的同一类原子的总称。同一种元素的原子质量、形状和性质完全相同,不同元素的原子则不相同。

同位素(isotope):原子核由带正电荷的质子和不带电荷的中子组成。因此,核电荷数等于质子数又等于核外电子数。具有相同质子数而不同质量数(即不同中子数)的原子互为同位素。例如,普通的质量数为12的碳元素(^{12}C)其原子核含有6个质子和6个中子;而质量数为14的碳元素(^{14}C)其原子核含有6个质子和8个中子,它是^{12}C放射性同位素。

原子轨道(atomic orbit):电子在核外空间运动的特征区域称为原子轨道,每一个轨道可容纳的电子数最多为2个。电子的能量大小取决于它们所占据的轨道。原子中的电子按照"能量越低越稳定"的原则优先占据能量较低的原子轨道,整个原子能量最低的状态是原子的基态。原子的化学性质很大程度上取决于最外层能级轨道上的电子数目。

氧化还原(redox reaction):高能电子可以从一个原子或化合物向另一个原子或化合物转移,失去电子被称为氧化(oxidation),得到电子被称为还原(reduction)。

化学键(chemical bond):将相邻原子结合在一起形成分子的相互作用力称为化学键。

共价键(covalent bond):是指原子之间通过共用电子对而形成稳定的分子结构,这种原子间的作用力称为共价键。

二硫键(disulfide bond):通过两个(半胱氨酸)巯基的氧化形成的共价键。二硫键在稳定某些蛋白的三维结构上起着重要的作用。

离子键(ionic bond):是指原子之间由于正负电子强烈的静电作用而形成稳定的分子结构,这种原子间的作用力称为离子键。

氢键(hydrogen bond):氢原子与电负性大的非金属元素形成共价键时,电子对被强烈吸向后者,而本身几乎成为"裸"质子,导致该氢原子能以静电引力作用于相邻共价键中电负性大的原子形成了氢键,成为两个电负性大的原子之间的桥原子。

疏水键(hydrophobic bond):非极性分子之间的一种弱的、非共价的相互作用。如蛋白质分子中的疏水侧链避开水相而相互聚集所形成的作用力。

范德华力(van der Waals force):中性原子之间通过瞬间静电相互作用产生的一种弱的分子间的力。当两个原子之间的距离为它们的范德华半径之和时,范德华力最强。

单体和多聚体(monomer,polymer):由一系列重复单元组成的高相对分子质量化合物被称为多聚体,这些重复单元称为单体,单体可以是相同的,也可以是不同的。

脱水缩合反应(dehydration synthesis):由生物单体分子合成生物大分子多聚体往往涉及与功能基团相关的脱水反应,即两个单体(或亚基)结合时,由一个单体分子中脱下的一个羟基(-OH)与另一个单体分子中脱下的氢(H)相结合,形成一分子水(H_2O)。每一个单体被加入到生物大分子中去,便除去一分子水,这种脱水缩合反应需要消耗能量来打破相应的化学键。因此,细胞中生物大分子的合成需要消耗能量。

水解反应(hydrolysis):生物大分子多聚体在水分子的参与下分解为单体的反应,水解反应在断开生物大分子间的共价键时可释放出储藏在这些共价键中的能量。水解反应是脱水缩合反应的逆反应。

同分异构体(isomer):是指两种或两种以上具有相同分子组成,但分子结构不同而具有不同性质的化合物。

糖类(carbohydrate):是指多羟基醇类的醛或酮的衍生物;根据其组成单体多少可分成单糖、寡糖和多糖,也可根据其功能基团分成醛糖和酮糖。

单糖(monosaccharide):是指不能水解的最简单的糖类,含有一个醛基或一个酮基的多羟醇。

糖苷键(glycosidic bond):一个糖半缩醛羟基与另一个分子的羟基、氨基或巯基之间脱水缩合形成的化学键。

寡糖(oligosaccharide):由 2～10 个单糖单元通过脱水缩合作用糖苷键连接起来形成的直链或支链糖;根据单糖单元的数目分别称为二糖、丙糖等。

多糖(polysaccharide):由糖苷键连接的 10 个以上单糖的线性或支链的多聚体,根据其单糖组分可分为同聚多糖和杂多糖。

淀粉(starch):植物中一类由葡萄糖残基构成的贮存多糖,是同聚多糖的一种,根据其链情况分为支链淀粉和直链淀粉。

脂类(lipid):脂类是由醇和高级一元酸结合而成,其共同特性是不溶于水而溶于有机溶剂。可根据组成分为甘油三脂、磷脂、萜类和类固醇、衍生脂和结合脂等 5 类。其功能主要有构成生物膜的成分;脂溶性维生素的溶剂;某些萜类及类固醇,如维生素 A、D、E、K、胆酸及固醇类激素具有营养及调节功能。

脂肪酸(fatty acid):指有一个羧基的长的碳氢链。碳氢链以线性为主,分支的或环形的甚少;饱和的或不饱和(至少含有一个烯键)等类型,是许多复杂脂的成分。

三酰甘油(triglyceride):3 个脂肪酸上的羧基与一分子甘油上的 3 个羟基分别脱水缩合形成的脂类。脂类是其中的一种。

氨基酸(amino acid):是含有一个碱性氨基和一个酸性羧基的有机化合物,构成蛋白质的基本单元。组成蛋白质的天然氨基酸有 20 种(现发现第 21 和 22 种,但也是 20 种里面的衍生物)。除甘氨酸外,绝大多数为 L 型(D 型氨基酸主要存在于微生物中)。根据其极性分为中性、碱性或酸性氨基酸。

蛋白质(protein):是由氨基酸通过肽键组成的生物大分子。按形状分为球形蛋白类、纤维状蛋白类;按组成分为简单蛋白类、结合蛋白类和衍生蛋白类。

肽键(peptide bond):由一个氨基酸的 α 羧基和另一个氨基酸的 α 氨基共同脱去一分子水而形成的共价键,是形成多肽链的基本化学键。

多肽(polypeptide):通常将 10 个以上氨基酸由肽键结合起来的线性多聚体称为多肽。

亚基(subunit):通常指蛋白亚基,是指具有四级结构的蛋白质中,每个具有三级结构的单位。亚基可以由一条多肽链或多条肽链组成,本身没有生物活性,只有通过共价键,如二硫键,连接在一起形成完整的具有四级结构的蛋白质时才有生物活性。

构象(conformation):是指在一个分子中由单键旋转时可能形成的不同的空间排布;构象改变时不引起共价键的断裂和重新形成,不会改变分子的光学活性。

构型(configuration):是指在立体异构体中取代原子或基团在空间的特定取向;构型改变需要共价键的断裂和重新形成,通常分子的光学活性会发生变化。同一个分子式的两个不同构型是不同的物质,例如:葡萄糖和果糖。

糖原（glycogen）：糖原和淀粉一样都是由葡萄糖通过糖苷键连接起来的均一多糖。人和动物体内的淀粉称为糖原。与支链淀粉相比，糖原的分支多，每个分支短，贮存在肝内的称为肝糖原，肌肉中为肌糖原。

糖蛋白（glycoprotein）：寡糖链与多肽链中的氨基酸残基共价键结合形成的化合物称为糖蛋白。糖蛋白在体内具有非常重要的生理作用。

蛋白质变性（denaturalization）：蛋白质在受到光照、热、有机溶剂以及其他一些变性剂的作用时，次级键受到破坏，引起天然构象的破坏，从而导致生物活性丧失的过程被称为变性。

层析法（chromato graphy）：层析法是一种利用被分离物质由于物理、化学及生物学特性的不同，而导致它们在某种基质中移动速度不同，从而对其进行分离和分析的方法。

柱层析（column chromatography）：柱层析是指将基质填装在管中形成一个固定相，利用特别的溶剂洗脱，溶剂组成流动相，将混合样品加到柱子上后，在样品从柱子上洗脱下来的过程中，根据混合物中各组分在固定相和流动相中的分配系数不同，经过多次反复分配，将不同组分逐一分离。

电泳（electrophoresis）：利用电场来分离可溶性带电分子的实验技术叫做电泳。电泳是分离蛋白质、核酸的常用技术，其结果受分子的相对分子质量大小、所带电荷的密度以及分子形状等因素影响。

核酸（nucleic acid）：酸性的链状生物大分子，包含磷酸、糖、嘌呤及嘧啶碱基等主要基团，根据其糖基的不同分为核糖核酸和脱氧核糖核酸两种类型；起着传递遗传信息和指导蛋白质生物合成的作用。

核苷酸（nucleotide）：核酸的基本结构单元，是由1个戊糖、1个含氮碱基和1个磷酸组成。

脱氧核糖核酸（deoxyribonucleic acid）：简称DNA，是一种由4种脱氧核糖核苷酸通过磷酸二酯键连接而成的多聚体；大多为不分支的线性分子，有些为环状；多数生物靠其携带特定顺序的核苷酸组成的遗传信息来控制生物体特定的性状，并在细胞增值过程中将其遗传信息传递给下一代。

核糖核酸（ribonucleic acid）：简称RNA，是由核糖核苷酸通过磷酸二酯键连接而成的一类核酸，已发现3种主要形式：核糖体核糖核酸（rRNA）、转运核糖核酸（tRNA）和信使核糖核酸（mRNA）。它们都在蛋白质生物合成中起作用，在有些病毒中作为遗传信息的载体。

三、热点聚焦

生命科学的新热点——糖生物学

在生命活动的过程中，糖作为能量物质及结构物质的作用早已被人们所熟悉。随着分子生物学及细胞生物学的发展，糖的其他诸多生物功能不断被认识。糖不仅可以以多糖或游离寡糖的形式直接参与生命过程，而且可以作为糖复合物，如糖蛋白、蛋白多糖及糖脂等参与许多重要的生命活动。糖复合物是生命多样性的重要调控分子，从发育的细胞分化，到生命的生化反应；从生命信息的传递，到抗癌机理，都有糖分子的参与。研究糖的生物学机制，对深入洞察生命的本质有着重要的作用。1993年，在美国召开的第一届糖工程年会上，著名的糖生物学家Hart说："生物化学中最后一个重大的前沿——糖生物学的时代正在加速来临。"糖生物学是生物化学和生物医学交叉点的前沿。

糖蛋白是指由比较短，往往带分支的寡糖与多肽链共价连接而成的一类结合蛋白质。糖与肽链以共价糖苷键连接，主要有两类：N-型糖苷键为糖链与肽链上天冬酰氨的酰氨基连接，同时对天冬酰氨要求有一特殊的三肽序列Asn-X-Ser/Thr，其中X可以是任一氨基酸。N-型连接的糖链上一般富含甘露糖,并具有一个五糖核心结构。O-型糖苷键是糖链与肽链上的 Ser、Thr 的自由羟基连接,糖链多分枝,呈簇状分布,一般不含甘露糖。O-型糖苷键在一些糖蛋白中稳定性较高,而在另一些糖蛋白中则表现出较强的流动性,肽链上既可以糖基化又可以去糖基化。

将糖生物学推向生命科学前沿的重大事件发生于 1990 年 11 月,3 个不同的科学家小组同时发现组织受到损伤或感染时,白细胞表面的四聚糖($Sia-Le^x$)与血管内皮细胞表面的蛋白质相识别,导致白细胞与血管内皮细胞黏附,白细胞沿血管壁滚动并穿过血管进入组织并杀灭病原体的现象。但是,过多的白细胞则引起炎症以及继发的病变。美国的一家医药公司用计算机对一种糖链的构象进行模拟,并从上千种天然或合成的化合物中筛选结构类似物,发现了甘草素是封闭血管内皮细胞的最好药物,弄清了中国甘草的抗炎机理。更令人吃惊的是,在肺癌和大肠癌细胞的表面也发现了同样的 $Sia-Le^x$,进入血液循环系统的癌细胞可能借助了类似于上述的机制穿过血管,进而导致肿瘤的转移。紧接着又出现了以这一基础研究的成果为依据的开发和生产抗肿瘤药物的热潮。

糖生物学与医学息息相关:①血型抗原:血型是指血红细胞膜上具有不同类型寡糖链的糖蛋白和糖脂分子与相应的血清抗体所构成的识别体系。在 ABO 血型中,膜糖蛋白的肽链部分基本相同,糖链也只有微小差异(糖链非还原端一个单糖的差异),但生理功能的差别极大。末端单糖为 α-N-乙酰半乳糖胺(GalNAc)时为 A 型,可被 B 型血中的抗 A 抗体特异性识别;末端单糖为 α-半乳糖(Gal)时为 B 型,可被抗 B 抗体识别。这两种单糖是由一对等位基因分别表达的两种糖基转移酶合成的。两种酶均有一个共同底物——糖基受体,而另一底物——糖基供体则不相同。当糖链末端为岩藻糖时为 O 型血,则抗 A、抗 B 抗体均不能识别。②在免疫系统中的作用:有关研究表明,几乎所有与免疫相关的关键分子都是糖蛋白。多年研究确证,由于类风湿关节炎患者的体内半乳糖基转移酶对底物亲和力低,使其 IgG 上的糖链缺乏半乳糖,引起 IgG 构象变化,这种构象变化导致糖链可被甘露糖结合凝集素识别,在血管、关节等处沉积,多价的甘露糖结合凝集素形成的复合物可激发补体级联反应,使补体攻击关节腔而产生风湿。甘露糖结合凝集素是能模拟许多 IgM、IgG 和 C1q 功能的一种三联体凝集素,不仅被视为抵御细菌感染的第一道防线,而且还参与其他一系列生命活动,包括疾病的调控,通过其多凝集素域与微生物表面糖链重复序列的结合可激活补体反应,因而甘露糖结合凝集素水平低时被感染的机会就会增加。③抗病毒药物:HIV 外壳蛋白在白细胞内的翻译、乙肝病毒外壳蛋白在肝细胞中的翻译,也是通过糖基化加工、识别和折叠的。如果用 α-葡萄糖苷酶制剂阻止糖链的加工,两种病毒的外壳蛋白均不能正确折叠,装配成的病毒就因没有活性而失去感染力。由此便产生了葡萄糖苷酶治疗爱滋病和乙肝的药物应用。在多糖的结晶构造、朊病毒糖蛋白构型与活性、细胞粘连与糖的结构等方面,也取得了不少进展。④在中医药领域对多糖的研究:中医药是中华民族优秀的文化瑰宝,为世界医药和人类健康做出了巨大贡献。多糖是中医药发挥独特疗效的重要物质基础,近年来提取出多种中药多糖,如茯苓、云芝、灵芝和香菇多糖等,它们具有多方面的生物活性,药理作用甚广,从免疫药理的角度看,是一类非特异性的免疫增强剂,已用于临床。目前,我国多糖研究在中药领域中的应用主要集中在多糖的一般化学分离和提取鉴定;从多糖含量的变化来确定采收的最佳时间和部位,如根据商品多糖含量变化选最佳采收期,以确保药材的高品质;中药多糖免疫药理学研究的开展和中药多糖的临床应用等方面。

影响人类健康的主要疾病均与糖链的合成与代谢相关,然而我们对疾病和发育过程中糖复合物结构与功能关系的理解还非常有限。现在,科学家们正对糖链转移酶和代谢酶的基因芯片攻关,多糖的结构数据库已经建立,糖链的计算机处理软件的开发也正在进行。线虫和果蝇研究的进展为我们了解发育过程中糖缀合物的功能提供了模式生物。糖生物学是全面揭示生命本质所不可缺少的分支,是 21 世纪生命科学研究的重要组成部分。

四、精选习题

填空题

1. **( )、( )、( )和( )4种原子是组成细胞及生物体最主要的原子,其中( )原子相互连接成( )或环,形成各种生物大分子的基本骨架。
2. **化学键是将相邻原子结合在一起形成分子的相互( )。共价键是原子之间通过( )而形成稳定的分子结构,离子键是原子之间通过( )而形成稳定的分子结构。( )叫氢键。
3. **细胞及生物体通常由( )、( )、( )、( )、( )和( )6类化合物所组成。
4. **下列分子式( )含有肽键,( )含有糖苷键,( )含有酯键。

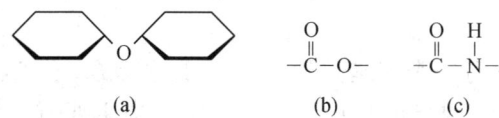

5. 组成生物有机体重量的99.35%的7种元素有( )、( )、( )、( )、( )和( )。
6. 同种元素的原子具有相同数量的质子,但中子的数量不同,这些原子叫做( )。
7. 高能电子可以从一个原子或化合物向另一个原子或化合物转移,( )电子被称为氧化,( )电子被称为还原。
8. 水具有黏性、吸附性和表面张力的原因是因为水分子间存在( )。
9. ( )是生物体中比例最大的化学成分,以( )和( )两种形式在细胞中存在。
10. 汽油是由( )原子和( )原子组成的烃类化合物,其不溶于水是因为烃类化合物为( )性分子。
11. 组成生物体的4类生物大分子是( )、( )、( )和( )。
12. 分子式相同而结构不同的化合物之间称为( )。
13. 通常将糖类按分子大小分成( )、( )和( ),核糖属于( ),而淀粉属于( );多糖根据其单糖的组成情况分为( )和( ),前者由单一类型的单糖组成,后者含有两种以上的单糖。
14. 糖类物质是( )或( )的化合物及其衍生物。
15. 单糖是指( )的糖类,最常见的己醛糖是( ),己酮糖是( )。
16. 麦芽糖是由( )组成,它们之间通过( )糖苷键相连。
17. 蔗糖是由( )和( )组成,它们之间通过( )糖苷键相连。
18. 乳糖是由( )和( )组成,它们之间通过( )糖苷键相连。
19. 糖原、淀粉和纤维素都是由( )组成的均一多糖。
20. 血糖是指( ),肝糖原是指( ),肌糖原是指( )。
21. 糖原与支链淀粉相比,有( )和( )两个特点。
22. 直链淀粉遇碘变( )色,糖原遇碘变( )色。
23. 脂类主要是由碳原子和氢原子通过共价键结合形成的非极性化合物,具有( )性;中性脂肪和油都是由1个( )分子和3个( )分子结合成的脂类。
24. 脂类具有( )、( )和( )等重要的生物学功能。

25. 甘油三脂是自然界最常见的脂肪,在室温下为液态的称为( ),为固态的称为( )。
26. 脂肪酸的熔点随着其碳链长度的增加而( ),随着不饱和双键数目的增加而( )。食用( )脂肪酸含量高的食品易导致人体血管动脉粥样硬化。
27. 磷脂与脂肪的不同在于甘油的1个羟基不是与( )结合成酯,而是与( )结合。
28. 根据磷脂分子中所含的醇类,磷脂可分为( )和( )两种。其中( )是组成生物膜的主要成分。
29. 在氨基酸分子中,与功能基团一个( )基和一个( )基以共价键相连接的中心碳原子称为α碳原子,与α碳原子共价键相连的还包括一个氢原子和一个以字母R表示的化学基团;如果R基团为氢原子时,该氨基酸叫做( )。
30. 氨基酸按其生理条件下所携带的净电荷分为( )、( )和( )氨基酸;根据其( )的不同可将氨基酸分为极性氨基酸和非极性氨基酸;一般来讲,非极性氨基酸位于蛋白质立体结构的( )部。
31. 一个氨基酸的( )和另一个氨基酸的( )脱水缩合,形成肽键;多个氨基酸缩合形成( )。蛋白质的一级结构指的是( ),二级结构主要有( )、( )、( )和( )结构类型。
32. 测定蛋白质浓度的方法有( )、( )、( )和( ),其中( )是最经典的,并且不需要标准蛋白样品。
33. 研究蛋白质结构的主要方法是( )和( )。
34. 维持蛋白质三级结构的作用力是( )、( )、( )和盐键。
35. 超二级结构有( )、( )和( )三种基本形式。
36. 核酸包括( )和( )两类,多数生物体贮存遗传信息的通常是( );核酸是由( )单体连接而成,其中每个单体又是由一个( ),一个( )和一个含氮碱基组成;碱基又分为( )和( )两类。
37. DNA双螺旋结构模型是( )和( )于( )年提出的。
38. 核酸的基本结构单位是( )。
39. 脱氧核糖核酸在糖环( )位置不带羟基。
40. 两类核酸在细胞中的分布不同,DNA主要位于( )中,RNA主要位于( )中。
41. DNA双螺旋的两股链的顺序是( )关系。
42. 维持DNA双螺旋结构稳定的主要因素是( ),其次,大量存在于DNA分子中的弱作用力如( ),( )和( )等也起一定作用。
43. DNA的双螺旋模型就像是一个螺旋上升的楼梯,其中楼梯是由被称为( )的"砖头"连接而成,"砖头"有4种,分别是( )( )、( )和( );但这4种砖头两两配对,其中( )的配对比较稳定,因为( );梯子的扶杆是由( )在( )的连接下形成的,其中( )是一种( )碳单糖;这个楼梯旋转一圈有10级,而每级的高度是( )nm。
44. 蛋白质分子中的α-螺旋结构靠氢键维持,每转一圈上升( )个氨基酸残基。
45. 一般说来,球状蛋白( )性氨基酸残基在其分子内核,( )氨基酸残基在分子外表。
46. 在某一特定pH之下,蛋白质带等量的正电荷与负电荷,该pH是该蛋白的( )。
47. 蛋白质中二级结构的构象单元有( )、( )、( )和( )。
48. 用分光光度计在280 nm测定蛋白质有强烈吸收,主要是由于( )、( )和( )等芳香族氨基酸起作用。

49. 维持蛋白质的一级结构的化学键有(　　)和(　　);维持二级结构靠(　　)键;维持三级结构和四级结构靠(　　)键,其中包括(　　)、(　　)、(　　)和(　　)。
50. 在 20 种氨基酸中,酸性氨基酸有(　　)和(　　)两种,具有羟基的氨基酸是(　　)和(　　),能形成二硫键的氨基酸是(　　)。
51. 蛋白质分子的二级结构和三级结构之间还经常存在两种结构组合体称为(　　)和(　　),它们都可充当三级结构的组合配件。
52. 分离提纯蛋白质时常需去盐,常用去盐的方法有(　　)和(　　)。
53. 蛋白质变性时(　　)结构不变。
54. 可以按蛋白质的相对分子质量,电荷及构象分离蛋白质的方法是(　　)和(　　)。
55. 蛋白质和核酸对紫外均有吸收,蛋白质的最大吸收波长是(　　),而核酸的最大吸收波长是(　　)。
56. α-螺旋结构是由同一肽链的(　　)和(　　)间的(　　)键维持的,螺距为(　　),每圈螺旋含(　　)个氨基酸残基,每个氨基酸残基沿轴上升高度为(　　)。天然蛋白质分子中的 α-螺旋大都属于(　　)手螺旋。
57. 人体自身不能合成而需要从食物中补充的 8 种氨基酸是(　　)、(　　)、(　　)、(　　)、(　　)、(　　)、(　　)和(　　)。
58. 用凯氏微量定氮法,测定正常人血清含 N 量为 11.584 mg/mL,则此人血清蛋白含量为(　　) g/100 mL。(提示:蛋白质中含 N 量为 16%)
59. DNA 是(　　)通过(　　)连接起来的(　　)。DNA 和 RNA 的最大区别是在(　　)。

选择题

1. **每个核苷酸单体由 3 部分组成,下面(　　)不是组成核苷酸的基本基团。
   A. 一个己糖分子　　　B. 一个戊糖分子　　　C. 一个磷酸　　　D. 一个含氮碱基
2. **下列化合物中,(　　)不是多糖。
   A. 纤维素　　　　　　B. 麦芽糖　　　　　　C. 糖原　　　　　D. 淀粉
3. **下列反应中属于水解反应的是(　　)。
   A. 氨基酸 + 氨基酸 → 二肽 + H_2O　　　B. 二肽 + H_2O → 氨基酸 + 氨基酸
   C. 多肽变性反应　　　　　　　　　　　　D. A 和 B 都是
   E. B 和 C 都是
4. **蛋白质的球形结构特征属于(　　)。
   A. 蛋白质的一级结构　　　　　　　　　　B. 蛋白质的二级结构
   C. 蛋白质的三级结构　　　　　　　　　　D. 蛋白质的四级结构
5. **RNA 和 DNA 彻底水解后的产物(　　)。
   A. 核糖相同,部分碱基不同　　　　　　　B. 碱基相同,核糖不同
   C. 碱基不同,核糖不同　　　　　　　　　D. 碱基不同,核糖相同
   E. 以上都不是
6. 因为(　　),所以需要从化学的角度来探讨生命。
   A. 很多的化学物质对生物有害
   B. 组成生命体的最基本物质是化学元素
   C. 理解了化学理论就理解了生命的一切
   D. 组成生命体的元素性质和非生命体元素性质是不一样的

7. 元素的化学性质取决于(　　)。
   A. 原子最外层轨道上的电子数目　　　B. 原子核外电子的总数
   C. 原子的质子数目　　　D. 原子的质子和中子数的总和。
8. 生物大分子中出现最多并起骨架作用的元素是(　　)。
   A. 氮　　　B. 碳　　　C. 氧　　　D. 磷
9. 我们说碳原子是 4 价的,意思是说(　　)。
   A. 碳可以形成离子键
   B. 碳原子最外电子层有 4 个电子
   C. 碳原子核外有 4 个电子
   D. 碳的外层 4 个电子夹角是 90°,以原子核为中心呈十字型。
10. 碳原子是生物大分子的骨架是因为(　　)。
    A. 碳是光合作用所需 CO_2 的中心原子
    B. 碳是很多生物排泄物质的尿素的中心原子
    C. 碳可以和氢形成烃类物质
    D. 每个碳原子可以在 4 个方向上形成化学键
11. 有机大分子的性质主要决定于(　　)。
    A. 是否存在手性碳　　　B. 官能团的存在与否
    C. 不饱和键数目存在与否　　　D. 组成分子骨架的碳原子个数
12. 人工合成的第一个有机物质是(　　)。
    A. 尿素　　　B. DNA　　　C. 胰岛素　　　D. RNA
13. 人工合成的第一个具有活性的蛋白质是(　　)。
    A. 胰岛素　　　B. 肌红蛋白　　　C. 血红蛋白　　　D. 溶菌酶
14. 不能形成氢键的官能团是(　　)。
    A. 氨基　　　B. 甲基　　　C. 羧基　　　D. 羟基
15. 在农业生产中经常可能限制植物生长的元素是(　　)。(多选)
    A. 氮　　　B. 钙　　　C. 磷　　　D. 钾
16. 不同的功能团在生物分子中起重要作用是因为它们有一个共同的特点是(　　)。
    A. 至少有一个双键
    B. 结合在碳原子上形成手性碳,产生对映异构体
    C. 都含有氧元素
    D. 具有亲水性,增加有机物质的溶解度
17. 生物体中由单体形成大分子聚合物是属于(　　)反应。
    A. 氧化还原　　　B. 脱水缩合　　　C. 水解　　　D. 取代
18. 水解反应是(　　)。
    A. 将聚合物降解为单体,水被消耗　　　B. 将聚合物降解为单体,并有水的形成
    C. 由单体形成聚合物,水被消耗　　　D. 由单体形成聚合物,并有水的形成
19. (　　)既可以分离蛋白质,又可以测定相对分子质量。
    A. 亲和层析　　　B. 超速离心　　　C. 透析　　　D. 离子交换层析
20. DNA 双螺旋模型建立的重要意义在于(　　)。(多选)
    A. 证明了遗传物质是 DNA,而不是蛋白质

B. 揭示了DNA的结构奥秘,为解决"DNA是如何遗传的"这一难题提供了依据
C. 表明DNA的两条链反向平行排列,呈右手螺旋结构
D. 表明DNA的3个连续的核苷酸组成一个遗传密码
E. 预示DNA的两条链均可作为复制模板

21. 生物体中主要的4大类物质是(　　)。
    A. 蛋白质、核酸、脂类、糖类　　　　　　B. 蛋白质、DNA、RNA、葡萄糖
    C. 蛋白质、脂类、DNA、RNA　　　　　　D. 糖类、脂类、DNA、蛋白质

22. 为细胞提供能源的主要糖是(　　)。
    A. 葡萄糖　　　　B. 核糖　　　　C. 所有的单糖　　　　D. 果糖

23. 下列糖中不是五碳糖的有(　　)。(多选)
    A. 葡萄糖　　　　B. 核糖　　　　C. 核酮糖　　　　D. 果糖

24. 互为同分异构体的是(　　)。
    A. 葡萄糖和果糖　　　　　　　　　　　　B. 葡萄糖和半乳糖
    C. 葡萄糖和核糖　　　　　　　　　　　　D. 半乳糖和核糖

25. 下列(　　)不是由己糖单位组成。
    A. 淀粉　　　　B. 纤维素　　　　C. 糖原　　　　D. 胆固醇

26. 鉴定淀粉常用的是(　　)变色法
    A. 铁　　　　B. 铜　　　　C. 钙　　　　D. 碘

27. 纤维素是(　　)。
    A. 由氨基酸单体形成的多肽　　　　　　B. 由葡萄糖单体形成的多聚物
    C. 由三酰甘油形成的脂类　　　　　　　D. 由烃类物质形成的脂肪酸

28. 淀粉酶不能降解纤维素是因为(　　)。
    A. 纤维素的相对分子质量太大
    B. 淀粉是葡萄糖组成的,纤维素是其他单糖组成的
    C. 纤维素中的糖苷键比淀粉的强　　　　D. 两者键的类型不一样

29. 食草动物可以从草中获取营养物质是因为(　　)。
    A. 它们的牙齿很有利,可以将纤维素切断,从而获取营养物质
    B. 需要吃很多的食物来获取营养
    C. 它们的消化系统中存在有可以分解纤维素的微生物
    D. 纤维素不是它们的能量来源

30. 由单体物质形成多聚物是由(　　)连接的。
    A. 氢键　　　　B. 离子键　　　　C. 肽键　　　　D. 共价键

31. 乳糖、蔗糖、麦芽糖的一个共同特点是(　　)。
    A. 都是单糖　　　　B. 都是二糖　　　　C. 都是多聚糖　　　　D. 不能被人体消化

32. 在人体肝脏和肌肉组织中贮存能量的多糖是(　　)。
    A. 淀粉　　　　B. 糖原　　　　C. 纤维素　　　　D. 几丁质

33. 组成植物细胞壁的主要成分是(　　)。
    A. 纤维素　　　　B. 几丁质　　　　C. 肽聚糖　　　　D. 生物素

34. 连接甘油与脂肪酸形成脂肪的键是(　　)。
    A. 肽键　　　　B. 磷酸二酯键　　　　C. 酯键　　　　D. 离子键

35. 从营养价值看,不饱和脂肪比饱和的脂肪对人体营养价值更高。这是因为(　　)。
    A. 不饱和脂肪是糖类,饱和脂肪是油
    B. 不饱和脂肪是液体,饱和脂肪是固体
    C. 不饱和脂肪比饱和脂肪的含氢少
    D. 不饱和脂肪比饱和脂肪的双键少
36. 下列物质中氢氧存在的比例与水相似的是(　　)。
    A. 核酸　　　　B. 糖类　　　　C. 氨基酸　　　　D. 类固醇
37. 下列对类固醇描述错误的有(　　)。
    A. 是细胞膜的重要成分　　　　B. 是部分动物激素的前体物质
    C. 是重要的能量贮存物质　　　D. 血液中类固醇含量高时易引起动脉硬化
38. 雌性激素、孕激素和雄性激素属于(　　)。
    A. 蛋白质　　　B. 脂类　　　　C. 糖类　　　　D. 核酸
39. 脂肪水解生成(　　)。
    A. 氨基酸和甘油　　B. 脂肪酸和甘油　　C. 甘油　　　D. 脂肪酸和水
40. 多不饱和脂肪酸的特点是(　　)。
    A. 脂肪是甘油二酯而不是甘油三酯
    B. 在室温时为固体
    C. 含有二个或以上的碳碳不饱和键
    D. 比饱和脂肪提供更多的热量
41. 饭后血液中除葡萄糖外,还有(　　)的含量会升高:
    A. 游离脂肪酸　　B. 中性脂肪　　C. 胆固醇　　　D. 胆碱
42. 磷脂作为生物膜主要成分,最重要的特点是(　　)。
    A. 兼性分子　　　　　　　　　B. 能与蛋白质共价结合
    C. 能替代胆固醇　　　　　　　D. 含有极性和非极性区
43. 下列关于生物膜的叙述正确的是(　　)。
    A. 磷脂和蛋白质分子按夹心饼干的方式排列
    B. 磷脂包裹着蛋白质,所以可限制水和极性分子跨膜转运
    C. 磷脂双层结构中蛋白质镶嵌其中或与磷脂外层结合
    D. 磷脂和蛋白质均匀混合形成膜结构
44. 下列不属于带电氨基酸的是(　　)。
    A. 赖氨酸　　　B. 谷氨酸　　　C. 组氨酸　　　D. 脯氨酸
45. 维持蛋白质二级结构的主要化学键是(　　)。
    A. 肽键　　　　B. 离子键　　　C. 氢键　　　　D. 二硫键
46. 蛋白质变性中不受影响的是(　　)。
    A. 蛋白质的一级结构　　　　　B. 蛋白质的二级结构
    C. 蛋白质的三级结构　　　　　D. 蛋白质的四级结构
47. 用 SDS-PAGE 电泳测定具有四级结构的蛋白质时,所测得的相对分子质量应是(　　)。
    A. 该蛋白质的相对分子质量　　B. 其结构域的相对分子质量
    C. 该蛋白亚基的相对分子质量　D. 上述各项
48. 当蛋白质处于等电点时,(　　)。

A. 溶解度最大　　　B. 溶解度最小　　　C. 和溶解度无关　　　D. 不同蛋白情况不同

49. DNA 不同于 RNA 的是(　　)。
    A. 相对分子质量更大　　　　　　B. 两者的核糖不一样
    C. DNA 是双链,RNA 是单链　　　D. 嘌呤碱基不一样

50. 一个生物体的 DNA 有 20% 是 C,则(　　)。(多选)
    A. 20% 是 T　　　B. 20% 是 G　　　C. 30% 是 A　　　D. 50% 是嘌呤

51. 蛋白质变性是指(　　)。(多选)
    A. 肽键断裂　　　B. 氢键断裂　　　C. 疏水键正常　　　D. 范德华力破坏

52. 核酸中核苷酸之间的连接方式是(　　)。
    A. 2′,3′—磷酸二酯键　　　　　　B. 3′,5′—磷酸二酯键
    C. 2′,5′—磷酸二酯键　　　　　　D. 糖苷键

53. 水的(　　)特性有利于体内的化学反应。
    A. 流动性大　　　B. 极性强　　　C. 分子比热大　　　D. 有润滑作用

54. 脂类水解的产物是(　　)。
    A. 氨基酸和水　　　B. 氨基酸和葡萄糖　　　C. 甘油和脂肪酸　　　D. 甘油和葡萄糖

55. DNA 双链中一条链的核苷酸序列是 GCGTACp,另一条互补链的序列是(　　)。
    A. GUACGCp　　　B. CGCATGp　　　C. GTACGCp　　　D. CATGCGp

56. 核酸中连接核苷酸的键是(　　)。
    A. 糖苷键　　　B. 磷酸二酯键　　　C. 肽键　　　D. 氢键

57. 下列关于蛋白质结构的叙述错误的是(　　)。
    A. 氨基酸的疏水侧链很少埋在分子的中心部位
    B. 带电荷的氨基酸侧链常在分子的外侧,面向水相
    C. 蛋白质的一级结构是决定高级结构的重要因素之一
    D. 蛋白质的空间结构主要靠次级键维持

58. 蛋白质和核酸的相似之处是(　　)。
    A. 都含有 4 种不同的单体　　　　B. 都具有疏水作用
    C. 都是多聚物　　　　　　　　　D. 都含有糖

59. 核苷酸中包含(　　)。
    A. 氨基酸和 RNA　　　　　　　　B. 糖、磷酸基团和含氮碱基
    C. 氨基酸和蛋白质　　　　　　　D. 腺嘌呤、胞嘧啶和尿嘧啶

60. 下列哪些是由角蛋白组成的(　　)。
    A. 鸟类的羽毛　　　B. 爬行动物的鳞片　　　C. 人类的头发　　　D. 以上都是

61. 组成 DNA 的碱基有(　　)。
    A. 腺嘌呤、鸟嘌呤、胞嘧啶和胸腺嘧啶　　　B. 腺嘌呤、鸟嘌呤、胞嘧啶、胸腺嘧啶和尿嘧啶
    C. 腺嘌呤、鸟嘌呤、胞嘧啶和尿嘧啶　　　　D. 腺嘌呤、鸟嘌呤、胸腺嘧啶和尿嘧啶

62. 植物的物质合成受土壤缺磷影响最大的是(　　)。
    A. 蛋白质的合成　　　　　　　　B. 核酸的合成
    C. 糖类的合成　　　　　　　　　D. 脂类的合成

63. 下列关于核酸的叙述错误的是(　　)。
    A. 是核苷酸的聚合体　　　　　　B. 决定着细胞的一切生命活动

C. 只存在于细胞核中　　　　　　　　　D. 为细胞的遗传物质

64. 在电场中,蛋白质泳动速度取决于(　　)。
   A. 蛋白质分子的大小　　　　　　　　B. 带净电荷的多少
   C. 蛋白质分子的形状　　　　　　　　D. 以上都是

65. 下列(　　)分离蛋白质技术与蛋白质的等电点无关。
   A. 亲和层析　　　　　　　　　　　　B. 等电点沉淀
   C. 离子交换层析　　　　　　　　　　D. 凝胶电泳法

66. 根据 Watson - Crick 的双螺旋模型,1 μm 长的 DNA 双螺旋含核苷酸对的数为(　　)。
   A. 232.5　　　　B. 2325　　　　C. 294.1　　　　D. 2941

67. 下列关于环核苷酸的叙述错误的是(　　)。
   A. cAMP 与 cGMP 的生物学作用相反　　B. 重要的环核苷酸有 cAMP 与 cGMP
   C. cAMP 是一种第二信使　　　　　　　D. cAMP 分子内有环化的磷酸二酯键

连线题

1. ** 将下列四类基本的生化大分子与有直接关联的名词或概念连线:

   A. 糖类　　　　　　　　　　DNA 双螺旋结构
   　　　　　　　　　　　　　　细胞壁
   　　　　　　　　　　　　　　氨基酸
   　　　　　　　　　　　　　　基因
   B. 脂类　　　　　　　　　　细胞膜
   　　　　　　　　　　　　　　甘油
   　　　　　　　　　　　　　　磷酸
   　　　　　　　　　　　　　　酶
   C. 蛋白质　　　　　　　　　激素
   　　　　　　　　　　　　　　葡萄糖
   　　　　　　　　　　　　　　相对高贮能营养物质
   　　　　　　　　　　　　　　嘌呤或嘧啶
   D. 核酸　　　　　　　　　　活性位点
   　　　　　　　　　　　　　　磷酸二酯键
   　　　　　　　　　　　　　　二硫键
   　　　　　　　　　　　　　　电泳
   　　　　　　　　　　　　　　260 nm 紫外吸收峰
   　　　　　　　　　　　　　　280 nm 紫外吸收峰

2. 将下列相关糖类物质进行匹配:

   A. 光合作用的产物是　　　　　　Ⅰ. 核糖
   B. 人和动物的乳汁中有　　　　　Ⅱ. 脱氧核糖
   C. 用于制造啤酒的发芽种子中有　Ⅲ. 蔗糖
   D. 甘蔗中存在的主要是　　　　　Ⅳ. 麦芽糖
   E. 组成 DNA 的是　　　　　　　　Ⅴ. 乳糖
   F. 组成 RNA 的是　　　　　　　　Ⅵ. 葡萄糖

3. 将下列相关各项进行匹配：
   A. H_2O　　　　　　　　　　　Ⅰ. 极性共价键
   B. CH_4　　　　　　　　　　　Ⅱ. 非极性共价键
   C. O_2　　　　　　　　　　　　Ⅲ. 氢键
   D. CO_2　　　　　　　　　　　Ⅳ. 离子键
   E. NaCl　　　　　　　　　　　　Ⅴ. 极性分子
   　　　　　　　　　　　　　　　　Ⅵ. 非极性分子

4. 将下列各元素与其相关的主要作用进行匹配：
   A. K、Na　　　　　　　　　　　Ⅰ. 参与多种酶的活化，动物血红蛋白的重要成分
   B. Ca　　　　　　　　　　　　　Ⅱ. 参与多种酶的活化，植物细胞中叶绿素的成分
   C. Mg　　　　　　　　　　　　　Ⅲ. 对维持体液或细胞内外正负离子平衡、神经脉冲的信号传导有重要作用
   D. Fe　　　　　　　　　　　　　Ⅳ. 是动物骨骼和牙齿的重要成分，在肌肉收缩和细胞信号转导中发挥作用
   E. Cl　　　　　　　　　　　　　Ⅴ. 细胞质或动物组织液的主要阴离子，对维持体液或细胞内外正负离子平衡有重要作用

简答题

1. **一条肽链是由 9 个氨基酸残基组成的。用 3 种蛋白酶水解得到 5 段短链（N 表示氨基末端）：Ala – Leu – Asp – Tyr – Val – Leu；Tyr – Val – Leu；N – Gly – Pro – Leu；N – Gly – Pro – Leu – Ala – Leu；Asp – Tyr – Val – Leu。请确定这条肽链的氨基酸序列。
2. 原子的相互作用的基础是什么？
3. 为什么脂肪比糖类更适合作为动物的能量贮藏物质？
4. 请用脂类的特性解释双分子层细胞膜结构中磷脂的排列规律。
5. 请列举出根据蛋白性质来分离蛋白的几种方法。
6. 比较蛋白质的分离纯化技术中凝胶过滤和超过滤方法的原理。
7. 试总结记忆组成蛋白质的 20 种氨基酸的名称的方法。
8. 什么是蛋白质的一级结构？为什么说蛋白质的一级结构决定其空间结构？
9. 蛋白质的 α – 螺旋结构有何特点？
10. 简述蛋白质结构的研究方法。
11. 简述蛋白质的功能。
12. DNA 分子二级结构有哪些特点？
13. 在稳定的 DNA 双螺旋中，哪两种力在维系分子立体结构方面起主要作用？
14. 如果人体有 1×10^{14} 个细胞，每个体细胞的 DNA 量为 6.4×10^9 个碱基对。试计算人体 DNA 的总长度是多少？是太阳—地球之间距离（2.2×10^9 km）的多少倍？
15. 人类在外太空寻求生命的时候，最关注的就是有没有水的存在，为什么？请说明水对于生命的重要性。

图示题

1. 标出下表中各模型所表示的功能团的名称并写出分子结构式。

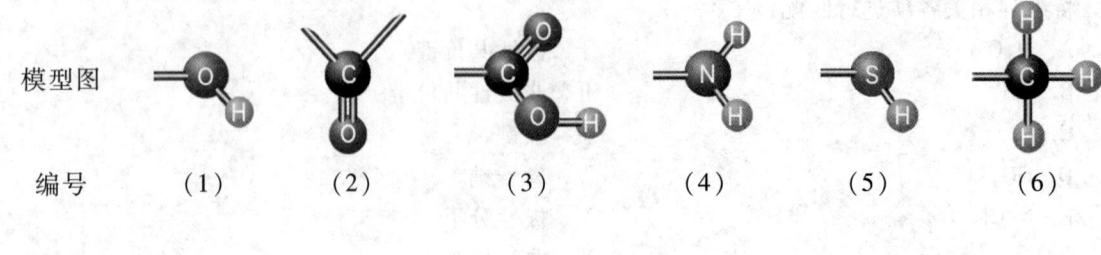

模型图	（1）	（2）	（3）	（4）	（5）	（6）
编号						
名称						
分子结构式						

2. 请添加上下面分子式中阴影部分所缺少的功能团或原子。

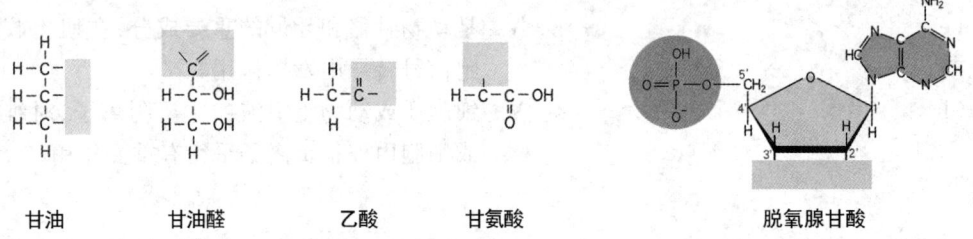

甘油　　甘油醛　　乙酸　　甘氨酸　　　　　脱氧腺甘酸

3. 请指出图中序号所指化学键的名称，并简述其概念。

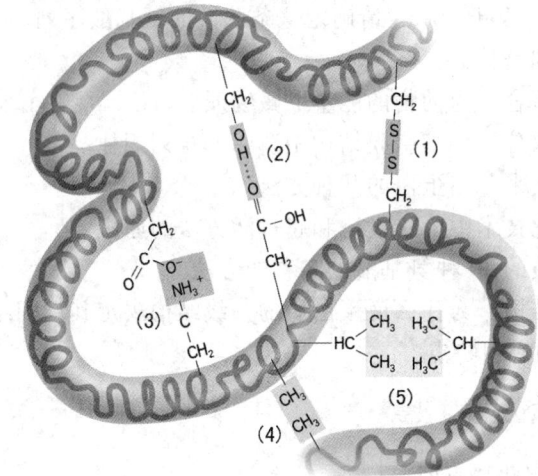

4. 请给出下表中各图的命名和符号。

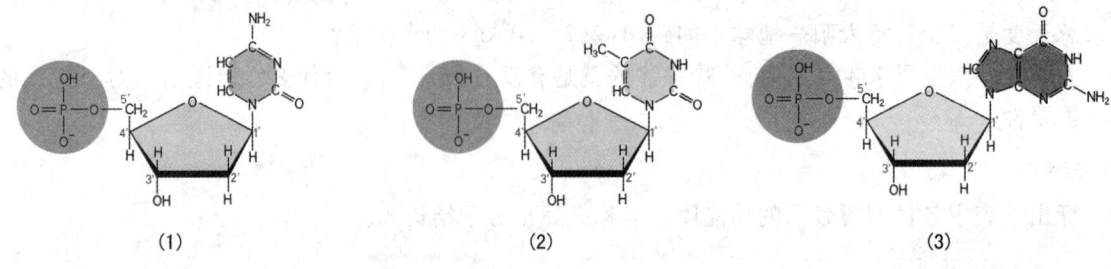

（1）　　　　　　　　（2）　　　　　　　　（3）

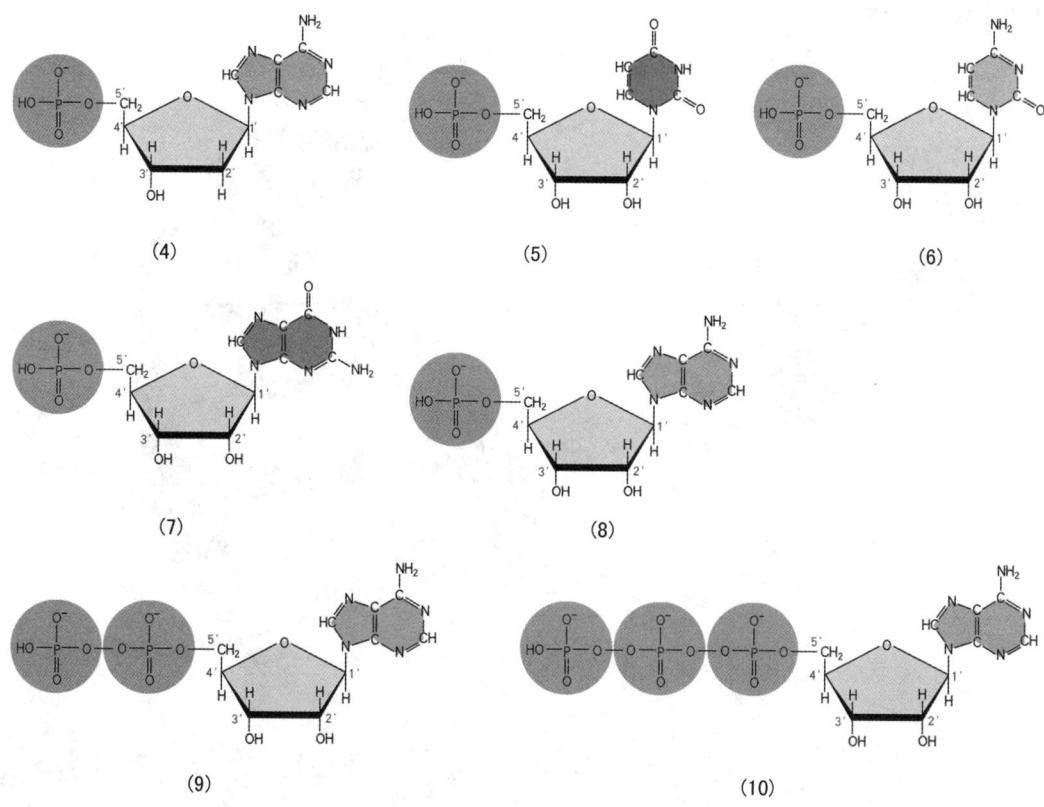

(4)　　　　　　　(5)　　　　　　　(6)

(7)　　　　　　　(8)

(9)　　　　　　　(10)

5. 请找出下图中凝胶层析过程中的错误,并说明原因。

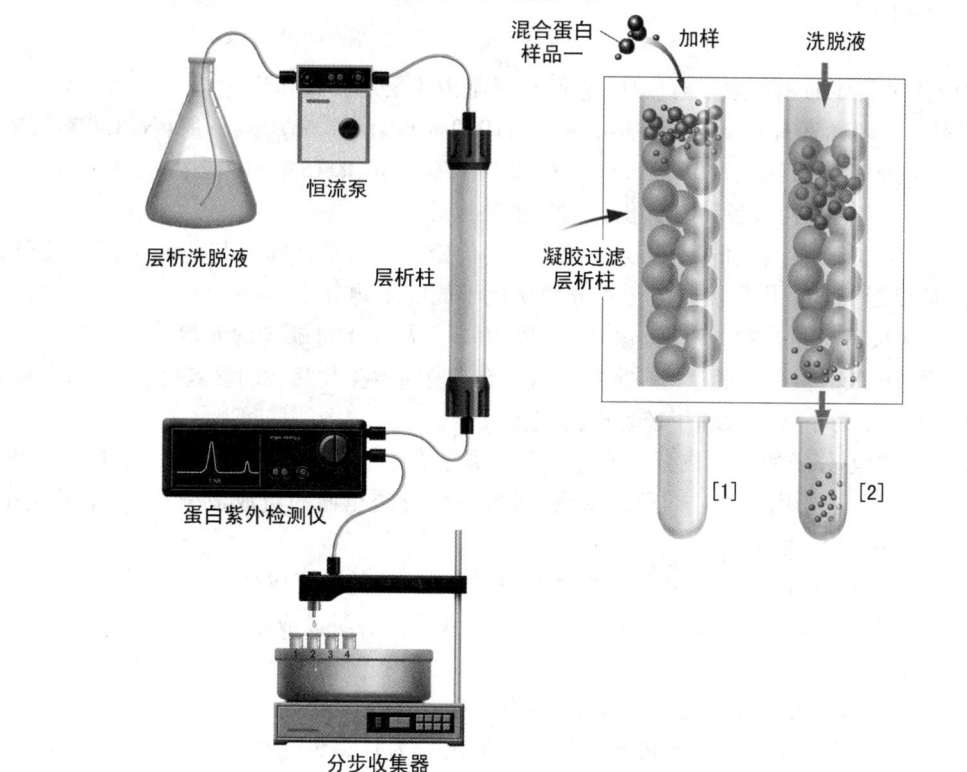

6. 请找出下图中的错误。

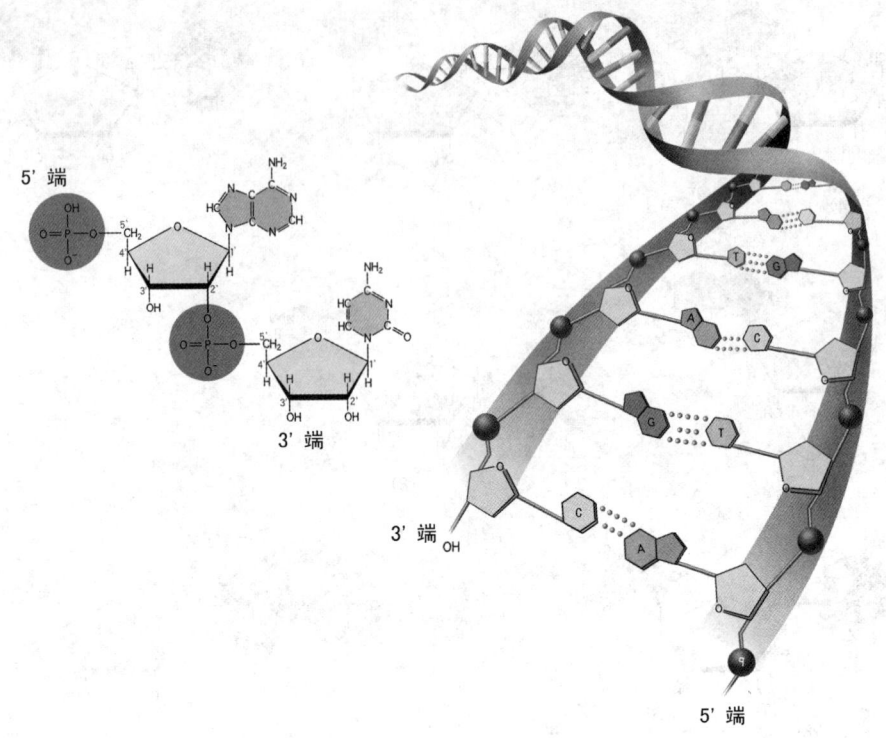

五、思考与讨论

1. 组成细胞及生物体的主要原子有哪些,它们在细胞中主要有哪些作用?

组成细胞的主要元素有碳(C,18.0%)、氢(H,10.0%)、氧(O,65.0%)、氮(N,3.0%)、磷(P,1.1%)、硫(S,0.25%)、钙(Ca,2.0%)、钾(K,0.35%)、钠(Na,0.15%)。其中C,H,O,N占了细胞总质量的96%,它们是构成各种有机化合物的主要成分。

C有4个外层电子,能与别的原子形成4个强共价键。C原子之间及其他原子间以共价键等形式相结合,可以形成大量化学性质与相对分子质量不同的生物分子。

O、H、N在构成有机化合物的羟基、羰基、羧基、氨基上都是不可缺少的元素。

N是蛋白质、核酸的重要元素。另外生物体内还有具有重要生物活性的含氮化合物,如多胺等。

S是组成蛋白质的半胱氨酸和甲硫氨酸的组成元素。

P是核酸、磷脂等分子的组成成分。另外磷酸根离子在细胞代谢活动中很重要:①在各类细胞的能量代谢中起着关键作用;②是核苷酸、磷脂、磷蛋白和磷酸化糖的组成成分;③调节酸碱平衡,对血液和组织液pH起缓冲作用。

Ca^{2+}对钙调素、肌动球蛋白、ATP酶极为重要;钙还是骨骼的重要成分。

Fe^{2+}或Fe^{3+}是血红蛋白、细胞色素、过氧化物酶和铁蛋白的组成成分。

K^+、Na^+维持膜电位。

可见,各种元素在细胞中都起着很重要的作用。

2. 请描述碳元素的核外电子轨道形状和电子分布情况。为什么说在生命元素中,碳元素具有特别重要的作用?

C 原子的最外层电子有 4 个,其基态分别处在 2S(两个)和 2P(两个)轨道上,当 C 原子发生反应时,首先一个 2S 电子被激发到 2P 轨道上,然后由一个 2S 电子轨道和 3 个 2P 轨道发生杂化,形成 4 个完全一样的 SP3 轨道,其立体形状就像一个正四面体,4 个轨道伸向 4 面,各轨道间的夹角都是 109°28′。C 原子采用 SP3 杂化方式来反应有助于生成更稳定的键。在生命元素中,碳元素具有特别重要的作用,碳原子相互连接成链或环,形成各种生物大分子的基本结构。

除了水以外,含碳化合物是生物体中最普遍的物质。由细胞合成的含碳化合物是有机化合物或生物分子。碳原子之间即与其他原子间以共价键等形式相结合,可以形成大量化学性状与相对分子质量不同的生物分子。碳原子是生物大分子的基本骨架:碳原子的不同排列方式和长短是生物大分子多样性的基础。所有生物大分子都是以碳原子相互连接成链或成环作为基本结构,并以共价键的形式与氢、氧、氮及磷相结合,形成了具有不同性质的生物大分子。

3. 请举例讨论细胞中的原子具有可以做功的能量这一问题。

在细胞内的生物化学反应过程中,高能电子可以从一个原子或化合物向另一个电子或化合物转移,即氧化还原反应,例如糖酵解中 3 - 磷酸甘油醛被氧化生成 1,3 - 磷酸甘油酸时,一对高能电子从 3 - 磷酸甘油醛转移到 NAD^+,NAD^+ 得到电子对被还原并结合一个质子形成 NADH,再经电子传递链 NADH 上的高能电子最终交给氧原子形成水的同时生成 ATP,用于生物做功。

4. 如何理解重新学习或深化有关原子的结构与性质、化学键、有机化合物的碳骨架与功能团等基本概念,对于理解生命运动的本质是非常必要的。

以化学的理论研究生命运动的规律,即是生物化学。生物化学学习的 3 种境界为:

第一种境界是记忆境界。对于绝大多数学习生物化学的学习者,记忆典型的生命化学过程是他们的终极目标。他们可以对重要的生命化学运动的任何细节倒背如流,最典型的是诸如光合作用中的 Calvin - Benson 循环、呼吸作用中的糖酵解——三羧酸循环以及二者中的电子传递链,虽然这些工作常常使他们筋疲力尽,尤其当遇到容易混淆的过程时。凭借这些条文,他们可以解决诸如反应物生成物的种类及数量的简单问题。

第二种境界是机制境界。对化学的基本观点(有机和无机)及题干中述及的基本概念有所了解的学习者,除了知道生命化学运动所包含的主要过程,能够以化学反应方程式的形式对其加以描述外,还能从化学的观点(如碳链和功能团或官能团)解释这些过程为什么会发生,即理解了生命运动的化学本质。这种境界有点拿来主义的意思,比上一种境界是很大的进步,因为它毕竟能把化学的观点用于生命运动的研究之中。

第三种境界即所谓进化境界。需要在学习化学概念的过程中,把化学的观点包容于进化的观点之中。可以说,进化能够解释一切生命现象,下面是它对生命化学现象的解释:自然选择了那些最出色完成各种生命必需功能的化学机制,变异与选择是这些机制的设计师,这些机制因此呈现出意义及目的性。

可见,生命的持续对其化学机制提出功能要求。简单地说,进化设计出符合这些要求的物质基础和具体过程,这些过程的发生依赖于具有生物功能的功能团。因此,达到第三种境界的学习者能够深入理解所有生命化学过程为什么要发生。

5. 整个水分子是电中性的,为什么又是极性化合物分子?在液体状态,水分子间的氢键是如何形成的?

由于水分子中的氧原子与氢原子之间的键角不是 180°,而是以共价键形成"V"结构,致使整个水分子的正电荷中心与负电荷中心不重合,所以水分子虽然在整体上是电中性的,但又是极性化合物分子。

由于氧原子的电负性很强,在水分子中氢原子的电子距离氢核很远,使得氢核外有很强的正电场,而与此同时氧原子有一对孤对儿电子,容易受到氢核正电场的作用,一个水分子的氧原子的孤对电子与另一个水分子的氢核之间的相互作用就形成了水分子中的氢键。

6. 细胞内4种主要生物大分子单体的碳骨架与功能团各有哪些特征?这4种生物大分子主要有哪些生物学功能?

参看本章"一、要点提示"

7. 举例说明蛋白质的空间结构对于其功能具有决定性的作用。

蛋白质结构与其功能有着密切的关系。蛋白质的特定构象即蛋白质的三维空间结构和形态对于蛋白质的功能起决定性的作用。蛋白质变性(构象发生变化)使得其特定的功能立即发生变化。例如疯牛病(牛海绵状脑病,即BSE)和新型克雅氏病的发病与朊蛋白(抗蛋白酶传染性因子)的变异有关。其实,人体内都存在朊蛋白,但由于感染了变异的朊蛋白等原因,使得正常的朊蛋白的结构由螺旋型变形为片状。结构发生了变化的朊蛋白聚合起来,逐渐在脑中沉积为蛋白质分解酶不能分解的斑块。

8. 戊糖、碱基、磷酸、核苷、核苷酸、核酸、DNA和基因之间有什么样的关系和结构上的顺序?

基因是可编码一条肽链的DNA片段。其相互关系为:

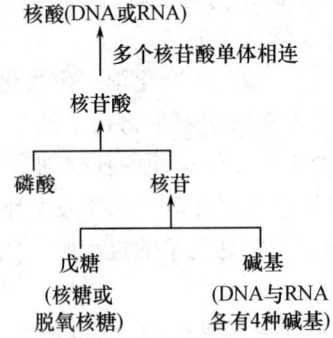

9. DNA的结构特征对于遗传信息的传递具有什么特殊的作用?

DNA双螺旋结构可以很好地保护内部的脱氧核苷酸,使其免受外界因素的影响,使DNA的内部脱氧核苷酸排列顺序基本稳定,就保持了生物体性状的稳定性,给生物体的稳定遗传提供了先决条件。

在DNA复制(边解旋边复制)的时候,双螺旋结构又成为了精确的模板,加上碱基互补配对的高度精确性(即只能A与T配对,C与G配对),使遗传信息得以稳定的复制传递,再经转录将遗传信息准确地传递给mRNA。

10. Watson与Crick发现DNA双螺旋结构的故事可以给我们哪些启示?

①知识创新常常来源于知识的交流、共享和融合。②科学创新是一个知识不断积累,认识不断深化的过程。要善于总结和借鉴别人的经验和成果,站在巨人肩膀上获取成功。③正确选择发展的方向和研究的课题。④创新需要想象力和主动性,需要强烈的兴趣和自由思考的空间,要有内在的紧迫感和自主的动力。⑤失败是成功之母。⑥敢于竞争,善于合作。

六、推荐阅读材料

1. 邢其毅.基础有机化学(上册).北京:高等教育出版社,1993

2. 曾昭琼 主编.有机化学.第四版.北京:高等教育出版社,2004
3. 周海梦 等译.Leninger 生物化学原理.第三版.中文版.北京:高等教育出版社,2005
4. 王镜岩.生物化学(上册).第三版.北京:高等教育出版社,2002
5. Hill, Baum, Ennis S. Chemistry and Life. Prentice Hall, 2000
6. Axelrod. Introduction to Biology: General Biology the Big 10 Way. New York: McGraw–Hill Professional Book Group, 1999
7. Solomon E P, Berg L R, Martin D W. Biology. Thomson Learning Inc., 2002
8. Hademenos, George J. Schaum's Easy Outline of Biology. New York: McGraw-Hill, 2001.
9. George I. Sackheim. Introduction to Chemistry for Biology Students. 8th ed. Benjamin Cummings, 2004
10. 与课程相关的国家级精品课程网址:

  有机化学:清华大学 http://166.111.92.23/resource/data/070303/U/111/index.htm
      中山大学 http://202.116.65.193/jinpinkc/youjihuaxue
  生物化学:南方医科大学 http://jpkc2.smu.edu.cn/nfyy/index.html
      北京大学 http://www.bio.pku.edu.cn/lab/proteinsci/biochem/index.html
      中国医科大学 http://www.cmu.edu.cn/curriculum/view_kj.asp
      北京大学 http://jpkc.bjmu.edu.cn/shenghua/LocalUser/jpkcftp/index.htm

七、参考答案

填空题

1. 碳,氢,氧,氮,碳,链 2. 作用力,共用电子对,电子得失,氢原子与电负性强的原子间的静电引力 3. 水,蛋白质,核酸,糖类,脂类,无机盐 4. c,a,b 5. 碳,氢,氧,氮,磷,硫,钙 6. 同位素 7. 失去,得到 8. 氢键 9. 水,游离水,结合水 10. 碳,氢,非极 11. 蛋白质,核酸,脂类,糖 12. 同分异构体 13. 单糖,寡糖,多糖,单糖,多糖,同聚多糖,杂多糖 14. 多羟基醛,多羟基酮 15. 不能分解为更小分子,葡萄糖,果糖 16. 两个葡萄糖分子,α(1,4) 17. α-葡萄糖,β-果糖,(α,β-1,2) 18. α-葡萄糖,β-半乳糖,(α,β-1,4) 19. 葡萄糖 20. 血液中的葡萄糖,肝脏中的糖原,肌肉中的糖原 21. 分支多,支链短 22. 蓝,红褐 23. 疏水,甘油,脂肪酸 24. 提供能量,构成生物膜的成分,脂溶性维生素的溶剂 25. 油,脂肪 26. 升高,降低,饱和 27. 脂肪酸,磷酸及其衍生物 28. 卵磷脂,脑磷脂,肌磷脂 29. 羧,氨,甘氨酸 30. 中性,酸性,碱性,极性,内 31. α-羧基,α-氨基,多肽,肽链的氨基酸排列顺序,α-螺旋,β-折叠,β-转角,无规则卷曲 32. 凯氏微量定氮法,紫外吸收法,福林(Folin)—酚法,双缩脲法,凯氏微量定氮法 33. X—射线衍射法,核磁共振(NMR) 34. 氢键,疏水作用,范德华力 35. (α-α),(β-β-β),(α-β-β) 36. DNA,RNA,DNA,核苷酸,戊糖,磷酸,嘌呤,嘧啶 37. Watson,Crick,1953 38. 核苷酸 39. 2′ 40. 细胞核,细胞质 41. 反向平行和互补 42. 碱基堆积力,氢键,离子键,范德华力 43. 碱基,A,T,C,G,G 和 C,它们会形成三个氢键的连接,脱氧核糖,磷酸,脱氧核糖,五,0.34 44. 3.6 45. 非极性,极性 46. 等电点 47. α-螺旋,β-折叠,β-转角,无规则卷曲 48. 酪氨酸,色氨酸,苯丙氨酸 49. 肽键,二硫键,氢键,次级键,氢键,离子键,疏水键,范德华力 50. 谷氨酸,天冬氨酸,丝氨酸,苏氨酸,半胱氨酸 51. 基序(超二级结构),结构域　　52. 透析,柱层析　　53. 一级　　54. 电泳,层析　　55. 280 nm, 260 nm　　56. C＝O,N－H,氢,0.54 nm,3.6,0.15 nm;右　　57. 色氨酸,亮氨酸,异亮氨酸,赖氨酸,苏氨酸,蛋氨酸,苯丙氨酸,缬氨酸　　58. 7.24　　59. 脱氧核糖核苷单磷酸,3′－5′磷酸二酯键,高聚物,核糖2位上氧原子的有无

选择题

1. A	2. B	3. B	4. C、D	5. C	6. B	7. A	8. B
9. B	10. D	11. B	12. A	13. A	14. B	15. A、C、D	
16. D	17. B	18. A	19. B	20. B、D、E	21. A	22. A	
23. A、D	24. A	25. D	26. B	27. B	28. D	29. C	30. D
31. B	32. B	33. A	34. C	35. C	36. B	37. C	38. D
39. B	40. C	41. B	42. C	43. D	44. B	45. C	46. B
47. C	48. B	49. B	50. B、C、D		51. B、D	52. B	53. B
54. C	55. C	56. B	57. A	58. C	59. C	60. C	61. C
62. B	63. C	64. D	65. A	66. D	67. A		

连线题

1. A. 糖类:细胞壁、葡萄糖、相对高储能的营养物质
   B. 脂类:细胞膜、甘油、磷酸、激素、相对高储能的营养物质
   C. 蛋白质:氨基酸、细胞膜、酶、激素、活性位点、二硫键、电泳、280 nm 紫外吸收峰
   D. 核酸:DNA 双螺旋结构、基因、磷酸、嘌呤或嘧啶、磷酸二酯键、电泳、260 nm 紫外吸收峰
2. A－Ⅵ,B－Ⅴ,C－Ⅳ,D－Ⅲ,E－Ⅱ,F－Ⅰ
3. A－Ⅰ、Ⅲ、Ⅴ,B－Ⅰ、Ⅵ,C－Ⅱ、Ⅵ,D－Ⅰ、Ⅵ,E－Ⅳ
4. A－Ⅲ,B－Ⅳ,C－Ⅱ,D－Ⅰ,E－Ⅴ

简答题

1. N－Gly－Pro－Leu－Ala－Leu－Asp－Tyr－Val－Leu
2. 所有的化学反应本质上是为了原子外层轨道充满电子。惰性气体原子的外层轨道已经充满电子因此化学性质是不活泼的。
3. 脂肪氧化时的热值约为糖的两倍,所以更适合作为动物的能量贮存物质。相同重量的脂肪在体内比糖占有更小的体积。
4. 磷脂中甘油的三个羟基,有两个与脂肪酸结合,另一个与磷酸及其衍生物结合。两个脂肪酸的一端弯曲为疏水的尾部,而磷酸及其衍生物的一端形成亲水的头部。由于细胞处于水环境中,所以磷脂分子亲水的头部排列在外部形成亲水面,而疏水的尾部则聚集在内部而形成疏水层,这就形成了细胞膜结构的双分子层。
5. 根据相对分子质量用凝胶可过滤层析、SDS－PAGE、离心等;根据带电状况可用离子交换层析;根据等电点可用等电聚焦;另外还可使用 HPLC、双向电泳等其他方法。
6. 凝胶过滤和超过滤都是蛋白质分离纯化过程中常用的技术,但是其原理和操作都不相同。凝胶过滤是根据蛋白质分子的大小将样品中的各种蛋白质分子分开,具体操作是将样品通过装有一定规格凝胶的凝胶过滤柱,小分子的蛋白质进入凝胶孔内,大分子的蛋白质留在外面,然后用洗脱液洗脱,蛋白质依分子大小被洗脱,大分子先被洗脱,然后是小分子的蛋白质。超过滤是利用蛋白质分子不能穿过半透膜的特性除去蛋白质混合物中的小分子物质,具体操作是将样品装入透析袋,

然后利用高压或离心力,迫使蛋白质样品中的非蛋白的小分子溶质通过半透膜,蛋白质留在透析袋内。

7. 根据氨基酸中碳原子个数(不包含杂环中的碳原子)总结出的口诀可以很方便的记忆(山东农业大学张国珍教授总结)

二碳:甘(甘氨酸)

三碳:丙丝半色酪苯组(丙氨酸、丝氨酸、半胱氨酸、色氨酸、酪氨酸、苯丙氨酸、组氨酸)

四碳:天天苏(天冬氨酸、天冬酰胺、苏氨酸)

五碳:谷谷脯缬蛋(谷氨酸、谷氨酰胺、脯氨酸、缬氨酸、蛋氨酸)

六碳:亮异赖精(亮氨酸、异亮氨酸、赖氨酸、精氨酸)

8. 蛋白质一级结构指蛋白质多肽链中氨基酸残基的排列顺序。因为蛋白质分子肽链的排列顺序包含了自动形成复杂的三维结构(即正确的空间构象)所需要的全部信息,所以一级结构决定其高级结构。

9. (1) 多肽链主链绕中心轴旋转,形成棒状螺旋结构,每个螺旋含有 3.6 个氨基酸残基,螺距为 0.54 nm,氨基酸之间的轴心距为 0.15 nm。

(2) α-螺旋结构的稳定主要靠链内氢键,每个氨基酸的 N—H 与前面第 4 个氨基酸的 C═O 形成氢键。

(3) 天然蛋白质的 α-螺旋结构大都为右手螺旋。

10. 蛋白质结构的研究方法

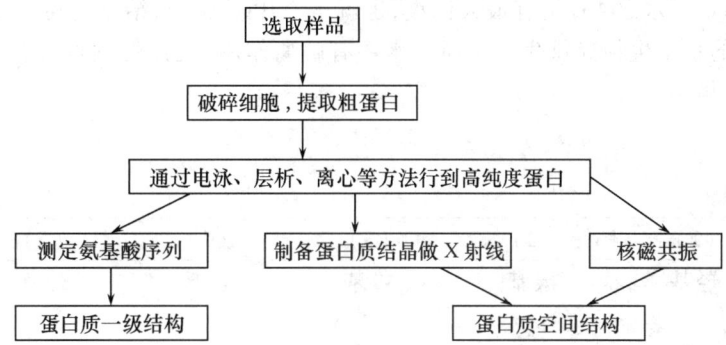

11. 蛋白质是生活细胞内含量最丰富、功能最复杂的生物大分子,并参与了几乎所有的生命活动和生命过程:

(1) 代谢反应几乎都是在酶的催化下进行的,而酶的主要成分是蛋白质;

(2) 结构蛋白参与细胞和组织的建成;

(3) 某些动物激素是蛋白质,如胰岛素、生长素等;

(4) 运动蛋白与肌肉收缩和细胞运动有关;

(5) 高等动物的抗体、补体、干扰素等蛋白质具有防御功能;

(6) 某些蛋白质具有运输功能,如血红蛋白运输氧;细胞色素和铁氧还蛋白传递电子;细胞膜上的离子通道、离子泵、载体等运输离子和代谢物;

(7) 激素和神经递质的受体蛋白有接受和传递信息的功能;

(8) 染色体蛋白、阻遏蛋白、转录因子等参与基因表达的调控;细胞周期蛋白等具有调控细胞分裂、增殖、生长和分化的功能;

(9) 种子的贮藏蛋白、卵清蛋白、血浆清蛋白等具有贮存氨基酸和蛋白质的功能。

12. 按 Watson-Crick 模型,DNA 的结构特点有:两条反相平行的多核苷酸链围绕同一中心轴互绕;碱基位于结构的内侧,而亲水的糖磷酸主链位于螺旋的外侧,通过磷酸二酯键相连,形成核酸的骨架;碱基平面与轴垂直,糖环平面则与轴平行。两条链皆为右手螺旋;双螺旋的直径为 2 nm,碱基堆积距离为 0.34 nm,两核酸之间的夹角是 36°,每对螺旋由 10 对碱基组成;碱基按 A = T,G ≡ C 配对互补,彼此以氢键相连系。维持 DNA 结构稳定的力量主要是碱基堆积力;双螺旋结构表面有两条螺形凹沟,一大一小。

13. 稳定的 DNA 双螺旋的主要作用力是碱基堆积力和氢键。

14. (1) 每个体细胞的 DNA 的总长度为:

$6.4 \times 10^9 \times 0.34$ nm $= 2.176 \times 10^9$ nm $= 2.176$ m

(2) 人体内所有体细胞的 DNA 的总长度为:

2.176 m $\times 1 \times 10^{14} = 2.176 \times 10^{11}$ km

(3) 这个长度与太阳—地球之间距离(2.2×10^9 km)相比为:

$2.176 \times 10^{11} / 2.2 \times 10^9 = 99$ 倍

15. 在外太空寻求生命的时候,最关注的就是有没有水的存在,因为水对于生命起源和生命存在是至关重要的,生物体含水量 60%~80%;水分子是极性分子,分子间可以形成氢键,因为水分子的结构和分子间的一些特性,使得它在生命活动种起着特别重要的作用,如:水是很好的溶剂,代谢活动以水为介质,生命系统中的化学反应都是在水溶液中进行,水在运输作用中起重要作用;水不仅是溶剂,还直接作为底物或者产物参与到生命的化学反应中。水有较大的比热和汽化热,有利于维持生物体内环境稳定。水温 4℃ 是有最大比重,也就是说 0℃ 以下水结冰后可以浮在 4℃ 液体水的上面,为寒冷地域的水生生物提供生活场所。水还有解离作用、较强的黏着力和毛细作用等,这些也与生命过程息息相关。

图示题

1.

编号	(1)	(2)	(3)	(4)	(5)	(6)
名称	羟基	羰基	羧基	氨基	巯基	甲基
分子结构式	—OH	C=O	—C(=O)OH	—NH₂	—S—H	—CH₃

2.

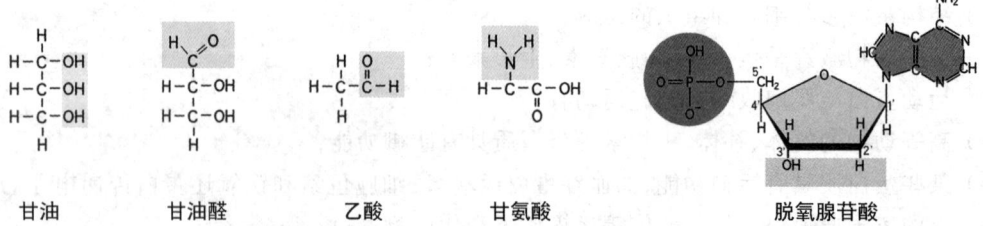

甘油　甘油醛　乙酸　甘氨酸　脱氧腺苷酸

3. (1) 二硫键:通过两个(半胱氨酸)巯基的氧化形成的共价键。

(2) 氢键:氢原子与电负性大的非金属元素形成共价键时,电子对被强烈吸向后者,而本身几乎成为"裸"质子,导致该氢原子能以静电引力作用于相邻共价键中电负性大的原子形成了氢键,成为两个电负性大的原子之间的桥原子。

(3) 离子键:是指原子之间正负电子之间的强烈的静电作用。

(4) 范德华力:中性原子之间通过瞬间静电相互作用产生的一种弱的分子间的力。当两个原子之间的距离为它们的范德华半径之和时,范德华力最强。

(5) 疏水作用:非极性分子之间的一种弱的、非共价的相互作用。

4. (1) 脱氧胞苷酸,dCMP

(2) 脱氧胸苷酸,dTMP

(3) 脱氧鸟苷酸,dGMP

(4) 脱氧腺苷酸,dAMP

(5) 胞苷酸,CMP

(6) 胸苷酸 TMP

(7) 鸟苷酸,GMP

(8) 腺苷酸,AMP

(9) 腺苷二磷酸,ADP

(10) 腺苷三磷酸,ATP

5. 因为凝胶是带有一定大小孔径的颗粒,大分子进不去而从颗粒之间洗脱下来;而小分子物质可以进入凝胶颗粒,洗脱过程中所收到的阻力更大,因此要在大分子后面洗脱下来。

6. (1) DNA 双螺旋应该为右手螺旋,图中为左手螺旋

(2) 磷酸二酯键的位置不对,应该是 3′,5′-磷酸二酯键,图中画的是 2′,5′-磷酸二酯键。

(3) 碱基配对错误。正确的是 A 与 T,C 与 G。

第 3 章 细胞——生命的基本单位

一、要点提示

细胞是生命的基本单位

　　细胞是具有完整生命力的最简单的物质集合形式,是独立有序、能够进行自我代谢调控的结构与功能体系。细胞在形态、结构和功能上的特化过程称为细胞的分化。一些来源和结构相同、行使一定功能的细胞群称为组织。多细胞生物体都是由同一个受精卵分裂和分化而来的,生物的繁殖与遗传离不开细胞分裂,细胞是生物体生长发育的基础。另外,细胞的形成还是完整生命出现的标志,因此细胞的形成是生物进化的起点。细胞的体积越小,其表面积与体积比相对就越大,越有利于代谢物质进出细胞膜。细胞的形状是多种多样的。

细胞的结构

　　按照结构的复杂程度及进化顺序,细胞可分为原核细胞和真核细胞。真核细胞中常见的细胞器有:细胞核、线粒体、叶绿体、高尔基体、溶酶体、中心体、内质网和液泡等。

流动镶嵌模型

　　根据生物膜的"流动镶嵌模型"的描述,细胞膜是一种磷脂的双分子层结构,磷脂分子疏水的"尾"向着内侧,背离水相相对排列;磷脂分子亲水的"头"则向外与环境接触。膜内部磷脂和蛋白质分子的位置是不固定的,它们在膜的水平方向甚至在垂直方向都可以自由地流动和变化。

　　分子随机运动导致的简单扩散是物质跨膜被动运输的一种最主要的方式,这种被动运输不需要能量,并且顺化学浓度梯度进行。主动运输是逆化学浓度梯度的运输方式,需要膜蛋白的参与并消耗一定的能量。生物大分子或颗粒物质的跨膜运输主要靠胞吞和胞吐两种形式来完成。

生物膜的功能

　　生物膜包括细胞膜和内膜系统,作为细胞界膜和细胞内的隔膜,分隔细胞内外、包裹形成不同的细胞器和分隔细胞内的不同区域,控制物质在细胞内部及与外界的交流。附着在粗面内质网膜上的颗粒状的核糖体是合成蛋白质的场所,核糖体上新形成的蛋白质穿膜进入内质网内部,被加工改造后又被转运到高尔基体或细胞的其他部位。粗面内质网还与核膜相连,在蛋白质的合成与运输方面起重要的协同作用。光面内质网是脂类合成和代谢的重要场所,又可转运蛋白质和脂类。除此以外,生物膜还有一些其他的功能,信息处理、能量转化、化学反应的组织与控制和受刺激后发生电化学变化是其中最重要的4类功能。

真核细胞与原核细胞比较

	原核细胞	真核细胞
代表生物	细菌、蓝细菌	原生生物、植物、动物和真菌
细胞大小	$1 \sim 10\ \mu m$	$3 \sim 100\ \mu m$
细胞核	没有真正的细胞核	有核膜、核仁和核质组成的细胞核
细胞膜	有	有
细胞器	没有线粒体、叶绿体、内质网、溶酶体等细胞器	有线粒体、叶绿体、内质网、溶酶体等细胞器
细胞壁	多数有细胞壁	植物细胞和真菌有细胞壁,动物细胞无细胞壁
核糖体	$70\ S$(由$50\ S$和$30\ S$两个亚基组成)	$80\ S$(由$60\ S$和$40\ S$两个亚基组成)
染色体	仅有一条裸露双链DNA	有两条以上的染色体,DNA与蛋白质结合
DNA	环状,存在于细胞质中	线状,存在细胞核中
核外DNA	有的细胞有质粒	有线粒体DNA和叶绿体DNA
RNA与蛋白质合成	RNA没有内含子,DNA转录为RNA与蛋白质的合成(翻译)都在细胞质中进行	RNA有内含子和外显子,DNA转录为RNA在细胞核中进行,蛋白质的合成(翻译)都在细胞质中进行
细胞质	无细胞骨架	有细胞骨架
细胞分裂	二分裂,无有丝分裂	有丝分裂和减数分裂
细胞组织	主要是单细胞生物体,不形成细胞组织	大多数是多细胞生物体并形成细胞组织

细胞周期与有丝分裂

细胞分裂是细胞繁殖的一种形式,生物的生长也依赖于细胞分裂。对多细胞生物而言,即使完成了组织分化及自身生长的过程之后,成长发育为成体,也离不开细胞分裂。新的细胞可以替代衰老或死亡的细胞,维持细胞的新陈代谢,也可以用于修复损伤的组织。从一次分裂结束到下一次分裂结束所经历的一个完整过程称为一个细胞周期。

有丝分裂包括间期、前期、中期、后期和末期。在分裂间期,完成了分裂所需要的大多数DNA、RNA和蛋白质的合成,并最终完成染色质的复制。在分裂前期,染色质开始形成染色单体并且不断变短变粗;单一染色体的两股相同的染色单体通过着丝粒连在一起,称为姐妹染色单体;核仁开始退化,变得越来越小并最终消失;纺锤丝和蛋白质在中心粒的指导下形成了纺锤体。分裂期,染色体在纺锤丝的牵引下向赤道板移动,着丝粒在赤道板上成对排列;这时染色体的数目和特征最为明显。分裂后期,染色体在纺锤丝牵引下向细胞的两极移动。分裂末期,细胞两极的染色体周围重建核膜,形成核仁,染色体解螺旋成为染色质。

减数分裂

由二倍体细胞形成单倍体细胞需要在细胞分裂过程中染色体数目减半,伴随着染色体数目减半的细胞分裂称为减数分裂。整个过程分为间期、第一次分裂和第二次分裂。在间期的S期进行染色体的复制。I前期(第一次分裂前期):染色质凝缩,变成染色体;核膜、核仁的消失和纺锤体的形成。同源染色体进行配对,称为联会,形成四分体的结构。在联会进行的时候,同源染色体之间进行交换,可导致基因的改变。Ⅰ中期:四分体排列在赤道板上,同源染色体的两个染色单体的着丝粒分别与两极相连。Ⅰ后期:同源染色体分离,但姊妹染色单体并不分离。Ⅰ末期:完成与有丝分裂末期类似的过程,形成两个细胞或者直接进入Ⅱ的中期,进行第二次分裂的过程。Ⅱ前期(第二次分裂前期):二分体染色体形成。Ⅱ中期:染色体排列于赤道板上,姊妹染色单体被维系于相对极。Ⅱ后期:姊妹染色单体在着丝点分离并向相应的一极移动,在每一极内形成含有单倍体的染色体组。Ⅱ末期:四个单倍染色体组的每一个都被核膜包被起来,核仁重新出现,染色体解螺旋成为染色质,减数分裂完成。

细胞研究方法

显微成像技术是细胞生物学研究的基本技术,包括光学显微技术和电子显微技术。二者的成像原理无太大的区别,只是使用的照明系统有所不同。

细胞化学技术用于对细胞进行形态观察和细胞成分分析,主要包括酶细胞化学技术、免疫细胞化学技术、放射自显影技术、示踪细胞化学技术等。

细胞工程技术包括体外大量培养和繁殖细胞,用于获得细胞产品或利用细胞体本身。动物细胞培养和植物细胞培养有所不同,动物细胞培养可分为贴壁培养和悬浮培养,植物细胞因为不能成分散的单个细胞传代培养所以主要采取组织培养。此外,细胞融合与单克隆抗体技术也是常用的细胞工程技术。

分离技术是一大类技术的总称,包括细胞组分的分离和生物大分子的分离。可分为离心分离技术和层析分离技术。而前者又可分为速度离心分离和等密度离分离,后者可分为凝胶过滤层析、亲和层析和离子交换层析。

二、基本概念

细胞(cell):一切生物体(病毒除外)的结构与功能的基本单位,是生命存在的最基本形式,是一切生命活动的基础。一般由细胞核、细胞质和保持界限的细胞膜组成。

细胞学说(cell theory):细胞学说的基本内容可归纳为3点:所有生物都由细胞和细胞产物组成;新的细胞必须经过已存在细胞的分裂产生;单个细胞可以是独立的生命单位,许多细胞又可以共同形成生物整体。

分化(differeniation):同一来源的细胞,通过细胞分裂在细胞间产生形态结构、生化特征和生理功能有稳定性差异的过程。

去分化(dedifferentiation):指已经分化的细胞失去特有的结构和功能变为具有未分化细胞特性的过程。

组织(tissue):指来源和结构相同,行使一定功能的细胞群。

原核生物(prokaryote):其细胞结构中没有细胞核,遗传物质为一环状DNA构成,同时细胞内不含以膜为基础的线粒体、质体、高尔基体、内质网等细胞器。原核生物主要包括真细菌、古细菌和原核藻类。

真核生物(eukaryote):指由真核细胞组成的生物。其细胞在光学显微镜下可以看到明显的细胞核和核仁。

细胞器(organelle):是指分布在细胞质中,具有特定形态、结构和生理功能的亚细胞结构,它包含有自身特定的酶系。有界膜的细胞器如内质网、高尔基体、溶酶体、线粒体、叶绿体、过氧化物酶体等；不具界膜的细胞器如核糖体、微管、微丝和中间纤维等。

染色质(chromatin)：是细胞核中由DNA和蛋白质组成并可被苏木精等染料染色的物质，染色质DNA含有大量的基因片段，是生命的遗传物质。

染色体(chromosome)：是染色质在细胞准备分裂时，经过凝缩和线性缠绕而成在的显微镜下可辨认的状态。每个物种都有着固有数量和形状的染色体，而染色体不但在不同生物内有较大差异，在同一个体内不同组织中也有区别；染色体由蛋白质和DNA组装而成，是遗传信息的载体。

内膜系统(endomembrane system)：指真核细胞细胞质内的一些由膜包被的细胞器或片层结构，包括内质网、高尔基体、溶酶体、胞内体和分泌泡等。

核糖体(ribosome)：由rRNA和蛋白质组成的粒状小体细胞器，常散于细胞质中（游离核糖体）或附着于内质网上，由大小两个亚基构成，是蛋白质合成的场所，大小亚基结合成完整的核糖体行使翻译功能。

线粒体(mitochondria)：细胞中重要而独特的细胞器，是呼吸作用进行的主要场所；在线粒体中，通过Krebs循环和氧化磷酸化作用将营养物质氧化分解，并进一步将分解获得的能量转化为化学能贮存在ATP中，供给生物生命活动之用，因此线粒体被称为生物体的"动力工厂"。

溶酶体(lysosome)：溶酶体是由单层膜包围成的小球体细胞器，内含多种水解酶；具有吞噬外来异物并将其分解的异溶作用和对细胞内衰老、死亡细胞器进行消化处理的自溶作用。

高尔基体(Golgi apparatus)：高尔基体是内质网合成产物和细胞分泌物的加工和包装的场所，最后形成分泌泡将分泌物排出。新合成的蛋白质在被运送到高尔基体后，由于糖类或其他辅基的加入而使其发生了变化。随后这些产物在高尔基体盘的边缘被包装于小泡，这些小泡又以出芽的方式脱离高尔基体盘的边缘，释入细胞质。高尔基体是由细胞内其他膜系转变而来的。

质体(plastid)：是植物细胞的细胞器，包括白色体和有色体。植物根或茎细胞中的白色体含有淀粉、油类或蛋白质。植物色彩丰富的花或果实的细胞具有有色体，有色体内含有各种色素。叶绿体是一类最重要的有色体。

细胞骨架(cell skeleton)：分布于真核细胞内的蛋白质纤维网状结构，与细胞器的空间分布与功能活动、细胞运动、物质运输、能量转换、信息传递等有着密切关系，在细胞中起到"骨骼和肌肉"的作用，通常由微丝、微管、中间纤维组成。

微管(microtubule)：是细胞骨架的主要成分之一，其主要化学成分为微管蛋白，许多微管蛋白分子排列成原丝，13条原丝围成的中空管即为微管；其主要功能包括保持细胞形状、纤毛和鞭毛的运动、原生质与染色体运动、胞内运输等。

微丝(microfilament)：指细胞内直径5~9nm，长短不一、散布、成束或交织成网的蛋白质纤维，是细胞骨架的主要成分之一，其主链蛋白由肌动蛋白组成。

鞭毛和纤毛(flagella,cilia)：普遍存在生物中的一类细胞表面延伸的运动结构；两者形态结构和生理特征没有什么区别，只是长短明显不同；纤毛倾向于以协调节奏摆动，可达1500次/min，鞭毛通常展示波浪形运动。

中心粒(centriole)：为圆筒状小体，通常成对存在，由9组三联微管排列而成，与细胞分裂时纺锤体的形成密切相关，一般由两个相互垂直的中心粒构成中心体。

膜受体(membrane receptor)：存在于细胞膜上有接受外界信号能力并能传递信息的信号介导物质，通常为蛋白质。

渗透作用(osmosis)：溶剂分子可以自由通过半透膜，而溶质分子则不能，这种现象叫做渗透，水的简单扩散就是渗透作用。

被动运输(passive transport):顺浓度梯度把物质由高浓度一侧跨膜运到低浓度一侧的过程,该过程不消耗细胞的代谢能,包括简单扩散和易化扩散。

简单扩散(simple diffusion):被动运输的一种方式,沿浓度梯度或电化学梯度扩散,其扩散速度与膜两侧的浓度差(电位差)成正比,不消耗能量,也不需要膜蛋白的协助。

易化扩散(facilitated diffusion):被动运输的一种方式,又称为协助扩散;指一些物质在膜蛋白的协助下由高浓度一侧向低浓度一侧扩散,该过程不需耗能,载体蛋白具有特异性,一个特定的载体蛋白只运送一种分子或离子。

主动运输(active transport):逆浓度梯度把物质由低浓度一侧跨膜运到高浓度一侧的过程,该过程消耗细胞的代谢能并需要膜蛋白的参与,其最重要的作用是保持细胞内部的一些小分子物质的浓度与周围环境相比有较大的差别。

类囊体(thylakoid):是单层膜围成的扁平小囊,沿叶绿体的长轴平行排列。膜上含有光合色素和电子传递链组分,又称光合膜。

流动镶嵌模型(fluid mosaic model):一种生物膜结构的模型。在这个模型中,生物膜被描述成镶嵌有蛋白质的流体脂双层,脂双层在结构和功能上都表现出不对称性。有的蛋白质"镶"在脂双层表面,有的则部分或全部嵌入其内部,有的则横跨整个膜。另外脂和膜蛋白都可以进行横向扩散。

质壁分离(plasmolysis):是指植物细胞由于过度失水,细胞缩小所发生的细胞质与细胞壁分离。

载体蛋白(carrier protein):又称做载体(carrier)、通透酶(permease)和转运器(transporter),能够与特定溶质结合,通过自身构象的变化,将与它结合的溶质转移到膜的另一侧,载体蛋白有的需要能量驱动,如各类ATP驱动的离子泵,有的不需要能量,以自由扩散的方式运输物质,如缬氨霉素。

通道蛋白(channel protein):指在易化扩散过程中,起着通道作用的膜蛋白。通道蛋白与所转运物质的结合较弱,它能形成亲水的通道,当通道打开时能允许特定的溶质通过,所有通道蛋白均以自由扩散的方式运输溶质。

膜电势(membrane potential):指由于分布在膜两侧的阴离子与阳离子数量不等造成的膜的电位差。

离子泵(ion pump):离子泵是镶嵌在质膜脂质双分子层中具有运输功能的ATP酶。可以将离子逆电化学梯度的方向运输,增大了膜两侧的电位差。常见的离子泵类型有:Na^+-K^+泵、Ca^{2+}泵、质子泵等。

质子泵(proton pump):质子泵有3类:P型质子泵、V型质子泵、F型质子泵。

P型质子泵:载体蛋白利用ATP使自身磷酸化,发生构象的改变来转移质子或其他离子,如植物细胞膜上的H^+泵、动物细胞的Na^+-K^+泵、Ca^{2+}离子泵、H^+-K^+ATP酶。

V型质子泵:位于小泡的膜上,由许多亚基构成,水解ATP产生能量,但不发生自磷酸化,位于溶酶体膜、动物细胞的内吞体、高尔基体的囊泡膜、植物液泡膜上。

F型质子泵:是由许多亚基构成的管状结构,H^+沿浓度梯度运动,所释放的能量与ATP合成偶联起来,所以也叫ATP合酶。F型质子泵不仅可以利用质子动力势将ADP转化成ATP,也可以利用水解ATP释放的能量转移质子。

Na^+-K^+泵(sodium-potassium pump):即Na^+-K^+ATP酶,是由两个大亚基、两个小亚基组成的4聚体。Na^+-K^+泵作用是:①维持细胞的渗透性,保持细胞的体积;②维持低Na^+高K^+

的细胞内环境,维持细胞的静息电位。

核小体(nucleosome):核小体是由 DNA 与组蛋白共同组装形成的染色质的基本结构单位。其结构要点:①每个核小体单位包括 200 bp(碱基对个数)左右的 DNA 和一个组蛋白八聚体以及一个分子的组蛋白 H1;②DNA 分子以左手方向盘绕组蛋白八聚体两圈;③一个组蛋白 H1 分子与 DNA 结合,锁住核小体 DNA 的进出口,从而稳定了核小体的结构。

着丝粒(centromere):中期染色体的较细部位称为主缢痕,着丝粒在主缢痕的染色质部位。姐妹染色体通过着丝粒相连。

同源染色体(homologous chromosome):是指多数动物和植物的体细胞的细胞核中一条来自父系,另一条来自母系的一对染色体。同源染色体上基因的分布基本相同。

姐妹染色单体(sister chromatid):在真核细胞分裂前的准备期,细胞核内染色体在复制之后,形成纵向并列的两条染色单体,它们通过着丝粒相连,这一对染色体称为姐妹染色单体。

核型(karyotype):一种生物的细胞在有丝分裂中期染色体组的数目、大小、形态特征等表形被称为核型。每种生物正常的细胞都有特征的核型模式图。核型分析是诊断人类遗传病、判断不同物种间亲缘关系与进化的重要手段。

细胞周期(cell cycle):是指有分裂能力的细胞,从上一次分裂结束到下一次分裂结束所经历的一个完整过程。

有丝分裂(mitosis):经过分裂间期的遗传物质复制和分裂前期、中期、后期和末期 4 个时期的一系列复杂的核变化,使细胞中遗传物质平均分配到两个子细胞中使它们含有与母细胞相同的染色体组。有丝分裂的特征是子细胞染色体数量与母细胞相同。

减数分裂(meiosis):是一种特殊的有丝分裂,二倍体细胞通过减数分裂形成单倍体的生殖细胞。其特点是 DNA 复制一次,而细胞连续分裂两次,产生 4 个染色体数目为母细胞的一半的子细胞。

时相(phase):细胞周期就好像一个椭圆形的赛车跑道,周期性细胞在这条道上经历了 G_1 期—S 期—G_2 期—M 期—C 期的全过程。这 5 个期称为 5 个时相。

细胞周期检验点(cell cycle checkpoint):从单细胞生物(如酵母菌)到高等多细胞生物(如人),都普遍存在细胞周期的控制系统,监视和调控细胞周期时相正常运转。在真核生物细胞中,这一控制系统包含 3 个主要细胞周期检验点,它们分别位于 G_1 期后部,G_2 期末尾和 M 期结束时。

联会(synapsis):在减数第一次分裂的前期,来自母本和父本的同源染色体两两配对的现象。

四分体(tetrad):由于每一个染色体实际含有一对姐妹染色单体,因此联会复合体共有 4 个染色单体,称四分体。联会复合体的形成使同源的非姐妹染色单体间形成交叉并有可能发生对等片段的交换,最终导致遗传物质的非随机重组,从而造成了子代生物遗传特性的变异。

分辨率(resolving power):所分辨的两个影像之间的最小距离。通俗地说,分辨率就是显微镜观察物体的清晰程度。

沉降系数(sedimentation coefficient):沉降系数是以时间表示的溶质在单位离心力场中的沉降速度。使用超速离心机。根据沉降速度法求算。把 10^{-13} s 作为 1 Svedberg 单位,以 S 表示。对于同一种分子或形状密度相同的颗粒,S 值可以表示该分子或颗粒的大小。

放射自显影技术(autoradiography):是一种对细胞内生物大分子进行动态追踪研究的有效技术,它利用加入到细胞内的放射性同位素的电离辐射对感光材料(如 X 光底片)显影作用来检测细胞内特定标记的生物大分子的位置与含量。在活细胞及组织培养或生长阶段,加入的放射性前体分子被细胞吸收后,被用于合成特定的生物大分子。

流式细胞仪技术(flow cytometry, FCM)：是一种对处在液流中的细胞或其他生物微粒(如细菌)逐个进行多参数的快速定量分析和分选的技术。简言之，流式细胞仪是测量染色细胞标记物荧光强度的细胞分析仪，是对细胞的物理或化学性质，如大小、内部结构、DNA、RNA、蛋白质、抗原等进行快速测量并可分类收集的高技术，FCM 以其快速、灵活、大量、灵敏和定量的特色，广泛应用于基础研究和临床实践各个方面，包括细胞生物学、肿瘤学、血液学、免疫学、药理学、遗传学及临床检验学等，在各学科领域发挥着重要的作用。

胞吞(endocytosis)：细胞膜转运大分子或大颗粒进入细胞的过程；大多数细胞类型可以在细胞膜表面形成微小的暂时性凹陷和突起，细胞可以利用这些结构通过细胞膜识别、膜内陷脱落等过程把物质运入细胞。

胞饮(pinocytosis)：一种特异的胞吞作用，当被包裹进囊泡的是液体物质或是含有机分子及其他营养物质的溶液时，该过程被认为较普通胞吞更加特异，形成的囊泡被称为胞饮泡。

胞吐(exocytosis)：细胞膜转运大分子或大颗粒至细胞外的过程；这些物质在细胞内被膜包围形成小泡，与质膜接触并在接触点上发生蛋白质构象变化而与质膜融合在一起，产生孔道使内容物排出细胞外；是细胞分泌激素和其他物质的主要机理。

细胞分化(cell differentiation)：细胞分化是细胞在形态结构、生理功能和蛋白质合成等方面发生稳定差异的过程；一个显著特点是分化状态的稳定性，特别是在高等生物中；对于多细胞生物，细胞分化发生于整个生活史中，但胚胎期是最重要的细胞分化期，同时很多类型的细胞分化是在发育早期一次发生的；细胞分化的基础是核基因的选择性表达。

干细胞(stem cell)：干细胞是具有复制，高度增殖和多向分化潜能的细胞群体，具有经培养不定期地分化并产生特化细胞的能力，根据其分化特性分为全能干细胞(具有形成完整个体的分化潜能)、多能干细胞(失去了发育成完整个体的能力，但具有分化出多种细胞组织的潜能)和专能干细胞(只具有向一种类型或密切相关的两种类型细胞分化的能力)。

三、热点聚焦

寻找地球生命的祖先

地球上的物种成千上万，但他们可能都来源于一个共同的祖先。地球生命的祖先到底是谁？为了揭开它神秘的面纱，进化生物学家们希望从目前存在的生物中找到某些相似处去探求它们祖先的真面目。科学家们想知道前生命环境下，原始细胞是怎样出现的，是怎样的化学反应造就了它们。当然，探索最原始的生物的起源也有助于外星生物学家们了解到底怎样的行星环境可以产生生命。

19 世纪末，系统发生学之父 Haeckel 把一种公认的简单单细胞生物"the monera"置于他的生命系统发生树的根部，作为一切生物的祖先。100 多年以后，生命系统发生树的基部由原核生物取代了"the monera"的位置。原核生物是地球上最原始的生命形态的理论已经被大多数生物学家所接受。但个别生物学家认为原核生物的简单性并不是原始的代名词，而是它们用自己的方式把复杂的结构变得更简单，更有效。比如提高繁殖率和对差异很大环境的适应力都是这种能力的体现。

但是所有的生物教科书都接受了原核起源学说，而且大多数生物学家认为：找到最原始的生物体和最原始的原核生物是一回事。一段时间里，由于支原体具有小的基因组和缺乏细胞膜，而被当作最原始的生物。近来，原始细菌成为最广为认可的原始生物，特别是那些生活在极度酷热环境下的被称为极端嗜热菌的原始细菌。这种认识同最近盛行的生命出现在高温环境下的假说相一致。

这些新的发展显然证实了先前所描述的策略：通过现代原核生物的共同点来找寻最早的原始生物。

rRNA 序列的比较分析令人惊讶的揭示了细胞有机体根本上可以被分成 3 个差异很大的类群：两个原核的群包括原始细菌和真细菌，和一个真核生物群。而且这 3 个群之间的进化距离是相同的，原始细菌的位置位于另外两个群之间。用新的三分法替代了将生物界分为原核生物和真核生物的二分法。

原始细菌是一个不同的类似细菌的微生物集合。这个集合有着显著的系统发生的多样性。它们包括生产甲烷的厌氧性物种（甲烷杆菌），细菌生活在高盐的环境（盐杆菌）和大量嗜热菌。包括好氧菌、厌氧性菌，嗜酸菌和嗜中性菌。在分子水平中，原始细菌既展现了典型的"原核"生物的特征——环状染色体和聚合成操纵子的基因；同时又有独特的特征，例如具有醚酯键；以及真核生物的特征——转录系统和真核生物非常类似。

为了强调真细菌和原始细菌在进化上巨大的差异性，Woese 的研究小组在 1990 年建议把这两个同属于原核生物的类群重新命名为细菌和古细菌。这一命名法目前被研究古细菌的科学家们广泛采用，但是仍然有少数人持反对意见。他们认为，在分类学上，表型比基因型更重要。事实上，古细菌这个名称很容易使人产生错觉，认为这类独特的微生物是原核生物中比较原始的一类。但是实际上到底他们是不是真的就是比较古老的一类细菌尚无定论。最初支持古细菌是原始类群的证据主要有两个：第一，甲烷杆菌生存的充满氢气和二氧化碳的厌氧环境与假想中地球的原始大气成分类似；第二，甲烷杆菌在系统发生树上巨大的差异性显示出这类生物在进化历程上被比较早的分化出来。后来的研究表明，在系统发生树上，这 3 类生物的差异性都很大，差异性最大的还是真核生物。

最近有两个研究小组试图采用同源蛋白来构建系统进化树，该同源蛋白是由在 3 个类群分离之前的古基因表达的。这和以前基于 rRNA 的系统进化树有所不同。他们得出的结论是细菌是最原始的分支。这说明生物在进化过程中先分化出细菌，然后才进行了古细菌和真核生物的分化。从这个结论可以推断出生命的共同祖先是一种原核生物类似物，因为从它分化出的两个分支上都包括原核生物。

这一结论获得了生物界的广泛支持，因为它在实验的基础上证实了一直被人们认可的原核起源学说。Woese 还在 1990 年以它为论据提出把细菌和古细菌分开。然而，如此重要的实验结论必须经过仔细检验，这个结论还激发了生命热起源论的假说。一些科学家认为细菌和古细菌都起源于共同的耐热的祖先。既然生命进化树的根部在细菌分支旁边，也就是说所有原核生物的祖先就是所有生命的祖先，那么根据热起源论，所有现代生物的祖先起源于高度耐热的生物。

从化石记录来看，现在尚未发现保存完整的古细菌微化石，然而 35 亿年前的岩石记录中碳氢同位素的比率显示当时有大量甲烷产生，这说明在那之前已经有古细菌中的甲烷杆菌的存在，而假想中当时广泛存在的火山活动也给古细菌产生提供了良好的环境条件。

与古细菌不同，35 亿年前的蓝细菌化石却被大量发现。这说明蓝细菌从别的细菌中分化出来的年代至少在 35 亿年之前。也就是说细菌家族的分化大致在距今 35～40 亿年之间发生。这说明至少在有古细菌的年代里，细菌已经出现了。

现今发现的最古老的肉眼可见的真核生物化石是距今 21 亿年前的真核藻类化石。这说明真核生物的起源在那之前。这支持了 Sogin 和 Knoll 所提出的原始真核生物可能和原核生物起源一样早的观点。他们认为最原始的真核生物不但缺少细胞壁而且缺少其他适合于化石化的结构，并以此推测其他古老的原核生物化石都是伪产品。如果真核生物的分化真的发生在 20 亿年前，那么真核生物和原核生物的分化发生在古细菌和细菌分化的同一年代（35 亿年前）的结论也存在着很大的可能性。真核生物在 20 亿年前分化的理论和目前酵母及人的分化发生在约 15 亿年前的假想相符合。但是根据外推法将通过 rRNA 的系统进化树推断出原核生物和真核生物的分化发生在 90 亿年前！也就是说发生在地球产生之前！那么要么是史前生物入侵了地球，要么就是 rRNA 最初几十亿年的进化速率和现在的大不一样。

总之，对地球上最原始生命的探求工作还在不断地进行着。我们有理由相信在微生物学家、分子生物学家、化学家和外星生物学家的共同努力下，它的神秘面纱终将被揭开。

四、精选习题

填空题

1. 最早制作出显微镜的荷兰业余科学家（　　）最先观察到了细胞，他制作的显微镜达到可以将微小物体放大到（　　）倍的能力；现在的光学显微镜的放大倍数最高可达（　　）倍；而电子显微镜的放大倍数可达几（　　）倍。显微镜的一个重要光学性能是其分辨率，分辨率是指（　　）；光学显微镜的分辨率一般达到小于（　　），但不能分辨小于（　　）的物体结构。
2. 植物细胞壁最主要的成分是（　　），它构成了细胞壁的结构单位（　　），（　　）相互交织成网状，形成细胞壁的基本结构。
3. 真核细胞中，遗传物质处于细胞核中，细胞核包括（　　）、（　　）、（　　）和（　　）等部分。
4. 目前发现的最小最简单的细胞是（　　）。
5. 真菌类细胞属于（　　）细胞，它们既有植物细胞的某些特征，如有（　　），同时又行（　　）生长。
6. 生物膜的磷脂双分子层结构是由两位荷兰科学家（　　）和（　　）提出的，而蛋白质是镶嵌在脂双层中的，（　　）实验可以支持生物膜的"流动镶嵌模型"。
7. 物质的跨膜运输可归纳为两类形式，一类为（　　），另一类是（　　）；后者是逆（　　）的运输方式，需要（　　）的参与，其最主要的作用是保持细胞内部的一些小分子物质的浓度与周围环境相比有较大的差别。
8. 含有多种水解酶，可催化蛋白质、核酸、脂类、多糖等生物大分子的分解，消化细胞碎渣和从外界吞入的颗粒，这种细胞器叫（　　）。
9. 粗面内质网中的囊泡最可能走向是（　　）。
10. 液泡的主要成分是（　　），还有（　　）、（　　）和（　　）等，有时还含有花青素。
11. 微管、微丝和中间纤维构成了细胞骨架，起到（　　）、（　　）和（　　）的功能；微管由（　　）组成，微丝由（　　）分子组成，中间丝则由（　　）组成，而核骨架的主要成分是（　　）。
12. 细胞骨架是指存在于真核细胞中的蛋白纤维网架体系，狭义的骨架系统主要指细胞质骨架包括（　　）、（　　）和（　　）。
13. 广义的细胞骨架包括（　　）、（　　）、（　　）和（　　）。
14. 细胞有 3 种内吞形式：（　　）、（　　）和（　　），其中（　　）作用是有很强特异性的。
15. 最主要的细胞组分分离技术是（　　）和（　　）。
16. 真核细胞中，属于双膜结构的细胞器是（　　），（　　），（　　）。而属于内膜系统的结构是（　　），（　　），（　　）；而内膜系统的产物有（　　），（　　）等。
17. 叶绿体中含量最多的酶是（　　）。
18. 叶绿体类囊体膜上色素分子按照其作用可以分为两大类，分别为（　　）和（　　）。

19. 按照膜蛋白的位置及其与脂分子的结合方式和牢固程度,膜蛋白被分成(　　)和(　　)。
20. 内在蛋白主要是跨膜蛋白,主要依靠(　　)以及(　　)相互作用而嵌入脂双层膜上。
21. 能够将蛋白进行修饰、分选并分泌到细胞外的细胞器是(　　)。
22. 线粒体中 ATP 的合成是在(　　)上进行的,ATP 合成所需能量的直接来源是(　　)。
23. 根据内质网上是否具有核糖体,可区分出(　　)和(　　)。其中(　　)无核糖体附着,是脂类合成和代谢的重要场所。(　　)膜上附有颗粒状的核糖体,在蛋白质的合成与运输方面起重要的作用。
24. 位于高尔基体反面区域的膜成分与(　　)的膜成分相类似,而位于高尔基体顺面区域的膜成分与(　　)的膜成分相同。
25. 溶酶体是由(　　)断裂而产生,内含多种(　　),可催化蛋白质、核酸、脂类、多糖等生物大分子分解,消化细胞碎渣和从外界吞入的颗粒。
26. 易化扩散和主动运输的相同之处主要在于(　　),主要区别在于易化扩散是(　　),主动运输是(　　)。
27. 以载体蛋白为中介的易化扩散具有(　　)、(　　)和(　　)等特点。以通道蛋白为中介的易化扩散则具有(　　)、(　　)现象,通道有(　　)和(　　)两种不同的机能状态。
28. 生物大分子如蛋白质、多糖等的跨膜运输主要靠(　　)和(　　)两种形式来完成。
29. 细胞周期调控中的两个主要因子(　　)和(　　),其中(　　)是催化亚基,(　　)相当于调节亚基。细胞能否顺利通过周期检验点进入下一时相,关键取决于这两个因子组成的引擎分子的周期性变化。
30. 动物细胞连接有(　　),(　　),(　　)和(　　)等几类;植物细胞间的连接是(　　)。
31. (　　)是细胞繁殖前在细胞内有规律的循环;对于有分裂能力的细胞,从(　　)到(　　)所经历的一个完整过程称为一个细胞周期。
32. 多数动物和植物的体细胞是(　　)。亲本的每一个配子只带有一组染色体,叫(　　),用 n 表示;单倍体染色体组所含有的全部遗传信息称为(　　);人类的个体中染色体数目是(　　)条,在精子或卵子中的染色体数为(　　)条。
33. 卵子发生和精子发生都包括(　　)的等分;(　　)的不等分发生在(　　)的发生过程中,而其等分发生在(　　)的产生过程中。
34. 从增殖的角度可将细胞分为(　　),(　　)和(　　)。(　　)是可以正常进行分裂的细胞,(　　)是在一定条件下暂时不分裂的细胞,(　　)是不再分裂的细胞。
35. 周期检验点分别位于(　　)后部,(　　)末尾和(　　)结束时。
36. M 期的时间长度取决于活性(　　)变化,因为(　　)本身会使二聚体上的周期蛋白自我降解。
37. (　　),又称(　　),此时细胞暂时脱离细胞周期,但在某些条件的诱导下重新进入细胞周期。
38. 有丝分裂过程可以划分为(　　)、(　　)、(　　)、(　　)和(　　)。
39. 核膜破裂标志着(　　)期的开始。
40. 所有染色体排列到赤道板上,标志着细胞分裂进入(　　)期。
41. 有丝分裂中姐妹染色单体分离并向两极运动,标志着细胞分裂(　　)期的开始。
42. 染色体到达两极标志着细胞分裂进入(　　)期。

43. 端粒酶是包含有特殊（　　）序列和独特的一小段（　　）的蛋白酶。端粒长度和端粒酶活性与细胞（　　）密切相关。
44. 减数分裂过程包括两个阶段,分别称为（　　）和（　　）；DNA 复制发生于在（　　）开始前的（　　），且只有这一次复制。
45. 利用显微镜观测样品时,清晰度决定于显微镜的（　　）和（　　），同时还与样品和背景的（　　）等有关。利用（　　）显微镜,可提高活体细胞的相差及清晰度。
46. 流式细胞仪可以连续测定细胞中（　　），（　　）和（　　）含量的变化,并能将（　　）分离出来。
47. 利用希夫(Schiff)试剂与醛基间的反应来检测细胞中的（　　）；用四氧化锇与不饱和脂肪酸的反应检测细胞中的（　　）；用汞试剂或重氮化合物检测（　　）的变化；用免疫荧光显微镜或免疫电镜技术检测细胞内的（　　）反应。
48. 福尔根染色用于检验细胞内的（　　）特别有效。
49. JC-1 是一种阳离子荧光染料化合物,它可以被用来检测（　　）内外的电位差,当线粒体内膜产生跨膜电位差时,在高膜电位一侧显现（　　）色荧光,而在低膜电位一侧显现（　　）色荧光。

选择题

1. **下列（　　）不是由双层膜所包被的。
   A. 细胞核　　　　B. 过氧物酶体　　　　C. 线粒体　　　　D. 质体
2. **最小、最简单的细胞是（　　）。
   A. 痘病毒　　　　B. 蓝细菌　　　　C. 支原体　　　　D. 古细菌
3. **下列（　　）细胞周期时相组成是准确的。
   A. 前期 – 中期 – 后期 – 末期　　　　B. $G_1 - G_2 - S - M$
   C. $G_1 - S - G_2 - M$　　　　D. $M - G_1 - S - G_2$
4. **引导细胞周期运行的引擎分子是（　　）。
   A. ATP　　　　B. cyclin　　　　C. Cdk　　　　D. MPF
5. **下面（　　）不是有丝分裂前期的特征。
   A. 核膜解体　　　　B. 染色质凝集　　　　C. 核仁消失　　　　D. 胞质收缩环形成
6. **下列细胞器中,作为细胞分泌物加工分选的场所是（　　）。
   A. 内质网　　　　B. 高尔基体　　　　C. 溶酶体　　　　D. 核糖体
7. **不直接消耗 ATP 的物质跨膜主动运输方式是（　　）。
   A. $Na^+ - K^+$ 泵　　　　B. 质子泵　　　　C. 简单扩散　　　　D. 协同运输
   E. 易化扩散
8. **细胞核不包含（　　）。
   A. 核膜　　　　B. 染色体　　　　C. 核仁　　　　D. 核糖体
   E. 蛋白质
9. **细胞膜不具有（　　）的特征。
   A. 流动性　　　　B. 两侧不对称性　　　　C. 分相现象　　　　D. 不通透性
10. **真核细胞的分泌活动与（　　）无关。
    A. 粗面内质网　　　　B. 高尔基体　　　　C. 中心体　　　　D. 质膜

11. **真核细胞染色质的基本结构单位是( )。
    A. 端粒　　　　　B. 核小体　　　　　C. 染色质纤维　　　　D. 着丝粒
12. 下列细胞中含线粒体数量最多的是( )。
    A. 白细胞　　　　B. 红细胞　　　　　C. 肌细胞　　　　　　D. 神经细胞
13. 生物学上界定有性生殖的概念是,凡是有有性生殖细胞参与的生殖都属于有性生殖,按这个定义,下列增加个体数的方式中,属于有性生殖范畴的有( )。(多选)
    A. 蕨类植物的孢子生殖　　　　　　B. 蜜蜂的孤雌生殖
    C. 蟾蜍未受精的卵细胞经人工刺激后发育成新个体
    D. 克隆羊多莉产生的过程　　　　　E. 由受精卵发育成新个体
14. 下列对于光学显微镜和电子显微镜描述不正确的有( )。(多选)

	光学显微镜	电子显微镜
A.	用光束来观察物体	利用电子束来观察物体
B.	使用玻璃透镜聚焦	使用磁透镜聚焦
C.	样品必须被杀死和污染	样品可以是活的和不被污染
D.	放大倍数较大	放大倍数不大

15. 线粒体的主要功能是( )。
    A. DNA 的储藏部位　　　　　　　　B. 脂肪类物质合成的场所
    C. 蛋白质合成的场所　　　　　　　D. ATP 形成的部位
16. 线粒体和叶绿体共同的是( )。
    A. 可以产生 ATP　　　　　　　　　B. 存在于所有的真核生物中
    C. 消耗氧气　　　　　　　　　　　D. 都可以存在于某些原核生物中
17. 高尔基体的主要作用是( )。
    A. 蛋白质合成的场所　　　　　　　B. 加工和包装蛋白质和脂类的场所
    C. 脂类合成的场所　　　　　　　　D. ATP 形成的部位
18. 存在于动物细胞而细菌细胞中不存在的是( )。
    A. DNA　　　　　　B. 核糖体　　　　　C. 细胞膜　　　　　　D. 内质网
19. 只存在于动物细胞的细胞器是( )。
    A. 溶酶体　　　　　B. 内质网　　　　　C. 线粒体　　　　　　D. 高尔基体
20. 只存在于植物细胞中的细胞器有( )。
    A. 中央大液泡　　　B. 质体　　　　　　C. 叶绿体　　　　　　D. 以上都是
21. 下列动物细胞和植物细胞中都存在的细胞器是( )。
    A. 线粒体　　　　　B. 叶绿体　　　　　C. 大液泡　　　　　　D. 溶酶体
22. 下列细胞器为非膜结构的是( )。
    A. 线粒体　　　　　B. 内质网　　　　　C. 高尔基体　　　　　D. 核糖体
23. 关于真核细胞的遗传物质,下列叙述有误的是( )。
    A. 为多条 DNA 分子　　　　　　　　B. DNA 分子常与组蛋白结合形成染色质
    C. 均匀分布在细胞核中　　　　　　D. 包含有种类繁多的基因

24. 真核生物体细胞增殖的主要方式是(　　)。
    A. 有丝分裂　　　　　　　　　　　　B. 减数分裂
    C. 无丝分裂　　　　　　　　　　　　D. 有丝分裂和减数分裂
25. 溶酶体的 H^+ 浓度比细胞质中高(　　)倍。
    A. 5　　　　　　B. 10　　　　　　C. 50　　　　　　D. 100 以上
26. 膜蛋白高度糖基化的细胞器是(　　)。
    A. 溶酶体　　　B. 高尔基体　　　C. 过氧化物酶体　　　D. 线粒体
27. 下面关于核仁的描述错误的是(　　)。
    A. 核仁的主要功能之一是参与核糖体的生物合成
    B. rDNA 定位于核仁区内
    C. 细胞在 G_2 期,核仁消失
    D. 细胞在 M 期末和 S 期重新组织核仁
28. 下列不属于细胞学说内容的是(　　)。
    A. 细胞是最简单的生命形式　　　　　B. 生物体由一个或多个细胞构成
    C. 细胞来源于细胞　　　　　　　　　D. 细胞是生命的结构单元
29. 下列不是动植物细胞主要区别的是(　　)。
    A. 细胞壁　　　B. 质体　　　C. 核糖体　　　D. 液泡
30. 下列不属于高等植物细胞中的是(　　)。
    A. 细胞壁　　　B. 质膜　　　C. 核糖体　　　D. 中心体
31. 植食者可以消化植物细胞壁,主要是由于它们可以利用(　　)。
    A. 胰蛋白酶　　　B. 淀粉酶　　　C. 脂肪酶　　　D. 纤维素酶
32. 原生质中最丰富的物质是(　　)。
    A. 蛋白质　　　B. 脂类　　　C. 水　　　D. 糖类
33. 关于细胞核正确的说法是(　　)。
    A. 由单层膜包被　　　　　　　　　　B. 核膜上有简单的空洞叫核孔
    C. 核质由水、蛋白质和少量 RNA 组成　D. 一个核一个核仁
34. 下列描述和高尔基体功能不相符的是(　　)。
    A. 是细胞分泌物的加工和包装场所
    B. 可合成一些生物大分子
    C. 与植物分裂时的新细胞膜和新细胞壁的形成有关
    D. 与蛋白合成有关
35. 与呼吸作用有关的细胞器是(　　)。
    A. 核糖体　　　B. 高尔基体　　　C. 质体　　　D. 线粒体
36. 真核细胞的分泌活动与(　　)无关。
    A. 粗面内质网　　　B. 高尔基体　　　C. 中心体　　　D. 质膜
37. 下列不属于叶绿体与线粒体的相似之处的是(　　)。
    A. 内膜上都含有电子传递系统
    B. 含有的电子传递系统都与 ADP 的磷酸化相偶联
    C. 都含有内外两层膜
    D. 均在基质中形成 ATP,ATP 合成酶结构与功能十分相似

38. 内共生起源理论主要是对（　　）起源的解释。（多选）
   A. 细胞核　　　　B. 线粒体　　　　C. 高尔基体　　　　D. 叶绿体
39. 单细胞的动物在（　　）中进行食物消化。
   A. 伸缩泡　　　　B. 胞咽　　　　C. 食物泡　　　　D. 水泡
40. 关于质体描述正确的是（　　）。（多选）
   A. 是叶绿体的一种　　　　　　　　B. 白色体贮存淀粉和蛋白
   C. 有色体含色素　　　　　　　　　D. 无色体和有色体间可相互转化
41. 线粒体和叶绿体中含有（　　）DNA。
   A. 环状双链　　　B. 环状单链　　　C. 线状双链　　　D. 线状单链
42. 下列对粗面内质网的描述错误的是（　　）。
   A. 有核糖体附着　　　　　　　　　B. 和细胞膜相连
   C. 和核膜相连　　　　　　　　　　D. 与蛋白质的合成和运输相关
43. 粗面内质网与光面内质网的不同在于是否和下列（　　）的结合。
   A. 线粒体　　　　B. 溶酶体　　　　C. 核糖体　　　　D. 质体
44. 不属于光面内质网功能的是（　　）。
   A. 氧化分解有毒物质　　　　　　　B. 合成蛋白质
   C. 合成脂类　　　　　　　　　　　D. 糖原分解
45. 下列与真核细胞的分泌活动无关的是（　　）。
   A. 质膜　　　　　B. 高尔基体　　　C. 溶酶体　　　　D. 粗面内质网
46. 在细胞代谢过程中，需氧的细胞器是（　　）。
   A. 核糖体　　　　B. 叶绿体　　　　C. 溶酶体　　　　D. 线粒体
47. 动物细胞膜结构通常占细胞干重的（　　）。
   A. 20%～30%　　 B. 40%～50%　　 C. 50%～60%　　 D. 70%～80%
48. 膜蛋白与膜脂的相互作用主要通过（　　）。
   A. 范德华力　　　B. 离子键　　　　C. 氢键　　　　　D. 疏水作用
49. 生物膜的厚度一般在（　　）。
   A. 0.8 nm 左右　 B. 8 nm 左右　　 C. 80 nm 左右　　D. 800 nm 左右
50. 细胞膜不具有下列（　　）特征。
   A. 流动性　　　　B. 两侧不对称性　C. 分相现象　　　D. 不通透性
51. 下列不属于细胞膜的功能描述的是（　　）。
   A. 物质的跨膜运输　　　　　　　　B. 细胞与细胞之间的通讯
   C. 细胞器的组织与定位　　　　　　D. 合成一些生物大分子
52. 下列是膜中脂质的是（　　）。
   A. 甘油磷脂　　　B. 鞘脂　　　　　C. 固醇　　　　　D. 上述各项
53. 质膜上的糖链（　　）。（多选）
   A. 只存在于质膜外层　　　　　　　B. 各种细胞器膜上都有糖分子
   C. 与细胞识别有关　　　　　　　　D. 主要成分是蔗糖
54. 膜磷脂中最多的是（　　）。
   A. 甘油磷脂　　　B. 鞘磷脂　　　　C. 胆固醇　　　　D. 鞘糖脂

55. 生物膜脂质双分子层的主要成分是(　　)。
    A. 磷酸胆碱　　　　B. 脂肪酸　　　　C. 卵磷脂　　　　D. 类固醇
56. 下列不被膜包被的细胞器是(　　)。
    A. 线粒体　　　　B. 高尔基体　　　　C. 核糖体　　　　D. 溶酶体
57. 下列对物质跨膜运输描述不正确的有(　　)。(多选)
    A. 单纯扩散只能从高浓度向低浓度
    B. 易化扩散和主动运输都需要载体和消耗大量的能量,只是作用方式不同
    C. 胞吞和胞吐有利于大颗粒的运输
    D. 胞吞和胞吐是完全一致的可逆过程
58. 对 Na^+ - K^+ 泵描述正确的是(　　)。(多选)
    A. 帮助在膜两侧建立起电化学梯度　　　B. 使 K^+ 在膜外面富集
    C. 需要载体和能量　　　　　　　　　　D. 需要载体不需要能量
59. 主动运输中(　　)。
    A. 依赖于细胞活动产生的能量
    B. 被运输分子的量与消耗的能量成正比
    C. 运输速度大于扩散和渗透
    D. 主动运输达到稳衡状态时,膜两侧的电位相同
60. 小肠上皮吸收葡萄糖是(　　)。
    A. 单纯扩散　　　　B. 易化扩散　　　　C. 主动运输　　　　D. 胞吞
61. Na^+ 的细胞膜跨膜运输是(　　)。
    A. 易化扩散　　　　　　　　　　　　　B. 主动运输
    C. 易化扩散和主动运输　　　　　　　　D. 单纯扩散和主动运输
62. 染色质的基本结构单位是(　　)。
    A. 端粒　　　　B. 核小体　　　　C. 染色质纤维　　　　D. 着丝粒
63. 谷氨酰胺可以顺或者逆电化学梯度穿过质膜,谷氨酰胺进入细胞的速率取决于细胞外的 Na^+ 浓度,并且当胞外谷氨酰胺浓度升高时速率会降低。这很有可能是(　　)。
    A. 由电化学梯度驱动的主动运输　　　B. 由 ATP 驱动的主动运输
    C. 通过由 Na^+ 控制的门通道进入　　D. 易化扩散
64. 下列细胞组分需要最高离心速率离至下层的是(　　)。
    A. 细胞核　　　　B. 高尔基体　　　　C. 线粒体　　　　D. 叶绿体
65. 真核生物的生长周期的一般过程是(　　)。
    A. 单倍体→减数分裂→二倍体→受精→单倍体
    B. 二倍体→减数分裂→单倍体→受精→二倍体
    C. 单倍体→有丝分裂→二倍体→受精→单倍体
    D. 二倍体→有丝分裂→单倍体→受精→二倍体
66. 动物细胞的细胞周期长短主要是由(　　)期决定的。
    A. G_1　　　　B. S　　　　C. G_2　　　　D. M 期
67. 染色体纵裂为两条染色单体连于一个着丝粒是在有丝分裂的(　　)。
    A. 前期　　　　B. 中期　　　　C. 后期　　　　D. 末期

68. 有丝分裂中,染色质浓缩,核仁、核膜消失等事件发生在( )。
    A. 前期　　　　　　B. 中期　　　　　　C. 后期　　　　　　D. 末期
69. 在细胞周期中,( )最适合研究染色体的形态结构。
    A. 间期　　　　B. 前期　　　　C. 中期　　　　D. 后期　　　　E. 末期
70. 细胞有丝分裂中期时( )。
    A. 核膜消失　　　　　　　　　　B. 染色体排列在赤道板上
    C. 核仁消失　　　　　　　　　　D. 染色体形成
71. 细胞周期是指( )。
    A. 细胞从前一次分裂开始到下一次分裂开始为止
    B. 细胞从这一次分裂开始到分裂结束为止
    C. 细胞从前一次分裂结束到下一次分裂结束为止
    D. 细胞从前一次分裂开始到下一次分裂结束为止
72. MPF 调控细胞周期中( )。
    A. G_1 期向 M 期转换　　　　　　B. G_2 期向 M 期转换
    C. G_1 期向 S 期转换　　　　　　D. S 期向 G_2 期转换
73. 下列对细胞分裂描述正确的是( )。
    A. 交叉不一定发生断裂　　　　　　B. 极体中缺少染色体
    C. 减数分裂和有丝分裂 DNA 和染色体的复制发生在同一时期
    D. 人类细胞有丝分裂形成的四分体数目是 46
74. 有丝分裂前期的细胞可以通过( )与减数分裂前期 I 的细胞区别开来。
    A. 前者中染色体的含量是后者的一半　B. 前者中染色体的含量是后者的两倍
    C. 减数分裂细胞中形成四倍体　　　　D. 有丝分裂细胞中形成四倍体
75. 扫描电子显微镜可用于( )。
    A. 获得细胞不同切面的图象　　　　B. 观察活细胞
    C. 定量分析细胞中的化学成分　　　D. 观察细胞表面的立体形态

连线题

1. ＊＊将下列描述和相应的细胞内结构或物质匹配:
    A. 合成细胞分泌蛋白的核糖体附着部位　　　质体
    B. 线粒体内隆起的褶皱　　　　　　　　　　类囊体
    C. 合成和贮存糖类　　　　　　　　　　　　内质网膜
    D. 分泌水解酶分解细胞　　　　　　　　　　溶酶体
    E. 叶绿素在叶绿体中的存在部位　　　　　　嵴
    F. 进行氧化磷酸化合成 ATP　　　　　　　　过氧化物酶
    G. 毒性分子的氧化　　　　　　　　　　　　线粒体

2. 请将下列的科学家和他们在生物学上的贡献进行匹配:
    A. Antonie van Leeuwenhoek　　　Ⅰ. 发布有关软木塞的细胞的论文
    B. Robert Hooke　　　　　　　　Ⅱ. 研究植物细胞
    C. Dutrochet　　　　　　　　　　Ⅲ. 提出所有细胞均从存在的细胞而来
    D. Brown　　　　　　　　　　　　Ⅳ. 精制了镜头和显微镜
    E. Matthias Schleiden　　　　　　Ⅴ. 研究动物细胞

F. Theodor Schwann
G. Rudolf Virchow

Ⅵ. 认为所有生命物质均由小的球状细胞组成
Ⅶ. 描述细胞核结构

3. 将下列仪器或技术和其应用连接起来：
   A. 光学显微镜
   B. 电子显微镜
   C. 超速离心机
   D. 流式细胞仪
   E. 放射自显影技术
   F. 染料或荧光试剂

   Ⅰ. 用于观察大于 500 nm(0.5 mm) 的细胞及其结构
   Ⅱ. 可观察到小于单个原子的直径
   Ⅲ. 用于分离细胞器
   Ⅳ. 连续测定细胞中 DNA 含量
   Ⅴ. 对细胞内生物大分子进行动态追踪研究
   Ⅵ. 不破碎或分离细胞组分或细胞器的情况下，对细胞中不同的化学成分和不同的细胞组分进行定性或定量的研究

简答题

1. 举例说明细胞的形状、大小与其生物学功能之间的关系。
2. 有丝分裂和减数分裂的意义有哪些？
3. 线粒体和叶绿体与其他细胞器不同的主要相似点是什么？为什么说它们是半自主性的？
4. 简述溶酶体的功能。
5. 溶酶体是一类特殊的细胞器，它为什么被称为细胞的自杀装置？
6. 简述线粒体的结构。
7. 原核生物和真核生物核糖体有什么不同？
8. 原核生物有什么主要特征？
9. 请比较质膜、内膜和生物膜的异同。
10. 细胞膜糖基一般位于细胞膜的哪一侧？有何作用？
11. 细胞质膜的功能主要功能有哪些？
12. 细胞的跨膜物质运输有哪些方式？
13. 水是通过什么方式在膜两侧转移的？请分析质壁分离是如何发生的？
14. 被动运输的两种主要方式是简单扩散和易化扩散，请分析这两种方式的动力来源是什么？需要哪种物质协助？
15. 什么是胞吞作用和胞吐作用？
16. 一般用秋水仙素处理正在分裂的细胞，使其染色体加倍形成多倍体细胞，从而引起个体性状的变异，试解释这一作用的机理。
17. 简述细胞骨架功能及同时存在几种骨架体系的意义。
18. 细胞骨架由哪三类成分组成,各有什么主要功能？
19. 荧光显微镜与普通显微镜相比有何不同？
20. 如何提高光学显微镜的分辨能力？
21. 简述电子显微镜的类型及其工作原理。
22. 中心体的主要功能是什么？
23. 什么是核型？在遗传学中有什么作用？

图示题

1. 标出下图中细胞器的名称并回答下列问题。

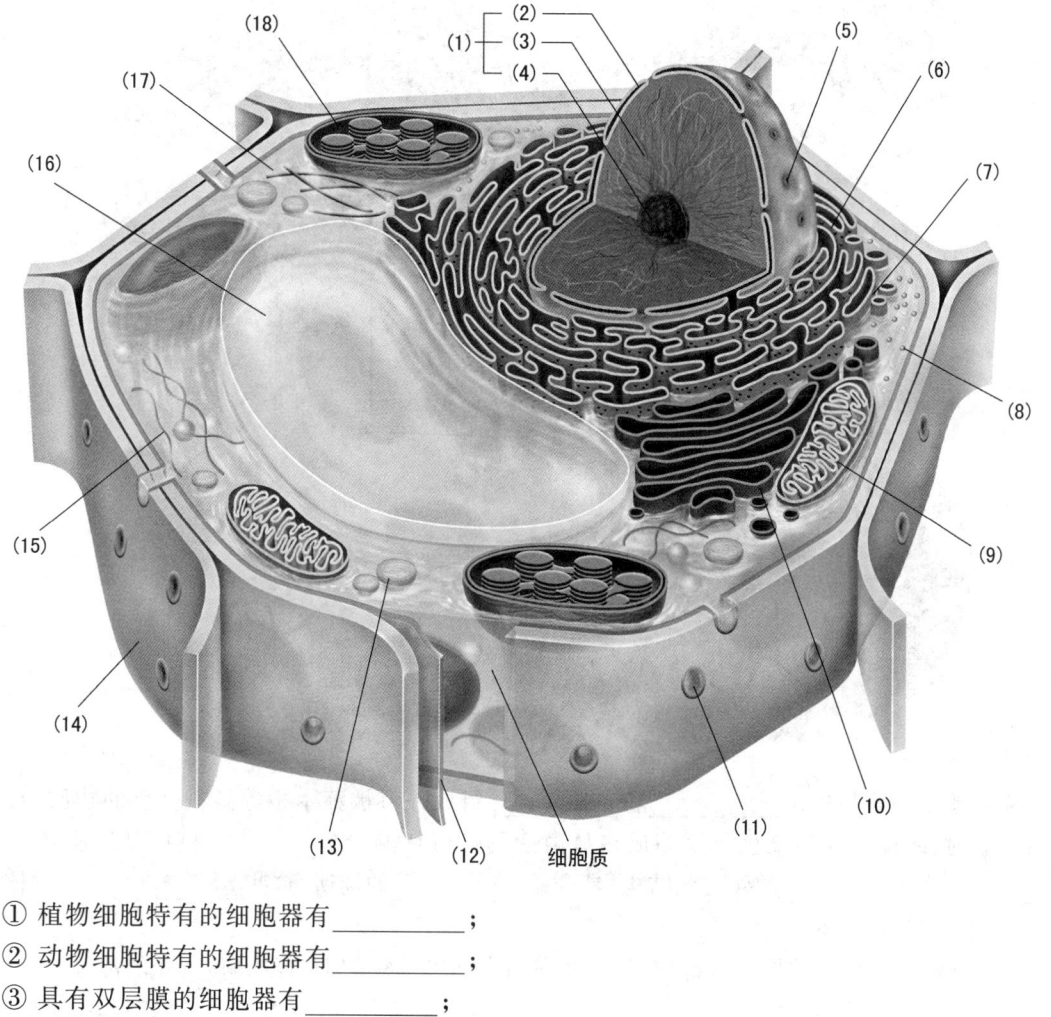

① 植物细胞特有的细胞器有_____；
② 动物细胞特有的细胞器有_____；
③ 具有双层膜的细胞器有_____；
④ 无膜结构的细胞器有_____；
⑤ 植物细胞中可以占细胞体积90%的细胞器是_____；其中的主要成分是_____，还有_____、_____和_____等；
⑥ 当细胞放入高渗溶液中,水将会_____；
⑦ 粗面内质网上的颗粒是_____,其作用是_____；
⑧ 液泡失水过多会造成植物细胞的_____现象；
⑨ 植物细胞壁的主要成分是_____；起连接相邻细胞壁作用的物质是_____；木质素位于_____之间,作用是_____。
⑩ 具有能量加工厂之称的细胞器是_____；
⑪ 可以产生氧气的细胞器是_____；
⑫ 光合作用的色素和电子传递系统位于叶绿体中的_____膜上；

2. 指出下面细胞核示意图中各部分名称,并回答下面问题。

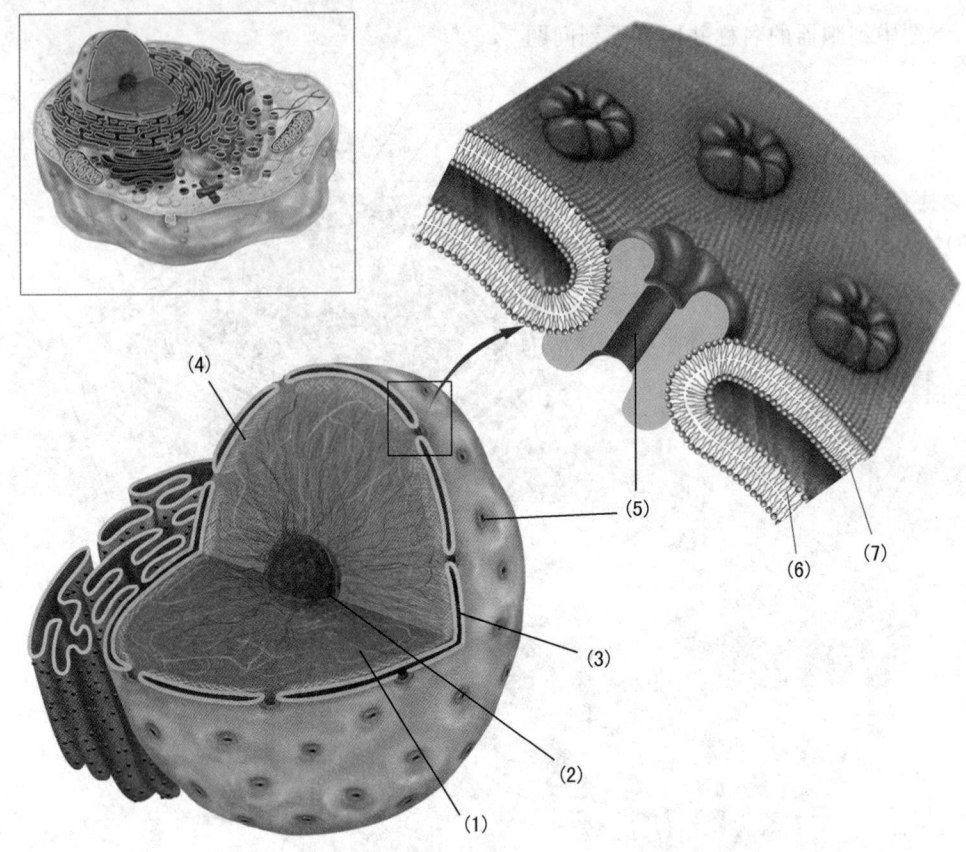

染色质是细胞核中由_____和_____组成并可被苏木精等染料染色的物质,在细胞准备分裂时,线性缠绕的染色质聚缩成在显微镜下可辨认的_____。核仁是细胞核中富含_____和_____的颗粒状结构,是合成_____的场所,这些_____可通过核孔进入细胞质后再装配成完整的_____。

3. 指出下面线粒体模式图中各部位名称,并在图中标出基粒(ATP合成酶)所在的部位。

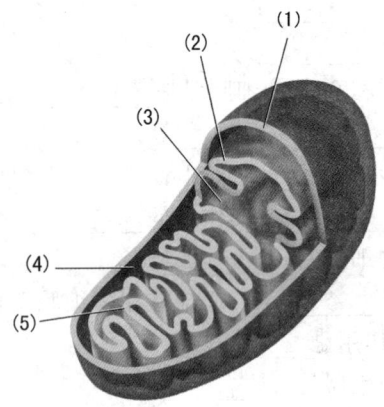

4. 指出下面叶绿体模式图的各部位名称。

植物光合作用的色素和电子传递系统位于_____,而催化糖类合成的酶特别是1,5-核酮糖二磷酸羧化酶则主要分布于_____中。

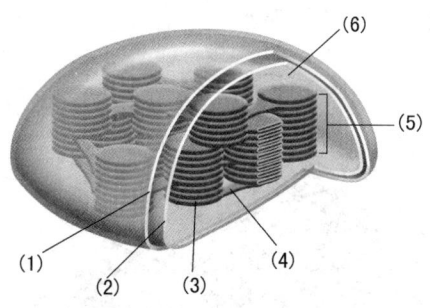

5. 请指出图中有丝分裂不同时期的名称,并简述其特点。

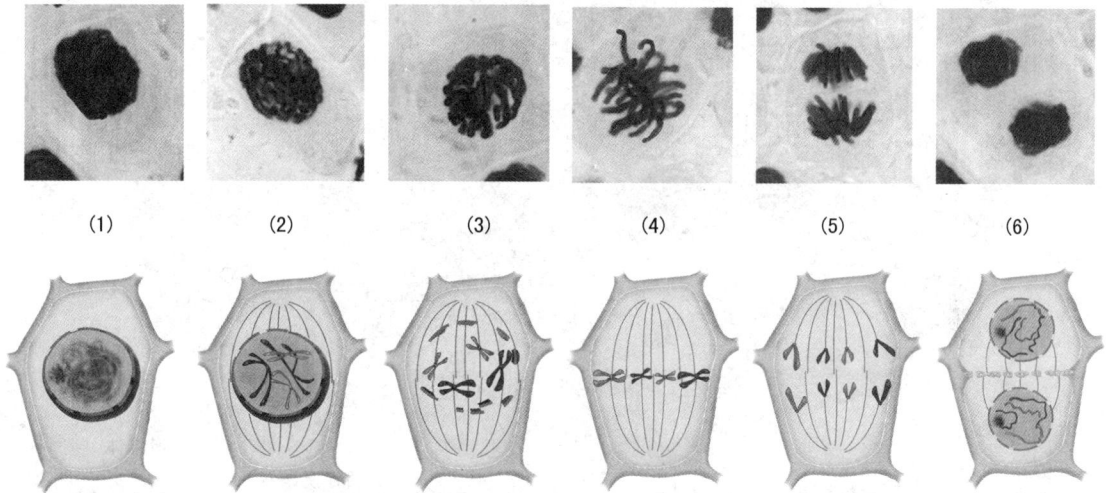

6. 请指出图中减数分裂不同时期的名称,并回答下列问题。

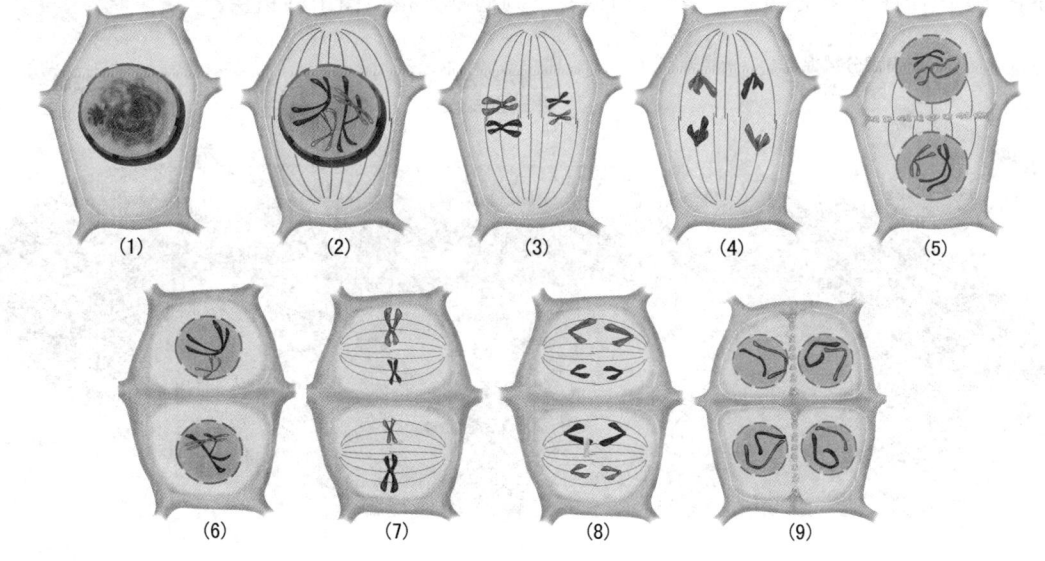

① DAN 复制发生在_____时期。
② 同源染色体的联会发生在_____时期。联会复合体共有_____条染色单体,称为_____。
③ 联会复合体的形成使同源的_____间发生对等片段的交换,导致基因重组。

7. 该图为动物细胞示意图，找出其中的错误。

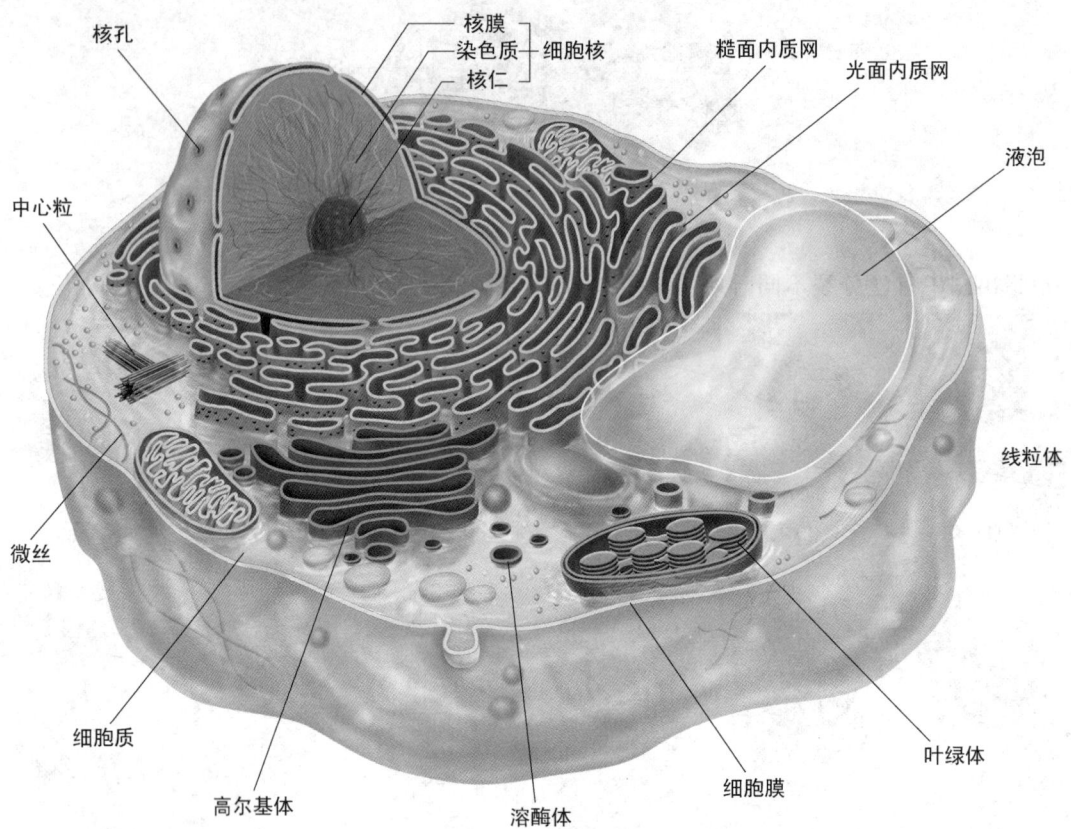

8. 下图为细胞周期的控制过程示意图，请回答下列问题并指出图中的错误。

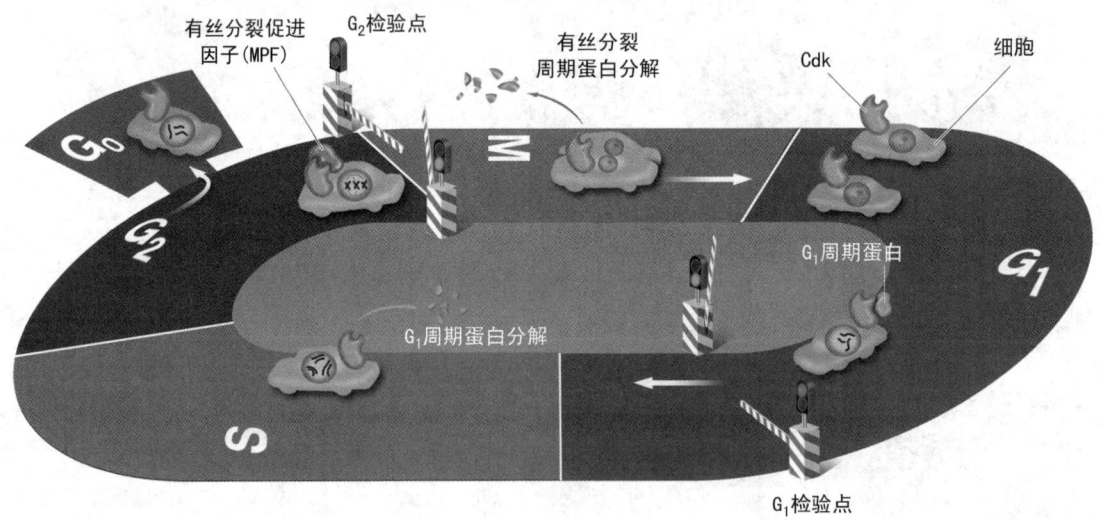

在 G_1 检验点，G_1 周期蛋白与 _____ 结合，激活启动点激酶，细胞通过 G_1 检验点进入 _____ 期，_____ 开始进行自我复制，G_1 周期蛋白解离和自我降解。如果 G_1 检验点检查该周期细胞不具备进入 S 期的条件，这时这些细胞便进入 _____ 期。

五、思考与讨论

1. 试分别比较原核细胞与真核细胞、植物细胞与动物细胞、叶绿体与线粒体，它们有哪些共同点，有哪些不同点？

（1）真核与原核比较：

参看"一、内容提示"。

（2）植物细胞和动物细胞比较：

相同点：

都有细胞质膜、DNA 和 RNA、核糖体等等，各种细胞都可以通过一分为二的分裂方式来形成新细胞，使生命得以延续。

不同点：

① 植物细胞有而动物细胞所没有细胞壁，细胞壁主要由纤维素和果胶组成，对植物细胞起到支持和保护的作用。

② 植物细胞中动物细胞中所没有的质体，其中以绿色植物的叶绿体最为重要，它能通过对太阳能的吸收和转化，为自身及其他生物提供赖以生存的有机物和氧气。

③ 大多数植物细胞中含有一个中央大液泡或几个小液泡，它作为植物细胞贮藏和转运的重要场所也是动物细胞所没有的。

④ 植物细胞中含有动物细胞所没有的乙醛酸循环体、胞间连丝、细胞分裂时的细胞板等，而动物细胞中含有植物细胞中所没有的溶酶体、中心体、细胞分裂时的收缩环等。

（3）叶绿体与线粒体比较：

相同点：都是由双层膜包被而成，具有很大的膜面积，都含有 DNA 可完成一定量的自主复制，都是能量的转化场所，都具有核糖体和许多反应所需的酶蛋白，都具有电子传递体系。都是细胞，即整个生物体得以生存的重要基础。

不同点：除两者所包含的酶系及电子传递系统不同外，还有以下区别。

	叶绿体	线粒体
色素	有叶绿素，叶黄素，胡萝卜素等	没有
增大膜面积的方式	类囊体堆叠而成的基粒	内膜折叠成嵴
意义	进行光合作用，合成能量	进行呼吸作用，分解能量
大小不同	$1 \sim 10 \ \mu m$	$2 \sim 5 \ \mu m$

2. 有些植物种子的细胞里有贮存油脂的脂肪颗粒，这些颗粒被一层磷脂膜包被，而不像细胞器那样具有双分子层膜。试描述这种单分子层膜的形态，解释它比双层膜稳定的原因。

磷脂是一种由甘油、脂肪酸和磷酸所组成的具有双重极性的分子。一端是极性的（亲水性的）"头"部，一端是非极性（疏水的）"尾"部。在双层膜组成细胞器中，细胞器内外均为极性溶液，两层膜的亲水的"头"部分别向着细胞质和细胞器内的极性溶液，疏水的"尾"端则背离水相而相对排列，从而形成相对稳定的状态。而在植物种子细胞里的脂肪颗粒中的油脂为非极性溶液，单层磷脂膜的磷脂分子疏水的"尾"端向着内侧脂肪分子排列，而磷脂分子亲水的"头"向着外侧排列，暴露于细胞质的极性溶液中，从而形成了比较稳定的结构。

3. 构成膜的蛋白质与磷脂双分子层的相互关系怎样？镶嵌在磷脂分子中的蛋白质有哪些结构特点和功能？

细胞膜主要由脂类和蛋白质组成，此外尚含有少量糖类。脂类构成了细胞膜的基本结构——脂质双层，蛋白分子以不同的方式镶嵌在脂双分子层中或结合在其表面，完成膜的主要功能。膜蛋白分布呈不对称性，有的镶在膜表面，称为外在膜蛋白；有的嵌入或横跨脂双分子层，称内在膜蛋白。蛋白质分子在膜内外两层分布位置和数量有很大差异，膜内、外侧面伸出的氨基酸残基的种类和数目也有很大差异。另外，糖脂与糖蛋白上的糖基一般只分布于膜的非细胞质侧，多糖链往往具有分叉，它们对于接受和识别外来受体或信号起重要作用。

膜蛋白的主要作用有：①做为运转蛋白，起物质运输作用，输送无机或有机分子跨膜进入膜的另一侧；②做为酶，催化发生在膜表面的重要代谢反应；③做为细胞表面受体或天线蛋白，敏感地接收膜表面的化学信息；④做为细胞表面的标志，被其他细胞所识别；⑤做为细胞表面的附着连接蛋白，与其他细胞相互结合；⑥做为锚蛋白，起固定细胞骨架的作用。

4. 试从生命特征的不同方面说明细胞是生命的基本单位。

从生命的层次上看，细胞是具有完整生命力的最简单的物质集合形式；细胞是生物体进行新陈代谢的功能体系，作为一个开放系统，细胞不断与环境交换着物质与能量；细胞是生物体生长发育的基础，尽管数目众多的各种细胞形态和功能各不相同，它们都是由同一个受精卵分裂和分化而来的；细胞还是生物繁殖和遗传的基础，因为生物的繁殖与遗传离不开细胞分裂；不同组织细胞在信息传递过程中表现出分工合作的相互关系，各种精细的分工和巧妙的配合使复杂多细胞生物的各种代谢活动有序地进行。

5. 举例说明细胞中膜的重要性和各项功能。为什么说生物膜系统是最重要的物质与能量代谢场所？

生物膜的重要性表现在以下几个方面：

(1) 界膜和区室化：胞膜最重要的作用就是勾划了细胞的边界，并且在细胞质中划分了许多以膜包被的区室。

(2) 信息处理：常用质膜中的受体蛋白从环境中接收化学和电信号。细胞质膜中具有各种不同的受体，能够识别并结合特异的配体，产生一种新的信号激活或抑制细胞内的某些反应。如细胞通过质膜受体接收的信号决定对糖原的合成或分解。膜受体接收的某些信号则与细胞分裂有关。

(3) 能量转化：细胞膜的另一个重要功能是参与细胞的能量转换。例如叶绿体利用类囊体膜上的结合蛋白进行光能的捕获和转换，最后将光能转换成化学能贮存在糖类中。同样，膜也能够将化学能转换成可直接利用的高能化合物 ATP，这是线粒体的主要功能。

(4) 调节运输：膜为两侧的分子交换提供了一个屏障，一方面可以让某些物质"自由通透"，另一方面又作为某些物质出入细胞的障碍。

(5) 功能区室化：细胞膜的另一个重要的功能就是通过形成膜结合细胞器，使细胞内的功能区室化。例如细胞质中的内质网、高尔基体等膜结合细胞器的基本功能是参与蛋白质的合成、加工和运输；而溶酶体的功能是起消化作用，与分解相关的酶主要集中在溶酶体。又如线粒体的内膜主要功能是进行氧化磷酸化，与该功能有关的酶和蛋白复合体集中排列在线粒体内膜上。另一个细胞器叶绿体的类囊体是光合作用的光反应场所，所以在类囊体膜中聚集着与光能捕获、电子传递和光合磷酸化相关的功能蛋白和酶。

(6) 参与细胞间的相互作用：在多细胞的生物中，细胞通过质膜进行多种细胞间的相互作用，包括细胞识别、细胞粘着、细胞连接等。如动物细胞可通过间隙连接,植物细胞则通过胞间连丝进行相邻细胞间的通讯,这种通讯包括代谢偶联和电化学变化。

生物膜的这些基本功能也是生命活动的基本特征,没有膜的这些功能,细胞不能形成,细胞的生命活动就会停止。

6. 请用草图表示,由构成染色质的长链 DNA 分子经过紧密缠绕、折叠、凝缩并与蛋白质结合形成了染色体,同时标示出染色体上的特征结构名称。

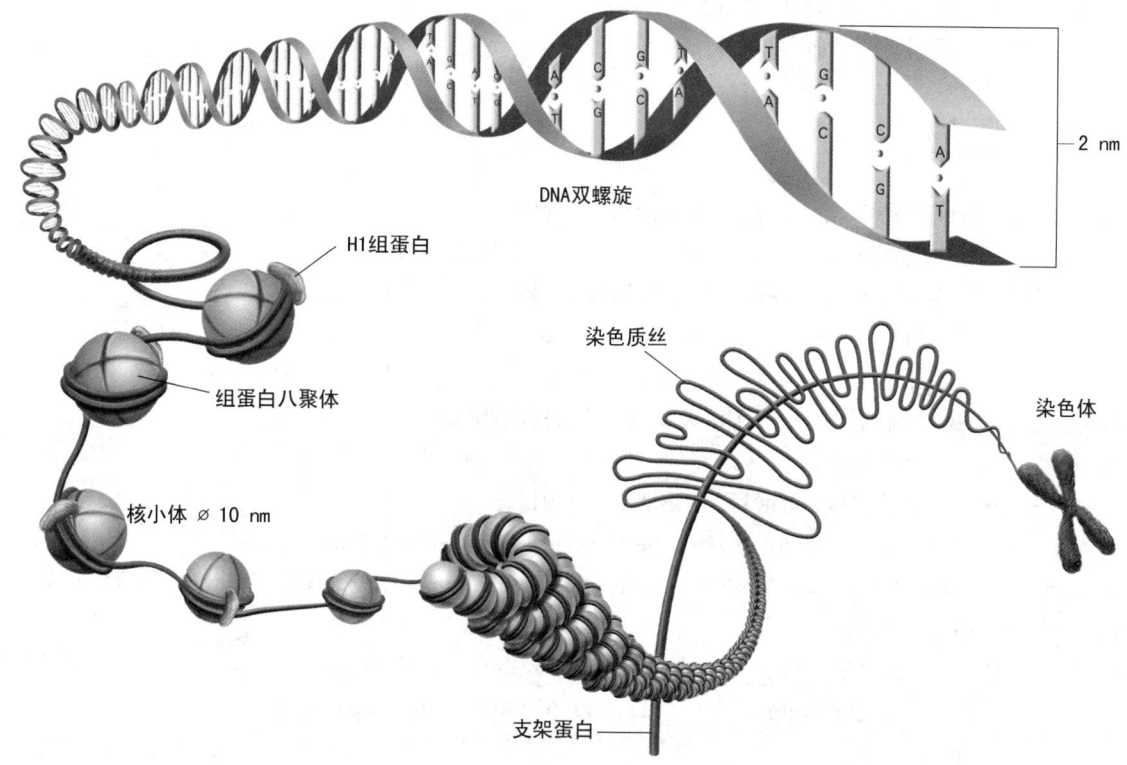

7. 有丝分裂与减数分裂的共同点和差别是什么?
共同点是两者都进行一次染色体复制。
不同点是:

有 丝 分 裂	减 数 分 裂
发生在所有正在生长着的组织中,从合子阶段开始,继续到个体的整个生活周期;无联会,无交叉和互换;每个周期产生两个子细胞,产物的遗传成分相同,子细胞的染色体数与母细胞相同。	只发生在有性繁殖组织中,高等生物限于成熟个体;许多藻类和真菌发生在合子阶段;有联会,可以有基因交叉和互换;后期Ⅰ是同源染色体分离的减数分裂;后期Ⅱ是姐妹染色单体分离的均等分裂;产生 4 个细胞产物(配子或孢子),产物的遗传成分不同,是父本和母染色体的不同组合,为母细胞的一半。

8. 列举出你所知道的细胞器和它们各自的功能。
参见本章"二、基本概念"。

9. 为什么在膜的双分子层中,脂肪酸碳原子间的双键越多,膜的流动性就越大?
膜的流动性是指脂分子的侧向运动,主要是由脂分子中脂肪酸碳链的长短和不饱和程度决定的。碳链越短,不饱和键越多,膜脂的流动性越大。相同碳链长度的脂肪酸,不饱和键越多熔点越低,因此膜的流动性越大。

10. 物质的跨膜运输分为被动运输和主动运输,其主要差别是什么?

主动运输是指由细胞供给能量,将某种物质分子由膜的低浓度一侧移向高浓度一侧的过程。自由扩散和协助扩散都属于被动运输,其特点是物质分子进行顺浓度梯度的移动,所需要的能量自高浓度溶液本身所包含的位能,不需要另外供给能量。

11. 请以酵母细胞为例,简单介绍细胞周期控制的机制。

参看教材"细胞周期的控制机制"。

六、推荐阅读材料

1. 翟中和. 细胞生物学. 北京:高等教育出版社,2000
2. 汪堃仁. 细胞生物学. 第2版. 北京:北京师范大学出版社,1998
3. 郑国锠. 细胞生物学. 第2版. 北京:高等教育出版社,1992
4. 韩贻仁. 分子细胞生物学. 北京:科学出版社,2001
5. 周建明. 医学细胞与分子生物学. 上海:上海医科大学出版社,1997
6. 高文和. 医学细胞生物学. 天津:天津大学出版社,2000
7. 左伋. 医学细胞生物学. 上海:上海医科大学出版社,1999
8. 辛华. 细胞生物学实验. 北京:科学出版社,2001
9. Alberts B, et al. Molecular Biology of the Cell. 4th ed. Garland Science, 2002
10. Karp G. Cell and Molecular Biology: Concepts and Experiments. 3rd ed. Wiley & Sons, 2002
11. 国家级精品课程网站:

  细胞生物学:中山大学 http://202.116.65.193/jinpinkc/xbsw/

       四川大学 http://219.221.200.61/2004/show.asp?id=49

七、参考答案

填空题:

1. 列文虎克(Leeuwenhoek),300,2000,万,所分辨的两个影像之间的最小距离,1 μm,光波长, 2. 纤维素,微纤丝,微纤丝 3. 核膜,核孔,染色质,核仁 4. 支原体 5. 真核,细胞壁,异养。 6. Gorter和Grendel,细胞冰冻蚀刻 7. 被动运输,主动运输,化学浓度梯度,膜蛋白 8. 溶酶体 9. 高尔基体 10. 水,盐,糖类,可溶蛋白质 11. 支架,运输,运动,管蛋白,肌动蛋白,角蛋白,纤维蛋白 12. 微丝,微管,中间纤维 13. 核骨架,细胞质骨架,细胞膜骨架,细胞外基质 14. 吞噬,胞饮,受体介导内吞,受体介导内吞 15. 细胞破碎技术,超速离心技术 16. 细胞核,线粒体,叶绿体,内质网,高尔基体,溶酶体,白质,脂类 17. 1,5-二磷酸核酮糖羧化酶/加氧酶 18. 捕光色素,反应中心色素 19. 外在膜蛋白,内在膜蛋白 20. 蛋白质的疏水区域,脂类分子的疏水尾部 21. 高尔基体 22. ATP酶复合体,跨膜的质子梯度 23. 光面内质网,粗面内质网,光面内质网,粗面内质网 24. 内质网,质膜 25. 高尔基体,水解酶 26. 需要膜蛋白参与,顺浓度梯度运输而不消耗能量,逆浓度梯度运输并消耗ATP 27. 竞争性抑制,饱和现象,结构特异性,相对特异性,无饱和,开放,关闭　　　28. 胞吞,胞吐　　　29. 周期蛋白,周期蛋白依赖性激酶(Cdk),周期蛋白,Cdk　　　30. 紧密连接,桥粒,黏合带,间隙连接,胞间连丝连接
31. 细胞周期,一次分裂结束,下一次分裂结束　　　32. 二倍体,单倍体,基因组,46,23
33. 核,细胞质,受精卵,精子　　　34. 周期性细胞,G_0期细胞,终止分化细胞,周期性细胞,G_0期细胞,终止分化细胞　　　35. G_1期,G_2期,M期　　　36. 周期蛋白,周期蛋白依赖性激酶(Cdk)
37. MPF浓度,MPF(细胞促分裂因子)　　　38. G_0期,休眠期　　　39. 前期,中期,后期,末期,胞质分裂期　　　40. 前中　　　41. 中　　　42. 后　　　43. 末　　　44. DNA,RNA,衰老
45. 减数分裂Ⅰ,减数分裂Ⅱ,减数分裂Ⅰ,S期　　　46. 放大倍数,分辨率,反差,相差
47. DNA,RNA,特异性蛋白质,具有特异染色反应的细胞　　　48. 多糖化合物,脂肪粒,蛋白质和酶,抗原抗体　　　49. DNA　　　50. 线粒体内膜,橘红,绿

选择题

1. B	2. C	3. C	4. C	5. D	6. B	7. C	8. D
9. D	10. C	11. B	12. C	13. B、C、E		14. C、D	15. D
16. A	17. B	18. D	19. A	20. D	21. A	22. D	23. C
24. A	25. D	26. A	27. C	28. A	29. C	30. C	31. C
32. C	33. B	34. C	35. D	36. C	37. A	38. B、D	39. C
40. C、D	41. A	42. B	43. C	44. B	45. C	46. C	47. C
48. D	49. B	50. D	51. D	52. C	53. A、C	54. A	55. C
56. C	57. B、D	58. A、C	59. C	60. C	61. C	62. C	63. A
64. B	65. D	66. A	67. C	68. C	69. C	70. B	71. C
72. B	73. C	74. C	75. D				

连线题

1. A-内质网膜,B-嵴,C-质体,D-溶酶体,E-类囊体,F-线粒体,G-过氧化物酶
2. A-Ⅳ,B-Ⅰ,C-Ⅵ,D-Ⅶ,E-Ⅱ,F-Ⅴ,G-Ⅲ
3. A-Ⅰ,B-Ⅱ,C-Ⅲ,D-Ⅳ,E-Ⅴ,F-Ⅵ

简答题

1. 细胞通常非常小,使其具有较大的比表面积,有利于外界信息和物质交换;而细胞的性状和大小与其生物学功能密切相关,如精子细胞具有细长的尾,便于在液体中游动;而鸡蛋的卵黄就是一个卵细胞,其中存积大量的营养物卵黄,可以满足胚胎发育的需要。

2. 有丝分裂的意义:

　　首先,核内DNA进行准确地复制,为形成的两个子细胞在遗传组成上提供物质基础。其次,染色体平均地分配到两个子细胞的核中,使两个子细胞与母细胞具有同样质量和数量的染色体。

　　减数分裂的意义:

　　减数分裂保证了有性生殖生物在世代交替中染色体数目的恒定;是遗传重组的原动力,增加了生物多样性。

3. 线粒体和叶绿体都含有遗传物质DNA,称它们为半自主性的是因为它们所含的DNA不仅能够复制并传递给后代,而且能转录相应的遗传信息,翻译合成某些其自身所特有的多肽。

4. (1) 细胞内消化:在高等动物细胞中,一些大分子物质通过内吞作用进入细胞,如内吞低密脂蛋白获得胆固醇;在单细胞真核生物中,溶酶体的消化作用就更为重要了。

(2) 细胞凋亡:溶酶体可清除,凋亡细胞形成的凋亡小体。
(3) 自体吞噬:清除细胞中无用的生物大分子,衰老的细胞器等。
5. 因为在一定的生理条件下,溶酶体膜在细胞中真正地破裂,整个细胞被释放的酶所消化,这时的溶酶体就成为"自杀性囊"。
6. (1) 外膜:具有孔蛋白构成的亲水通道,通透性高。
(2) 内膜:通透性很低。线粒体氧化磷酸化的电子传递链位于内膜,内膜向线粒体基质褶入形成嵴,能显著扩大内膜表面积。
(3) 膜间隙:是内外膜之间的腔隙,标志酶为腺苷酸激酶。
(4) 基质:为内膜和嵴包围的空间。催化三羧酸循环,脂肪酸和丙酮酸氧化的酶类均位于基质中。此外基质还具有一套完整的转录和翻译体系。
7. 原核生物以及真核生物的线粒体和叶绿体的核糖体大小为 $70\,S$,由 $30\,S$ 和 $50\,S$ 两个亚单位组成;而真核生物的核糖体大小为 $80\,S$,由 $40\,S$ 和 $60\,S$ 两个亚单位组成。
8. (1) 没有核膜,遗传物质集中在一个没有明确界限的低电子密度区,称为拟核。
(2) DNA 为单个裸露的环状分子,通常没有结合蛋白;
(3) 没有恒定的内膜系统;
(4) 核糖体为 $70\,S$。
9. 细胞质膜是指包围在细胞表面的一层膜,主要由膜脂和膜蛋白所组成。质膜的基本作用是维护细胞内微环境的相对稳定,并参与同外界环境进行物质交换、能量和信息传递。另外,在细胞的生存、生长、分裂、分化中起重要作用。

真核生物除了具有细胞质膜外,细胞质中还有许多由膜分隔成的各种细胞器,这些细胞器的膜结构与质膜相似,但功能有所不同,这些膜称为内膜。内膜包括细胞核膜、内质网膜、高尔基体膜等。由于细菌没有内膜,所以细菌的细胞质膜代行胞质膜的作用。

生物膜是细胞内膜和质膜的总称。生物膜是细胞的基本结构,它不仅具有界膜的功能,还参与细胞的全部生命活动。
10. 细胞膜糖脂和糖蛋白上的糖基一般只分布于膜的非细胞质侧,多糖链往往具有分叉,对于接受和识别外来受体或信号起重要的作用。
11. 细胞质膜是细胞内外边界,主要功能有:
(1) 将细胞内外隔离,为细胞的生命活动提供相对稳定的内环境;
(2) 介导细胞与细胞、细胞与基质之间的连接;
(3) 选择性的物质运输并伴随着能量的传递;
(4) 酶的结合位点;
(5) 提供细胞识别位点,并完成细胞内外信息跨膜传递;
(6) 参与形成不同功能细胞的表面特化结构。
12. (1) 简单扩散,其特点是:①沿浓度梯度(电化学梯度)方向扩散(由高到低);②不需细胞提供能量;③没有膜蛋白协助。
(2) 易化扩散,其特点是:沿浓度梯度减小方向扩散,不需细胞提供能量,需特异膜蛋白协助转运,以加快运输速率。特异膜蛋白有载体蛋白或通道蛋白。
(3) 主动运输,其特点是:①物质由低浓度到高浓度一侧的跨膜运输,即逆浓度梯度运输。②需细胞提供能量(由 ATP 直接供能)或与释放能量的过程偶联(协同运输)。由 ATP 供能的主动运输有 Na^+-K^+ 泵、离子泵和质子泵。③都有载体蛋白。

(4) 大分子与颗粒物质的跨膜运输。真核细胞通过内吞作用和外排作用完成大分子与颗粒性物质的跨膜运输。
13. 水是通过渗透作用在膜两侧进行单纯扩散。当有细胞壁的细胞处于高盐浓度的液体环境中，细胞内盐浓度低于细胞外，细胞内水就会向细胞外渗透，细胞质同细胞膜一起失水收缩，和细胞壁发生分离，便是质壁分离现象。
14. 简单扩散和易化扩散的动力来自于化学物质的浓度梯度和电化学梯度形成的化学势。其中易化扩散需要跨膜蛋白质的协助。
15. 胞吞作用是指一些大分子物质附着在膜上，这部分质膜内陷形成小囊，包被住该物质并从质膜上分离下来形成小泡，进入细胞内部的过程；胞吐作用是有些物质在细胞内被膜包围形成小泡，与质膜接触并在接触点上发生蛋白质构象变化而与质膜融合在一起，产生孔道使内容物排出细胞外的过程。
16. 秋水仙素能和微管蛋白分子的两个亚基结合，阻止两个亚基互相连接而成微管；用秋水仙素处理正在分裂的细胞，细胞不能形成纺锤体而停在分裂中期，不能继续正常分裂，而引起染色体加倍。
17. 细胞骨架的功能：
    (1) 作为支架，为维持细胞的形态提供支持结构，并定位细胞器；
    (2) 为细胞内物质的运输和细胞器的运动提供机械支持；
    (3) 为细胞从一个位置向另一个位置移动提供动力；
    (4) 为信使 RNA 提供锚定位点，促进 mRNA 翻译成多肽；
    (5) 与细胞的信号转导，分泌活动有关。
    细胞中同时存在几种骨架体系的意义：
    在细胞中，存在细胞质内架，细胞核骨架，细胞膜骨架及染色体骨架。每种骨架及骨架的各种组分各有不同的功能，多种骨架体系存在有利细胞之间的分工与协作，对细胞完成正常的生理活动具有重要意义，而不是物质和能量的一种浪费。
18. 细胞骨架由微丝、微管和中间纤维构成。
    (1) 微丝确定细胞表面特征、使细胞能够运动和收缩。
    (2) 微管确定膜性细胞器(membrane - enclosed organelle)的位置、帮助染色体分离和作为膜泡运输的导轨。
    (3) 中间纤维使细胞具有张力和抗剪切力。
19. (1) 照明方式通常为落射式，即光源通过物镜投射于样品上；
    (2) 光源为紫外光，波长较短，分辨力高于普通显微镜；
    (3) 有两个特殊的滤光片，光源前的用以滤除可见光，目镜和物镜之间的用于滤除紫外线，用以保护人目。
20. (1) 增大镜口率；
    (2) 使用波长较短的光线；
    (3) 增大介质折射率。
21. 根据工作原理为为：透射电子显微镜、扫描电子显微镜和扫描隧道显微镜。
    透射电子显微镜需要将细胞样品切成超薄的薄片，适合于观察细胞内部的超微结构，其成像原理与光学显微镜基本相同，它们分别依赖电子和光子穿透细胞样品，再经电磁"透镜"和光子"透镜"放大成像。
    扫描电子显微镜主要用于观察细胞样品的表面形态和构造，其工作原理是依靠电子射到细胞样品的表面后发射出更多的二次电子,放大后形成反映细胞表面形貌特征的三维图像。

扫描隧道显微镜利用原子尺度的针尖探测被扫描样品表面产生的隧道效应,获得样品表面更高分辨率的图像。

22. ①形成纺锤体;②确定分裂极。
23. 在一个细胞中全套的中期染色体称为核型,或染色体组型。对于大部分生物来说个体所有细胞的核型都相同,但却有种的特异性。在真核生物中染色体的数目、大小和形态有一个很大的范围。甚至亲缘关系很近的生物它们的核型可能完全不同。

在间期核中用光镜是看不到染色体的。在有丝分裂中染色体经染色后其形态和数目在光镜下就可以观察得十分清楚。中期染色体每一个都具有两个姐妹染色单体,它们都处于高度凝聚的状态。一对姐妹染色单体依赖着丝点彼此联在一起。几乎所有的细胞遗传学的分析都要依赖中期染色体。

图示题

1. (1)细胞核　　(2)核膜　　(3)染色质　　(4)核仁　　(5)核孔
   (6)粗面内质网　(7)光面内质网　(8)核糖体　(9)线粒体　(10)高尔基体
   (11)胞间连丝　(12)细胞膜　(13)过氧化物酶体　(14)细胞壁　(15)微丝
   (16)中央液泡　(17)微管　(18)叶绿体
   ① 细胞壁、质体(主要是叶绿体)、中央液泡、乙醛酸体
   ② 溶酶体、中心体
   ③ 细胞核、叶绿体、线粒体
   ④ 核糖体
   ⑤ 液泡;水,盐、糖和蛋白质
   ⑥ 从细胞渗出的速度大于吸入的速度
   ⑦ 核糖体,合成蛋白质
   ⑧ 质壁分离
   ⑨ 纤维素;果胶;纤维素,抵抗压力
   ⑩ 线粒体
   ⑪ 叶绿体
   ⑫ 类囊体

2. (1)染色质　　(3)核膜　　(5)核孔　　(7)外膜
   (2)核仁　　(4)核小体　(6)内膜
   DNA、蛋白质、染色体、蛋白质、RNA、核糖体亚单位、核糖体亚单位、核糖体

3. (1)外膜　　(2)内膜　　(3)基质　　(4)膜间腔　　(5)嵴

4. 基粒在内膜的内侧,类囊体的膜上、基质
   (1)外膜　　(2)内膜　　(3)基粒类囊体　　(4)基质类囊体
   (5)基粒　　(6)基质

5. (1)间期:细胞代谢、DNA复制旺盛时期,为有丝分裂作物质准备;
   (2)、(3)早前期、晚前期:染色体出现,核膜核仁逐渐消失,由各种微管(又称为纺锤丝)和蛋白质形成纺锤体;
   (4)中期:每个染色体着丝点两侧都有微管附着,受其牵挂,着丝点排列在细胞中央的平面——赤道板上;

（5）后期：着丝点分裂，两个姐妹染色单体分离为两个染色体，分别受微管牵拉向两极移动；

（6）末期：两套染色体分别到达两极后，细胞形态发生较大变化，胞质分裂完成，核膜核仁重新出现，细胞中部出现隔膜（植物细胞还形成新的细胞壁），最终将两侧分隔开，原细胞分裂成为为两个子细胞。

6. （1）间期　　　（2）前期Ⅰ　　（3）中期Ⅰ　　（4）后期Ⅰ　　（5）末期Ⅰ
　　（6）前期Ⅱ　　（7）中期Ⅱ　　（8）后期Ⅱ　　（9）末期Ⅱ
　　① 减数分裂Ⅰ开始前的间期
　　② 减数分裂Ⅰ前期
　　③ 非姐妹染色单体

7. 动物细胞中无叶绿体和大液泡。

8. 错误是：G_0期应该位于G_1期，而不是在G_2期。
　　Cdk，S，DNA，G_0

第 4 章 能量与代谢

一、要点提示

新陈代谢

代谢可定义为发生在生物体内全部的化学变化,其中物质代谢和能量代谢相辅相成,不可分割。代谢分为分解代谢和合成代谢。生物体能够通过新陈代谢不断地从周围环境吸取负熵并维持高度有序的生存状态。生物体的新陈代谢符合热力学第一定律和第二定律。ATP 是细胞中能量的通货。

酶的特点

酶是具有催化作用的生物大分子,其中主要是蛋白质组成的酶,RNA 成分的酶很少。酶作用的本质是降低反应的活化能。在催化反应中,酶首先与底物结合形成不稳定的中间产物,这个中间产物进一步分解,形成产物和酶本身。酶作为生物催化剂与一般的催化剂相比有其以下特点:①专一性;②高效性;③反应条件温和;④需要辅助因子;⑤易失活等。影响酶促反应速率的主要因素包括底物浓度、酶浓度、温度、pH 和抑制剂等。大多数氧化还原酶类的辅酶是 NAD^+、$NADP^+$、FAD 等,这些辅酶同时可以传递 H^+ 和电子。在生物体中能量的变化通常是氧化-还原反应及电子与质子流动和传递的结果。

生物氧化

糖、蛋白质、脂肪等有机物质在生物活细胞里进行氧化分解,最终生成 CO_2 和 H_2O,同时释放大量能量的过程称生物氧化,又称组织呼吸、细胞呼吸。生物氧化本质上与汽油燃烧是一样的氧化反应,最主要的区别是在酶的作用下分步进行。

糖的生物氧化过程包括糖酵解、Krebs 循环和氧化磷酸化 3 个阶段。糖酵解过程就是在酶的作用下将葡萄糖氧化为丙酮酸,该过程发生在细胞质中,有氧无氧条件下均可进行。丙酮酸进入到线粒体后,首先氧化脱羧形成 1 分子乙酰辅酶 A 和 $NADH+H^+$,并释放出 1 分子 CO_2。乙酰 CoA 进入 Krebs 循环。Krebs 循环每循环一轮,放出 2 分子 CO_2 和 8 个 H^+,产生 3 分子 NADH + H⁺ 和 1 分子 FADH₂,还直接产生 1 分子 GTP。在氧化磷酸化阶段,贮存于 NADH + H⁺ 和 FADH₂ 的高能电子沿线粒体内膜上的电子传递链传递,最后到达 O_2,高能电子逐步释放的能量合成了更多的 ATP。

在线粒体内膜上随电子传递所发生的磷酸化作用而生成 ATP 的过程称为氧化磷酸化。Mitchell 的化学渗透学说解释了线粒体内膜上电子传递过程中氧化磷酸化及 ATP 形成的机理。另一种 ATP 形成过程是由底物直接磷酸化作用将 ADP(GDP)转化为 ATP(GTP)。ATP 相当于生物体内的能量"转运站",是能量的"流通货币"。

Krebs 循环是蛋白质、脂肪和糖代谢的枢纽。蛋白质消化水解后产生的氨基酸,氨基酸经过脱氨变成 Krebs 循环中的有机酸;脂肪水解生成脂肪酸和甘油,脂肪酸被氧化与辅酶 A 结合生成乙酰辅酶 A 而进入 Krebs 循环,甘油则可以转变为磷酸甘油醛进入糖酵解过程。

光合作用

植物捕获和利用太阳能,将无机物合成为有机物,即将太阳能转化为化学能并贮存在葡萄糖和其他有机分子中的过程称为光合作用。

植物的光合作用发生在叶绿体。叶绿体中的类囊体的膜结构是一个彼此相通的复杂膜系统,光合作用的色素、光系统和电子传递系统都位于类囊体膜(光合膜)上,光合膜是植物利用光能进行光反应最重要的场所。光合作用的色素主要包括叶绿素 a、叶绿素 b、类胡萝卜素、藻胆素等,其中叶绿素 a 是启动光反应的主要色素,其他色素起捕捉和传递光能的作用。

光合作用可分为光反应和暗反应两个相互联系的步骤。光反应过程包括原初反应和电子传递与光合磷酸化两个阶段,其中前者进行光能的吸收、传递和转换,把光能转换成电能;后者则将电能转变为 ATP 和 NADPH(合称同化力)这两种活跃的化学能;活跃的化学能转变为稳定化学能是通过碳同化过程完成的。暗反应是在叶绿体的基质中进行,其利用光反应中产生的 ATP 和 NADPH 来还原 CO_2,即通过碳同化产生葡萄糖。

根据碳同化途径的不同,把植物分为 C_3 植物、C_4 植物植物。C_3 途径是所有的植物所共有的、碳同化的主要形式,其固定 CO_2 的酶是 RuBP 羧化酶。C_4 途径二氧化碳固定的最初产物是四碳的草酰乙酸,在植物体内再次把 CO_2 释放出来,参与 C_3 途径合成淀粉等。C_4 途径固定 CO_2 的酶是 PEP 羧化酶,其对 CO_2 的亲和力大于 RuBP 羧化酶,C_4 途径起着 CO_2 泵的作用。

光呼吸是绿色细胞吸收 O_2 放出 CO_2 的过程,其底物是 C_3 途径中间产物 RuBP 加氧形成的乙醇酸。整个乙醇酸途径是依次在叶绿体、过氧化体和线粒体中进行的。C_3 植物有明显的光呼吸,C_4 植物光呼吸不明显。

植物光合速率因植物种类品种、生育期、光合产物积累等的不同而异,也受光照、CO_2、温度、水分、矿质元素、O_2 等环境条件的影响。这些环境因素对光合的影响不是孤立的,而是相互联系、共同作用的。在一定范围内,各种条件越适宜,光合速率就越快。

目前植物光能利用率还很低。作物现有的产量与理论值相差甚远,所以增产潜力很大。要提高光能利用率,就应减少漏光等造成的光能损失和提高光能转化率,主要通过适当增加光合面积、延长光合时间、提高光合效率、提高经济产量系数和减少光合产物消耗等方法实现。改善光合性能是提高作物产量的根本途径。

二、基本概念

新陈代谢(metabolism):活细胞中全部化学反应的总称,包括物质代谢和能量代谢两个方面。

同化作用(anabolism)：生物体将简单小分子合成复杂大分子并消耗能量的过程称为同化作用或合成代谢。

异化作用(catabolism)：生物体将复杂化合物分解为简单小分子并放出能量的反应，称为异化作用或分解代谢。

自养生物(autotrophic organism)：是指可以不依赖任何有生命的物质而独立生活的生物，包括光能自养生物和化能自养生物。

异养生物(heterotrophic organism)：是指通过分解自养生物合成的有机质获得能量的生物。

酶(enzyme)：生物体内具有催化作用的生物大分子。

核酶(ribozyme)：具有催化作用的 RNA。

酶的活性(enzymatic activity)：也称酶活力，是指酶催化一定反应的能力。其大小可以用在一定条件下酶催化的化学反应速度来表示。

抗体酶(abzyme)：是指以过渡态底物的类似物作为抗原，在动物体内诱导出相应抗体，这个抗体对该底物具有酶的活性。抗体酶本质上是具有催化能力的免疫球蛋白。

能障(energy barrier)：化学反应启动的能量障碍。

活化能(activation energy)：是指用于克服能障、启动反应进行所需要的能量。

活性中心(active center)：即活性部位，指酶分子中和底物结合，并和酶催化作用直接有关的部位。

诱导契合(induced-fit hypothesis)：当酶分子与底物分子接近时，酶蛋白受底物分子的诱导，其构象发生相应的变化，使活性中心上有关的各个基团达到正确的排列和定向，因而使酶和底物契合而形成中间络合物，并引起底物发生反应。

竞争性抑制(competitive inhibition)：抑制剂和底物竞争性的结合在酶的同一个部位。可以通过提高底物浓度来消除抑制剂的影响。

反馈抑制(feedback inhibition)：在代谢过程中局部反应对催化该反应的酶所起的抑制作用。

辅酶(coenzyme)：作为辅因子的有机分子。通常是与酶蛋白结合比较松弛，用透析法可以除去的小分子有机物。

氧化还原电位(redox potential)：又称标准还原电位(standard reduction potential)，它是以氢电极为标准并以氢原子氧化还原体系的 E_0 值(-0.42 V)为对照来反映还原剂失去电子能力大小的电位差值。

ATP(adenosine triphosphate)：即三磷酸腺苷，分子结构中含有两个高能磷酸键，可以水解释放大量自由能并转化为 ADP(二磷酸腺苷)，在生物体中不断的消耗再生，传递能量，在生物体的能量交换中起中心作用，被称为细胞中能量的"流通货币"。

活化能(activation energy)：是制约反应速率的重要因素，根据化学反应的过渡态理论，过渡态能量要高于始末两态的能量，而过渡态和始态之间的能量差被称为活化能，酶促反应就是通过降低活化能来提高反应速率的。

巴斯德效应(Pasteur effect)：指兼性微生物有氧氧化抑制生醇发酵的过程。其主要原因是有氧呼吸使 ATP 增加，ATP 能抑制发酵产生酒精的关键酶——磷酸果糖激酶的活性。

激酶(kinase)：是催化 ATP 上磷酸基团转移到受体上，或将底物上的磷酸基团转移到 ADP 上的酶。

细胞呼吸(cellular respiration)：细胞呼吸是生物细胞消耗氧气来分解食物分子并获得能量的过程，是由一系列化学反应组成的一个连续完整的代谢过程，每一步都需要特定的酶参与。分为有氧呼吸和无氧呼吸。

糖酵解(glycolysis)：将葡萄糖降解为丙酮酸并伴随有 ATP 生成的一系列反应。是一切生物有机体中普遍存在的葡萄糖降解的途径。

Krebs 循环(Krebs cycle)：大多数动物、植物和微生物，在有氧的情况下，将酵解产生的丙酮酸氧化脱羧形成的乙酰 CoA，乙酰 CoA 通过一系列氧化脱羧，最终生成 CO_2 和 H_2O，并产生能量的过程称三羧酸循环。又称柠檬酸循环，简写为 TAC 循环。

氧化磷酸化(oxidative phosphorylation)：伴随生物氧化将 ADP 磷酸化形成 ATP 的过程，称为氧化磷酸化。有两种途径，一个是指底物水平磷酸化，一个是电子传递链上的氧化磷酸化。很多时候氧化磷酸化是指的后者。

底物水平磷酸化(substrate level phos - phorylation)：在底物氧化过程中形成的某些高能化合物，通过酶促转移高能基团的反应，直接偶联 ADP 生成 ATP(或 GDP 生成 GTP)的过程，称为"底物水平磷酸化"。

电子传递链(electron transport chain)：指存在于线粒体内膜上的并顺序地起着传递电子和质子作用的一类传递系统，被称为"电子传递链"(也称为"生物氧化链"或"呼吸链")。

化学渗透学说(chemiosmotic theory)：当线粒体内膜上的呼吸链进行电子传递时，线粒体的基质中的 H^+ 被转移到线粒体内膜外测的内外膜之间，造成跨膜的质子梯度，质子顺梯度从通过 ATP 合成酶返回到线粒体的基质中，在 ATP 酶的作用下，利用释放的能量将 ADP 磷酸化生成 ATP 的过程。

细胞色素 C(cytochrome C)：5 种细胞色素中与线粒体内膜结合较为疏松的一个，是在不同复合物间可流动的电子传递体，由一条肽链(含 104 个氨基酸残基)和铁卟啉组成，是与内膜外表面相联系的外周蛋白，也是细胞色素中唯一的外周蛋白。

光呼吸(photorespiration)：是指植物的绿色细胞在光照条件下吸收 O_2 并放出 CO_2 的过程。

光合作用(photosynthesis)：植物、藻类和细菌等生物利用太阳能将无机物合成为有机物，贮存能量的过程被称为光合作用，包括吸收简单的无机分子(CO_2 和 H_2O)，在光照条件下合成为有机物(如葡萄 $C_6H_{12}O_6$)并放出 O_2 的物质变化和把光能转换为贮存在有机物中化学能的能量变化。

光合自养生物(photoautotroph)：能够进行光合作用，制造有机物，满足自身和生物圈中其他生物代谢的需要的生物，是生物圈的生产者。包括绿色植物、光合细菌和一些原生生物。

作用光谱(action spectrum)：反映辐射波长与所引发的定量的生物学和化学反应的函数关系的图示；利用光波长和光合作用效率进行作图就能得到光合作用光谱。

C_3 植物(C_3 plant)：通过 Calvin 循环将二氧化碳固定形成的最初产物是 3 - 磷酸甘油酸，即三碳化合物，这样的植物称为 C_3 植物。

C_4 植物(C_4 plant)：将二氧化碳固定的最初产物是一个四碳的化合物——草酰乙酸，因而该途径被称为 C_4 途径(C_4 pathway)。通过 C_4 途径固定二氧化碳的植物称为 C_4 植物。玉米、高粱、甘蔗等农作物都典型的 C_4 植物。

叶绿体(chloroplast)：含叶绿素的质体，双层膜，有基质、基粒等结构，是植物光合作用的主要场所。

类囊体(thylakoid)：悬浮在叶绿体基质内的一系列排列整齐的扁平囊状结构，由膜结构围成，组成类囊体的膜结构是一个彼此相通的复杂膜系统，光合作用的色素、光系统和电子传递系统都位于类囊体膜上，它们又被称为光合膜。

基粒(granum)：由一系列类囊体堆垛而成的粒状结构。

光合膜(photosynthetic membrane)：一个叶绿体内所有类囊体膜组成的相通的复杂膜系统。

叶绿素(chlorophyl)：是一类密切相关的色素，在结构上属于卟啉类，但是它含镁离子代替铁离子，在光合作用中起关键作用的色素，其功能是吸收太阳的辐射能。

光反应中心(photocenter)：在红光区的700 nm具有吸收高峰的高度特异化的叶绿素a分子P700和在红光区的680 nm具有吸收高峰的高度特异化的叶绿素a分子P680的统称。

激发态(excited state)：指生物分子接受来自光子的能量，使其某原子中的电子跃迁到远离原子核轨道的更高的能量水平，即处于激发态。

光系统(photosystem)：由附着在类囊体膜上的叶绿素a分子及其蛋白复合物、天线色素系统和电子受体等组成的单位。含有P700的是光系统Ⅰ(PSⅠ)，含有P680的是光系统Ⅱ(PSⅡ)。

光反应(light reaction)：光合作用中直接依赖于光能并把光能转化为化学能的光合反应或反应序列；在此过程中叶绿素吸收光能，转换为电子，进一步转换为贮存在ATP和NADPH中的化学能。

暗反应(dark reaction)：一种不断消耗ATP和NADPH，固定CO_2，并将它还原成葡萄糖的循环反应，这个过程不需要光的直接参与，因而被称为暗反应，为纪念其发现者美国科学家Calvin，又被称为Calvin循环。

光合磷酸化(photophosphorylation)：光反应中高能电子沿传递链由一个受体向另一个受体传递时，能量逐渐降低，这种光驱动的电子跨膜传递造成质子跨膜梯度，并导致ATP的产生，称为光合磷酸化。

希尔反应(Hill reaction)：指叶绿体在光下所进行的水分解，并释放氧气的反应。

CO_2的固定(carbon dioxide fixation)：由叶片气孔从大气中吸收的CO_2与RuBP(核酮糖-1,5-二磷酸)结合，生成不稳定的六碳化合物的过程。

三、热点聚焦

生物电化学进展

生命现象最基本的过程是电荷运动。生物电化学是由电生物学、生物物理学、生物化学以及电化学等多学科交叉形成的新学科。生物电的起因可归结为细胞膜内外两侧的电势差。人和其他动物的代谢作用以及各种生理现象，如肌肉运动、大脑的信息传递以及细胞膜的结构与功能机制等无不涉及电化学过程的作用。显然，电化学是生命科学的最基础的相关学科之一。细胞的代谢作用可以借用电化学中的燃料电池的氧化和还原过程来模拟；生物电池是利用电化学方法模拟细胞功能；人造器官植入人体导致血栓与血液和植入器官之间的界面电势差这一基本电化学问题密切相关；心电图、脑电图等则是利用电化学方法模拟生物体内器官的生理规律及其变化过程的实际应用。由以上几个基本例子可见，交叉学科生物电化学的创立具有极其重要的基础理论意义和极强的应用背景。

生物电化学的发展非常迅速，所涉及的范围很广。现对其研究领域进行简单的介绍。

1. 生物膜与生物界面模拟研究

(1) SAM膜模拟生物膜的电化学研究

由于生物电的起因可归结为细胞膜内外两侧的电势差，因此生物膜或模拟生物膜的电化学研究受到人们的广泛关注。自20世纪80年代初迅速发展起来的自组装单分子层(self assembled monolayer, SAM)技术成为膜电化学研究的热点领域之一。

SAM是基于长链有机分子在基底材料表面的强烈化学结合和有机分子链间相互作用自发吸附在固—液或气—固界面，形成的热力学稳定、能量最低的有序膜。组成单分子层的分子定向、有序紧密排列,且单层的结构和性质可以通过改变分子的头基、尾基以及链的类型和长度来控制调节。因此,SAM 成为研究界面各种复杂现象,如膜的渗透性、摩擦、磨损、湿润、粘结、腐蚀、生物发酵、表面电荷分布以及电子转移理论的理想模型体系。

SAM 在生物电化学中的应用有多方面,例如长链硫醇在金电极上形成的 SAM 对仿生研究有重要意义。用 SAM 表面分子的选择性来研究蛋白质的吸附作用;以烷基硫醇化合物在金上的 SAM 膜为基体研究氧化还原蛋白质中电子的长程和界面转移机制。SAM 在酶的固定化及其生物电化学研究中也有很好的应用,利用 SAM 研究大肠杆菌延胡索酸还原酶的电化学,报道了卟啉衍生物 SAM 对氧还原过程的电催化作用。

在硫醇 SAM 上沉积磷脂可较容易地构造双层磷脂膜。以 SAM 来模拟双层磷脂膜的准生物环境和酶的固定化使酶进行直接电子转移已在生物传感器的研究中得到应用。如以胱氨酸或半胱氨酸为 SAM,通过缩合反应键合上媒介体(如 TCNQ、二茂铁、醌类等)和酶,可构成测葡萄糖、谷胱甘肽、胆红素、苹果酸等的多种生物传感器。随着研究的深入,膜模拟电化学将在生命过程的研究中发挥更大的作用。

(2) 液—液界面模拟生物膜的电化学研究

所谓液—液(L—L)界面是指在两种互不相溶的电解质溶液之间形成的界面,又称为油—水(O—W)界面。有关 L—L 界面电化学的研究范围很广,包括 L—L 界面双电层、L—L 界面上的电荷转移及其动力学、生物膜模拟、以及电化学分析应用等。

L—L 界面可以看作与周围电解质接触的半个生物膜模型。生物膜是一种极性端分别朝细胞内和细胞外水溶液的磷脂自组装结构,磷脂的亲脂链形成像油一样的膜内层。因此,从某种意义上来说,吸附着磷脂单分子层的 L—L 界面非常接近于生物膜—水溶液界面。磷脂是非常理想的实验材料,它能很好地吸附在 L—L 界面上。如在覆盖着蛋黄卵磷脂单分子层的 1,2-二氯乙烷—水界面上观察到 $(CH_3CH_2)_4N^+$ 转移受抑制的现象;硝基苯—水界面上的二月桂酰卵磷脂(DLPC)单分子吸附层对 $(CH_3)_4N^+$ 和 $(CH_3CH_2)_4N^+$ 离子转移的作用不是抑制而是加速。电荷或电势和磷脂单分子层表面张力之间的偶联作用被认为是细胞和细胞中类脂质运动的基本驱动力。有关 L—L 界面离子转移的研究工作非常多,涉及 K^+、Rb^+、Cs^+、SCN^-、I^-、NO^{-3}、Cl^-、苦味酸根、辛酸根、十二烷基磺酸根、柠檬酸根、以及各种抗菌素和药物等。特别是有关药物在 L—L 界面的行为的研究可提供药物作用机理的有价值的信息。可见,L—L 界面生物电化学是一很有生命力的研究领域,将继续受到人们的广泛重视。

2. 用于生命科学的电化学技术

由于生命现象与电化学过程密切相关,因此电化学方法在生命科学中得到广泛应用,其内容非常丰富,主要有电脉冲基因直接导入、电场加速作物生长、癌症的电化学疗法、电化学控制药物释放、在体研究的电化学方法、生物分子的电化学行为等。

电脉冲基因直接导入是基于带负电的质粒 DNA 或基因片段在高压脉冲电场的作用下被加速"射"向受体细胞,同时在电场作用下细胞膜的渗透率增加(介电击穿效应),使基因能顺利导入受体细胞。由于细胞膜的电击穿的可逆性,除去电场,细胞膜及其所有的功能都能恢复。此法已在分子生物学中得到应用。细胞转化效率高,可达每微克 DNA 10^{10} 个转化体,是用化学方法制备的感受态细胞的转化率的 10~20 倍。

电场加速作物生长是很新的研究课题。Matsuzaki 等报道过玉米和大豆苗在含 0.5 mmol L^{-1} K_2SO_4 培养液中培养,同时加上 20 Hz,3 V 或 4 V(峰峰)的电脉冲,6 天后与对照组相比,秧苗根须发达,生长明显加速。据称其原因可能是电场增强了生长代谢中的离子泵的作用。

癌症的电化学疗法原理是：在直流电场作用下，引起癌灶内一系列生化变化，使其组织代谢发生紊乱，蛋白质变性、沉淀坏死，导致癌细胞破灭。此疗法已在推广用于肝癌、皮肤癌等的治疗。对体表肿瘤的治疗尤为简便、有效。

控制药物释放技术是指在一定时间内控制药物的释放速度、释放地点，以获得最佳药效，同时缓慢释放有利于降低药物毒性。电化学控制药物释放是一种新的释放药物的方法，这种方法是把药物分子或离子结合到聚合物载体上，使聚合物载体固定在电极表面，构成化学修饰电极，再通过控制电极的氧化还原过程使药物分子或离子释放到溶液中。

在体研究是生理学研究的重要方法，其目的在于从整体水平上认识细胞、组织、器官的功能机制及其生理活动规律。由于一些神经活性物质（神经递质）具有电化学活性，因此电化学方法首先被用于脑神经系统的在体研究。该技术经过不断的改善，被公认为在正常生理状态下跟踪监测动物大脑神经活动最有效的方法。通常可检测的神经递质有多巴胺、去甲肾上腺素、5-羟色胺及其代谢产物。快速循环伏安法还被用于研究单个神经细胞神经递质释放的研究，发展成为"细胞电化学"。

生物分子的电化学行为的研究是生物电化学的一个基础研究领域，其研究目的在于获取生物分子氧化还原电子转移反应的机理，以及生物分子电催化反应机理，为正确了解生物活性分子的生物功能提供基础数据。研究的对象包括如氨基酸、生物碱、辅酶、糖类等的生物小分子和如氧化还原蛋白、RNA、DNA、多糖等的生物大分子。

3. 电化学生物传感器

传感器与通信系统和计算机共同构成现代信息处理系统。传感器相当于人的感官，是计算机与自然界及社会的接口，是为计算机提供信息的工具。

传感器通常由敏感（识别）元件、转换元件、电子线路及相应结构附件组成。生物传感器是指用固定化的生物体成分（酶、抗原、抗体、激素等）或生物体本身（细胞、细胞器、组织等）作为感元件的传感器。电化学生物传感器则是指由生物材料作为敏感元件，电极（固体电极、离子选择性电极、气敏电极等）作为转换元件，以电势或电流为特征检测信号的传感器。由于使用生物材料作为传感器的敏感元件，所以电化学生物传感器具有高度选择性，是快速、直接获取复杂体系组成信息的理想分析工具。一些研究成果已在生物技术、食品工业、临床检测、医药工业、生物医学、环境分析等领域获得实际应用。根据作为敏感元件所用生物材料的不同，电化学生物传感器分为酶电极传感器、微生物电极传感器、电化学免疫传感器、组织电极与细胞器电极传感器、电化学DNA传感器等。

酶电极传感器是将酶固定在电极表面构成。现研究者正在研究酶的氧化还原活性中心直接和电极表面交换电子的酶电极传感器。目前已有的商品酶电极传感器包括GOD电极传感器、L-乳酸单氧化酶电极传感器、尿酸酶电极传感器等。在研究中的酶电极传感器非常多。

微生物电极传感器是直接利用活的微生物来作为分子识别元件的敏感材料，避免了纯化酶的价格昂贵且稳定性较差等限制因素。微生物电极传感器在发酵工业、食品检验、医疗卫生等领域都有应用。例如：在食品发酵过程中测定葡萄糖的佛鲁奥森假单胞菌电极；测定甲烷的鞭毛甲基单胞菌电极等等。微生物电极传感器价廉、使用寿命长而具有很好的应用前景，但其选择性和长期稳定性等还有待进一步提高。

电化学免疫传感器是利用抗体对相应抗原具有唯一性识别和结合的功能，将抗体或抗原和电极组合而成的检测装置。根据其结构可将其分为直接型和间接型两类。直接型的特点是在抗体与其相应抗原识别结合的同时将免疫反应的信息直接转变成电信号。间接型的特点是将抗原和抗体结合的信息转变成另一种中间信息,然后再把这个中间信息转变成电信号。间接型电化学免疫传感器通常是采用酶或其他电活性化合物进行标记,将被测抗体或抗原的浓度信息加以化学放大,从而达到极高的灵敏度。电化学免疫传感器的例子有诊断早期妊娠的 hCG 免疫传感器;诊断原发性肝癌的甲胎蛋白(AFP 或 αFP)免疫传感器;测定人血清蛋白(HSA)免疫传感器;还有 IgG 免疫传感器、胰岛素免疫传感器等等。

组织电极与细胞器电极传感器是直接采用动植物组织薄片作为敏感元件。它利用动植物组织中的酶,优点是酶活性及其稳定性均比离析酶高,材料易于获取,制备简单,使用寿命长等;缺点是选择性、灵敏度、响应时间等方面还存在不足。动物组织电极主要有肾组织电极、肝组织电极、肠组织电极、肌肉组织电极、胸腺组织电极等。植物组织电极敏感元件的选材范围很广,包括不同植物的根、茎、叶、花、果等。植物组织电极制备比动物组织电极更简单,成本更低并易于保存。

电化学 DNA 传感器是近几年迅速发展起来的一种全新思想的生物传感器。电化学 DNA 传感器是利用单链 DNA(ssDNA)或基因探针作为敏感元件固定在固体电极表面,加上识别杂交信息的电活性指示剂(称为杂交指示剂)共同构成的检测特定基因的装置。其工作原理是利用固定在电极表面的某一特定序列的 ssDNA 与溶液中的同源序列的特异识别作用(分子杂交)形成双链 DNA(dsDNA)(电极表面性质改变),同时借助一能识别 ssDNA 和 dsDNA 的杂交指示剂的电流响应信号的改变来达到检测基因的目的。有关 DNA 修饰电极的研究除对于基因检测有重要意义外,还可用于 DNA 与外源分子间的相互作用研究,如抗癌药物筛选、抗癌药物作用机理研究,以及用于检测 DNA 结合分子。无疑,它将成为生物电化学的一个非常有生命力的前沿领域。

四、精选习题

填空题

1. 在生态系统中,将无机物转化为有机物并获得能量,这类生物被称为(　　);而通过分解有机物来获取营养和能量的生物被称为(　　)。从光获得能量的有机体称为(　　)生物,从化学化合物获得能量的有机体称为(　　)生物。
2. 化学反应根据反应物与产物的自由能的不同可以分为(　　)和(　　);只有当自由能变化为(　　)即为(　　)反应时,反应才会自发进行。
3. 热力学将不能做功的随机和无序状态的能定义为(　　),(　　)是一种分子随机运动的能,(　　)代表系统中总的热量,而(　　)可以被看作是在恒定温度和压力条件下总能量中可以做功的那部分能量。
4. 酶的活性中心通常有(　　)和(　　)两个功能部位;一种酶只能作用于某一类或一种特定的物质,被酶作用的物质称为该酶的(　　);酶的特异性取决于酶的活性部位的立体结构是否与(　　)相吻合。
5. 酶的催化特性有:(　　)、(　　)、(　　)以及(　　)。
6. 酶催化和非酶催化的共同之处是:都是降低(　　),加快(　　),而不能改变(　　)。
7. 酶分为(　　)、(　　)、(　　)、(　　)、(　　)、(　　)6 类。
8. 酶的辅助因子可以分为(　　)和(　　),二者并无严格界限,只是(　　)不同。
9. 在代谢过程中局部反应对催化该反应的酶所起的抑制作用,称为(　　);这种抑制作用可防止细胞生成超过其需要的多余产物,达到节约反应物的目的,也是维持(　　)的重要机制。
10. 能量代谢是指生物体内物质代谢中所伴随的(　　),能量的来源主要是食物中(　　)所储藏的化学能。

11. 某些代谢途径通过将复杂的化合物分解为简单的小分子而释放出能量,这些降解反应被称为(　　);而消耗能量将简单的小分子合成为复杂的大分子的过程被称为(　　)。
12. (　　)是生物细胞消耗氧气来分解食物分子并获得能量的过程,它与通常意义的呼吸是相互关联的。
13. 酵母和一些细菌当氧气供应不足的时候,可以转为无氧呼吸,这种呼吸方式被称为(　　)。
14. 一分子葡萄糖完全氧化后可生成(　　)分子二氧化碳和(　　)分子水。
15. 在生物体中能量的生成通常是氧化还原反应及(　　)流动和传递的结果,(　　)电子的过程是还原反应,(　　)电子的过程是氧化反应。
16. 一个分子葡萄糖进行糖酵解的主要过程是:第一步形成(　　),同时消耗(　　)分子 ATP;1,6-二磷酸果糖裂解成两个丙糖,即(　　)和(　　);转化为3-磷酸甘油酸,共生成(　　)分子 NADH 和(　　)分子 ATP;分子重排得到另外(　　)分子的 ATP,终产物是(　　)。
17. 调控糖酵解途径的关键酶是(　　)。
18. 在有氧氧化过程中,糖酵解是在(　　)中进行的,生成的丙酮酸转移到(　　)后,又氧化脱羧产生(　　),后者进入(　　)彻底氧化,并释放能量。
19. 在生物氧化过程中所释放的能量大约有40%用于 ADP 磷酸化生成 ATP,磷酸化过程有(　　)和(　　)两种方式。
20. 丙酮酸要转化为(　　)后进入 Krebs 循环,循环的第一个产物是(　　),而循环圈中形成柠檬酸的物质是(　　)。每一分子丙酮酸掺入到循环中就会产生(　　)个分子的 CO_2,琥珀酰辅酶 A 转化生成(　　)。
21. NAD^+、$NADP^+$ 和 FAD 是细胞内常用的(　　)受体。
22. 关于电子传递的能量如何形成 ATP,目前主要有3种理论解释:(　　)、(　　)和(　　),其中(　　)是最受支持的,该学说是由英国科学家(　　)在1961年提出的,并因此获得了1978年的诺贝尔奖。
23. 呼吸电子传递链位于真核细胞的(　　)和原核细胞的(　　)上。
24. 食物大分子须经(　　)生成单体小分子的葡萄糖、氨基酸或脂肪酸等才能被细胞吸收,这种作用常常发生在细胞外,而不是细胞质内,它是一种在酶作用下的(　　)过程。
25. 氨基酸通过(　　)作用变成 Krebs 循环中的有机酸;脂肪酸和辅酶 A 结合氧化生成(　　)而进入 Krebs 循环,甘油则可以通过转变为(　　)进入糖酵解过程。
26. 植物的光合作用是在(　　)中进行的,这种细胞器主要分布于叶片内部的叶肉组织中。典型的叶肉细胞大约有(　　)个此种细胞器,该细胞器中一系列排列整齐的扁平囊状结构称之为(　　),它们相互垛叠在一起成为(　　)。
27. 叶绿素分子就是一种可以被(　　)激发的色素分子,在光子的驱动下发生的(　　)的反应是光合作用过程中最基本的反应;光合作用的色素主要包括(　　)、(　　)、(　　)等。
28. 叶绿素分子是由(　　)和(　　)侧链相连接的化合物,其中的(　　)结构与红细胞中的血红素基本相同,但是其中心含有的是(　　)而非铁离子。
29. 在不同波长光的作用下的光合效率称为(　　)。在1883年,德国生物学家 Engelmann 利用(　　)获得了叶绿素的作用光谱。
30. 根据在光合作用中作用的不同,光合色素可分为(　　)色素和(　　)色素。

31. 光合系统Ⅰ与（　　）的还原有关，光合系统Ⅱ与（　　）的光解、（　　）的释放有关。
32. 光合作用可分为（　　）和（　　），前者发生在（　　）上，后者发生在（　　）中，不需要光。
33. 在光反应中，电子从水传递到光系统（　　），再到光系统（　　），后又传递到 $NADP^+$，该过程称为（　　）光合磷酸化。
34. 暗反应是一种不断消耗（　　）和（　　），并固定（　　）形成（　　）的循环反应。
35. Rubisco 的全称是（　　），它不仅催化核酮糖-1,5-二磷酸的羧化，而且也催化核酮糖-1,5-二磷酸的氧合，这两个反应是（　　）反应，即（　　）和（　　）竞争 Rubisco 的活性部位。
36. 影响叶绿素生成的因素有（　　）、（　　）、（　　）和（　　）等。
37. 叶绿素提取液在反射光下呈（　　）色，在透射光下呈（　　）色。

选择题

1. **下面关于酶的叙述不正确的是（　　）。
   A. 酶可以缩短反应时间
   B. 酶可以降低化学反应所需的能量
   C. 许多酶还需要非蛋白的辅助因子和辅酶才能完成催化功能
   D. 酶具有高度的特异性
2. **细胞呼吸是（　　）过程。
   A. 同化作用　　　　B. 异化作用　　　　C. 催化作用　　　　D. 以上都不是
3. **酶的竞争性抑制剂能够（　　）。
   A. 与酶的底物结合，使底物不能与酶结合
   B. 与酶的活性位点结合，使底物不能与酶结合
   C. 与酶的特殊部位结合，破坏酶的活性
   D. 同时和酶与底物结合，使酶无法和底物直接结合
4. **糖酵解的最终产物是（　　）。
   A. ATP　　　　B. 葡萄糖　　　　C. 丙酮酸　　　　D. 磷酸烯醇式丙酮酸
5. **呼吸链的主要成分分布在（　　）。
   A. 细胞膜上　　　　　　　　　　B. 线粒体外膜上
   C. 线粒体内膜上　　　　　　　　D. 线粒体基质中
6. **光合作用中的暗反应发生在（　　）。
   A. 叶绿体的外膜　　　　　　　　B. 叶绿体的内膜
   C. 叶绿体的基质　　　　　　　　D. 类囊体膜上
7. **能够产生环路光合磷酸化的是（　　）。
   A. 光系统Ⅰ　　　　　　　　　　B. 光系统Ⅱ
   C. 光系统Ⅰ和光系统Ⅱ都可以　　D. 光系统Ⅰ和光系统Ⅱ都不可以
8. **在 Calvin 循环中，（　　）直接参与了葡萄糖的合成。
   A. 甘油酸-1,3-二磷酸　　　　　B. 甘油醛-3-磷酸
   C. 甘油酸-3-磷酸　　　　　　　D. 核酮糖-1,5-二磷酸
9. **有氧呼吸不包括以下（　　）过程。
   A. 糖酵解　　　　B. 丙酮酸氧化　　　　C. 三羧酸循环　　　　D. 卡尔文循环
   E. 氧化磷酸化

10. ** 一分子葡萄糖彻底有氧氧化净生成的 ATP 分子数与糖酵解阶段净生成的 ATP 分子数(包括产物经过呼吸链产生的 ATP)最接近的比值为(　　)。
    A. 2∶1　　　　　　B. 9∶1　　　　　　C. 18∶1　　　　　　D. 19∶4
    E. 6∶1

11. ** 下列对酶的描述正确的是(　　)。
    A. 所有的酶都是蛋白质　　　　　　　　B. 酶可以改变反应的方向
    C. 酶的变构位点经常和反馈抑制有关
    D. 酶的催化专一性通常比化学催化剂的专一性差

12. ** 下列对电子传递链描述不正确的是(　　)。
    A. 电子传递链是典型的多酶体系
    B. 电子传递链的主要成分是核糖体内膜的蛋白质复合物
    C. 电子传递链的最终电子受体是氧
    D. 电子传递链反应过程中 ATP 的形成与氧化磷酸化密切相关

13. ** 光合作用属于(　　)。
    A. 氧化还原反应　　B. 取代反应　　　　C. 裂解反应　　　　D. 水解反应

14. ** 光合电子传递链位于(　　)。
    A. 线粒体内膜　　　B. 叶绿体外膜　　　C. 类囊体膜　　　　D. 叶绿体基质

15. 生物体属于(　　)。
    A. 开放系统　　　　B. 闭合系统　　　　C. 隔离系统　　　　D. 都不是

16. 下列对自由能描述不正确的是(　　)。(多选)
    A. 自由能是恒温、恒压条件下总能量中可以做功的那部分能量
    B. 自由能是一种过程函数
    C. 自发过程自由能从大到小
    D. 非自发过程自由能从大到小

17. 细胞的主要能量通货是(　　)。
    A. CTP　　　　　　B. 葡萄糖　　　　　C. ATP　　　　　　D. 酶

18. 下列对 ATP 的描述不正确的是(　　)。(多选)
    A. ATP 水解形成 ADP,释放能量
    B. ATP 释放能量往往是在特定酶的作用下,和某些吸能反应相偶联
    C. 萤火虫的发光能量是由 ATP 转换成 ADP 形成的
    D. ATP 是生命的能量贮存物质

19. ATP 是由(　　)过程所产生的。
    A. 吸收作用　　　　B. 同化作用　　　　C. 氧化作用　　　　D. 消化作用

20. 人体主要的 ATP 代谢来源是(　　)。
    A. 发酵和糖酵解　　　　　　　　　　　B. 三羧酸循环和电子传递链
    C. 卡尔文循环和电子传递链　　　　　　D. 底物磷酸化

21. ADP 的磷酸化是一种(　　)。
    A. 水解反应　　　　B. 放能反应　　　　C. 吸能反应　　　　D. 分解作用

22. 由于肌细胞缺乏(　　),所以肌糖元不能分解为葡萄糖。
    A. 葡萄糖-6-磷酸酶　　　　　　　　　B. 己糖激酶

C. 葡萄糖激酶　　　　　　　　　　　　D. 磷酸己糖异构酶

23. 为蛋白质生物合成肽链延伸提供能量的是（　　）。
    A. CTP　　　　　　B. GTP　　　　　　C. ATP　　　　　　D. 磷酸肌酸

24. 活化能是指（　　）。
    A. 是底物和产物的能量水平差值　　　　B. 是底物分子从初态到过渡态所需能量
    C. 随温度升高而降低　　　　　　　　　D. 上述都不对

25. 同工酶（　　）。
    A. 催化相同化学反应但一级结构不同　　B. 氨基酸相同
    C. 通常只有1个氨基酸不同　　　　　　D. 只能用免疫学法区分

26. 酶的（　　）部分最耐高温。
    A. 辅酶　　　　　B. 底物结合区　　　C. 酶的保守区　　　D. 酶的易变区

27. 决定酶专一性的是（　　）。
    A. 底物　　　　　B. 酶蛋白　　　　　C. 催化基团　　　　D. 辅基

28. 酶的辅助因子（　　）。（多选）
    A. 可以是金属离子　　　　　　　　　　B. 可以是有机化合物
    C. 都和酶蛋白松弛结合　　　　　　　　D. 和酶蛋白构成全酶

29. 下列不是酶标准分类中的是（　　）。
    A. 水解酶　　　　B. 核酸酶　　　　　C. 氧化还原酶　　　D. 异构酶

30. 近年来科学家发现,有些（　　）也具有生物催化功能。
    A. 核酸片段　　　B. 脂类分子　　　　C. 糖类　　　　　　D. ATP

31. 关于测定酶活力正确的是（　　）。
    A. 需最适 pH　　　　　　　　　　　　B. 需最适温度
    C. 与底物浓度无关　　　　　　　　　　D. 既可测产物生成,又可测底物减少

32. 下列对影响酶活性因素描述不正确的是（　　）。
    A. 酶在常温、常压、中性 pH 的温和条件下一般都具有很高的催化效率
    B. pH 对酶的影响主要是影响酶的专一性
    C. 高温可以影响酶的形状
    D. 辅酶的功能多数是传递 H^+ 或电子

33. 下列对酶的抑制作用描述不正确的是（　　）。（多选）
    A. 抑制作用是不可逆的
    B. 抑制剂对酶产生竞争性抑制通常是由于和酶底物的结构相似
    C. 非竞争性抑制是抑制剂结合在酶的活性位点,使酶发生变构
    D. 反馈抑制常常是一种产物抑制

34. 一般一个成年人一天活动所需的能量是（　　）。
    A. 92 kJ　　　　　B. 920 kJ　　　　　C. 9 200 kJ　　　　D. 92 000 kJ

35. 下列对呼吸作用描述不正确的有（　　）。（多选）
    A. 细胞呼吸是一种氧化还原反应
    B. 一分子葡萄糖最多净产生 36 个 ATP
    C. 糖酵解只产生 ATP,不消耗 ATP
    D. 电子传递链的最终电子受体是氧

36. 植物进行无氧呼吸通常产生(　　)。(多选)
    A. NADPH　　　　　B. 乙醇　　　　　C. 少量 ATP　　　　　D. 二氧化碳
37. 慢跑和激烈奔跑,在消耗同样多的葡萄糖的情况下,产生的能量更高的是(　　)。
    A. 慢跑　　　　　B. 激烈奔跑　　　　　C. 产生的能量同样高　　D. 无法判断
38. 关于糖酵解过程叙述正确的是(　　)。
    A. 不需要消耗 ATP　　　　　　　　　　　B. 无氧气时可以进行
    C. 由于是循环作用需要少量的底物　　　　D. 完全由自然发生的反应组成
39. 下列对糖酵解的描述不正确的是(　　)。(多选)
    A. 1 分子葡萄糖经糖酵解分解成 2 分子丙酮酸
    B. 糖酵解可净产生 4 分子 ATP
    C. 糖酵解可生成 1 分子 NADH
    D. 糖酵解可净产生 2 分子 ATP
40. 葡萄糖分解为丙酮酸的过程中(　　)。
    A. 需要氧　　　　　　　　　　　　　　B. 2 分子 ADP 被磷酸化
    C. 2 分子 NADH 被氧化　　　　　　　　D. 2 分子 NADPH 被氧化
41. 下列可以提高磷酸果糖激酶活性的是(　　)。
    A. ATP　　　　　B. ADP　　　　　C. NADH　　　　　D. 柠檬酸
42. 下列对发酵描述正确的是(　　)。
    A. 不需要氧气参与　　　　　　　　　　B. 发生在线粒体中
    C. NADH 向电子传输系统提供电子　　　D. 开始于丙酮酸
43. 在无氧情况下,通常将丙酮酸转化为(　　)。(多选)
    A. 乙酰辅酶 A　　　B. 乳酸　　　　　C. 乙酸　　　　　D. 乙醇
44. 一种厌氧微生物和一种好氧微生物,两者均以葡萄糖为营养物质,如果两者产生同样数量的 ATP,消耗葡萄糖较多的是(　　)。
    A. 厌氧微生物
    B. 好氧微生物
    C. 两者消耗同样数量的葡萄糖
    D. 这依赖于最初的反应消耗掉多少葡萄糖
45. 下列对三羧酸循环描述不正确的是(　　)。
    A. 三羧酸循环又被称为柠檬酸循环
    B. 三羧酸循环一个循环产生 2 分子 NADH 和 1 分子 $FADH_2$
    C. 三羧酸循环产生 1 分子 ATP(或 GTP)
    D. 三羧酸循环的起始是柠檬酸分子,终止是草酰乙酸分子
46. 柠檬酸循环中直接产生高能磷酸键的反应是(　　)。
    A. 柠檬酸成为顺 - 乌头酸　　　　　　B. 异柠檬酸氧化脱羧为 2 - 酮戊二酸
    C. 琥珀酰 - CoA 转化为琥珀酸　　　　D. 琥珀酸被氧化为延胡索酸
47. 由丙酮酸开始进入并完成一个柠檬酸循环有(　　)反应生成 NADH。
    A. 1　　　　　B. 2　　　　　C. 3　　　　　D. 4
48. 关于电子传递系统,下列叙述正确的是(　　)。
    A. 产 ATP　　　　　　　　　　　　　B. 含有 ATP 合成酶

C. 通过一系列氧化还原反应将高能电子传递给 O_2
D. 如果膜破裂的话就不能执行氧化还原传递

49. 下列关于电子传递链叙述正确的是( )。(多选)
    A. 位于线粒体基质内
    B. 起始于 NADH 和 $FADH_2$ 的氧化
    C. 终止于 O_2 的还原
    D. 至少含有 5 种细胞色素

50. 下列对于电子传递链描述不正确的有( )。(多选)
    A. 电子传递链存在于线粒体而不存在于叶绿体中
    B. 电子传递链与 ATP 的生成有关
    C. NAD^+ 携带电子给电子传输系统，$NADP^+$ 携带电子到合成反应中
    D. ATP 只在动物细胞中使用，而植物细胞不用

51. 下列对化学渗透学说描述不正确的是( )。
    A. NADH 脱下的 H^+ 穿过内膜从线粒体基质进入到内膜外的腔中，造成跨膜的质子梯度
    B. 一个质子穿过线粒体内膜释放的能量可形成一分子 ATP
    C. 1 个 NADH 分子经过电子传递链可积累 6 个质子
    D. 1 个 $FADH_2$ 分子经过电子传递链可积累 4 个质子

52. 线粒体与叶绿体的内膜( )。
    A. 对于 H^+ 是不通透的
    B. 只有一侧附有 ATP 合成酶
    C. 含有电子传递系统的分子
    D. 上述各项都正确

53. NAD^+ 在细胞呼吸中的作用是( )。
    A. 酶
    B. 辅酶
    C. 能量介质
    D. 可被氧化的底物

54. 下列关于氧化磷酸化的叙述错误的是( )。
    A. 氧被用作电子受体
    B. NAD^+ 是沿着电子传递链释放 ATP 的载体
    C. 真核细胞中电子传递链和 TCA 循环的酶都位于线粒体而酵解的酶位于胞质
    D. 真核细胞中 ATP 的形成需要完整的线粒体内膜

55. 在无氧呼吸和有氧呼吸中形成的 ATP 数是( )。(多选)
    A. 3 和 36
    B. 2 和 36
    C. 3 和 38
    D. 2 和 38

56. 细胞呼吸过程中( )。
    A. 主要利用葡萄糖
    B. 1 g 蛋白质产生的 ATP 和 1 g 葡萄糖产生的 ATP 相当
    C. 1 g 脂肪酸产生的 ATP 是 1 g 葡萄糖产生的 ATP 的 2.5 倍
    D. 上述都是

57. 葡萄糖氧化过程中，产生 ATP 最多的阶段是( )。
    A. 电子传递的氧化磷酸化
    B. 细胞质中的糖酵解
    C. 丙酮酸氧化
    D. 线粒体中的糖酵解

58. 参与光呼吸的有( )。(多选)
    A. 线粒体
    B. 核糖体
    C. 叶绿体
    D. 过氧化物酶体

59. 对光呼吸影响最大的是( )。
    A. CO_2 和 O_2 浓度
    B. 湿度
    C. 温度
    D. 光强

60. 下列对光合作用描述不正确的有( )。(多选)
    A. 光合作用的最适光为红光和黄光

B. 植物的光合作用产物——糖类是通过叶脉传递的

C. 植物通过叶片的气孔吸收光合作用所用的 CO_2

D. 葡萄糖的形成是在光合作用的光反应

61. 下列对光合作用描述不正确的有（　　）。

　　A. 环式光合磷酸化可能是光合磷酸化中一种较原始的模式

　　B. 光合磷酸化时，类囊体内和叶绿体基质间氢离子梯度为 ATP 的形成提供能量

　　C. 光呼吸氧化核酮糖-1,5-二磷酸（RuBP）

　　D. 环式光合磷酸化比非环式光合磷酸化产生更多的 NADPH

62. 限制（　　）因素可以降低光合作用速率。（多选）

　　A. 电子传递速率　　B. CO_2　　C. 光　　D. ATP

63. 下列对光合体系描述不正确的有（　　）。（多选）

　　A. 叶绿素的吸收光谱解释了为什么叶子是绿的

　　B. 叶绿素的吸收光谱完全等同于光合作用的作用光谱

　　C. 一个光合体系包括色素、反应中心和电子受体

　　D. 光合体系由质子、光子和色素组成

64. Engelmann 的水绵实验说明了（　　）。

　　A. 红光和蓝光的效率最高　　B. 只有蓝光是有效的

　　C. 只有绿光是有效的　　D. 只有红光是有效的

65. 光合作用中红光和蓝光的效率最高，因为（　　）。

　　A. 它们是唯一不被类胡萝卜素吸收的光

　　B. 叶绿素能更多地吸收这些光

　　C. 这些光是可见光谱中能量最高的

　　D. 这些光能激活 ATP 合成酶

66. 光合作用中效率最差的是（　　）光：

　　A. 紫　　B. 绿　　C. 白　　D. 黄

67. 光系统中藻胆素的作用是（　　）。

　　A. 固定 CO_2　　B. 给电子传递链提供电子

　　C. 携带 H 或电子　　D. 吸收并传递能量至叶绿素

68. 下列不属于光系统的是（　　）。

　　A. NADPH　　B. 叶绿素分子

　　C. 天线色素系统　　D. 电子受体

69. 以下藻类中，最适合在深水中生长的是（　　）。

　　A. 绿藻　　B. 红藻　　C. 蓝藻　　D. 褐藻

70. 下列对光反应描述不正确的是（　　）。

　　A. 叶绿素吸收光能并将光能转化为电能

　　B. 在电子流动过程中，通过氢离子的化学渗透，形成 ATP，电能被转化为化学能

　　C. 光能被用于分解 CO_2，释放出 O_2

　　D. 电子传递链到达最终的电子受体 $NADP^+$

71. 光反应主要产物（　　）。（多选）

　　A. 糖　　B. ATP　　C. NADH　　D. NADPH

72. 下列证明高等植物光合作用存在两个光系统的实验证据的是(　　)。(多选)
   A. 蓝移现象　　　　B. 红降现象　　　　C. 双光增益效应　　　　D. 磷光现象
73. 下列属于光系统 I 性质的有(　　)。(多选)
   A. 含 P680
   B. 有 ATP 生成
   C. 发生非环式光合磷酸化
   D. 有 PSAa 和 PSAb 蛋白
74. 下列属于光系统 II 性质的有(　　)。(多选)
   A. 含 P700
   B. 发生环式光合磷酸化
   C. 含 D1 和 D2 蛋白
   D. 接受水裂解产生的电子
75. 下列对 P700 描述正确的有(　　)。(多选)
   A. 光系统 I 的反应中心
   B. 叶绿素 a 的一种形式
   C. 光系统 II 的反应中心
   D. 叶绿素 b 的一种形式
76. 下列对暗反应描述不正确的是(　　)。
   A. 暗反应又被称为 Calvin 循环
   B. 发生在叶绿体基质中
   C. 氧气在暗反应中被释放
   D. 二磷酸甘油醛是暗反应的中间产物
77. 一个 Calvin 循环可以(　　)。(多选)
   A. 形成一个葡萄糖
   B. 固定 6 个 CO_2
   C. 消耗 12 分子 ATP
   D. 消耗 12 分子 NADPH
78. 下列关于光合细菌的说法错误的是(　　)。
   A. 光合细菌都是厌氧的
   B. 其光合作用的电子供体不是 H_0
   C. 不会放出 O_2
   D. 含有叶绿体
79. 影响叶绿体间质中 Rubisco 活性的离子是(　　)。
   A. Fe^{3+}　　　　B. Ca^{2+}　　　　C. Mg^{2+}　　　　D. Mn^{2+}
80. 下列与蛋白质合成不直接相关的是(　　)。
   A. 转运 RNA　　　　B. 核糖体　　　　C. 线粒体　　　　D. 信使 RNA
81. 下列主要发生在线粒体中的反应有(　　)。(多选)
   A. 柠檬酸循环　　　　B. 脂肪酸合成　　　　C. 脂肪酸降解　　　　D. 糖酵解

连线题

1. 请将在光合作用研究中起重要作用的科学家和他们的贡献进行匹配:
   A. Joseph Priestley　　　　I. 用同位素示踪证明氧的来源
   B. Jan Ingenhousz　　　　II. 证明绿色植物释放氧气
   C. F. F. Blackman　　　　III. 证明了光合作用的两个阶段,一个是依赖于光不依赖温度,一个是不依赖光依赖温度
   D. C. B. van Niel　　　　IV. 证明光合作用只发生在植物绿色部位,并且需要阳光
   E. Melvin Calvin　　　　V. 提出光合作用释放的氧不是来源于 CO_2,而是来源于 H_2O
2. 将下列描述和相应的生物学特性匹配:将下列反应和它们的最终产物进行匹配:
   A. 酵解　　　　I. CO_2,ATP,NADH+H^+,$FADH_2$,草酰乙酸,CoA
   B. 柠檬酸循环　　　　II. ATP,NAD^+,CO_2,乙醇
   C. 酵母发酵　　　　III. ATP,NAD^+,乳酸
   D. 电子传递链　　　　IV. 丙酮酸,NADH+H^+,ATP

E. 肌肉中的发酵　　　　　　V．NAD^+，FAD，H_2O

简答题

1. ATP 为什么被称为细胞中能量的通货？
2. 萤火虫的荧光是怎样产生的？ATP 和 AMP 在此过程中是怎样起作用的？
3. 什么叫化学反应的"能障"？"活化能"是什么？
4. 解释酶的竞争性抑制、非竞争性抑制、反竞争性抑制和反馈抑制。
5. 生物氧化与有机物质在体外燃烧（或非生物氧化）的化学本质是相同的，但二者表现的形式和氧化条件不同。请简述生物氧化的特点。
6. 我们切苹果和香蕉时，在切口处很快会发生由酚氧化酶催化的"伤害反应"，这导致切口表面颜色变深。在切口处撒上一些柠檬汁可以防止其变色，你知道这是为什么吗？
7. 细胞呼吸的三个阶段是什么？其中哪个阶段生成的 ATP 分子最多？
8. 人体在剧烈运动后，乳酸浓度会迅速上升，使肌肉有酸痛的感觉，之后其浓度会慢慢下降。请分析一下其中的生化机理。
9. 什么是化学渗透学说？该学说是如何解释 ATP 的产生的？
10. 什么是光合作用？请写出光合作用总反应式和暗反应的反应式。为什么说光合作用是地球生命最基础的作用？
11. 简述光反应和暗反应的特点。
12. 为什么叶片是绿的，而秋天树叶为什么会呈现黄色和红色？
13. 各种色素吸收不同波长的光，光的吸收是一种"全或无"现象，什么是光吸收的"全或无"现象？
14. 叶绿体中光系统Ⅰ主要位于基质片层，暴露于叶绿体基质，而光系统Ⅱ主要位于基粒片层，远离基质。为什么光系统Ⅰ与光系统Ⅱ在空间上分离？
15. 试指出 Calvin 循环和糖酵解的相似之处。
16. 光合作用的全过程大致分为哪几步？
17. 简述叶绿体的结构与功能。
18. 什么原因造成 C_4 植物比 C_3 植物光呼吸低？
19. 比较光合作用与呼吸作用的异同点。

图示题

1. 找出下图中的错误：

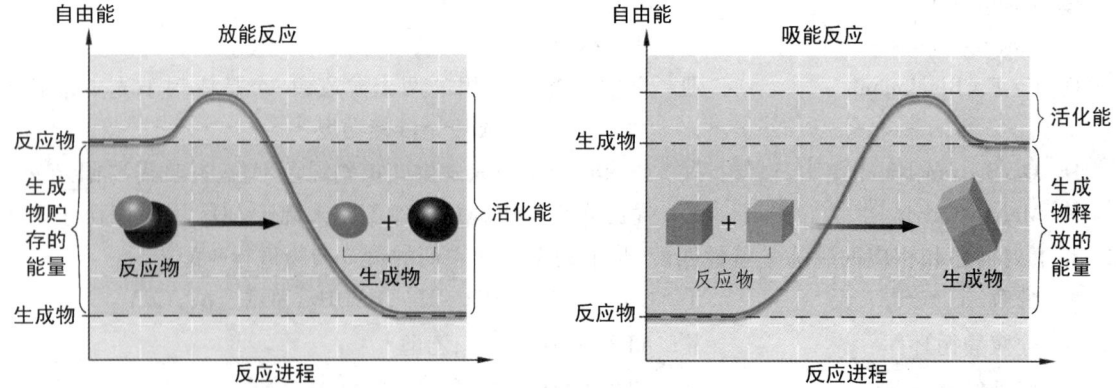

2. 请在下图的纵坐标上分别指出各序号所表示的意义。

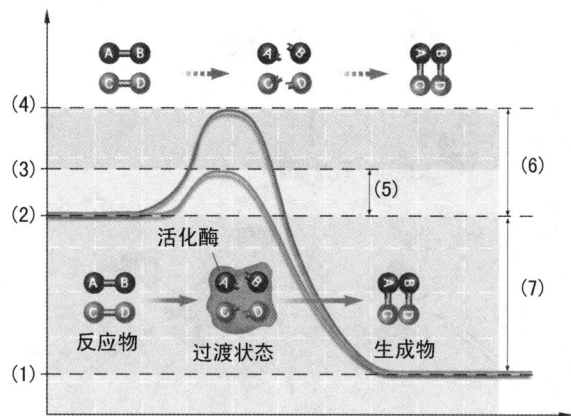

3. 请指出细胞呼吸作用过程中各阶段名称,并回答下列问题:

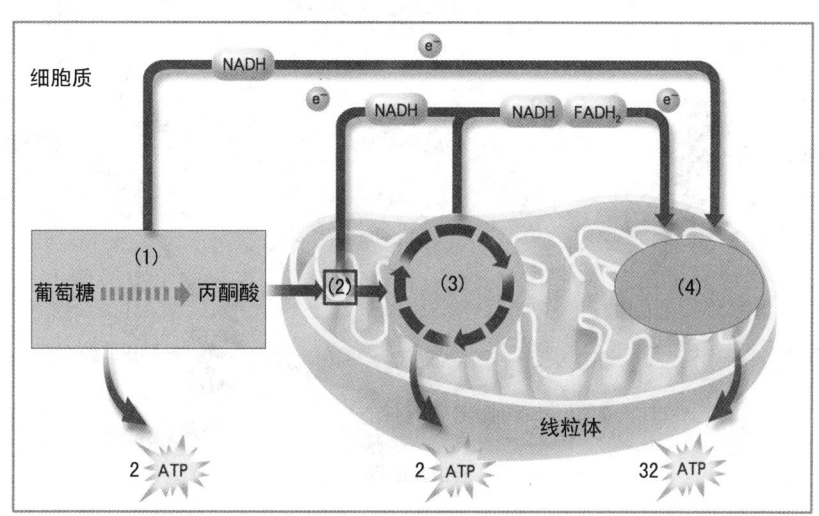

① 细胞呼吸作用的底物是_____;产物是_____;
② 糖酵解过程是在真核细胞的_____中进行,其产物是_____;
③ 物质失去电子为_____;得到电子为_____;
④ 丙酮酸氧化的产物是_____;
⑤ 三羧酸循环是在_____进行的;其产物是_____;
⑥ 质子浓度梯度提供的能量产生 ATP 发生在_____;属于_____过程;
⑦ 在细胞呼吸作用中,形成 ATP 的高能电子来源于_____;产生 ATP 最多的过程是_____;
⑧ 在细胞呼吸作用中,有 CO_2 形成的过程有_____;
⑨ 电子传递链上电子的直接来源物质有_____;接受电子的最终物质是_____。

4. 请将下图中产生 NADH、FADH$_2$、GTP(ATP)、CO$_2$ 的反应部位标出，并指出该催化反应的酶名称。

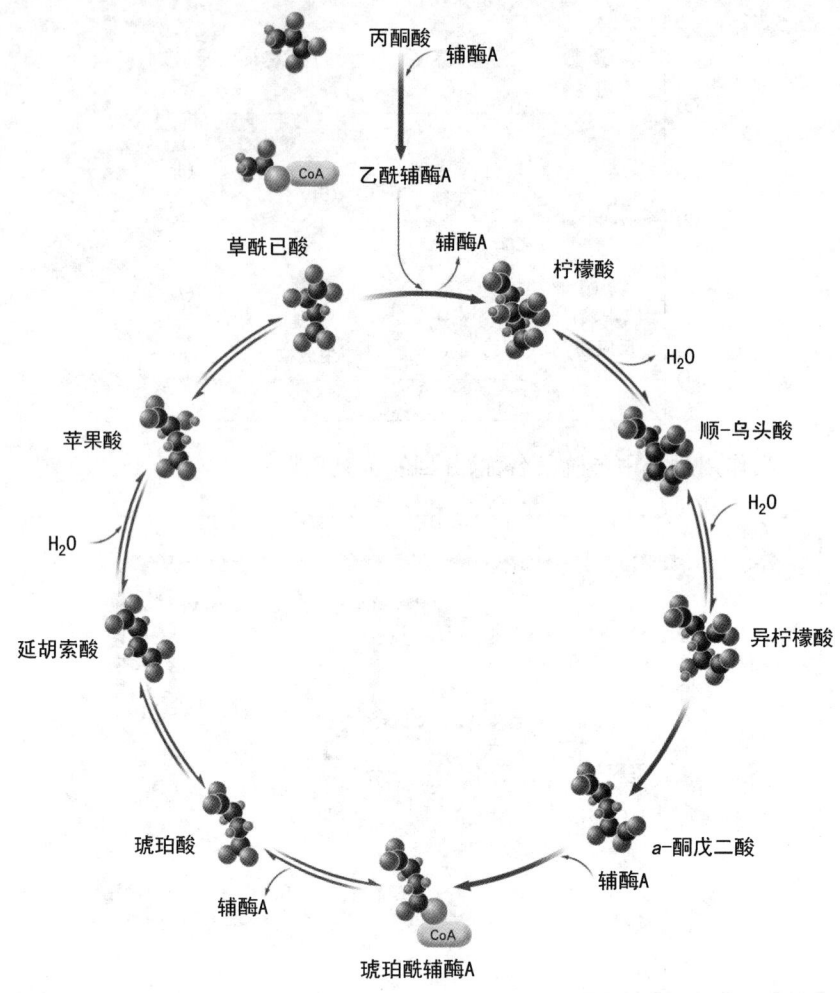

5. 分别在下列两个图中用箭头标出电子流和 H$^+$ 流动方向，并填写下表。

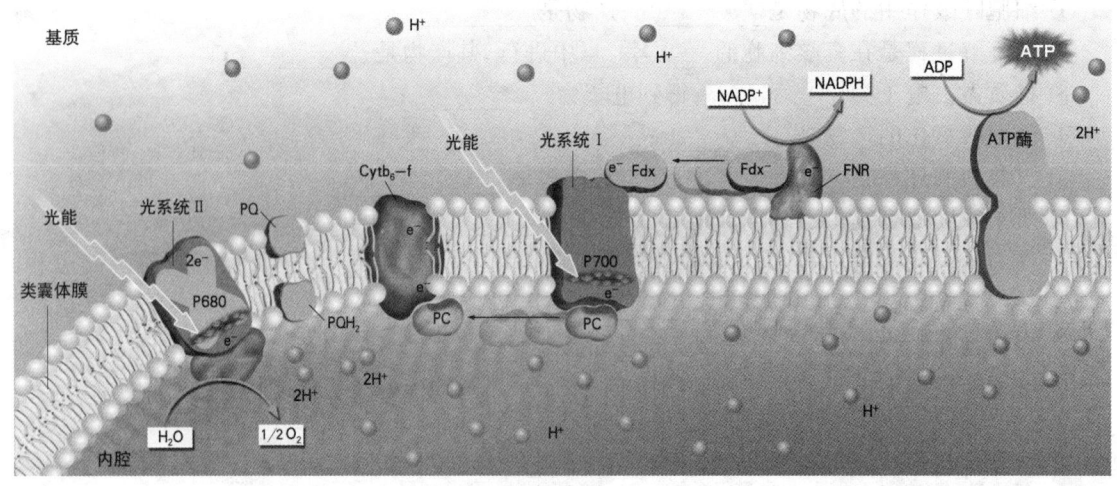

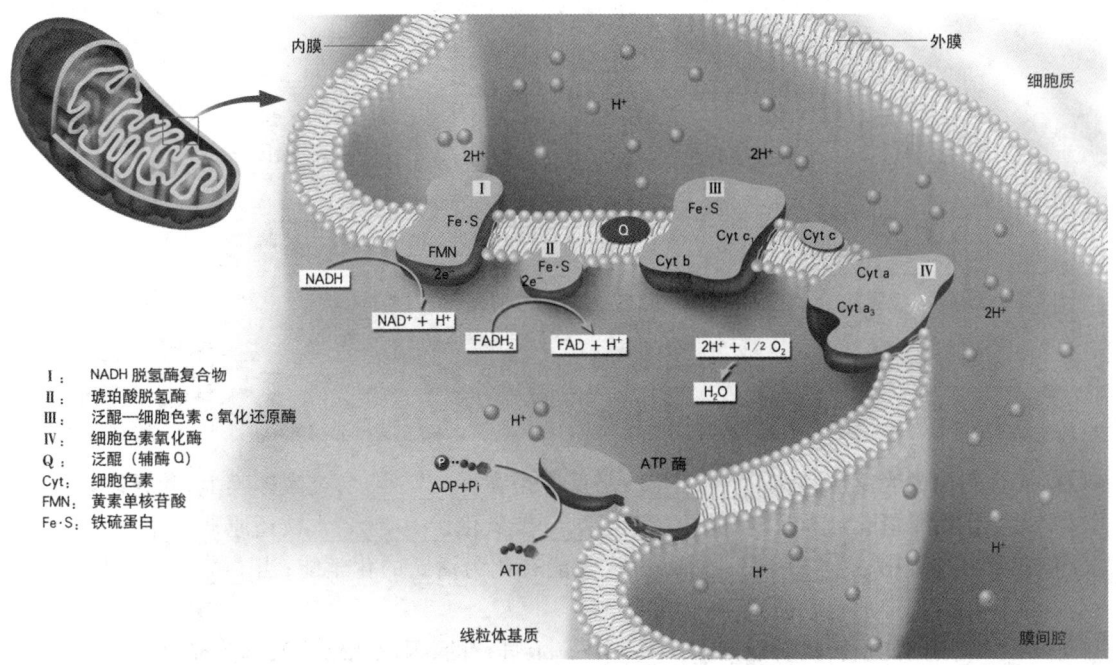

	最终电子受体	产物
呼吸链		
光合电子传递链		

6. 请根据下面两个图示回答后面的问题。

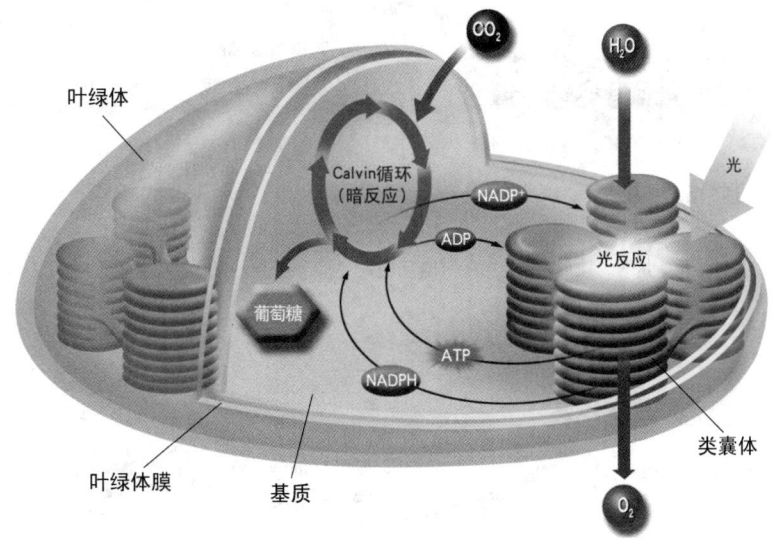

① CO_2 固定发生在_____；
② 光合作用的产物葡萄糖的碳素来源是_____；
③ 光合作用的光反应的产物是_____；
④ 光合作用释放的氧气来自于_____；
⑤ 光系统捕获光能激发电子,电子在电子传递过程中释放的能量用于将质子泵入_____；
⑥ 在光合电子传递链中,电子最初供体是_____;最终受体是_____；

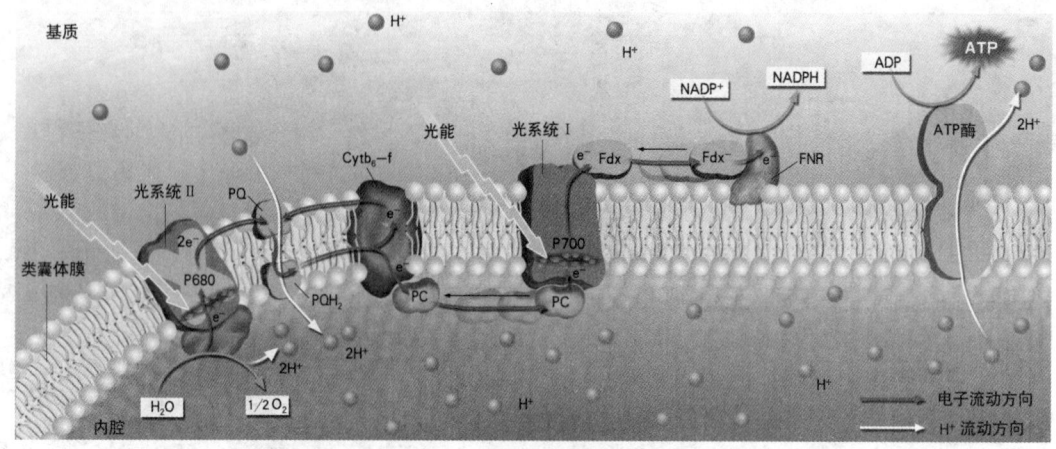

⑦ 光合作用的光反应是在_____;暗反应是在_____;类囊体膜上;叶绿体基质中

⑧ 光合作用是氧化还原反应,其中_____被氧化;_____被还原;

⑨ 在光合过程中,当_____形成后,光能转化为活跃的化学能;当_____形成后,光能转化为稳定的化学能;

⑩ 光合作用的能量转换功能是在_____上进行的,因此此结构又称为光合膜;

⑪ Calvin 循环中,CO_2 被固定形成的第一个化合物是_____。

7. 该图为 Calvin 循环示意图,请在小写字母标记处填上相应的数字或物质名称。

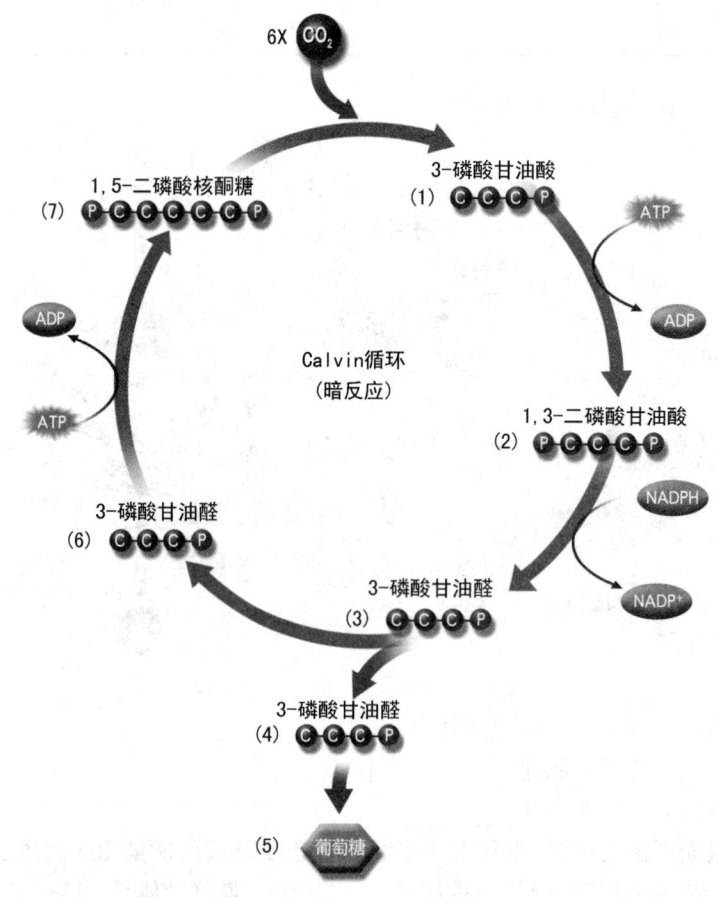

五、思考与讨论

1. 生物代谢的本质是什么？

    生物代谢就是发生在生物体内的由酶控制的全部化学反应和能量的转化过程。
2. 请从热力学原理出发,讨论为什么生命活动需要不断地输入能量。

    热力学第一定律告诉我们能量是守恒的,生命体自身不能产生能量,所有的能量来源与外部的输入。而根据热力学第二定律的描述宇宙或系统的各种过程总是向着熵增大的方向进行。事实上,生命一直与热力学第二定律,即与自发过程作着斗争。对于细胞和生命体而言,需要不断的输入能量,否则系统的有序化的程度就要下降。熵不断增加的结果就是细胞或者生命体的死亡。
3. 放能反应与吸能反应有什么区别？哪一种反应能够自发进行？为什么？

    在一个反应中,如果产物比反应物含有更少的自由能,这个反应便趋于自发进行。自发反应可释放自由能,称为放能反应。相反,另一些反应需要从外界输入自由能才能进行,称为吸能反应。

    热力学第二定律指出,系统的各种过程总是向着熵值增大的方向进行。放能反应能够使细胞内熵增大,所以会自发的进行。
4. 什么叫活化能？为什么酶具有高的催化效率？

    酶是一种生物催化剂。它与普通催化剂一样,是通过降低反应所需的活化能促进细胞代谢的生化反应的,但是酶比普通催化剂具有更高的催化效率,这是由酶分子的特殊结构所决定的。影响酶高催化效率的有关因素有:邻近定向效应、底物的变形与诱导契合、共价催化、酸碱催化全属离子催化和活性部位微环境。
5. 根据酶的特性和催化原理说明蛋白质空间结构对于功能的重要性。

    酶的高效性、专一性等特点均与酶的空间结构有关。在一定的构象下,酶才能形成底物结合部位和催化反应的活性中心,使酶与底物专一性结合,并在反应活性中心降低反应活化能,使反应更易进行。如果失去空间结构,酶将失去催化活性,因此一定的空间结构是蛋白质执行其生理功能所必需的。
6. 为什么说细胞呼吸与汽油的燃烧在本质上是一样的？

    细胞呼吸和汽油燃烧都是一种氧化反应,在能量本质上是相同的,只是底物的种类不同。可以用一个通式来表达这两种反应:有机化合物 + O_2 → CO_2 + 能量
7. 简述细胞呼吸各阶段化学反应及其发生的部位。

    有氧细胞呼吸的化学过程大致可以分成以下几个阶段：

    第一阶段为糖酵解。将一分子葡萄糖分解成两分子丙酮酸。反应发生在线粒体外的细胞质中。

    第二阶段为丙酮酸氧化。丙酮酸氧化为乙酰辅酶 A,并释放一分子 CO_2。反应在线粒体中进行。

    第三阶段为三羧酸(Krebs)循环。将乙酰辅酶 A 氧化为 CO_2 并产生 NADH、$FADH_2$ 和 GTP。反应发生在线粒体的基质中。

    第四阶段是电子链传递的氧化磷酸化。将 NADH、$FADH_2$ 的还原型电子传递给氧,并产生 ATP。反应在线粒体内膜上进行。
8. 将叶绿体置于 pH 为 4 的酸性溶液里,直到基质的 pH 也达到 4,然后将叶绿体取出,再置于 pH 为 8 的溶液里,这时发现叶绿体开始合成 ATP。请解释上述实验现象。

由于叶绿体的基质的 pH 值为 4 而外界溶液的 pH 值为 8,造成叶绿体内外的质子浓度差,即跨膜的氢离子梯度,而这一浓度梯度导致质子顺浓度梯度从叶绿体内经 ATP 合成酶出到外界溶液中,这个过程中所释放的能量使 ADP 与磷酸结合生成 ATP。

9. 请设计一个实验来证明,光合作用中产生的 O_2 来源于 H_2O,而非来源于 CO_2。

用 O^{18} 同位素示踪实验。(参见教材①用 O^{18} 同位素标记水中的 O 元素,检测到光合作用产物 O_2 中含有 O^{18};②用 O^{18} 同位素标记 CO_2 中的 O 元素,检测光合作用产物中的 O_2,未发现 O^{18}。则可证明光合作用中的 O_2 来源于 H_2O)。

六、推荐阅读材料

1. 王镜岩 等 主编. 生物化学. 第 3 版. 北京:高等教育出版社,2002
2. R H. Garrett 等. 生物化学. 第 2 版. 影印版. 北京:高等教育出版社,2002
3. 周海梦 等 译. Leninger 生物化学原理. 第 3 版. 北京:高等教育出版社,2005
4. 张楚富. 生物化学原理. 北京:高等教育出版社,2003
5. 潘瑞炽. 植物生理学. 第 5 版. 北京:高等教育出版社,2004
6. 李合生. 现代植物生理学. 北京:高等教育出版社,2002
7. Bryant J A. Plant Carbohydrate Biochemistry. BIOS Scientific Publishers Ltd,1999
8. 与课程相关的国家级精品课程网址:

   植物生理:华南师范大学　　http://sky.scnu.edu.cn/jpkc/zwslx/
   　　　　　扬州大学　　　　http://jpkc.yzu.edu.cn/course/zhwshl/index.asp
   　　　　　浙江大学　　　　http://jpck.zju.edu.cn/crs/zwslx/index.htm
   　　　　　华中农业大学　　http://nhjy.hzau.edu.cn/kech/zwsl/
   生物化学:南方医科大学　　http://jpkc2.smu.edu.cn/nfyy/index.html
   　　　　　北京大学　　　　http://www.bio.pku.edu.cn/lab/proteinsci/biochem/index.html
   　　　　　中国医科大学　　http://www.cmu.edu.cn/curriculum/view_kj.asp
   　　　　　北京大学　　　　http://jpkc.bjmu.edu.cn/shenghua/LocalUser/jpkcftp/index.htm

七、参考答案

填空题

1. 自养生物,异养生物,光养,化养　　2. 放能反应,吸能反应,负值,放能　　3. 熵,热,焓,自由能　　4. 底物结合部位,催化部位,底物,底物　　5. 高效率,高度专一性,反应条件温和,可调控性　　6. 反应所需的活化能,反应速度,化学平衡　　7. 氧化还原酶类,转移酶类,水解酶类,裂合酶类,异构酶类,合成酶　　8. 辅酶,辅基,和酶蛋白的结合牢固程度　　9. 反馈抑制,细胞稳态　　10. 能量的释放、转移和利用,糖、脂肪、蛋白质　　11. 异化反应,同化作用　　12. 细胞呼吸　　13. 兼性厌氧　　14. 6,6　　15. 电子与质子,获得,失去　　16. 6-磷酸葡萄糖,2,磷酸甘油醛,磷酸二羟丙酮,2,2,2,丙酮酸　　17. 磷酸果糖激酶　　18. 细胞质,线粒体,乙酰辅酶 A,三羧酸循环　　19. 底物水平磷酸化,电子传递链上的氧化磷酸化　　20. 乙酰辅酶 A,柠檬酸,草酰乙酸,3,GTP 或 ATP　　21. 电子

22. 化学模型,化学渗透模型,构象模型,化学渗透模型,Mitchell　　23. 线粒体内膜,质膜
24. 消化作用,水解　　25. 脱氨,乙酰辅酶 A,磷酸甘油醛　　26. 叶绿体,30~40,类囊体,基粒　　27. 可见光,得失电子,叶绿素 a,叶绿素 b,胡萝卜素,藻胆素　　28. 卟啉环,叶醇,卟啉环,Mg^{2+}　　29. 作用光谱,水绵　　30. 作用中心,聚光　　31. $NADP^+$,水,氧
32. 光反应,暗反应,类囊体膜,叶绿体基质　　33. Ⅱ,Ⅰ,非环式　　34. ATP,NADPH,CO_2,葡萄糖　　35. 1,5-二磷酸核酮糖羧化酶/加氧酶,竞争性,CO_2,O_2　　36. 光,温度,水,矿物质　　37. 红,绿

选择题:

1. B	2. B	3. B	4. C	5. C	6. C	7. A	8. C
9. D	10. E	11. C	12. B	13. A	14. C	15. A	16. B、D
17. C	18. C、D	19. C	20. B	21. C	22. C	23. C	24. B
25. A	26. A	27. B	28. A、B、D		29. B	30. A	31. C
32. B	33. A、C	34. C	35. B、C	36. B、C、D	37. A	38. B
39. B、C	40. B	41. B	42. A	43. B、D	44. A	45. B	46. C
47. D	48. C	49. B、C、D		50. C	51. B	52. D	53. C
54. B	55. B、C	56. D	57. A	58. A、C、D	59. A	60. A、D
61. D	62. A、B、C、D	63. B	64. C	65. D	66. B	67. D
68. A	69. B	70. C	71. B、D	72. B、C	73. B、D	74. C、D	75. A、B
76. C	77. A、B、D	78. D	79. C	80. C	81. A、C

连线题

1. A-Ⅱ,B-Ⅳ,C-Ⅲ,D-Ⅴ,E-Ⅰ
2. A-Ⅳ,B-Ⅰ,C-Ⅱ,D-Ⅴ,E-Ⅲ

简答题

1. 因为在活细胞中生命活动的直接能量通常是通过 ATP 水解释放的能量。三磷酸腺苷(ATP)是一种不稳定化合物,其高能磷酸键易断裂,当高能磷酸键断裂后形成 ADP,每 mol 可释放出 30.5 kJ 的能量,而 ADP 与磷酸结合并吸收能量后可再形成 ATP。

2. 在萤火虫尾部发光细胞中存在着荧光素酶(E-LH),酶促反应结果使 ATP 与 E-LH 偶联,偶联的高能中间产物 E~LH2-AMP 在氧气中存在时可释放出能量,并以荧光的形式发射出来。

3. 既使是一个放能反应,也存在着化学反应的能量障碍,因为新的化学键形成之前,存在着必须首先断开的键,这就是能障,而用于克服能障、启动反应进行所需要的能量叫活化能。

4. 有些抑制剂与正常的底物结构相似,它和底物竞争性地与酶的活性位点结合,从而妨碍底物进入酶的活性中心,减少酶与底物的作用机会,这种抑制称为竞争性抑制;一些抑制剂结合在酶的非活性中心部位,导致酶分子性状改变,不能与底物分子相匹配和结合,这种抑制叫非竞争性抑制;抑制剂不和游离酶结合,而是通过和酶与作用物的复合体结合来抑制酶的活性,这种抑制被称为反竞争抑制;而在代谢过程中局部反应对催化该反应的酶所起的抑制作用,称为反馈抑制。

5. 第一,生物氧化是在活细胞内,在体温、常压、近于中性 pH 及有水环境介质中,是在一系列酶、辅酶和中间传递体的作用下逐步进行的;第二,生物氧化时,氧化还原过程逐步进行,能量逐步释放,这样不会因为氧化过程中能量骤然释放而损害机体,同时使释放的能量得到有效的利用;第三,生物氧化的主要方式是脱氢和电子转移的反应,脱下的氢最后与氧形成水。生物氧化过程产生的

能量很大一部分贮存在高能化合物中,主要是腺苷三磷酸,即 ATP,然后通过 ATP 再供给机体的需能反应。而体外燃烧条件剧烈,有机物在体外燃烧需要高温及干燥条件;燃烧时,能量突然释放,产生大量的光和热,散失于环境中,同时引起高温。

6. 用柠檬汁制造酸性环境可使此酶失活。

7. 第一个阶段是糖酵解阶段,发生在线粒体外的细胞质中;第二个阶段称为 Krebs 循环,发生在线粒体中;糖酵解和 Krebs 循环最终是为细胞呼吸的第三个阶段,即电子传递链(呼吸链)的进一步氧化还原反应提供电子,高能电子传递到氧,逐步释放的能量合成三个阶段中最多的 ATP。

8. 剧烈运动时,肌肉进行无氧呼吸,酵解速度加快导致大量乳酸生成;剧烈运动后生成的乳酸再经丙酮酸转化为葡萄糖,此过程耗能并且需要其他物质的参与,所以比较慢。

9. 化学渗透学说设想通过跨线粒体膜的质子浓度梯度形成的电子传递和 ATP 合成相偶合,当质子跨膜运动并形成能级的降低,能量便被释放出来并用来合成 ATP。

当线粒体内膜上的呼吸链进行电子传递时,电子能量逐步降低,从 NADH 脱下的 H^+ 便穿过内膜从线粒体的基质进入到内膜外的腔中,造成跨膜的质子梯度(浓度差),导致化学渗透的发生,即质子顺梯度从外腔经内膜通道(ATP 合成酶)返回线粒体的基质中,在 ATP 酶的作用下,所释放的能量使 ADP 与磷酸结合生成 ATP。

10. 光合生物捕获和利用太阳能,将无机物合成为有机物,即将太阳能转化为化学能并存储在葡萄糖和其他有机分子中,这一过程称为光合作用。

光合作用的总反应式:

$$6CO_2 + 6H_2O \rightarrow C_6H_{12}O_6 + 6O_2$$

暗反应的反应式:

$$12NADPH + 12H^+ + 18ATP + 6CO_2 \rightarrow C_6H_{12}O_6 + 12NADP^+ + 18ADP + 18Pi + 6H_2O$$

因为地球上的各种生物,无论是自养生物还是异养生物,其能量都是直接或间接来源于太阳能,而光合作用是转化太阳能为生物利用化学能的最主要方式,因此说光合作用是地球生命最基础的作用。

11. 光反应发生在类囊体膜上,是将光能转化为化学能的过程。分为两大步骤:光能的吸收、传递和转换;电能转变为活跃的化学能形成 NADPH 和 ATP。

暗反应发生是在叶绿体的基质中,利用光反应产生的 NADPH 和 ATP 的化学能,使 CO_2 还原行成糖的过程。不直接需要光的参与。

光反应为暗反应提供 ATP 和还原力;暗反应继续完成贮存能量于光合产物的过程。

12. 因为植物叶中含有大量的叶绿素,而除绿光外,其他波长的可见光基本都被叶绿素吸收了,而大部分绿光不能被吸收而反射出来,所以植物叶看起来是绿的;秋天变黄是由于低温抑制了叶绿素的生物合成,已形成的叶绿素也被分解破坏,而类胡萝卜素比较稳定,所以叶片呈现黄色。至于红叶,是因为秋天降温,植物体内积累较多的糖分以适应寒冷,可溶性糖多了,就形成较多的花色素,叶子就呈红色。

13. 两个低能的光子不能相加而使色素分子中的电子从基态跃迁,高能的光子也不能只用其部分的能量使电子跃迁至电子所去的高能级。

14. 为了防止两系统间激发能的自发转移,确保光系统Ⅰ与光系统Ⅱ之间只是通过电子传递联系。

15. 都发生在非膜区域,都存在 3 - 磷酸甘油酸(PGA)和 3 - 磷酸甘油醛(PGAL)间的平衡,并以此作为决定反应速率的关键步骤。

16. (1) 原初反应,即光能的吸收和转变为电能的过程。

(2) 电子传递和光合磷酸化,即电能转变为活跃的化学能过程。

(3) 碳同化,即活跃的化学能转变为稳定的化学能过程。

17. 叶绿体外有两层被膜,分别称为外膜和内膜,具有选择透性。叶绿体膜以内的基础物质称为基质。CO_2 固定和糖类的形成与贮藏是在基质中进行。在基质中分布有绿色的基粒,它是由类囊体垛叠而成。光合色素主要集中在基粒之中,光能转化为化学能的过程是在基粒的类囊体膜上进行的。

18. 光呼吸是由 RuBP 羧化/加氧酶催化 RUBP 加氧造成的。C_4 植物植物在叶肉细胞中只进行由 PEP 羧化酶催化的羧化作用,且 PEP 羧化酶对 CO_2 的亲和力高,固定 CO_2 的能力强,在叶肉细胞形成四碳的草酰乙酸后,再运转到维管束鞘细胞,脱羧后释放出 CO_2,就起到了 CO_2 泵的作用,增加了维管束鞘细胞中的 CO_2 浓度,抑制了鞘细胞中 RuBP 羧化/加氧酶的加氧活性并提高了其羧化活性,有利于 CO_2 的固定和还原,不利于乙醇酸的形成和光呼吸的进行,所以 C_4 植物光呼吸值很低。

而 C_3 植物再叶肉细胞内固定 CO_2,叶肉细胞的 CO_2/O_2 的比值较低,此时 RuBP 羧化/加氧酶的加氧活性增强,有利于光呼吸的进行,而且 C_3 植物中 RuBP 羧化/加氧酶对 CO_2 亲和力低;此外,光呼吸释放的 CO_2 不易被重新固定。

19.

	光合作用	呼吸作用
原料	CO_2 和 H_2O	O_2 和有机物
产物	糖类和氧气	CO_2 和 H_2O
磷酸化过程	通过光合磷酸化把光能转变为 ATP	通过氧化磷酸化把有机物的化学能转化成 ATP
能量的变化	太阳能→电能→化学能	化学能→光、热、做功
进行场所	有叶绿素的细胞,发生在叶绿体中	细胞质和线粒体
光的影响	需要	不需要

图示题

1.

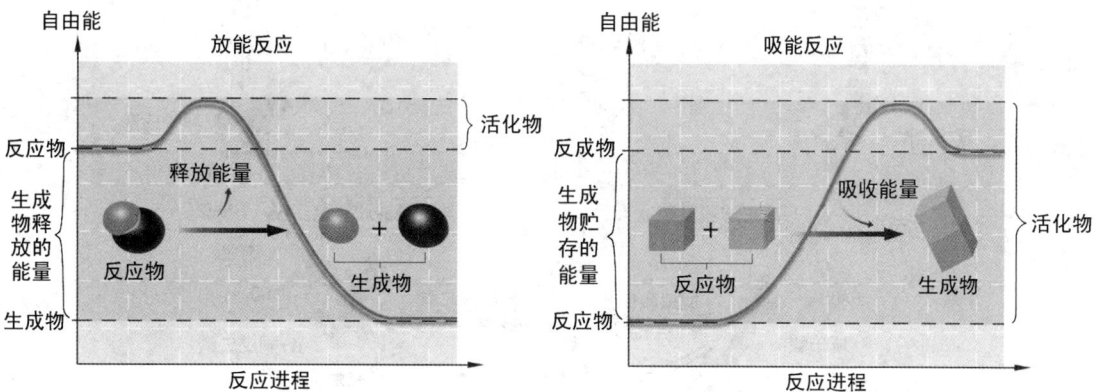

2. (1)产物的平均自由能;(2)反应物的平均自由能;(3)有酶参反应时,反应物所需要达到的自由能水平;(4)无酶参与反应时,反应物所需要达到的自由能水平;(5)有酶参与反应的活化能;(6)无酶参与反应的活化能。

3. (1) 糖酵解

（2）丙酮酸氧化
（3）三羧酸循环
（4）氧化磷酸化
① 葡萄糖和 O_2，CO_2、H_2O 和 ATP
② 细胞质，丙酮酸
③ 被氧化，被还原
④ CO_2、NADH、乙酰 CoA
⑤ 线粒体基质中，CO_2、NADH、$FADH_2$ 和 GTP（ATP）
⑥ 线粒体内膜，氧化磷酸化
⑦ 葡萄糖，氧化磷酸化
⑧ 丙酮酸氧化、三羧酸循环
⑨ NADH、$FADH_2$、O_2

4.

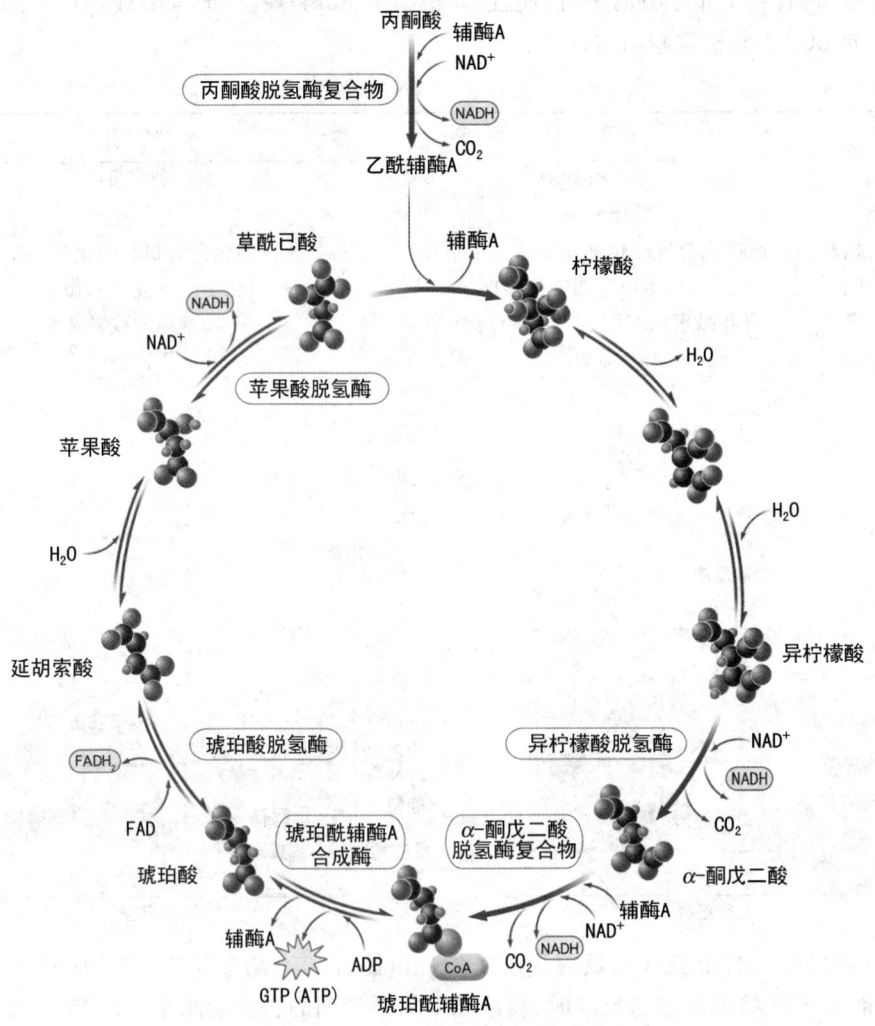

5.

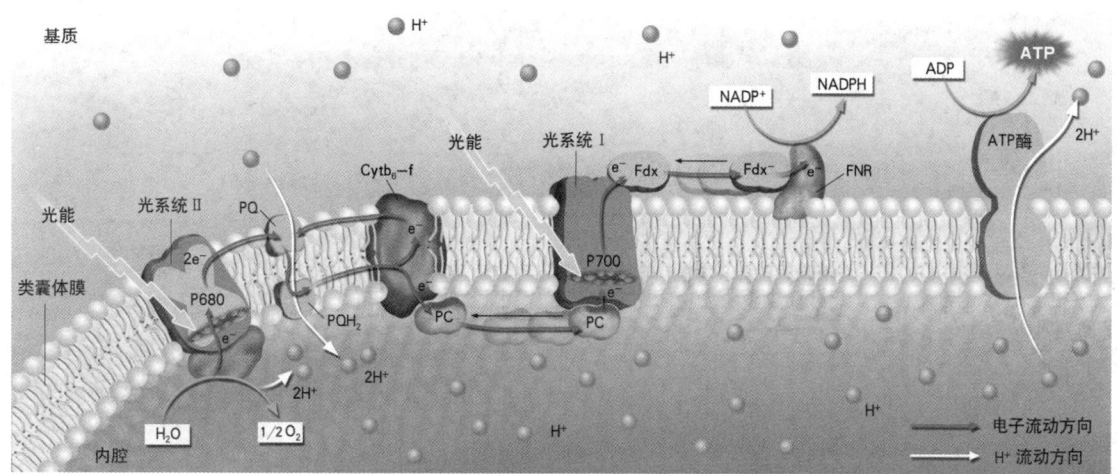

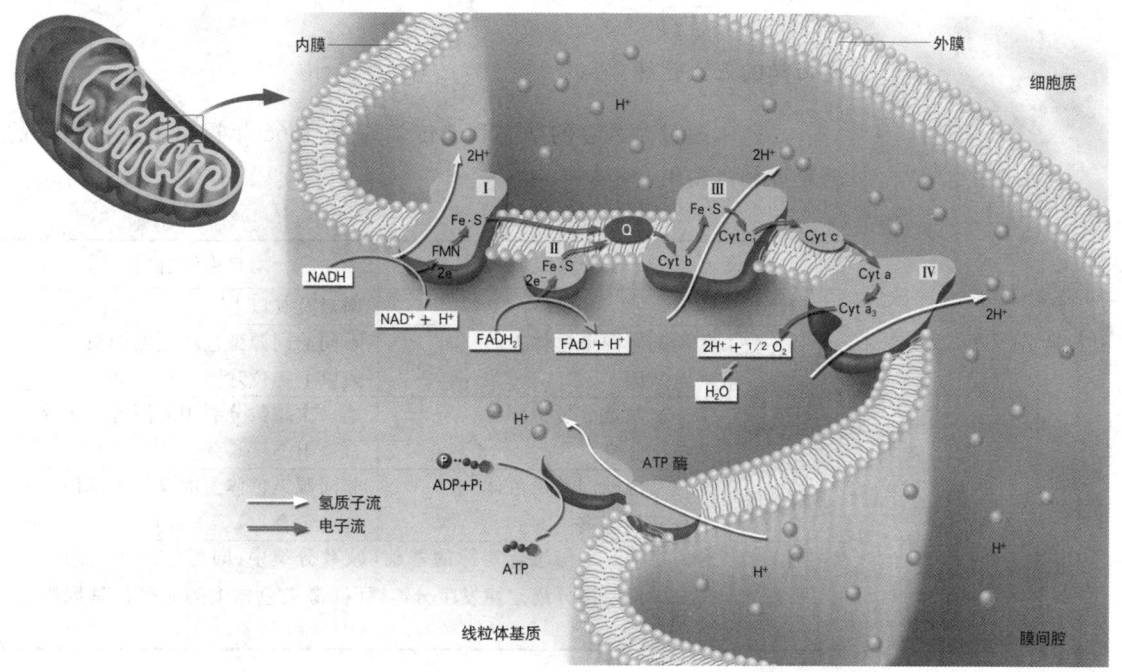

	最终电子受体	产物
呼吸链	O_2	ATP、H_2O
光合电子传递链	$NADP^+$	O_2、ATP、NADPH

6. ① 叶绿体基质　② CO_2　③ ATP 和 NADPH　④ H_2O　⑤ 类囊体空间　⑥ H_2O，$NADP^+$　⑦ 类囊体膜上，叶绿体基质中　⑧ H_2O，CO_2　⑨ ATP 和 NADPH，糖类　⑩ 类囊体膜　⑪ 3-磷酸甘油酸

7. (1) 12　(2) 12　(3) 12　(4) 2
   (5) 1　(6) 10　(7) 6

第 5 章 遗传及其分子基础

一、要点提示

遗传学的三大定律

孟德尔通过对豌豆的杂交和遗传学研究，1866 年提出了遗传因子的分离定律和自由组合定律。

	分离定律	自由组合定律
性状	一对	两对及其以上
等位基因	相同的同源染色体上的一对基因	不同的同源染色体上的两对或以上等位基因
发生过程	第一次减数分裂中同源染色体分离	第一次减数分裂中非同源染色体自由组合
遗传实质	等位基因随同源染色体的分开而分离	非同源染色体上的非等位基因自由组合
联系	分离定律是自由组合定律的基础（减数分裂中，同源染色体上的每对等位基因都要按分离定律发生分离，而同源染色体上的非等位基因则发生自由组合）	

摩尔根以果蝇为对象发现了基因的连锁和互换定律，1926 年出版了《基因论》。他认为，生物体的物种性状起源于生殖细胞中成对的基因，而基因是染色体上分离的遗传单位，它们联合形成一定数量的连锁群，一对连锁群的基因之间可以发生有秩序的交换，这种交换证明了基因在染色体上呈直线排列，它们在染色体上有确定的位置。摩尔根创立的基因理论，提出基因控制生物的遗传与变异，为现代遗传学的发展打下了基础。

DNA 的生物合成

英国科学家 Griffith 和美国科学家 Avery 通过著名的肺炎双球菌的转化实验发现 DNA 是遗传物质，Alfred Hershey 和 Martha Chase 通过更有说服力的噬菌体实验证实了这一结论。1953年,沃林和克里克建立了DNA双螺旋结构模型,奠定了生命遗传的分子生物学基础。

在DNA复制合成时,亲代DNA的双螺旋先行解旋和分开,然后以每条链为模板,按照碱基配对原则,在这两条链上各形成一条互补链,这样从亲代DNA的分子可以精确地复制成2个子代DNA分子。每个子代DNA分子中,有一条链是从亲代DNA来的,另一条则是新形成的,这叫做半保留复制。利用^{14}N和^{15}N标记大肠杆菌实验可以证实DNA的半保留复制。

在逆转录酶作用下,以RNA为模板合成DNA,这个过程称为逆转录或反转录,是DNA合成的另一种形式。真核细胞的mRNA分子最显著的结构特征之一是有3′端的poly A尾巴。当加入寡聚dT作引物时,逆转录酶就可以mRNA为模板,合成互补DNA(cDNA)

RNA的生物合成

以DNA的一条链为模板在RNA聚合酶催化下,以4种核糖核苷酸为底物,按照碱基配对原则,形成3′,5′-磷酸二酯键,合成一条与DNA链的一定区段互补的RNA链的过程称为转录。RNA的转录起始于DNA模板的一个特定位点,并在另一位点处终止。用作模板的链称为反义链,而非模板链称为有义链。因为有义链的脱氧核苷酸序列与转录合成的RNA的核苷酸序列相同(T换为U),所以也称编码链。

在真核生物细胞里,转录是在细胞核内进行的。合成的RNA包括mRNA、rRNA和tRNA的前体。rRNA的合成发生在核仁内,而合成mRNA和tRNA的酶则定位在核质中。

另外叶绿体和线粒体的自主DNA也进行转录。原核细胞中转录酶类存在于细胞液中。

蛋白质生物合成的过程

蛋白质生物合成体系的重要组分主要包括mRNA、tRNA、rRNA、有关的酶以及几十种蛋白质因子。其中,mRNA是蛋白质生物合成的直接模板,其遗传密码的特点有:无标点性、无重叠性、通用性、简并性。tRNA的作用体现在3个方面:(1) 3′-CCA端接受氨基酸;(2) 反密码子识别mRNA链上的密码子;(3) 连接多肽链和核糖体。rRNA和几十种蛋白质组合成蛋白质的场所——核糖体的大小亚基。

蛋白质生物合成的过程分4个步骤:氨基酸活化、肽链合成的起始、延伸和终止。其中,氨基酸活化即氨酰tRNA的合成反应由特异的氨酰-tRNA合成酶催化,在胞液中进行。氨酰-tRNA合成酶既能识别特异的氨基酸,又能辩认携带该氨酰基的一组同功受体tRNA分子。

对于大肠杆菌等原核细胞来说,肽链合成的起始是70 S起始复合物的形成。它需要核糖体30 S和50 S亚基、带有起始密码子AUG的mRNA、fMet-tRNAf、起始因子IF_1、IF_2、IF_3以及GTP和Mg^{2+}的参加。肽链合成的延伸需要70 S起始复合物、氨酰-tRNA、3种延伸因子:一种是热不稳定的EF-Tu,另一种是热稳定的EF-Ts,第三种是依赖GTP的EF-G以及GTP和Mg^{2+}。肽链合成的终止和释放需要3个终止因子RF_1、RF_2、RF_3蛋白的参与。

基因表达的调控

在转录水平上,原核生物的调节基因所产生的诱导物和辅阻遏物可以调节基因的开闭,这是一种负调控作用;而分解代谢阻遏作用通过调节基因产生的降解物基因活化蛋白(CAP)促进转录进行,是一种正调控作用。它们可以用操纵子模型进行解释。操纵子是在转录水平上控制基因表达的协调单位,由启动子、操纵基因和在功能上相关的几个结构基因组成。

转录后的调节包括:真核生物mRNA转录后的加工,转录产物的运输和在细胞中的定位等。

翻译水平上的调节包括:mRNA本身核苷酸组成和排列(如SD序列),反义RNA的调节,

mRNA 的稳定性等方面,蛋白质产物的修饰、折叠与活化等。

基因突变、DNA 损伤与修复

基因突变是指 DNA 的碱基顺序发生突然而永久性地变化,从而影响 DNA 的复制,并使 DNA 的转录和翻译也跟着改变,表现出异常的遗传特征。DNA 的突变可以有几种形式:(1) 一个或几个碱基对被置换;(2) 插入一个或几个碱基对;(3) 一个或多个碱基对缺失。置换和插入的变化是可逆的,缺失则是不可逆的。最常见的突变形式是碱基对的置换。嘌呤之间或嘧啶之间的置换称为转换,嘌呤和嘧啶之间的置换称为颠换。突变有自发突变和诱发突变。在 DNA 的合成中,自发突变的几率很低,大约每 10^9 个碱基对发生一次突变。各种 RNA 肿瘤病毒具有很高的自发突变频率。诱发突变可以由物理因素或化学因素引起,如紫外线、电离辐射和烷化试剂等。诱变因素作用于 DNA,造成其结构和功能的破坏,引起生物突变和致死。但细胞内具有一系列起修复作用的酶系统,可以除去 DNA 上的损伤,恢复 DNA 的正常双螺旋结构。目前已经知道有 4 种修复系统:光修复、切除修复、重组修复和诱导修复。

二、基本概念

基因(gene):基因是能够表达和产生基因产物(蛋白质或 RNA)的核苷酸序列。

等位基因(alleles):位于同源染色体上,位点相同,控制着同一性状的基因。

性状(character):生物的形态、结构、生理功能过程的特征。

显性(dominant):杂合子生物表现出来的性状。

隐性(recessive):杂合子生物被掩盖的性状。

纯合子(homozygote)和杂合子(heterozygote):在 2 倍体或多倍体生物中的等位基因上只存在显性因子或隐性因子,称为纯合子;如果等位基因上既存在显性因子,也有隐性因子,则称之为杂合子。

分离定律(Mendel's law of segregation):一对基因在形成配子时完全按照原样分离到不同的配子中去,相互不发生影响。

自由组合定律(the law of independent assortment):在配子形成时各对等位基因彼此分离后,独立自由地组合到配子中。

连锁与交换定律(the law of linkage and crossing over):连锁指在同一同源染色体上的非等位基因连在一起而遗传的现象。交换是指同源染色体的非姊妹染色单体之间的对应片段的交换,从而引起相应基因间的交换与重组。

交换值(重组率)(recombination frequency,RF):指同源染色体的非姐妹染色单体间有关基因的染色体片段发生交换的频率。RF = 重组型数目/总个体数。

测交法(test cross):也称回交法,即把被测验的个体与隐性纯合基因的亲本杂交,根据测交子代出现的表现型和比例来测知该个体的基因型。

遗传的染色体学说(the chromosome theory of inheritance):基因位于染色体上,成对的染色体及其位于染色体上的成对基因在细胞减数分裂时分离,独立分配到配子中,经过有性生殖过程中雌雄配子的结合,它们重新组合配对。

遗传学图(genetic map):表示基因在染色体上的排列顺序和相对距离的图。

厘摩(cM):一种度量重组概率的单位。1 厘摩相当于在一代中,由于交换而使一个遗传位点标记从第二个位点标记中分离出来的可能性是 1%。cM 值越高,表明两点遗传位点之间距离越远;cM 值越低,表明两遗传位点间距离越近。

染色体(chromosome)：是指细胞有丝分裂时出现的大小不等、形状各异的由染色质纤维盘叠、凝集而成的棒状小体。与染色质具有同样的化学成分。

染色质(chromatin)：是指细胞间期细胞核内能被碱性染料(洋红、苏木精等)染色的纤细网状物质，通常指真核细胞间期核中 DNA、组蛋白、非组蛋白、以及少量 RNA 组成的一串念珠状的复合体。当细胞分裂时，细胞核内的染色质便螺旋化形成一定数目和形状的染色体。

联会(synapsis)：在减数分裂过程中，同源染色体建立联系的配对过程。

常染色体(Autosome)：和性别决定无关的染色体。人是双倍体动物，每个体细胞中都含有 46 条染色体，其中 22 对是常染色体，一对是性染色体(XX 或者 XY)。

性染色体(sex chromosome)：是指与性别决定相关的特殊形态的一对同源染色体称为性染色体。如一些数动物和一些植物性细胞中的一对性染色体被命名为 X 或 Y，XX 结合产生雌性，XY 结合产生雄性。

复等位基因(multiple alleles)：在群体不同个体中占据同源染色体上同一基因座位有 3 个或 3 个以上的基因，但在每一个个体的同源染色体上只能是一对基因，这些基因被称为复等位基因；人类的 ABO 血型便是由复等位基因决定的。

着丝粒(centromere)：在细胞的有丝分裂过程中，每条染色单体上都有一段着丝粒 DNA 序列，其所在的部位称着丝粒。

伴性遗传(sex-linked inheritance)：指性染色体上的基因所控制的某些性状总是伴随性别而遗传的现象，又称伴性遗传(sex-linked inheritance)。

性连锁(sex linkage)：指性染色体上的基因所控制的某些性状总是伴随性别而遗传的现象，又称伴性遗传(sex-linked inheritance)。

重组(recombination)：由于同源染色体上的不同等位基因间的重新组合，产生不同于亲本的类型。

基因图谱(gene mapping)：在一个 DNA 分子上决定基因的顺序及其相互间的距离。包括遗传图谱和物理图谱。

物理图谱(physics map)：物理图谱描绘 DNA 上可以识别的标记的位置和相互之间的距离(以碱基对的数目为衡量单位)，这些可以识别的标记包括限制性内切酶的酶切位点、基因等。物理图谱不考虑两个标记共同遗传的概率等信息。对于人类基因组来说，最粗的物理图谱是染色体的条带染色模式，最精细的图谱是测出 DNA 的完整碱基序列。

DNA 半保留复制(semiconservative replication)：亲本双螺旋两条链分别作为模板，按照碱基互补配对原则，合成两分子双链 DNA，每个新的 DNA 分子中的两条链一条来自原 DNA 分子，另一条为新合成的，因此被称为半保留复制。

复制子(replicon)：在每条染色体上两个相邻复制终点之间的一段 DNA 叫做复制子。

冈崎片段(Okazaki fragment)：DNA 复制合成后随链时，首先合成的 DNA 片段称为冈崎片段。

滚环复制(rolling-circle replication)：在以这种机制进行的复制中，亲代双链 DNA 的一条链在 DNA 复制起点处被切开，其 5′端游离出来。这样，DNA 聚合酶Ⅲ便可以将脱氧核糖核苷酸聚合在 3′-OH 端。当复制向前进行时，亲代 DNA 上被切断的 5′端继续游离下来，并且很快被单链结合蛋白所结合。因为 5′端从环上向下解链的同时伴有环状双链 DNA 环绕其轴不断的旋转，而且以 3′-OH 端为引物的 DNA 生长链则不断地以另一条环状 DNA 链为模板向前延伸，因而称为滚环复制。

端粒(telomere)：是染色体的末端部分，这一特殊结构区域对于线型染色体的结构和稳定起重要作用。

密码子(codon)：mRNA 分子上决定蛋白质中氨基酸顺序的核苷酸顺序，特定的氨基酸是由1个或一个以上的三联体密码所决定的。

反密码子(anticodon)：指 tRNA 分子中反密码环上的 3 个核苷酸序列，在蛋白质生物合成过程中，它通过互补的碱基配对结合到 mRNA 的特定密码上。

启动子(promoter)：是指 RNA 聚合酶结合到 DNA 模板并完成转录起始步骤所需的 DNA 序列。

终止子(terminator)：指引起 RNA 聚合酶转录终止的 DNA 序列。

内含子(intron)：一段不编码蛋白质的 DNA 片段，不同的基因中内含子数目不同。

外显子(exon)：基因内编码蛋白质的 DNA 片段。

前体 mRNA(pre-mRNA)：又称核内非均一 RNA(heterogeneous nuclear RNA, hnRNA)，是转录后新合成的未成熟的 mRNA，要经过剪接除去内含子，3′端加多聚腺苷酸，5′端甲基化等一系列加工过程才可成为成熟的 mRNA 分子。

转录(transcription)：以 DNA 分子为模板，按照碱基互补的原则，合成一条单链的 RNA。细胞中 DNA 分子携带的遗传信息被转移到 RNA 分子中的这一过程被称为转录。

反转录(reverse transcription)：以 RNA 链为模板，经反转录酶(即依赖于 RNA 的 DNA 聚合酶)催化合成 DNA 链的过程称为反转录，反转录现象在 RNA 病毒中首先被发现，完善了中心法则。

翻译(translation)：是指以 mRNA 为模板，指导合成蛋白质的过程。

中心法则(genetic central dogma)：描述从一个基因到相应蛋白质的信息流的途径。遗传信息贮存在 DNA 中，DNA 被复制传给子代细胞，信息被拷贝或由 DNA 被转录成 RNA，然后 RNA 被翻译成多肽链。也可以以 RNA 为模板合成 DNA。

寻靶运输(target transport)：真核生物新合成的蛋白质通过细胞质向不同细胞器的转移成为蛋白质的寻靶运输。

信号肽(signal peptide)：指导蛋白质寻靶定位的一段连续的氨基酸序列。

结构基因(structural gene)：编码一个蛋白质或一个 RNA 的基因。

操纵基因或操作子(operator)：DNA 分子上阻遏蛋白的结合位点，用以阻止相邻的启动子上转录的开始。

操纵子(operon)：是原核生物基因表达和调控的一个完整单元，其中包括结构基因、调节基因、操纵基因和启动子。

操纵子学说(operon theory)：Jacob 和 Monod 根据对 *lac* Z,Y,A 基因突变体的研究，于 1961 年提出了操纵子学说。其要点是：一个或几个结构基因与一个调节基因和一个操纵位点组成一个转录单元。这个单元就称其为操纵子。调节基因产生的阻遏蛋白与操纵位点结合从而阻碍了结构基因转录成为 mRNA；而诱导物又可以与阻遏蛋白相结合，从而阻止阻遏蛋白与操作子的结合。

转录因子(transcription factors, TFs)：在真核生物转录起始过程中，识别和结合启动子并与 RNA 聚合酶相互作用的蛋白质。

激活转录因子(transcriptional activator)：通过增加 RNA 聚合酶的活性来加快转录速度的一种 DNA 结合蛋白。

增强子(enhancer)：一段具有增强基因表达的 DNA 调控序列，可以在基因的上游或下游发挥调控作用。

沉默子(silencer)：是指一段远离转录起始点起负调控作用的 DNA 序列元件。

基因突变(genic mutation)：细胞中核酸序列的改变通过基因表达有可能导致生物遗传特征的变化。这种核酸序列的变化称为基因突变(mutation)

点突变(point mutation)：基因突变可以是 DNA 序列中单个核苷酸或碱基发生改变,也可以是一段核酸序列的改变。DNA 序列中涉及单个核苷酸或碱基的变化称为点突变。

同义突变(samesense mutations)：DNA 链中某一个碱基被另一个所替换,如果这种替换的结果不影响其所翻译的蛋白质的结构和功能,则这种突变称为同义突变。

错义突变(missense mutations)：DNA 链中碱基的替换造成一个密码子的改变,进而改变了多肽链上一个氨基酸种类变化,这种替换称为错义突变。

移码突变(frameshift mutation)：在 DNA 链上,插入或缺失一个或几个非三的整数倍的碱基,这种突变会使其下游的三联体密码都被读错,产生完全错误的肽链或使合成提前终止,是一种后果严重的突变。

光复合修复(photoreactivation)：又称光复合酶(photolyase)修复。其机制是可见光(最有效波长为 400nm 左右)激活了光复活酶,它能分解由于紫外线照射而形成的嘧啶二聚体。光复活作用是一种高度专一的修复方式。

切除修复(excision repair)：是几种酶的协同作用,将 DNA 分子中受损伤部分切除掉,并以完整的那一条链为模板,合成出切去的部分,最后再由连接酶将缺口连接。参与切除修复的酶主要有：特异的核酸内切酶、外切酶、聚合酶和连接酶。

锌指(zinc finger)：是调控转录的蛋白质因子中与 DNA 结合的一种基元,它由大约 30 个氨基酸残基的肽段与锌螯合形成的指形结构,锌以 4 个配位键与肽链的 Cys 或 His 残基结合,指形突起的肽段含 12~13 个氨基酸残基,指形突起嵌入 DNA 的大沟中,由指形突起或其附近的某些氨基酸侧链与 DNA 的碱基结合而实现蛋白质与 DNA 的结合。

亮氨酸拉链(leucine zipper)：这是真核生物转录调控蛋白与蛋白质及与 DNA 结合的基元之一。两个蛋白质分子近处 C 端肽段各自形成两性 α-螺旋,α-螺旋的肽段每隔 7 个氨基酸残基出现一个亮氨酸残基,两个 α-螺旋的疏水面互相靠拢,两排亮氨酸残基疏水侧链排列成拉链状形成疏水键,使蛋白质结合成二聚体,α-螺旋的上游富含碱性氨基酸(Arg、Lys)肽段借 Arg、Lys 侧链基团与 DNA 的碱基互相结合而实现蛋白质与 DNA 的特异结合。

基因组(genome)：是生物体内遗传信息的集合,是某一个特定物种细胞内部全部 DNA 分子的总和。

鸟枪测序法(shotgun method)：快速测定 DNA 序列的手段。整个基因组被切成许多小段,然后再由可能寻找重叠部分的高速计算机将这些零碎的碎片拼接起来。

基因治疗(gene therapy)：基因治疗是对有基因缺陷的细胞导入外源基因,以达到治疗的目的。

生物信息学(bioinformatics)：生物信息学是在生命科学的研究中,以计算机为工具对生物信息进行储存、检索和分析的科学。包括：数据库搜索的快速算法,对 DNA 的分析方法,从 DNA 序列来预测蛋白质的序列和结构。

功能基因组学(functiongal genomics)：围绕已有的海量基因组序列信息,全面破解基因在生命活动中的内在作用和运动规律,在基因组水平上阐明 DNA 序列的功能,系统地认识各基因及蛋白质的功能和相互关联等,是后功能基因组学研究的主要内容。

三、热点聚焦

人类基因组研究的伦理学问题

人类基因组计划(HGP)除了技术上的研究外,还和许多价值问题纠缠在一起。因此,HGP 包含着一个子计划,称为 HGP 的伦理、法律和社会影响(Ethical, Legal and Social Implications,简称

ELSI)。ELSI 的目标是:① 预测和考虑人类基因组计划对个人和社会的含义;② 考查将人类基因组绘图和排序的后果。1990 年国立人类基因组研究所建立了 ELSI 研究计划,在 1990 – 1996 年间,ELSI 研究计划资助了美国 30 个州和加拿大 128 个研究和教育项目,共 3 259 万美元。研究集中在 4 个领域:① 利用和解释遗传信息时如何保护隐私和达到公正;② 新基因技术整合到临床时如何处理知情同意等问题;③ 对于参与基因研究的受试人,如何做到知情同意,保护个人隐私;④ 公众和专业人员的教育。人类基因组计划的管理者认为,ELSI 研究计划对人类基因组计划的成功至关重要。

1. HGP 引起若干概念问题

第一,在若干文件中,例如教科文组织和国际律师协会都称人类基因组是"人类的共同财产"或"人类共同遗产的一部分"。但有人指出,人类基因组实际上都是个人的。也许人类基因组有其个人的方面,又有人类共同性的另一方面。所以,最后教科文组织的行文是:"在象征的意义上,它是人类的遗产"。

第二,基因有没有好坏之分?当我们说某个基因引起疾病时,我们称它为"致病基因"或"有害基因"。但有时情况比较复杂,被认为致病的基因也可以在一定情况下对机体起保护作用。至于有时人们认为引起不合意的性状基因(如使人身材矮小的基因、黑肤色的基因等),就更没有理由说它们是"坏"基因了。

第三,致病基因携带者是病人吗?HGP 使我们能够提早预测到某些疾病,为预防治疗争得了时间,例如亨廷顿舞蹈症、镰形细胞贫血症。然而,这就引起了新的问题。若发现一个青少年有亨廷顿舞蹈症或老年性痴呆症的基因,他在 40 或 70 岁时才发病,那么现在他们生病了吗?他们是病人吗?说他们是病人可能会使他们难以找到工作或被追缴更高的保险费。这些携带者似乎处于健康人与病人的中间状态,所以要求我们重新审议健康和疾病的定义。

2. 伦理问题

(1) HGP 以及基因知识的应用不应该给病人、当事人、受试者以及利益相关者造成伤害,应该有利于他们,在利害均存在时应权衡利害得失,对造成的损害要给予赔偿

(2) 无论在基因研究,还是在基因知识的应用是都必须坚持知情同意或知情选择原则

(3) 对于可能携带不利基因的任何人,都应公正对待,不得歧视

(4) 保护个人和家庭的基因隐私

3. 进行人类基因组研究的参考依据

在研究时应充分地以第 18 届国际遗传学大会优生学的科学和伦理学研讨会的 8 点总结为参考依据,其 8 点总结的内容为:

(1) 众多的国家持有许多共同的伦理原则,这些伦理原则基于有利和不伤害的意愿。这些原则的应用可有许多不同的方式。

(2) 新的遗传学技术应该用来提供给个人可靠的信息,在此基础上作出个人生育选择,而不应该被用作强制性公共政策的工具。

(3) 知情选择应该是有关生育决定的一切遗传咨询和意见的基础。

(4) 遗传咨询应该有利于夫妇和他们的家庭:它对有害性等位基因在人群中的发生率影响极小。

(5) "Eugenics"这个术语以如此繁多的不同方式被使用,使其已不再适于在科学文献中使用。

(6) 在制订关于健康的遗传方面的政策时,应该在各个层次进行国际和学科间的交流。

(7) 关注人类健康的遗传方面的决策者有责任征求正确的科学意见。

(8) 遗传学家有责任对医生、决策者和一般公众进行遗传学及其对健康的重要性的教育。

四、精选习题

填空题

1. 摩尔根通过多次果蝇的杂交试验证明,染色体上各基因间的重组率与基因位点间的距离成( ),即两基因相距越远,发生交换的频率就越( )。
2. 孟德尔分离定律适用于( )遗传性状的分析。
3. 用子一代与亲代隐性纯种杂交,推测被测个体的基因型的方法称为( )。
4. Avery 从加热杀死的 S 型肺炎球菌中将各种生物化学成分如蛋白质、核酸等分离出来,分别加入到非致病性的 R 型肺炎链球菌中,结果发现,唯独只有( )可以使非致病性的 R 型肺炎链球菌转化为致病的 S 型肺炎链球菌。并进一步实验证明:( )是生命的遗传物质, ( )不是生命的遗传物质。
5. Hershey 和 Chase 用放射性同位素 ^{35}S 标记噬菌体的( ),用 ^{32}P 标记了噬菌体的( )。从细菌中释放出的被新复制的噬菌体中只检测到了 ^{32}P 标记的( ),而没有检测到 ^{35}S 标记的( )。证明噬菌体繁殖时( )得到复制并且控制了新( )的合成。
6. 哺乳动物的性染色体,雌性为( ),雄性为( )。家禽的性染色体,雌性为( ),雄性为( )。
7. 表型是生物体所表现的性状,是可以直接观测的,如果蝇的红眼、长翅等;而( )是生物体内在的遗传基础。
8. 基因表达包括( )和( )。
9. DNA 通过形成( )键而复制延长。
10. 细胞中有 3 种 RNA,其中相对分子质量最小的是( ),起( )的作用;寿命最短的是( ),是( )合成的模板;含量最多的是( ),为组成( )的主要成分。
11. RNA 聚合酶全酶是由( )等 5 个亚基组成的,其中与起始有关的亚基是( )。
12. DNA 连接酶催化的反应需消耗能量,在细菌中由( )提供能量,而在动物细胞中则由( )提供能量。
13. DNA 合成时,沿着模板链( )方向进行。其中能连续合成的一条链叫( ),另外一条不能连续合成,只能先合成( ),然后再连接成整条链。所有冈崎片段的合成延伸方向都是( )。
14. 在 DNA 复制和修复过程中修补 DNA 螺旋上缺口的酶称为( )。
15. 核糖体( )上的 rRNA 具有协助辨认起始密码子的作用。
16. 多顺反子是指( ),存在于( )生物中,单顺反子是指( ),存在于( )生物中。
17. DNA 复制是半不连续复制,( )的复制是( ),并且合成方向和复制叉移动方向相同;( )的复制是( )的,合成方向与复制叉移动的方向相反。每个冈崎片段是借助于连在它的( )末端上的一小段( )做为引物。
18. 原核细胞中各种 RNA 是( )催化生成的,而真核细胞核基因的转录分别由( )种 RNA 聚合酶催化,其中 rRNA 基因由( )转录,蛋白质编码基因由( )转录,各类小相对分子质量 RAN 则是( )的产物。
19. 以 RNA 为模板合成 DNA 称( ),由( )酶催化。

20. 阻遏蛋白是（　　）基因合成的产物，它能与操纵子中的（　　）基因结合，阻止（　　）酶与启动基因结合，进而阻遏结构基因的转录。
21. 细菌的环状 DNA 通常在一个（　　）开始复制，而真核生物染色体中的线形 DNA 可以在（　　）起始复制。
22. 大肠杆菌 DNA 聚合酶Ⅲ的（　　）活性使之具有（　　）功能，极大地提高了 DNA 复制的保真度。
23. 大肠杆菌中已发现（　　）种 DNA 聚合酶，其中（　　）负责 DNA 复制，（　　）负责 DNA 损伤修复。
24. DNA 切除修复需要的酶有（　　）、（　　）、（　　）和（　　）。
25. 在 DNA 复制中，（　　）可防止单链模板重新缔合和核酸酶的攻击。
26. DNA 合成时，先由引物酶合成（　　），再由（　　）在其 3′端合成 DNA 链，然后由（　　）切除引物并填补空隙，最后由（　　）连接成完整的链。
27. 一个转录单位一般应包括（　　）序列、（　　）序列和（　　）序列。
28. 真核细胞中编码蛋白质的基因多为（　　）。保留在成熟 mRNA 中的编码的序列是（　　），在转录后加工中被切除的是（　　）。在基因中（　　）被（　　）分隔，而在成熟的 mRNA（　　）序列被拼接起来。
29. 在原核细胞中，有一种特别的（　　）识别（　　）密码子 AUG，它携带一种特别的氨基酸即（　　），作为蛋白质合成的起始氨基酸。
30. 细胞内多肽链合成的方向是从（　　）端到（　　）端，而阅读 mRNA 的方向是从（　　）端到（　　）端。
31. 核糖体上能够结合 tRNA 的部位有（　　）位点、（　　）位点和（　　）位点。
32. 蛋白质的生物合成通常以（　　）作为起始密码子，有时也以（　　）作为起始密码子，以（　　）、（　　）和（　　）作为终止密码子。
33. 遗传密码具有下列 4 个特点：（　　）、（　　）、（　　）和（　　）。
34. 蛋白质合成时模板的阅读方向是（　　），多肽链的延长方向是（　　）。
35. 环状 RNA 不能有效地作为真核生物翻译系统的模板是因为（　　）。
36. 在真核细胞中，mRNA 是由（　　）经（　　）合成的，它携带着（　　）。它是由（　　）降解成的，大多数真核细胞的 mRNA 只编码（　　）。
37. 生物界总共有（　　）个密码子。其中（　　）个为氨基酸编码；起始密码子为（　　）；终止密码子为（　　），（　　），（　　）。
38. 原核细胞内起始氨酰-tRNA 为（　　）；真核细胞内起始氨酰-tRNA 为（　　）。
39. 核糖体（　　）亚基上的（　　）协助识别起始密码子。
40. 肽链延伸包括进位、（　　）和（　　）3 个步骤周而复始的进行。
41. 真核生物蛋白质因子与 DNA 结合基元较常见的有（　　）、（　　）和（　　）。
42. 真核细胞的表达与原核细胞相比复杂得多，能在（　　）、（　　）、（　　）、（　　）和（　　）等多种层次上进行调控。
43. 真核细胞基因表达的调控是多级调控系统，主要发生在 3 个彼此相对的水平上分别为（　　）、（　　）和（　　）。
44. 紫外线照射引起 DNA 最常见的损伤形式是生成（　　）。
45. DNA 损伤的修复途径有（　　）、（　　）和（　　）。

46. （　　）的变化称为基因突变；（　　）的变化称为点突变。在一个基因内发生的点突变通常有两种情况：其一是（　　）；其二是（　　）。
47. 乳糖操纵子的诱导物是（　　），操纵子包括（　　）、（　　）和（　　），不包括（　　）基因。
48. 1961 年，Monod 和 Jacob 提出了原核生物基因调控的（　　）模型，其学说最根本的前提是存在（　　）和（　　）。

选择题

1. ** 一般来说，生男孩和生女儿的几率都是 1/2，如果一对夫妻生 3 个孩子，两男一女的几率是（　　）。
   A. 1/2　　　　B. 2/3　　　　C. 3/8　　　　D. 5/8
2. ** Griffith 和 Avery 所做的肺炎球菌实验是为了（　　）。
   A. 寻找治疗肺炎的途径
   B. 筛选抗肺炎球菌的药物
   C. 证明 DNA 是生命的遗传物质，蛋白不是遗传物质
   D. DNA 的复制是半保留复制
3. ** 1952 年 Hershey 和 Chase 利用病毒作为实验材料完成的噬菌体实验中用到的关键技术是（　　）。
   A. PCR 技术　　　　　　　　　　B. DNA 重组技术
   C. 放射性同位素示踪技术　　　　D. 密度梯度离心技术
4. ** 蛋白质的合成场所是（　　）。
   A. 细胞核　　　B. 核糖体　　　C. 线粒体　　　D. 类囊体
5. ** 蛋白质的合成是直接以（　　）上的密码子的信息指导氨基酸单体合成多肽的过程。
   A. 单链 DNA　　B. 双链 DNA　　C. mRNA　　　D. tRNA
6. ** 如果黄色果实（Y）对绿色果实（y）为显性，矮株（L）对高株（l）是显性，那么 YyLl 基因型的植株和 yyll 基因型的植株杂交，则（　　）。
   A. 所有后代都是矮株、黄果　　　B. 3/4 是矮株、黄果
   C. 1/2 是矮株、黄果　　　　　　D. 1/4 是矮株、黄果
7. ** X、Y、Z 3 个在同一条染色体上的基因，经重组实验表明 XY 的重组率为 40%，XZ 的重组率为 5%，YZ 的重组率为 35%，下列对基因顺序描述正确的有（　　）。
   A. 基因顺序为 X、Z、Y　　　　　B. 基因顺序为 Z、X、Y
   C. ZY 间距离比 XZ 间近　　　　　D. XY 间距离比 XZ 间近
8. ** 在 DNA 复制时，序列 5′- TAGA -3′合成下列（　　）互补结构。
   A. 5′- TCTA -3′　　　　　　　　B. 5′- ATCT -3′
   C. 5′- UCUA -3′　　　　　　　　D. 3′- TCTA -5′
9. ** 下列对转录描述不正确的是（　　）。（多选）
   A. 转录中尿嘧啶和腺嘌呤配对　　B. 转录后必须切除内含子
   C. DNA 转录完成后形成两条互补的 RNA　　D. 从启动子到终止子的部分被称为转录单位
10. ** 从遗传密码表中我们获得如下信息：
    Phe：UUU，UUC
    Pro：CCU，CCC，CCA，CCG
    Lys：AAA，AAG

请指出,为了转录编码 Phe - Pro - Lys 小肽相对应的 mRNA,需要以下(　　)段 5′→ 3′核苷酸序列的 DNA 为模板。

  A. AAG - GGC - TTC   B. CUU - CGG - GAA

  C. UUC - CCG - AAG   D. CTT - CGG - GAA

11. **反密码子位于(　　)。

  A. DNA   B. mRNA   C. tRNA   D. rRNA

12. **乳糖操纵子是(　　)中的基因表达调控系统。

  A. 原核生物   B. 真核生物

  C. 原核生物和真核生物都有   D. 植物

13. **操纵子模型中,调节基因的产物是(　　)。

  A. 诱导物   B. 阻遏物   C. 调节物   D. 操纵子

14. **增强子(　　)。

  A. 是一种蛋白质   B. 是一段 DNA

  C. 只能距启动子上游几百个核苷酸   D. 没有特异性

15. **下列哪些属于真核细胞 mRNA 修饰的有(　　)。(多选)

  A. 加 5′帽   B. 加 3′帽   C. 加 5′poly A   D. 加 3′poly A

16. 下列对染色体描述正确的是(　　)。

  A. 染色体和染色质是同一物质的不同形态

  B. 每一种生物染色体数目是恒定的,所以体内所有细胞的染色体数目是一样的

  C. 人有 23 对每对相同的染色体

  D. 染色体是所有生命细胞的遗传物质

17. 通过着丝粒连结的染色单体叫(　　)。

  A. 姐妹染色单体   B. 同源染色体   C. 等位基因   D. 双价染色体;

18. 舞蹈病是一种精神疾病,由常染色体显性单基因遗传。如果一个杂合的男性与一个正常的女性结婚,子女得此病的几率是(　　)。

  A. 25%   B. 50%   C. 75%   D. 100%

19. 如一男性患有舞蹈症,下列叙述正确的是(　　)。

  A. 他的所有子女都会患有这种疾病   B. 他的儿子会得病,而女儿不会

  C. 他的女儿会得病,而儿子不会   D. 他的父母至少有一方带有这种基因

20. 关于 X 连锁隐性遗传,下列叙述正确的是(　　)。

  A. 患者一般为女性   B. 有害基因由母亲传递

  C. 双亲正常,女儿可以是患者   D. 女儿若表型正常,后代都正常

21. X 连锁显性遗传中(　　)。

  A. 患者男性多于女性   B. 每代都有患者

  C. 女性患者的女儿都为患者   D. 男性患者的子女患病机会为 1/2

22. 某种开红花的植物纯合子与开白花的植物纯合子杂交后,F_1 代全部是粉色花,其亲本基因类型是(　　)。

  A. 红色是显性   B. 红色和白色为共显性

  C. 红色对白色为不完全显性   D. 红色和白色均是隐性

23. 用 B 表示黑色眼睛基因(显性),用 b 表示红色眼睛基因(隐性),杂合的黑色眼睛与红色眼睛

的老鼠杂交后的基因比率(BB:Bb:bb)是(　　)。
   A. 1:1:1   B. 0:1:1   C. 2:1:1   D. 1:2:1

24. 色盲和血友病属于(　　)。
   A. X连锁隐性遗传   B. X连锁显性遗传
   C. Y连锁隐性遗传   D. Y连锁显性遗传

25. 一个父亲为色盲的正常女人与一个正常男人结婚,其子女出现色盲的几率是(　　)。
   A. 女儿都正常,但有一半是色盲基因的携带者;儿子有一半表现正常,一半为色盲
   B. 儿子都正常,但有一半是色盲基因的携带者;女儿有一半表现正常,一半为色盲
   C. 女儿、儿子各有一半表现正常,一半为色盲
   D. 女儿有一半表现正常,一半为色盲;儿子全部为色盲

26. 家鸡性决定为ZW型,伴性基因位于Z染色体上。纯种芦花雄鸡和非芦花母鸡交配,得到F_1代。F_1代个体互相交配,F_2代的性状与性别的关系是(　　)。
   A. 雄鸡全部为芦花羽,雌鸡1/2芦花羽,1/2非芦花
   B. 雌鸡全部为芦花羽,雄鸡1/2芦花羽,1/2非芦花
   C. 雄鸡、雌鸡全部为芦花羽
   D. 雄鸡、雌鸡全部为非芦花

27. 下列属于测交是(　　)。
   A. $A? \times aa$ B. $A? \times AA$ C. $A? \times Aa$ D. $aa \times aa$

28. 下列对测交描述正确的是(　　)。
   A. 只用杂种   B. 只用纯种
   C. 测定生物是纯合显性还是杂合显性   D. 只用隐性

29. 下列不属于常染色质和核异染色质区别的是(　　)。(多选)
   A. 常染色质分散小,异染色质分散度大
   B. 在间期,常染色质能乙酰化,而异染色质不行
   C. DNA合成时,常染色质在S期末复制,异染色质在早S期复制
   D. 常染色质可转录,异染色质通常不转录

30. 在豌豆后代中一半为高株,一半为矮株(T表示高株,显性),可能是由(　　)杂交产生的。
   A. $TT \times tt$ B. $Tt \times Tt$ C. $tt \times tt$ D. $Tt \times tt$

31. 如果一对杂合的黑色豚鼠交配(黑色显性,白色隐性),产生的4个后代中可能的表现型为(　　)。
   A. 全黑   B. 三黑一白   C. 两黑两白   D. 以上任何一种

32. 镰形细胞贫血症是异常血红蛋白纯合子基因的临床表现。β-链变异是由下列(　　)突变造成的。
   A. 交换   B. 插入   C. 缺失   D. 点突变

33. Hershey和Chase通过不同的同位素来标记噬菌体的外壳蛋白和DNA得出的结论是(　　)。
   A. 只有蛋白质进入了被感染细胞   B. 整个的噬菌体都进入了被感染细胞
   C. 噬菌体的遗传物质是DNA   D. 噬菌体的外壳蛋白直接合成子代噬菌体

34. 关于真核细胞DNA叙述错误的是(　　)。
   A. 细胞中大多数的DNA用于基因表达
   B. 双倍体物种中每个双倍体细胞的DNA数量相等

C. 不同物种 DNA 的数量相差很大
D. DNA 经常存在有冗余和重复的部分

35. 引起镰形细胞贫血症的变化是因为血红蛋白的(　　)。
    A. 氨基酸顺序发生变化
    B. 一种氨基酸被另一种取代
    C. 核苷酸数量发生变化
    D. 病变血红蛋白肽键断裂

36. hnRNA 是下列(　　)RNA 的前体。
    A. 原核 mRNA
    B. 真核 rRNA
    C. 真核 mRNA
    D. 原核 rRNA

37. 在一个 DNA 分子中,若 A 所占百分比为 32.8%,则 G 的百分比为(　　)。
    A. 67.3%
    B. 32.8%
    C. 17.2%
    D. 65.6%

38. 下列有关 tRNA 的叙述,错误的是(　　)。
    A. tRNA 二级结构是三叶草结构
    B. 反密码子环有 CCA3 个碱基组成的反密码子
    C. 3′端往往有 CCA 序列
    D. 相对分子质量较小,通常由 70~90 个核苷酸组成

39. 若一完全被标记的 DNA 分子置于无放射标记的溶液中复制两代,所产生的 4 个 DNA 分子的放射状况是(　　)。
    A. 两个分子有放射性,两个分子无放射性
    B. 4 个分子均有放射性
    C. 其中一半分子的每条链都有放射性
    D. 都没有放射性

40. 下列属于 DNA 自发损伤的是(　　)。
    A. DNA 复制时碱基错配
    B. 紫外线照射 DNA 生成嘧啶二聚体
    C. X 射线间接引起 DNA 断裂
    D. 亚硝酸盐使胞嘧啶脱氨

41. 紫外线对 DNA 的损伤主要是(　　)。
    A. 引起碱基置换
    B. 导致碱基缺失
    C. 发生碱基插入
    D. 形成嘧啶二聚物

42. 下列关于氨基酸密码的描述错误的是(　　)。
    A. 密码有种属特异性,所以不同生物合成不同的蛋白质
    B. 密码阅读有方向性,5′端起始,3′端终止
    C. 一种氨基酸可有一组以上的密码
    D. 一组密码只代表一种氨基酸

43. 下列叙述中错误的是(　　)。
    A. 在真核细胞中,转录是在细胞核中进行的
    B. 在原核细胞中,RNA 聚合酶存在于细胞核中
    C. 合成 mRNA 和 tRNA 的酶位于核质中
    D. 线粒体和叶绿体内也可进行转录

44. 需要以 RNA 为引物的过程是(　　)。
    A. 复制
    B. 转录
    C. 反转录
    D. 翻译

45. 在蛋白质合成过程中,下列说法正确的是(　　)。(多选)
    A. 氨基酸随机地连接到 tRNA 上去
    B. 新生肽链从 C 端开始合成
    C. 通过核糖核蛋白体的收缩,mRNA 不断移动
    D. 合成的肽链通过一个 tRNA 与核糖核蛋白相连

46. 蛋白质合成中首先与 mRNA 分子结合的是(　　)。

A. 小亚基　　　　　　B. 大亚基　　　　　　C. 成熟核糖体　　　　D. 氨酰 - tRNA

47. 蛋白质生物合成的方向是(　　)。
    A. 从 C 端到 N 端
    B. 从 N 端到 C 端
    C. 定点双向进行
    D. 从 C 端、N 端同时进行

48. 下列对基因突变特性描述正确的是(　　)。
    A. 基因突变是随机的,所以所有的碱基突变几率都是相同的
    B. 突变是多方向的,所以可以形成复等位基因
    C. 突变是稀有的,但有多少突变就会产生多少突变表型株
    D. 突变是可逆的,正向突变率等于回复突变率

49. tRNA 的合成是(　　)。
    A. 在核仁中通过 mRNA 和染色体 DNA 的相互作用
    B. 在核糖体上以 mRNA 为模板
    C. 在核糖体上不需要模板
    D. 以 DNA 为模板

50. 在蛋白质生物合成中,tRNA 的作用是(　　)。
    A. 将一个氨基酸连接到另一个氨基酸上
    B. 把氨基酸带到 mRNA 指定的位置上
    C. 增加氨基酸的有效浓度
    D. 将 mRNA 连接到核糖体上

51. 逆转录酶是一类(　　)。
    A. DNA 指导的 DNA 聚合酶
    B. DNA 指导的 RNA 聚合酶
    C. RNA 指导的 DNA 聚合酶
    D. RNA 指导的 RNA 聚合酶

52. DNA 上编码一条多肽链的最小单位是(　　)。
    A. 启动子　　　　　　B. 内含子　　　　　　C. 外显子　　　　　　D. 顺反子

53. 一个操纵子通常包括(　　)。
    A. 一个启动序列和一个编码基因
    B. 一个启动序列和数个编码基因
    C. 数个启动序列和一个编码基因
    D. 数个启动序列和数个编码基因

54. 生物体调节基因表达最根本的目的是(　　)。
    A. 适应环境　　　　　B. 调节代谢　　　　　C. 维持生长　　　　　D. 维持分化

55. 目前认为基因表达调控的主要环节是(　　)。
    A. 基因活化　　　　　B. 转录起始　　　　　C. 转录后加工　　　　D. 翻译起始

56. 在真核基因表达调控中,(　　)调控元件能促进转录的速率。
    A. 衰减子　　　　　　B. 增强子　　　　　　C. 阻遏蛋白　　　　　D. TATA box

57. 在下述遗传信息的流动过程中,生物大分子参与最多的是(　　)。
    A. 复制　　　　　　　B. 转录　　　　　　　C. 翻译　　　　　　　D. 三者差不多

58. DNA 复制时需要的 RNA 引物是由(　　)催化合成的。
    A. DNA 聚合酶　　　　B. RNA 引物酶　　　　C. 引发酶　　　　　　D. RNA 合成酶

59. 转录终止必须有(　　)。
    A. 终止子
    B. ρ 因子
    C. DNA 和 RNA 的弱相互作用
    D. 上述 3 种

60. 如果 ^{15}N 标记的大肠杆菌转入 ^{14}N 培养基中生长了 3 代,其各种状况的 DNA 分子比例应是(　　)。

	纯^{15}N-DNA	^{15}N-^{14}N 杂交 DNA	纯^{14}N-DNA
A.	1/8	1/8	6/8
B.	0	1/8	7/8
C.	0	4/8	4/8
D.	0	2/8	6/8

61. 参加 DNA 复制的酶类包括:(1)DNA 聚合酶Ⅲ;(2)解链酶;(3)DNA 聚合酶Ⅰ;(4)RNA 聚合酶(引物酶);(5)DNA 连接酶。其作用顺序是(　　)。
    A. (4)、(3)、(1)、(2)、(5)　　　　　B. (2)、(3)、(4)、(1)、(5)
    C. (4)、(2)、(1)、(5)、(3)　　　　　D. (2)、(4)、(1)、(3)、(5)

62. 下列关于 DNA 复制特点的叙述错误的是(　　)。
    A. DNA 在一条母链上沿 5′→3′方向合成,而在另一条母链上则沿 3′→5′方向合成
    B. 新生 DNA 链沿 5′→3′方向合成
    C. DNA 链的合成是不连续的
    D. 复制总是定点双向进行的

63. DNA 复制时,5′—TpApGpAp-3′序列产生的互补结构是(　　)。
    A. 5′—TpCpTpAp-3′　　　　　B. 5′—ApTpCpTp-3′
    C. 5′—UpCpUpAp-3′　　　　　D. 5′—GpCpGpAp-3′

64. 下列关于真核细胞 DNA 聚合酶活性的叙述正确的是(　　)。
    A. 它按 3′-5′方向合成新生链　　　B. 它不具有核酸酶活性
    C. 它的底物是二磷酸脱氧核苷　　　D. 它不需要引物

65. 下列特性属于冈崎片段的是(　　)。
    A. 双链　　　　　　　　　　　　B. 短的单链 DNA 片段
    C. DNA—RNA 杂化双链　　　　　D. 可被核酸酶切除

66. 切除修复可以纠正下列(　　)引起的 DNA 损伤。
    A. 碱基缺失　　　　　　　　　　B. 碱基插入
    C. 碱基甲基化　　　　　　　　　D. 胸腺嘧啶二聚体形成

67. 下列(　　)突变最可能是致死的。
    A. 腺嘌呤取代胞嘧啶　　　　　　B. 胞嘧啶取代鸟嘌呤
    C. 插入一个核苷酸　　　　　　　D. 缺失 3 个核苷酸

68. 镰形细胞贫血症是由于(　　)突变造成的。
    A. 交换　　　B. 插入　　　C. 缺失　　　D. 点突变

69. 关于转录,下列叙述错误的是(　　)。
    A. 只有在 DNA 存在时,RNA 聚合酶才能催化磷酸二酯键的生成
    B. 转录过程中,RNA 聚合酶需要引物
    C. RNA 链的合成是从 5′→3′端
    D. 大多数情况下只有一股 DNA 链作为模板,合成单链的 RNA 链

70. 真核生物 RNA 聚合酶Ⅰ催化转录的产物是(　　)。
    A. mRNA　　　B. 45 S rRNA　　　C. 5 S rRNA　　　D. tRNA

71. 下列关于真核细胞 mRNA 的叙述不正确的是(　　)。
    A. 它是从细胞核的 RNA 前体——hnRNA 生成的
    B. 在其链的 3′端有 7 - 甲基鸟苷,在其 5′端连有多聚腺苷酸的 polyA 尾巴
    C. 它是从 hnRNA 通过剪接酶切除内含子连接外显子而形成的
    D. 是单顺反子的

72. 下列对原核细胞 mRNA 的论述正确的是(　　)。
    A. 原核细胞的 mRNA 多数是单顺反子的产物
    B. 多顺反子 mRNA 在转录后加工中切割成单顺反子 mRNA
    C. 多顺反子 mRNA 翻译成一个大的蛋白质前体,在翻译后加工中裂解成若干成熟的蛋白质
    D. 多顺反子 mRNA 上每个顺反子都有自己的起始和终止密码子;分别翻译成各自的产物

73. 以下有关核糖体的论述不正确的是(　　)。
    A. 核糖体是蛋白质合成的场所
    B. 核糖体小亚基参与翻译起始复合物的形成,确定 mRNA 的解读框架
    C. 核糖体大亚基含有肽基转移酶活性
    D. 核糖体是储藏核糖核酸的细胞器

74. 关于密码子的下列描述,其中错误的是(　　)。
    A. 每个密码子由 3 个碱基组成　　　　B. 每一密码子代表一种氨基酸
    C. 每种氨基酸只有一个密码子　　　　D. 有些密码子不代表任何氨基酸

75. 核糖体上 A 位点的作用是(　　)。
    A. 接受新的氨基酰 - tRNA 到位　　　　B. 含有肽基转移酶活性,催化肽键的形成
    C. 可水解肽酰 tRNA、释放多肽链　　　D. 是合成多肽链的起始点

76. 下列属于顺式作用元件的是(　　)。
    A. 启动子　　　　B. 结构基因　　　　C. RNA 聚合酶　　　　D. 转录因子

77. 下列属于反式作用因子的是(　　)。
    A. 启动子　　　　B. 增强子　　　　C. 终止子　　　　D. 转录因子

78. 利用操纵子控制酶的合成属于(　　)水平的调节。
    A. 翻译后加工　　B. 翻译水平　　　　C. 转录后加工　　　D. 转录水平

79. 细胞分化基因表达过程中,无调控作用的是(　　)。
    A. 酶　　　　　　B. 启动子　　　　　C. 增强子　　　　　D. 转录因子

80. 增强子属于(　　)。
    A. 顺式作用元件　B. 反式作用元件　　C. 操纵子　　　　　D. 调节蛋白

连线题

1. 将下列的科学家和他们在生物学上的贡献进行匹配:
   A. Gregor Johann Mendel　　　Ⅰ. 发现 DNA 双螺旋结构
   B. Morgan　　　　　　　　　　Ⅱ. 噬菌体实验,证明 DNA 是生命的遗传物质
   C. Wilson　　　　　　　　　　Ⅲ. 肺炎球菌实验,证明 DNA 是生命的遗传物质
   D. Avery　　　　　　　　　　 Ⅳ. 性染色体和伴性遗传
   E. Hershey 和 Chase　　　　　Ⅴ. 基因在染色体上的连锁和交换规律
   F. Watson 和 Crick　　　　　　Ⅵ. "分离定律"和"多对基因的独立分配和自由组合定律"

G. Matthew Meselson 和 Franklin Stahl　　Ⅶ. 证明了 DNA 的半保留复制

2. 将下列的科学家和他们在生物学上的贡献进行匹配：

　　A. Friedrich Miescher　　　　　Ⅰ. 做出了很好的 DNA 的 X - 射线图
　　B. Walther Flemming　　　　　Ⅱ. 证明 A 和 T 等量，G 和 C 等量
　　C. Robert Feulgen　　　　　　Ⅲ. 从脓细胞中分离出核素
　　D. Erwin Chargaff　　　　　　Ⅳ. 确定 DNA 在染色体上
　　E. Rosalind Franklin　　　　　Ⅴ. 描述有丝分裂

简答题

1. 为什么分离现象比显、隐性现象有更重要的意义？
2. 在番茄的果实中，红色对黄色是显性的。若把纯合红色番茄与纯合黄色番茄杂交，则下列情况中，番茄为何颜色？① F_1 代；② F_2 代；③ F_1 与红色亲本杂交的后代；④ F_1 与黄色亲本杂交的后代。
3. 人类红绿色盲是 X 连锁的隐性基因 c 造成的，一正常女子（其父是色盲）与另一正常男子结婚，其后代是色盲的几率是多少？
4. 人的红绿色盲，由 X 连锁的隐性基因 c 造成的，而白化病是常染色体上一隐性基因 a 造成，现有一对纯合体夫妇，女子无色盲但有白化病，男子是色盲但不是白化病，则其后代的表型如何？
5. ①双亲都是色盲，他们能生出一个色觉正常的儿子吗？②双亲都是色盲，他们能生出一个色觉正常的女儿吗？③双亲色觉正常，他们能生出一个色盲的儿子吗？④双亲色觉正常，他们能生出一个色盲的女儿吗？
6. 如果父亲的血型是 B 型，母亲是 O 型，有一个孩子是 O 型，问第二个孩子是 O 型的几率是多少？是 B 型的几率是多少？是 A 型或 AB 型的几率是多少？
7. 为什么只有 DNA 适合作为遗传物质？
8. 密码子的简并性指什么？这种性质有何生物学意义？
9. 试比较大肠杆菌的 DNA 聚合酶与 RNA 聚合酶有哪些重要的异同点。
10. 比较 DNA 复制与 RNA 转录的异同。
11. 蛋白质合成体系包括哪些主要组分？
12. 对于一个基因，一段非转录 DNA 链为：5′ - ATTGCATCATCCGAC - 3′，其对应的转录 DNA 是什么序列？相应的 mRNA 序列是什么？第三个密码子是什么？翻译成哪个氨基酸？其反密码子是什么？
13. 真核细胞 mRNA 分子 5′端帽子结构的主要功能是什么？
14. 人类基因组计划初步完成以后，预测具有编码功能的基因仅仅有 3 万 ~ 4 万左右，但是蛋白质种类超过 10 万种，请说明两种原因，并说明其中任一种的原理。
15. 利用 Y 染色体或线粒体 DNA 的特异性片段作为标记，追踪人类民族或家族的亲缘关系的原理是什么，各有何优缺点？
16. 在双链的 DNA 分子中 $(A+T)/(G+C)$ 是否与 $(A+C)/(G+T)$ 的比例相同？请解释。
17. 男性的每条性染色体来自其祖父一代中的哪个个体？
18. 常染色质和异染色质有什么差别？
19. 遗传密码如何编码？有哪些基本特性？
20. 简述 tRNA 在蛋白质的生物合成中是如何起作用的？
21. 真核生物转录因子与 DNA 结合的基本方式有哪几种。
22. 简述 tRNA 二级结构的组成特点及其每一部分的功能。
23. 简述 RNA 聚合酶的特点。

24. 人类基因组计划的研究内容和意义是什么？
25. 为什么人类基因组计划需要测定人类的24条染色体？

图示题

1. 该图说明的是等位基因分离定律。请标出图中 F_2 代和测交后代的基因型，并涂入相应的颜色。

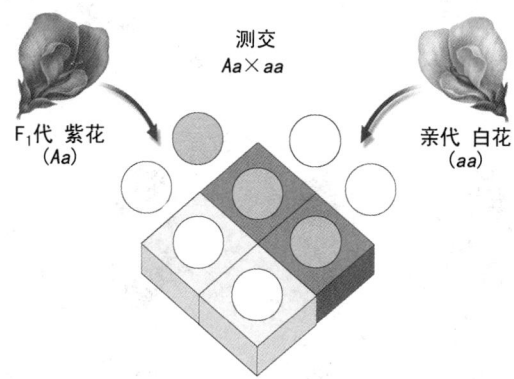

2. 下图说明的是多对基因的独立分配和自由组合定律。请标出途中 F_2 代的基因型，说明相应的表型比例。

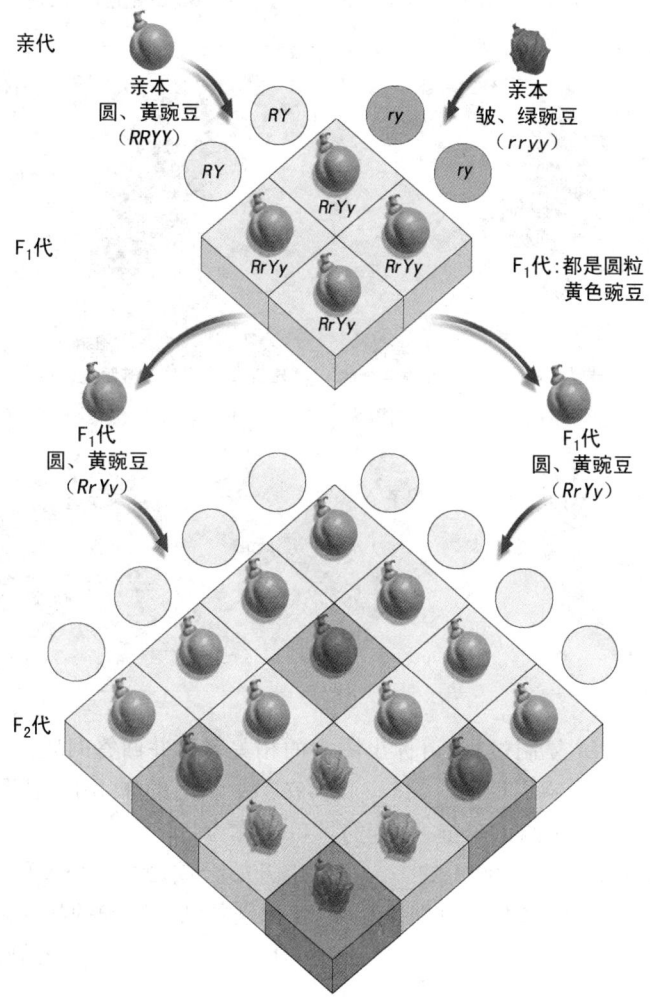

3. 下图说明的是染色体上基因的连锁现象，请标出图中相应的表型和基因型，并计算其重组率。

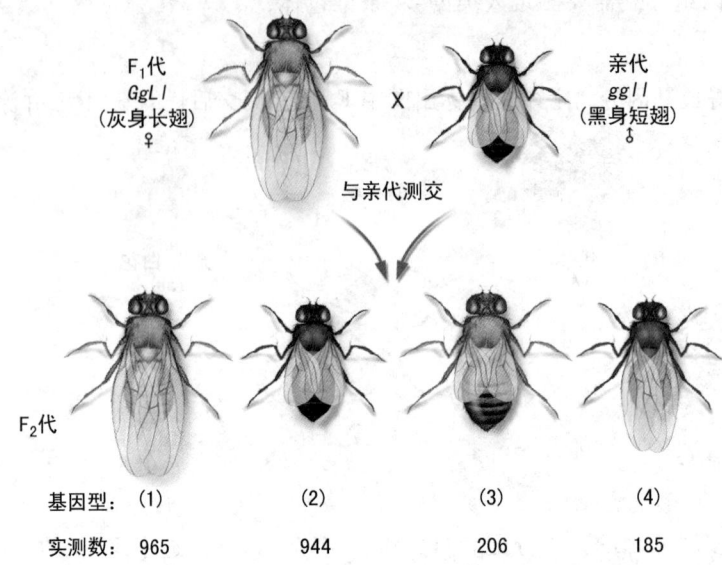

基因型：(1)　　　　(2)　　　　(3)　　　　(4)

实测数：965　　　944　　　206　　　185

4. 果蝇复眼颜色的遗传是定位在 X 染色体上的伴性遗传，填入相应的颜色和基因型。

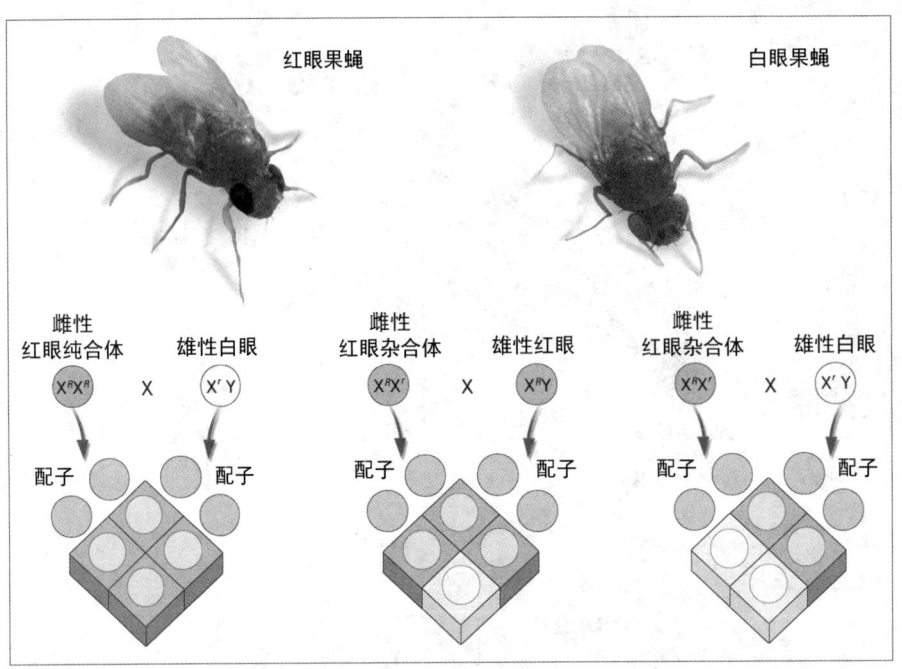

5. 下图为大肠杆菌的 DNA 复制过程，请标出图中的相关名称并回答问题。

① DNA 的复制发生在细胞周期的＿＿＿＿期，在＿＿＿＿的作用下，双螺旋的 DNA 在复制的起始位点局部解螺旋为两条单链，解链的叉口处称为＿＿＿＿。

② DNA 合成时需要在一小段 RNA 的＿＿＿＿上开始合成，此段 RNA 称为＿＿＿＿。

③ 在 DNA 复制时，根据碱基配对原则，＿＿＿＿识别并结合正确的核苷酸于新链上。

④ 由于 DNA Ⅲ 聚合酶只能将核苷酸添加到 3′-OH 端，因此 DNA 的复制总是由＿＿＿＿方向延长。

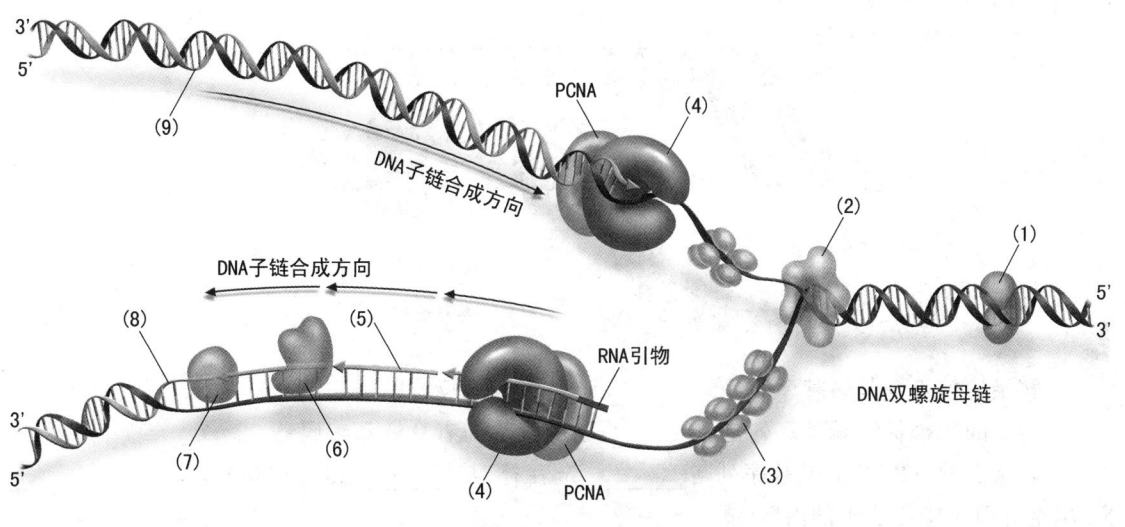

⑤ 以 3′→5′方向的模板复制合成的新链是连续链的_____；而以 5′→3′方向链为模板合成的是_____。

⑥ _____是分段合成的，每合成的一小段片段称为_____。

⑦ 冈崎片段上的_____被切除后，由_____填补核苷酸空缺，再由_____将冈崎片段连接起来，形成完整的后滞链。

6. 蛋白质合成示意图中：

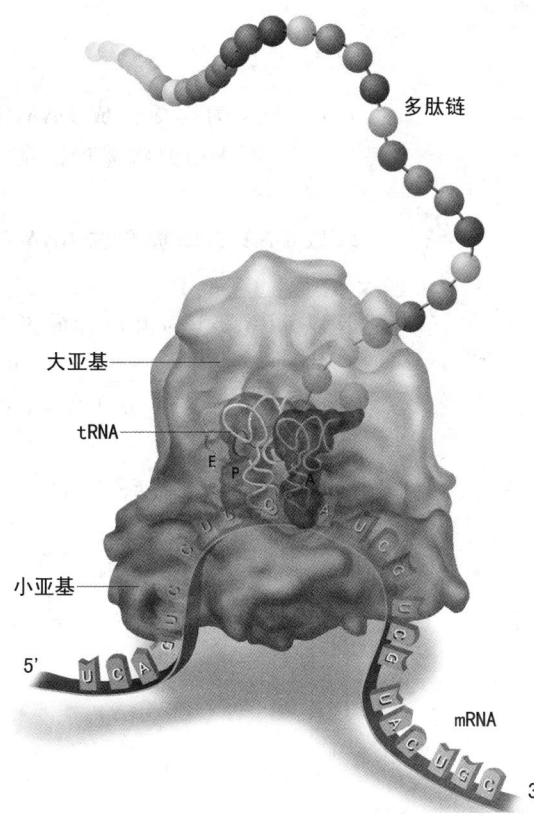

① 翻译的模板是_____，密码子读取的顺序是从_____到_____端；

② 运载氨基酸的是_____，其上的_____结合氨基酸，而其_____识别 mRNA 上的密码子。

③ 翻译过程进行的场所是_____。

7. 根据下图回答问题。

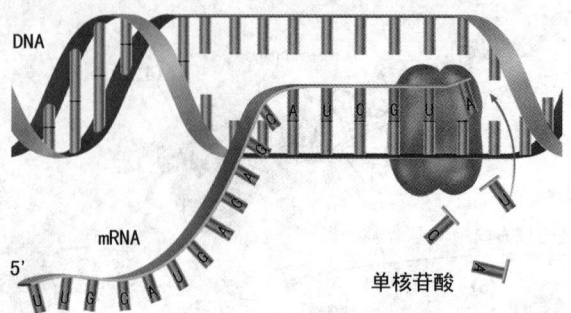

① 转录的模板链其碱基序列是_____;该链也称为反意链或非编码链。
② 转录的非模板链碱基序列是_____;该链也称为有意链和编码链。
③ 转录后的 mRAN 的碱基序列与_____链互补,与_____链序列相同。

8. 填空并简述中心法则的内容。

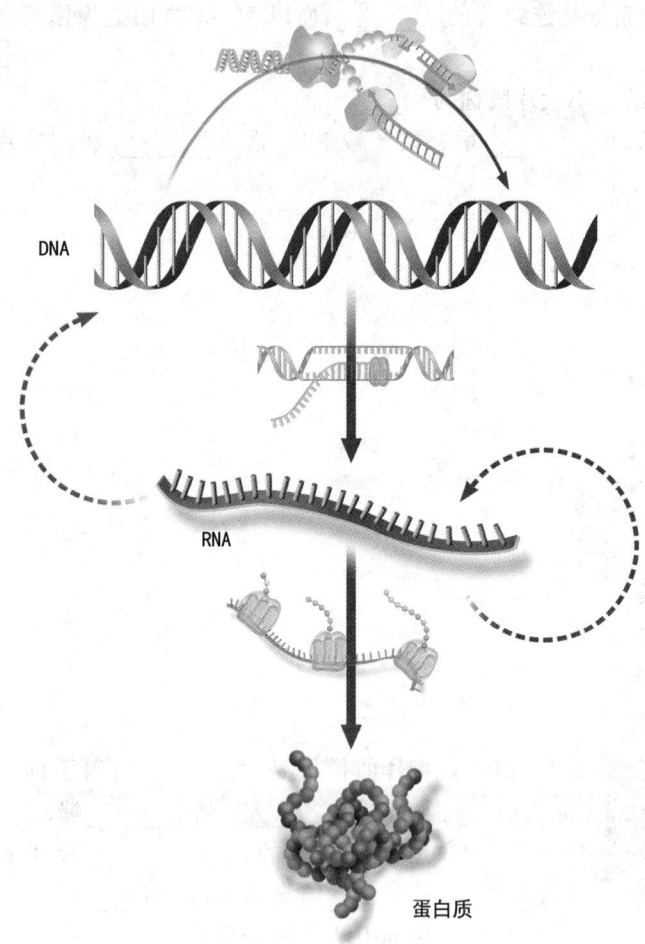

① 以 DNA 为模板合成 DNA 称为_____,由此将遗传信息传给下一代。
② 以 DNA 为模板合成 RNA 称为_____。
③ 以 mRNA 作为模板合成蛋白质的过程称为_____。
④ 以 RNA 为模板合成 RNA 称为_____。
⑤ 以 RNA 为模板合成 DNA 称为_____。

9. 根据图示比较真核与原核基因表达过程的差异。

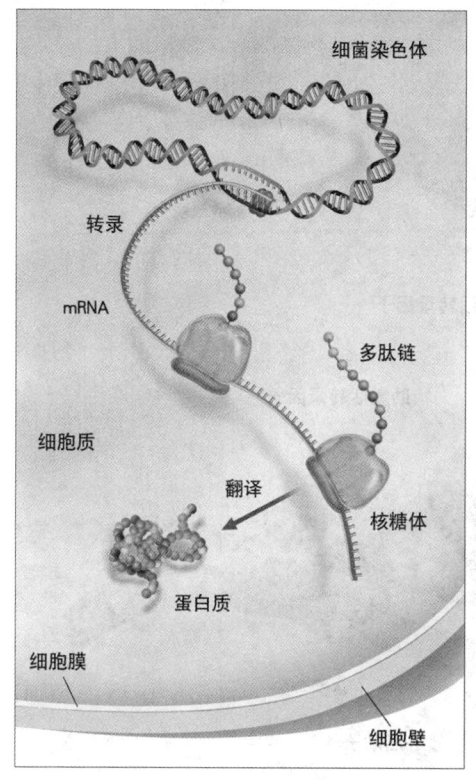
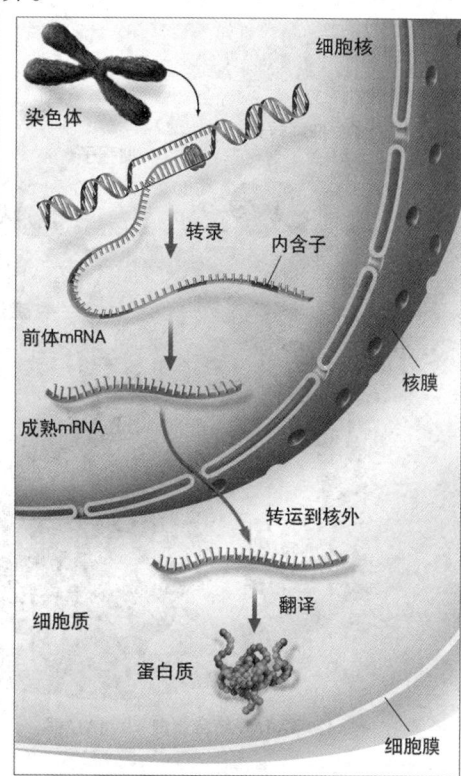

10. 请填写下图中相应编号的结构名称,并说明乳糖操纵子诱导合成的调控过程。

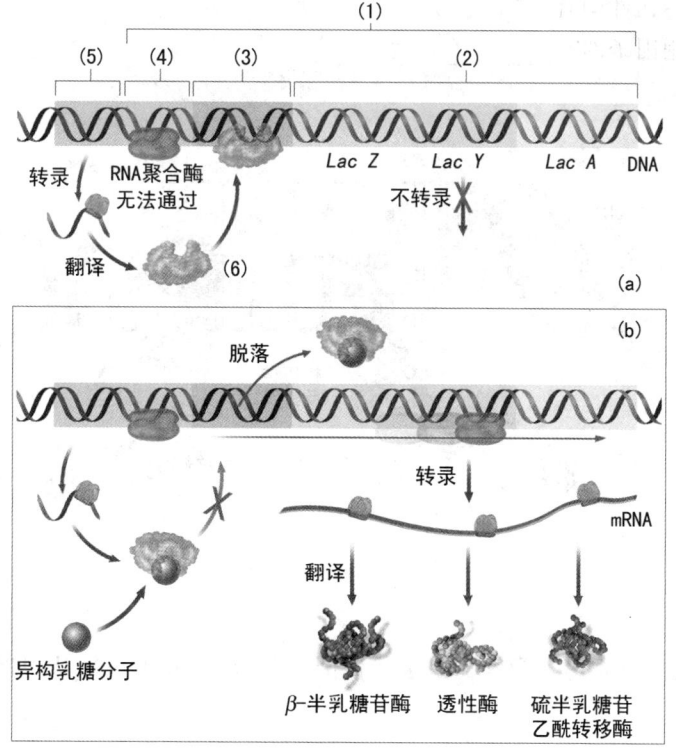

11. 下图为真核基因转录起始复合物示意图,请根据下面定义回答问题。

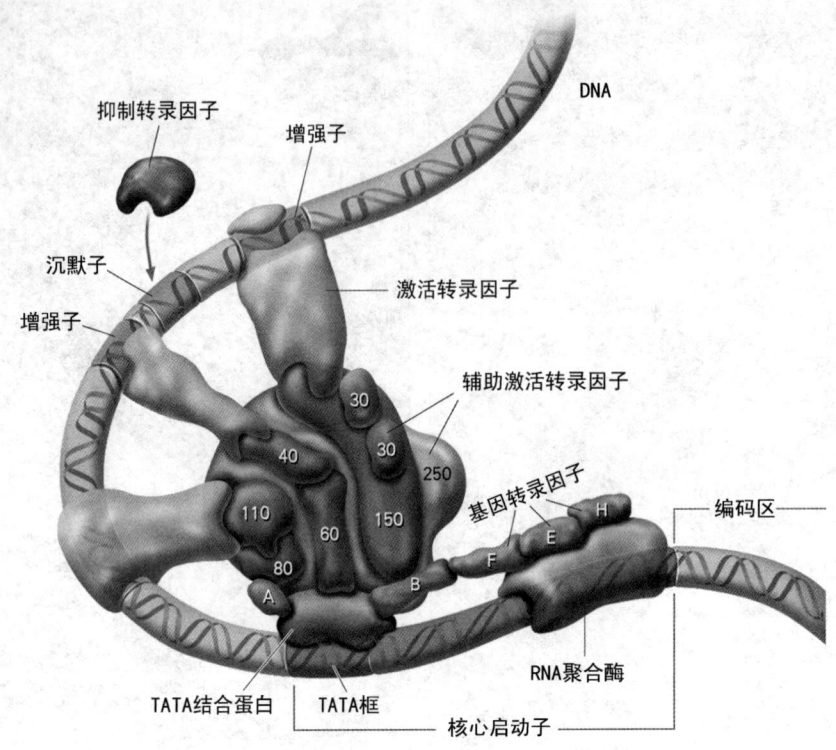

顺式作用元件是指可影响自身基因表达活性的 DNA 序列;反式作用因子是指真核生物调控转录的各种蛋白质因子总称反式作用因子。根据以上两定义说明
① 属于顺式作用元件的有_____;
② 属于反式作用因子的有_____。

12. 找出图中的错误。

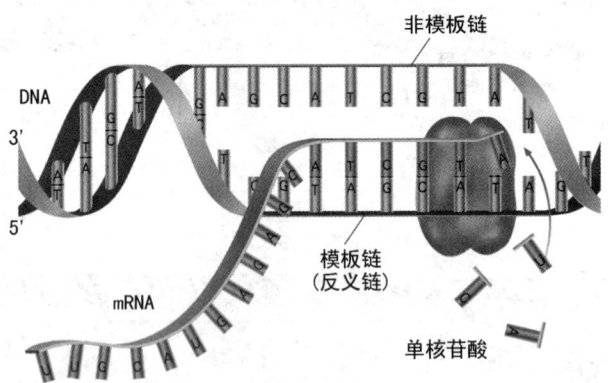

五、思考与讨论

1. 为什么孟德尔和摩尔根等科学家提出了遗传因子的概念,却不可能认识遗传因子是由什么物质组成的?

孟德尔和摩尔根使用的实验材料是豌豆和果蝇,它们都是一些非常复杂的多细胞生物,当时人们不知道遗传物质是由什么组成的,而且其研究技术不可能直接从豌豆和果蝇等复杂的生物中获得线索,因此没有人能够想到遗传因子是由 DNA 组成的。

2. 举例说明伴性遗传现象和基因的连锁和交换现象,并用经典的遗传学作出解释。

性别是由染色体决定的,人类属于 XY 型,即雌雄染色体异型,性染色体上的基因所控制的性状遗传,必然和性别有一定的关系,即伴性遗传。比如说,如果基因在 Y 染色体上,则该性状只能遗传给男性;如果在 X 染色体上且为隐性基因控制的,则一般男性患者比女性患者多。人类最常见的两种伴 X 隐性遗传病是血友病和色盲。

基因的连锁反应可用果蝇的杂交实验说明,果蝇灰身 G 对黑身 g 是显性,长翅 L 对残翅 l 是显性,两对性状是处在同一对同源染色体上的两对等位基因控制的。如果让灰身长翅果蝇 GL/GL 和黑身残翅果蝇 gl/gl 杂交,第一代都是灰身长翅果蝇 GL/gl。

若让灰身长翅果蝇 GL/gl 和双隐性亲本黑身残翅果蝇 gl/gl 果蝇回交,则出现 4 种类型的果蝇:两种亲本性灰身长翅 GL/gl 和黑身残翅 gl/gl,两种重组的新类型,灰身残翅 Gl/gl 和黑身长翅 gL/gl。由于两对等位基因处在一对同源染色体上,G 和 L 在一条染色体上,g,l 在另一条染色体上,染色体到哪里他们就到那里,但由于第一代雌果蝇 GL/gl 有互换,就是在一部分染色体上的基因之间发生了相互交换,形成了两种新配子,回交后就产生了两种新类型,由于这两个基因互换比率不大,所以这两种重组的新类型比两各亲本类型少得多。即两个或两个以上的基因位于同一个染色体上,在遗传时,染色体上的基因常连在一起不相分离,即基因的连锁遗传,若出现互换就是不完全连锁。

3. 从结构和功能两方面说明 DNA 与 RNA 的差别。

两者组成上的差别:DNA 中含有胸腺嘧啶,RNA 含有尿嘧啶,个别情况下有胸腺嘧啶。DNA 的核糖上 2 位无羟基,RNA 的核糖上 2 位有羟基。核糖的 2 位羟基对 RNA 来说,不仅是折叠成固有三维结构的关键因素,也是 RNA 具有催化作用的重要组成部分。核糖 2 位羟基是 DNA 和 RNA 在遗传学上的本质差别。

空间结构上与功能的差别:DNA 分子是双螺旋结构,进行半保留复制,保证遗传信息的稳定遗传。RNA 二级结构为发夹结构或茎环结构,RNA 单链局部回折形成 2 条反向平行的片段,2 片段中碱基互补的地方就形成右手双股螺旋,符合 A-DNA 模型,不互补的地方就形成环状结构。

不同种类的 RNA 具有各自不同的功能。mRNA 是从基因上转录下来去指导蛋白质合成的 RNA;tRNA 在蛋白质合成过程中运输氨基酸;rRNA 是核糖体的组成部分。

4. 试解释下述现象:一位生物学家把从人的肝细胞中提取出的基因植入一种细菌的染色体中,该基因通过转录和翻译合成蛋白质。然而这种在细菌体内合成的蛋白质其氨基酸序列上发生了很大变化,与肝细胞合成的蛋白质完全不同。

真核生物基因中包含有不编码肽链的内含子,转录为 hnRNA 后需要进一步加工去掉内含子,拼接外显子,形成 mRNA;而原核生物没有转录后加工的过程,因此转录形成的 mRNA 里面包含有内含子的序列,同时这些序列也被翻译而合成肽链。

简单说就是肝细胞基因中的内含子也被表达为蛋白质了。

5. 在合成蛋白质的过程中,细胞内的什么机制保证一次只增加一个氨基酸到正在合成的肽链上?又是什么机制保证每个氨基酸都处于正确的位置上?

指导合成蛋白质的信息在 mRNA 上,核糖体每次沿 $5'\rightarrow 3'$ 方向移动一个密码子的距离,其上的密码子具有连续性,无间隔和重叠现象,因此同一段 mRNA 序列所编码的肽链序列是一定的。蛋白质合成中,tRNA 上面有与 mRNA 密码子相对应的反密码子,只有携带了密码子所编码的氨基酸的 tRNA 才能进入的核糖体的 P 位,进而合成肽链。

6. DNA 的两条链的复制步骤有什么不同?为什么不能采取同样的步骤进行复制?

　　DNA 复制合成时,一条链是连续合成,另一条链是不连续合成的。这是因为合成 DNA 的 DNA 聚合酶只有从 $5'→3'$ 方向的合成能力,而作为模板的 DNA 双链是反向对称的,因此以 $3'→5'$ 方向的模板合成的是连续链,而以 $5'→3'$ 方向为模板合成时也必须是等到该链具有一定长度的单链状态时,在其 $3'$ 端找到一个起始位点合成一段 DNA 链,因此首先合成的是不连续 DNA 链,然后再连接起来。

7. 请叙述基因中的遗传信息经转录和翻译后在蛋白质中表达的过程,叙述时请正确应用 tRNA、氨基酸、起始密码、肽键、反密码子、转录、翻译、核糖体、RNA 聚合酶、基因、mRNA、终止密码等词汇。

　　首先以 DNA 为模板,转录合成 mRNA,将信息传递到 mRNA 中。然后蛋白质的合成以 mRNA 为模板,核糖体小亚基识别 mRNA 上起始密码子并结合上去,同时携带起始氨基酸的氨酰-tRNA 结合到核糖体的 P 位,核糖体大亚基结合进来。具有与 mRNA 模板上第二个密码子的相对应的反密码子的 tRNA 携带相应的氨基酸进入 A 位,起始氨基酸的氨酰基转移到第二个氨基酸上的氨基上连接形成肽链,核糖体再移动一个密码子的位置,接受下一个氨酰-tRNA,前面形成的二肽的酰基与该氨基酸的氨基结合形成第二个肽键,依次循环,一直到核糖体遇到终止密码子时,合成的肽链水解下来,大、小亚基与 mRNA 分离。

8. 分子遗传新的"中心法则"与旧的"中心法则"主要区别是什么?

　　新"中心法则"中增加了 RNA 的自我复制和逆转录(以 RNA 为模板指导合成 DNA)。

9. 原核与真核基因表达有哪些差异,为什么会有这些差异?

原核生物	真核生物
1. 无内含子	1. 有内含子
2. 转录与翻译均在细胞质中,边转录边翻译	2. 转录在细胞核,翻译在细胞质,二者有时空间隔。
3. 多顺反子	3. 单顺反子
4. 起始密码子为 AUG,少数 GUG	4. 起始密码子为 AUG
5. 肽链翻译的起始位点是 SD 序列	5. 肽链翻译的起始位点是相关序列
6. mRNA 无 $5'$ 帽子,无 poly A 尾	6. mRNA 有 $5'$ 帽子和 $3'$ poly A 尾
7. 核糖体整体 $70S$,亚基 $30S$ 和 $50S$	7. 核糖体整体 $80S$,亚基 $40S$ 和 $60S$
8. 起始氨基酸是甲酰甲硫氨酸	8. 起始氨基酸是甲硫氨酸

10. 除了乳糖操纵子学说解释了原核生物基因表达调控的原理外,您是否知道解释原核生物基因表达调控的其他学说?如果知道,请作简单介绍。

　　具有双启动子的半乳糖操纵子,阿拉伯糖操纵子,可阻遏的色氨酸操纵子。

11. 请说明基因测序的原理。

　　参看教材"第五节 二、人类基因组研究技术和策略"。

12. 人类基因组计划应用了哪些主要的研究方法和技术,取得了哪些主要成果,有什么意义?

　　参看教材第五节

13. 为什么生物信息学、功能基因组学和蛋白质组学逐渐成为后基因组时代的前沿领域?

　　人类基因组计划的目标是获得遗传图、转录图、物理图和全序列图,但仅仅靠一张张绘制着生命蓝图的 DNA 序列图,并不能完全解开生命的奥秘,有些工作还需要蛋白质组学才能完成,如基因在生命周期的哪个时间被表达出来;基因产物的相应含量是多少;翻译后修饰的程度如何;有些基因的删除或过量表达对生命进程有何影响;遗留的小基因或出现长度小于 300 bp 的可读框将如何处理;多基因现象的表型等。此外,mRNA 水平的测量并不能完全解释细胞调节,而蛋白质的性质相对于 mRNA 稳定,利于分析研究。

生物信息学基于生物科学和计算机科学的快速发展应用先进的数据管理技术构建数学分析模型和计算机软件,对各种生物信息进行储存、分析和处理,进而展现出各种生命现象形成模式及演化进程,后基因组时代,生物信息学基于前基因组时代及基因组时代构建的庞大的生物数据库,将继续进行大规模的基因组分析、蛋白质组分析,及各种数据的比较和整和,即前面提到的蛋白质组学的产生及对人类基因组草图的进一步分析。

利用结构基因组学获得的生物信息来构建实验模型从而测定基因及基因非编码区的生物学功能即功能基因组学。面对人类基因组草图中庞大的碱基数目和核苷酸序列,我们要做的工作就是研究出他们的功能,由于 40% 的结构基因是新发现的,他们的生化性质从未研究过,要知道他们的结构和功能就要对数据库中已有的生物信息进行分析,再将表型和基因型联系起来。

六、推荐阅读材料

1. 王镜岩等 主编.生物化学.第 3 版.北京:高等教育出版社,2002
2. 王希成 编著.生物化学.北京:清华大学出版社,2001
3. 王希成 编著.生物化学学习指导.北京:清华大学出版社,2001
4. 张楚富 主编.生物化学原理.北京:高等教育出版社,2003
5. 刘曼西 主编.生物化学学习指导与题解.北京:华中科技大学出版社,2003
6. 徐晋麟 主编.现代遗传学原理.北京:科学出版社,2003
7. Hickey G I, Fletcher H L. 谢雍主译.遗传学.北京:科学出版社,2001
8. Campbell N A, Reece J B, Lawrence G. Mitchell. Biology. 5th ed. Addison Wesley Longman, Inc. 1999
9. 与课程相关的国家级精品课程网址:
   生物化学:南方医科大学   http://jpkc2.smu.edu.cn/nfyy/index.html
            北京大学   http://www.bio.pku.edu.cn/lab/proteinsci/biochem/index.html
            中国医科大学   http://www.cmu.edu.cn/curriculum/view_kj.asp
            北京大学   http://jpkc.bjmu.edu.cn/shenghua/LocalUser/jpkcftp/index.htm
   遗传学:上海交通大学   http://genetics.sjtu.edu.cn/
          浙江大学   http://jpkc.zju.edu.cn/kj/0531/
   分子生物学实验:北京师范大学   http://course.bnu.edu.cn/course/molecule/

七、参考答案

填空题

1. 正比,高   2. 单基因   3. 测交   4. 核酸,DNA,蛋白质   5. 蛋白质外壳,DNA, DNA,蛋白质,DNA,蛋白质外壳   6. XX,XY,ZW,ZZ   7. 基因型   8. 转录,

翻译　　　　9. 磷酸二酯　　　10. tRNA,运转氨基酸,mRNA,蛋白质;rRNA,核糖体　　　11. α_2,β',β,α,α　　12. NADH,ATP　　13. $3'\to5'$,前导链,冈崎片段,$5'\to3'$　　14. 连接酶
15. 小亚基　　　16. 一个转录单位含有多个结构基因,原核,一个转录单位含一个结构基因,真核
17. 前导链,连续的,滞后链,不连续,$5'$,RNA。　　18. 同一RNA聚合酶,3,RNA聚合酶Ⅰ,RNA聚合酶Ⅱ,RNA聚合酶Ⅲ　　19. 逆(反)转录,逆转录酶　　20. 调节,操纵,RNA聚合酶　　21. 复制位点,多位点　　22. $3'\to5'$核酸外切酶,校对　　23. 3,DNA聚合酶Ⅲ,DNA聚合酶Ⅱ　　24. 专一的核酸内切酶,解链酶,DNA聚合酶Ⅰ,DNA连接酶　　25. SSB(单链附着蛋白)　　26. RNA引物,DNA聚合酶Ⅲ,DNA聚合酶Ⅰ,DNA连接酶　　27. 启动,编码,终止　　28. 隔裂基因,外显子,内含子,外显子,内含子,外显子　　29. tRNA,起始,甲酰甲硫氨酸(甲酰蛋氨酸)　　30. $N\to C,5'\to3'$　　31. E,P,A　　32. AUG,GUG,UAA,UAG,UGA　　33. 方向性,连续性,通用性,简并性　　34. $5'$端$\to 3'$端,N端$\to$C端
35. 缺乏帽子结构,无法识别起始密码子　　36. DNA,转录,DNA的遗传信息,hnRNA,一条多肽链　　37. 64,61,AUG,UAA,UAG,UGA　　38. fMet-tRNA,Met-tRNA　　39. 小,16 S RNA　　40. 转肽,移位　　41. 螺旋-转角-螺旋,锌指,亮氨酸拉链　　42. 转录前水平,转录水平,转录后水平,翻译水平,翻译后水平　　43. 转录水平的调控,加工水平的调控,翻译水平的调控　　44. 胸腺嘧啶二聚体　　45. 光复合修复,切除修复,重组修复
46. 核酸序列,单个核苷酸或碱基,一种碱基或核苷酸被另一种碱基或核苷酸所替换,一个碱基的插入或缺失　　47. 乳糖,启动子,操纵基因,结构基因,调节基因　　48. 操纵子,调节基因,操纵子

选择题

1. C	2. C	3. C	4. B	5. C	6. D	7. A	8. A
9. B、C	10. C	11. C	12. C	13. B	14. B	15. A、D	16. A
17. A	18. B	19. B	20. B	21. B	22. C	23. B	24. A
25. A	26. A	27. A	28. B	29. A、C	30. D	31. D	32. D
33. C	34. A	35. B	36. C	37. C	38. C	39. B	40. C
41. D	42. A	43. B	44. A	45. C、D	46. A	47. B	48. B
49. D	50. B	51. C	52. C	53. B	54. C	55. B	56. B
57. C	58. C	59. A	60. D	61. D	62. A	63. D	64. C
65. B	66. D	67. C	68. D	69. B	70. B	71. B	72. D
73. D	74. C	75. A	76. A	77. D	78. D	79. A	80. A

连线题

1. A-Ⅵ,B-Ⅴ,C-Ⅳ,D-Ⅲ,E-Ⅱ,F-Ⅰ,G-Ⅶ
2. A-Ⅲ,B-Ⅴ,C-Ⅳ,D-Ⅱ,E-Ⅰ

简答题

1. (1) 分离规律是生物界普遍存在的一种遗传现象,而显、隐性现象的表现是相对的、有条件的;
   (2) 只有遗传因子的分离和重组,才能表现出性状的显、隐性。可以说无分离现象的存在,也就无显、隐性现象的发生。

2. (1) 红;　(2) 3红,1黄;　(3) 全红;　(4) 1/2红,1/2黄。

3. 所有女儿都正常,儿子中将有一半是色盲,一半为正常。

4. 所有的子女都正常。
5. （1）不能　　（2）不能　　（3）能　　（4）不能
6. 第二个孩子是 O 型的几率是 0.5，是 B 型的几率也是 0.5，是 A 型或 AB 型的机会是 0。
7. 作为遗传物质必须具备的特点有：①在细胞内含量稳定；②能携带遗传信息并精确地进行复制；③能发生变异。

    DNA 是细胞中唯一具有自我复制能力的物质；而且其上的碱基数量和排列顺序可以产生大量的信息，同时其化学性质比较稳定等，这些特点说明只有 DNA 适合作为遗传物质。
8. 简并性是指大多数氨基酸都可以具有几组不同的密码子进行编码；变偶性是指密码子的第三位碱基具有较小的专一性；密码子的简并性往往只涉及第三位碱基，其重要的生物学意义是可以减少有害的突变，可使 DNA 上碱基组成有较大的变化余地（密码第三位碱基发生突变），而仍保持多肽链上氨基酸顺序不变。从而使合成的多肽仍具有生物学活性，所以密码简并性在生物物种的稳定上起一定的作用
9. DNA 聚合酶与 RNA 聚合酶主要的相似点：
    ① 都以 DNA 为模板；
    ② 都根据碱基互补的原则按 5′→3′的方向合成新链；
    ③ 合成反应均需要 ATP 提供能量；
    ④ 都需要 2 价阳离子作为辅因子
    DNA 聚合酶Ⅲ与 RNA 聚合酶全酶主要的不同点如下：

不同点	DNA 聚合酶Ⅲ	RNA 聚合酶
功能	复制	转录
底物	4 种 dNTP	4 种 NTP
模板	DNA 两条链全部	DNA 一条链的一段
对引物的要求	需要引物	不需要引物
产物	较长，与模板结合	较短，从模板解离
核酸外切酶活性	有	无
校对功能	有	无

10. 相同点：
    ① 以 DNA 为模板；② 遵循碱基互补原则；③ 新链形成的方向为 5′→3′。
    不同点：

不同点	复制	转录
聚合酶	DNA 聚合酶Ⅰ、Ⅱ、Ⅲ	$\alpha_2\beta'\beta\sigma$ 组成的全酶
底物	4 种 dNTP	4 种 NTP
模板	DNA 两条链全部	DNA 一条链的一段
对引物的要求	需要引物	不需要引物
产物	较长，与模板结合	较短，从模板解离
核酸外切酶活性	有	无
校对功能	有	无

11. （1）氨基酸：是合成蛋白质的原料分子；
    （2）tRNA：结合和转运氨基酸并准确的按照 mRNA 上的密码子顺序，将所携带的氨基酸对号入座；
    （3）mRNA：蛋白质生物合成的直接模板；
    （4）核糖体：蛋白质生物合成的场所，催化肽键的形成等；
    （5）起始因子、延长因子、移位因子、终止因子和释放因子；分别参加蛋白质合成的起始，肽链延长，核糖体的移位，肽链的终止和释放；
    （6）ATP 和 GTP：提供能量；
    （7）Mg^{2+} 离子：参与氨基酸的活化和核糖体大小亚基的聚合。
12. 转录 DNA：5′－GTCGGATGATGCAAT－3′；相应的 mRNA 序列是 5′－AUUGCAUCAUCCGAC－3′；第三个密码子是 UCA，翻译成丝氨酸，其反密码子是 UGA。
13. （1）供核糖体 40 S 小亚基识别；
    （2）保护合成中的转录产物免受核酸外切酶的降解；
    （3）与成熟的转录产物从核内输送到细胞质的过程密切相关。
14. （1）基因转录过程中的选择性剪切，使得一个基因形成了不同的转录本，翻译成多种蛋白质。
    （2）蛋白质修饰作用。同一种蛋白质经过修饰以后，可以有不同的形式存在细胞中。
15. （1）Y 染色体或线粒体 DNA 都有确定的遗传传递路线。男性的 Y 染色体传给自己的儿子，通过用 PCR 等方法对 Y 染色体特异性片段的检测，可以确定其父亲或种族的男性亲缘关系的真实性。线粒体 DNA 都是由母亲传给自己的子女，所以，对线粒体 DNA 片段的特异性检测，可以确定个体与母亲或母亲家族的连续女性的亲缘关系。
    （2）线粒体 DNA 具有母性遗传的特性，对于连续女性的世代的传递具有很好的追踪路线，但是如果传递路线中出现女性中断，也无法确定中断上代和以后下代的亲缘关系。另外由于线粒体 DNA 较小，特异性位点不多，所以也具有很大的局限性。Y 染色体线粒体 DNA 具有男性遗传的特性，对于连续男性的世代的传递具有很好的追踪路线，但是如果传递路线中出现男性中断，也无法确定中断上代和以后下代的亲缘关系。另外如果 Y 染色体 DNA 的特异性片段没有家族的特异性而仅有种族的特异性，则无法确定家族的亲缘关系。
16. 不一样。DNA 中，A = T，C = G，所以(A + C)/(G + T) = 1，而(A + T)/(G + C)却不一定。
17.

	外祖母	外祖父	祖母	祖父
X 染色体	√	√		
Y 染色体			√	√

18. 常染色质在细胞分裂时凝聚，而在间期时不盘绕。异染色质在细胞周期皆保持凝聚状态存在。此通过其染色的性能可得到证明。常染色质一般是有活性的，而异染色质一般都是没有活性的。这是由于它不含有基因（组成型异染色质，如着丝点区域）或抑制了所含基因的表达（功能型异染色质，如失活的染色体）。异染色质在 S 期复制时比常染色质要晚一些，此是由于异染色质中高度浓缩的结果
19. mRNA 上每 3 个相邻的核苷酸编成一个密码子，代表某种氨基酸或肽链合成的起始或终止信号（4 种核苷酸共组成 64 个密码子）。其特点有：① 方向性：编码方向是 5′→3′；② 无标点性：

密码子连续排列,既无间隔又无重叠;③ 简并性:除了 Met 和 Trp 各只有一个密码子之外,其余每种氨基酸都有 2~6 个密码子;④ 通用性:不同生物共用一套密码;⑤ 摆动性:在密码子与反密码子相互识别的过程中密码子的第一个核苷酸起决定性作用,而第二个、尤其是第三个核苷酸能够在一定范围内进行变动。

20. 在蛋白质合成中,tRNA 起着运载氨基酸的作用,将氨基酸按照 mRNA 链上的密码子所决定的氨基酸顺序搬运到蛋白质合成的场所——核糖体的特定部位。tRNA 是多肽链和 mRNA 之间的重要转换器。
    1) 其 3′端接受活化的氨基酸,形成氨酰 – tRNA
    2) tRNA 上反密码子识别 mRNA 链上的密码子
    3) 合成多肽链时,多肽链通过 tRNA 暂时结合在核糖体的正确位置上,直至合成终止后多肽链才从核糖体上脱下。

21. 基本方式主要有锌指、亮氨酸拉链、螺旋 – 环 – 螺旋等基序。

22. tRNA 的二级结构为三叶草结构。其结构特征为:
    (1) tRNA 的二级结构由四臂、四环组成。已配对的片段称为臂,未配对的片段称为环。
    (2) 叶柄是氨基酸臂。其 3′上含有 – CCA,此结构是接受氨基酸的位置。
    (3) 氨基酸臂对面是反密码子环。在它的中部含有 3 个相邻碱基组成的反密码子,可与 mRNA 上的密码子相互识别。
    (4) 左环是二氢尿嘧啶环(D 环),它与氨酰 – tRNA 合成酶的结合有关。
    (5) 右环是假尿嘧啶环(TψC 环),它与核糖体的结合有关。
    (6) 在反密码子与假尿嘧啶环之间的是可变环,它的大小决定着 tRNA 分子大小。

23. 原核细胞大肠杆菌的 RNA 聚合酶研究得较深入。这个酶的全酶由 5 种亚基($\alpha_2\beta\beta'\delta\omega$)组成,还含有 2 个 Zn 原子。在 RNA 合成起始之后,δ 因子便与全酶分离。不含 δ 因子的酶仍有催化活性,称为核心酶。δ 亚基具有与启动子结合的功能,β 亚基催化效率很低,而且可以利用别的 DNA 的任何部位作模板合成 RNA。加入 δ 因子后,则具有了选择起始部位的作用,δ 因子可能与核心酶结合,改变其构象,从而使它能特异地识别 DNA 模板链上的起始信号。

    真核细胞的细胞核内有 RNA 聚合酶Ⅰ、Ⅱ和Ⅲ,通常由 4~6 种亚基组成,并含有 Zn^{2+}。RNA 聚合酶Ⅰ存在于核仁中,主要催化 rRNA 前体的转录。RNA 聚合酶Ⅱ和Ⅲ存在于核质中,分别催化 mRNA 前体和小相对分子质量 RNA 的转录。此外线粒体和叶绿体也含有 RNA 聚合酶,其特性类似原核细胞的 RNA 聚合酶。

24. 分析出人类基因组 24 条染色体,约 30 亿对核苷酸的 DNA 分子的全部序列。人类基因组计划的具体研究内容包括:1)建立高分辨率的人类基因组遗传图;2)建立人类所有染色体的物理图谱;3)完成人类基因组的全部序列测定;4)发展取样、收集、数据的储存及分析技术。

    这项工作对于认识基因表达的调控方式,疾病的诊断和治疗,动植物优良新品种的培育,生物进化的研究等均有重要的意义。

25. 因为人类有 23 对染色体,其中 22 对为常染色体都有相同的 2 条染色体;而性染色体包括 X 和 Y 两条基因和碱基序列不同的染色体,因此测定的是 24 条染色体。

图示题

1.

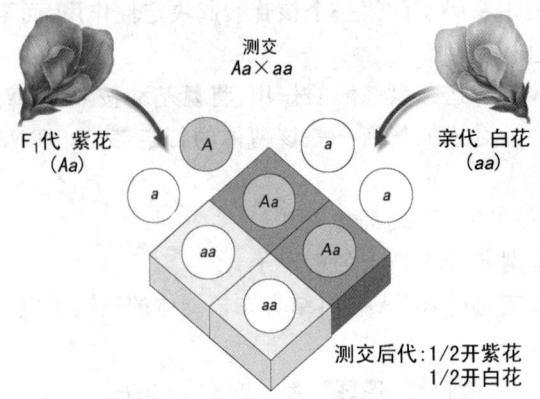

2.

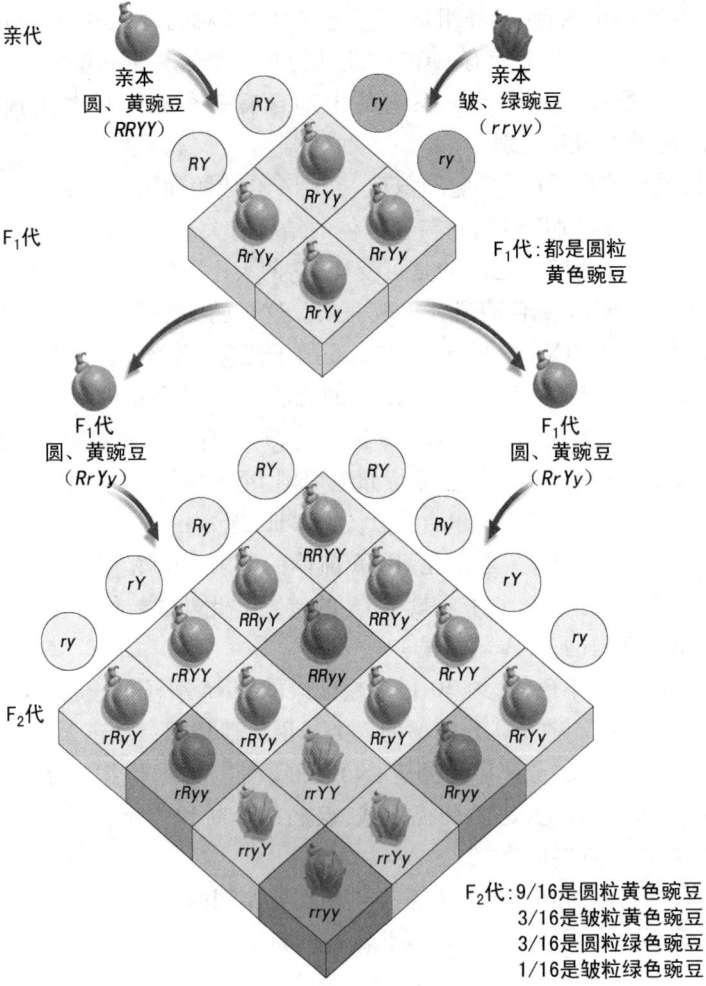

3.

$$\text{重组频率} = \frac{\text{重组个体数}}{F_2 \text{代总数}} = \frac{206 + 185}{965 + 944 + 206 + 185} = 17\%$$

4.
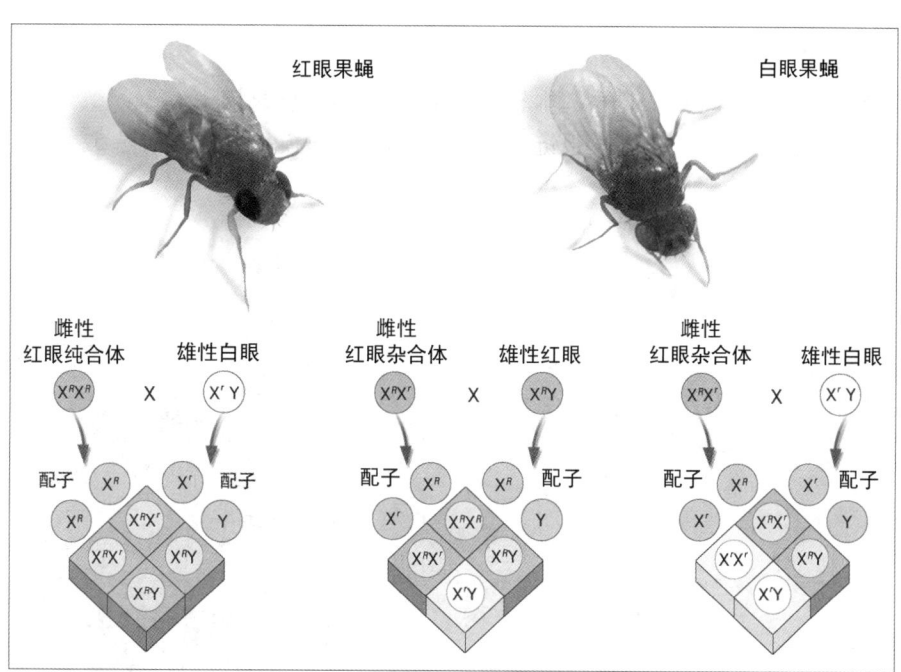

5. (1) 拓扑异构酶　　　(2) 解旋酶　　　(3) 单链附着蛋白　　　(4) DNA 聚合酶Ⅲ
　　(5) 冈崎片段　　　(6) DNA 聚合酶Ⅰ　　　(7) DNA 连接酶　　　(8) 滞后链
　　(9) 前导链
　　① S,解旋酶,复制叉　　② 3′-OH,RNA 引物　　③ DNA 聚合酶Ⅲ　　④ 5′→3′
　　⑤ 前导链,滞后链　　⑥ 后滞链,冈崎片段　　⑦ RNA 引物,DNA 聚合酶Ⅰ,DNA 连接酶
6. ① mRNA、5′,3′　　② tRNA、3′-CCA-OH,反密码子　　③ 核糖体
7. ① 5′TTGCATGAGAGCATCGTA3′　　② 5′AACGTACTCTCGTAGCAT3′
　　③ 非模板,模板
8. ① 复制　　② 转录　　③ 翻译　　④ 自我复制
　　⑤ 逆转录
9. ① 真核生物的转录在细胞核中,翻译在细胞质中;原核生物的转录和翻译均在细胞质中,可以边转录边翻译。
　　② 真核生物编码 mRNA 的基因中有内含子,转录后需要进行转录后的加工,包括剪去内含子、拼接外显子、添加 5′端"帽子"和 3′端 ployA 尾等。原核生物不需要转录后的加工。
10. (1) 乳糖操纵子　　(2) 结构基因　　(3) 操纵基因　　(4) 启动子
　　(5) 调节基因　　(6) 阻遏蛋白
　　调控过程:
　　① 乳糖操纵子:操纵子是指在转录水平上控制基因表达的协调单位,包括启动子、操纵基因和几个结构基因,操纵子可受调节基因的控制。乳糖操纵子是 3 种乳糖分解酶的控制单位。
　　② 阻遏过程:在没有诱导物(乳糖)情况下,调节基因产生的活性阻遏蛋白与操纵基因结合,操纵基因被关闭,操纵子不转录。
　　③ 诱导过程:当有诱导物(乳糖)的情况下,调节基因产生的活性阻遏蛋白与诱导物结合,使阻

遏蛋白构象发生改变,失去与操纵基因结合的能力,操纵基因被开放,转录出 3 种乳糖分解酶。

11. ① 启动子、增强子和沉默子;
② 抑制转录因子、激活转录因子、基本转录因子、辅助激活转录因子。
12. mRNA 合成的方向是 5′→3′;其模板链的方向是 3′→5′,非模板链的方向是 5′→3′。

第6章 发 育

一、要点提示

动植物的发育基本过程

　　大多数的动物是有性繁殖,从一个受精卵开始,经过细胞分裂、细胞分化和形态发生等阶段完成胚胎发育。如脊椎动物的发育以受精为起点,经过卵裂形成多细胞囊胚、原肠胚、神经胚和器官发生阶段以后,完成胚胎的发育。成熟期动物个体的生殖母细胞通过减数分裂产生单倍体配子——精子和卵,精子和卵经过受精作用又融合形成二倍体的受精卵,开始了新一轮发育过程。动物胚胎的发育从开始就按照一定的模式进行,这种模式保证了动物发育的整个过程都按照特定的时空顺序展开。

　　被子植物的受精卵通过分裂、细胞分化和形态发生三个过程发育为种子。种子由胚、胚乳和种皮三部分组成,种子萌发时,由胚乳提供营养物质,胚发育形成植物幼苗。当幼苗长出真叶后可以进行光合作用,植物从异养生长转为自养生长;幼苗进一步生长并发育产生成熟的根、茎、叶、花等植物器官。在生殖生长期,孢子体上形成了特化的繁殖器官——花,花上的特殊细胞通过减数分裂,形成单倍体的孢子,孢子经过有丝分裂形成了多细胞的雄配子体和雌配子体,当花的雄蕊和雌蕊发育成熟,花粉便从花粉囊中散出,并被传送到花的柱头上。花粉粒(雄配子体)和胚囊(雌配子体)经过有丝分裂,分别产生单倍体的配子,即精子和卵。以后,精子与卵结合形成受精卵,成为二倍体的合子,植物的生活史又开始一轮新的循环。

细胞分化与机体发育的分子生物学基础

　　在动物早期胚胎中,卵裂球细胞是全能的,随着胚胎的发育,细胞发育的潜能逐渐限制。细胞分化以前,接受某种信号,决定其以后的发育命运,即细胞决定。卵细胞的细胞质不均一性对于早期胚胎的细胞决定具有根本的作用。细胞质中决定细胞命运的特殊信号物质称为决定子。在脊椎动物受精卵的动物极和植物极分布着不同的决定子,正是由于这种极化的差别,造成了卵裂后动物极细胞与植物极细胞发育的不同命运。

发育是有机体以遗传信息为基础进行自我构建和自我组织的过程,是其基因按照特定的时间和空间选择性表达并逐步转化为特征表型的过程。在整个有机体发育的过程中,细胞在时间和空间上有秩序的分化,从而导致有机体的器官组织等结构有序的空间排列,形成有机体特定形态的统一性,即生物的模式形成。诱导相邻细胞发育的信号分子是可扩散的蛋白质——成形素,分泌成形素的一组特殊细胞称为组织者。成形素浓度的高低是决定该区细胞发育命运的重要原因。动物形态的发生除了细胞分裂和生长的作用外,胚胎发育过程中的细胞移动也起主要作用。

发育的基因调控与信号转导

MyoD 是科学家最早发现的一个控制肌细胞发育的主导基因。该基因的表达产物 MyoD 蛋白是一个控制基因表达的转录因子。依靠某主导基因的调控表达,通过产生特定调节蛋白引发其他调节蛋白(转录因子)组合的级联反应和组合调控,从而不断地启动细胞分化是有机体发育过程中基因调控的基本规律之一。

细胞凋亡是另一类控制和影响发育的特殊细胞分化现象。细胞凋亡是特定的细胞在基因信息的控制下自动结束生命的过程。细胞凋亡过程中,细胞质收缩,染色质凝集,细胞膜反折,将自我断裂的染色质片段和部分细胞器包裹成许多凋亡小体,细胞内 DNA 发生核小体间的断裂是细胞凋亡最主要的生化特征。

化学信号分子与细胞表面或细胞内的受体相结合将外界信号转换为细胞能感知的信号并作出相应的反应,这一过程称为信号转导。G 蛋白偶联受体和酶偶联受体是两个最重要细胞表面受体蛋白家族,它们各自引导不同的细胞信号转导途径。在 G 蛋白介导的信号传导途径中,G 蛋白偶联受体接受胞外信号后,蛋白质构像发生改变导致 G 蛋白被激活,G 蛋白去活化效应器蛋白,产生胞内信号继续向胞内和核内传递。在酶偶联受体介导的信号传导途径中,受体一旦与配体信号结合,就获得了酶的催化活性,激活胞内的效应器蛋白,将信号继续向胞内和核内传递。

常用的模式生物

线虫、果蝇、斑马鱼、小鼠、拟南芥等是发育生物学研究的模式生物。利用模式生物开展发育机理的研究具有便捷、高效、深入、系统和有利于成果的延展与应用等优势。这些模式生物的共同特点是体积小、生命周期短、易培养、易进行基因操作、易观察,并且基因测序均已完成等。

干细胞与克隆

按照干细胞的组织来源,它们可分为胚胎干细胞、造血干细胞、表皮干细胞、神经干细胞等多种类别。按干细胞分化潜能的大小可以分为全能干细胞、多能干细胞和单能干细胞。干细胞的分化先经过中间类型定向祖细胞,然后进一步分化为成熟的末端细胞。

克隆技术是一个复杂的技术体系,是多种技术的综合,涵盖了生命复制的全过程。动物克隆技术属于无性繁殖范畴,能实现基因型复制,使少数优秀个体迅速扩大成群。转基因克隆技术是转基因技术和动物克隆技术的有机结合,它以转基因细胞为核供体,采用体细胞核移植技术产生转基因克隆动物,实现种质创新。转基因克隆动物技术显示出的优势主要表现在:一是生产效率高;二是周期短,成本低;三是可以决定后代性别。

1996 年 7 月 5 日,全球第一例由体细胞克隆的哺乳动物多莉终于问世了,宣告了生命科学和生物技术的又一次大跨越。

二、基本概念

生长(growth)：在生命周期中，植物的细胞、组织和器官的数目、体积或干重的不可逆的增加过程。

发育(development)：一个细胞(受精卵)不断分裂和分化，即一个有机体从其生命开始到性成熟的变化过程称为发育。

胚胎发育(embryonic development)：从一个受精卵开始，经过细胞的分裂、分化、相互诱导，最终形成生物雏形即胚胎的过程称为胚胎发育。

全能性(totipotency)：指个体某个器官或组织已经分化的细胞在适宜的条件下再生成完整个体的遗传潜力。

细胞分化(cell differentiation)：是指经过细胞分裂产生的许多细胞在发育潜能、形态、结构或功能上特化即产生差异的过程。从本质上说，细胞分化是从化学分化到形态、功能分化的过程。

形态发生(morphogenesis)：产生生命个体具特定结构和功能的不同部分和整体形态的物理过程称为形态发生。

细胞决定(cell determination)：在细胞分化以前，细胞接受了某种信号，决定了其以后的发育命运，即在形态、结构和功能等分化特征尚未显现之前便已经确定了其不同分化前途，这种细胞的发育命运被稳定地确定的过程称为细胞决定。

决定子(determinant)：细胞质中决定细胞命运的特殊信号物质称为决定子。

镶嵌型发育(mosaic development)：一些动物卵裂球的发育命运都是由细胞质中贮存的卵源性决定子决定的，在这种细胞命运的决定方式中，如果将一个早期胚胎的某一部分去掉而丧失了一部分决定子，就不会继续发育成完整的胚胎。这种卵裂球不同部分嵌合才能完整发育的方式又称为镶嵌型发育。

调整型发育(regulative development)：在哺乳动物中，所有的囊胚细胞都接收到了同等的决定子，这些动物囊胚的发育命运则受到相邻细胞相互作用的控制。

配子(gamete)：成熟的雄性或雌性生殖细胞(精子或卵子)，只有单倍体的染色体。

诱导(induction)和诱导子(inducer)：动物在一定的胚胎发育时期，一部分细胞影响相邻细胞使其向一定方向分化的作用称为胚胎诱导。能对其他细胞的分化起诱导作用的物质称为诱导子。

模式形成(patterm formation)：在整个有机体发育的过程中，细胞在时间和空间上有秩序的分化，从而导致有机体的器官组织等结构有序的空间排列，形成有机体特定形态的统一性，称为生物的模式形成。

成形素(morphogen)：是指诱导相邻细胞发育的信号分子是可扩散的蛋白质。

组织者(organizer)：是指分泌成形素的一组特殊细胞。

位置效应(positional effect)：胚胎发育过程中，细胞所处的位置不同对细胞分化的命运有明显的影响，细胞位置的改变可导致细胞分化方向的改变，这种现象叫位置效应。

细胞迁移(cell migration)：是细胞或细胞群由一个区域迁到另一区域的过程的现象，是动物器官和组织发生过程中所不可缺少的。

细胞凋亡(apoptosis)：是指发育过程中为维持内环境稳定，由基因控制的细胞自主的有序性的死亡，有生理性和选择性，是另一类控制和影响发育的特殊细胞分化现象。

母体基因(maternal genes)：通过母体在卵母细胞中表达，它们可能对成熟的卵母细胞起作用或者在早期胚中起作用。

荧光原位杂交(fluorescence in situ hybridization,FISH):荧光原位杂交方法是一种物理图谱绘制方法,使用荧光素标记探针,以检测探针和分裂中期的染色体或分裂间期的染色质的杂交。

主导基因(master control gene):在多基因控制的性状中起主导作用的基因称为主导基因。

同源异形基因(homeotic gene):一重要器官位置发生了被另一器官替代的突变,这种遗传变异现象称为同源异型突变。控制同源异型化的基因称为同源异形基因。

同源盒(homeobox):许多同源异形基因一般都含有一个非常保守的DNA片段,即一段不易变化的且在其他生物类群中也常出现的DNA序列,这个共同的DNA片段称为同源盒。

器官特征基因(organ - identity gene):是指植物体中存在的同源异形基因。

细胞通讯(cell communication):在多细胞生物中,细胞间或细胞内通过发送与接收信息的机制,对环境作出综合反应的细胞行为。

信号传导(cell signalling):是细胞通讯的基本概念,强调信号的产生、分泌与传送,即信号分子从合成的细胞中释放出来,然后进行传递。

信号转导(signal transduction):化学信号分子与细胞表面或细胞内的受体相结合使之激活,激活的受体将外界信号转换为细胞能感知的信号并作出相应的反应,这一过程称为信号转导。

自分泌信号(autocrine signaling):由细胞合成并结合到细胞自身受体的信号属自分泌信号。

内分泌信号(endocrine signaling):进入动物血液再传递到有机体各部位靶细胞的信号是内分泌信号。

旁分泌信号(paracrine signaling):只作用于环境中邻近靶细胞受体的信号是旁分泌信号。

第一信使(first messenger):细胞外的化学信号物质,如激素、神经递质等。亲水性的第一信使不能直接进入细胞发挥作用,而是通过诱导产生的第二信使去发挥特定的调控作用。

第二信使(second messenger):指细胞外信号与膜受体结合后诱使细胞最先产生的信号物质,如cAMP、肌醇磷脂等。

信号级联放大(signaling cascade):从细胞表面受体接收外部信号到最后作出综合性应答,是将信号进行逐步放大的过程,称为信号的级联放大反应。

PKA系统(protein kinase A system, PKA):是G蛋白偶联系统的一种信号转导途径。信号分子作用于膜受体后,通过G蛋白激活腺苷酸环化酶,产生第二信使cAMP后,激活蛋白激酶A进行信号的放大。故将此途径称为PKA信号转导系统。如胰高血糖素和肾上腺素都是很小的水溶性的胺,它们在结构上没有相同之处,并作用于不同的膜受体,但都能通过G蛋白激活腺苷酸环化酶,最后通过蛋白激酶A进行信号放大。

激素(hormone):生物体内产生的数量很少的具有化学信号性质的一类物质,根据溶解性可分为脂溶性激素和水溶性激素两类。

种系细胞(germ line cell):每一轮细胞分裂后,继续可以向产生生殖细胞方向分裂的细胞,即延续其种系的细胞称为种系细胞。

创建者细胞(founder cell):是指发育命运已经确定为体细胞并决定了其分化方向(即预定将分化成哪一类组织)的细胞。

干细胞(stem cells):具有无限的或可被延长的自我更新和分化能力并可产生至少一种特化的细胞称为干细胞。

胚胎干细胞(embryonic stem cell, ES):当受精卵分裂发育成囊胚时,内层细胞团的细胞即为胚胎干细胞。胚胎干细胞具有全能性,能分化出成体动物的所有组织和器官,包括生殖细胞。

全能干细胞（totipotent stem cell，TSC）：具有能够发育成为各种组织器官完整个体潜能的细胞，如胚胎干细胞。

多能干细胞（pluripotent stem cell）：多能干细胞具有分化出多种细胞组织的潜能，但失去了发育成完整个体的能力，发育潜能受到一定的限制。

单能干细胞（unipotent stem cell）：这类干细胞只能向一种类型或密切相关的两种类型的细胞分化，如上皮组织基底层的干细胞、肌肉中的成肌细胞。

胚泡（blastocyst）：人类受精卵经 5~6 天分化后的胚胎被称为胚泡。

造血干细胞（hemopoietic stem cell）：由胚胎干细胞发育产生，是所有血细胞的起源细胞。造血干细胞具有自我更新能力，主要存在于骨髓、外周血和脐带血中。造血干细胞能够产生红细胞、白细胞和血小板等。

间充质干细胞（mesenchymal stem cell）：是指存在于骨髓中，具有分化成中胚层和神经外胚层组织细胞的能力的细胞。

祖细胞（progenitor cell）：是指干细胞最终形成某种末端分化细胞的祖先细胞，主要存在于组织中，用于组织再生和细胞补充，其分裂速度要快于干细胞，但干细胞要周期性的分化来补充祖细胞的数量。

末端细胞（terminal cell）：是指在发育完成的组织中表达其特征基因、没有继续分裂能力、寿命较短的细胞。

重组克隆（recombinant clone）：将不同来源的DNA片段合成在一个DNA分子中，这种技术称为重组，得到的分子为重组克隆。

三、热点聚焦

细胞凋亡的机制及生物学意义

细胞凋亡和细胞的繁殖与分化一样是基本生命现象，它与细胞增殖的动态平衡对生物体的发育和生命的维持至关重要。细胞凋亡（apoptosis）又称编程性死亡（programmed cell death，PCD），是一个主动的、高度有序的、基因控制的、一系列酶参与的过程。一旦调控凋亡的信号途径遭到破坏，即可引起一系列疾病，如细胞凋亡被抑制会导致肿瘤、糖尿病、多系统硬化等疾病，细胞凋亡过度则会导致艾滋病、中风、缺血性损伤、神经退化性疾病等。

电镜下凋亡细胞的形态变化为：① 细胞皱缩，胞浆致密。② 染色质浓缩，沿着核膜排列，形成不同性状，随后碎裂。③ 细胞膜凹陷，形成凋亡小体，从外观上表现为细胞表面产生许多泡状和芽状突起。④ 凋亡小体被邻近的细胞吞噬并消化。

细胞凋亡的过程可分为三期：① 诱导期：凋亡诱导因素作用于细胞后，细胞通过复杂信号转导途径将信号传入胞内，由细胞决定生存或死亡。② 执行期：决定死亡的细胞将按预定程序启动凋亡，激活凋亡所需的各种酶类并降解相关物质，形成凋亡小体。③ 消亡期：凋亡的细胞被邻近的细胞所吞噬并在吞噬细胞内降解。全过程需数分钟至数小时不等。

细胞凋亡是一个非常复杂的过程，受到机体内、外多种因素的影响，其具体的分子机制尚不完全清楚。细胞凋亡相关因素分诱导性因素和抑制性因素两大类。诱导因素主要有：激素和生长因子失衡、理化因素（如射线、高温、强酸、强碱、乙醇、抗癌药物等）、免疫性因素（如细胞毒T淋巴细胞可分泌颗粒酶引起靶细胞发生凋亡）、微生物学因素（如HIV感染时，可致大量$CD4^+$T淋巴细胞凋亡）、缺血与缺氧等。抑制性因素主要有：细胞因子IL-2、神经生长因子等。某些激素如促肾上腺皮质激素、睾丸酮、雌激素等对于防止靶细胞凋亡,维持其正常存活是必需的,某些二价金属阳离子如 Zn^{2+}、药物(如苯巴比妥)病毒(如 EB 病毒)以及中性氨基酸等也具有抑制细胞凋亡的作用。

多细胞生物在凋亡过程中拥有相似的酶反应机制。美丽线虫(*Caenorhabditis elegans*)长久以来一直作为研究细胞凋亡机制的一个良好模型。研究发现了三个重要的基因:促进凋亡的 *ced* - 3、*ced* - 4 和抑制细胞凋亡的 *ced* - 9。*ced* - 3 是一个蛋白酶,激活的 *ced* - 3 可以水解靶蛋白从而使细胞死亡;*ced* - 4 与 *ced* - 3 结合并促进 *ced* - 3 激活,*ced* - 9 则与 *ced* - 4 结合并阻止它激活 *ced* - 3。正常情况下,*ced* - 9 与 *ced* - 4 和 *ced* - 3 结合,因此 *ced* - 3 不处于激活状态。细胞凋亡信号会引起 *ced* - 9 在上述复合体上解离下来,激活 *ced* - 3 并最终发生凋亡。脊椎动物则进化了一整套的基因家族:① 哺乳动物 Caspase 与 *ced* - 3 同源。② *Apaf* - 1 基因与 *ced* - 4 同源。③ 哺乳动物 *Bcl* - 2 基因家族与 *ced* - 9 在结构和功能上相似,但分为促进和抑制亚群。

半胱氨酸蛋白酶家族(cysteine - containing aspartate - specific protease,缩写 Caspase)有两个特征:① 都是含有半胱氨酸的蛋白酶;② 作用部位都在天冬氨酸残基后的位点。至今已发现 14 种 Caspase,依据结构和功能的不同可分为三类:① 起始凋亡蛋白酶(initiator caspase),包括具有长 N 端前区的 Caspase - 2,8,9,10,能对细胞凋亡的信号作出反应,启动细胞的自杀过程;② 效应凋亡蛋白酶(effector caspase):包括具有短 N 端前区的 Caspase - 3,6,7,是细胞凋亡过程中的执行者,能水解特定蛋白底物。③ 与炎症有关的凋亡蛋白酶,包括 Caspase - 1,4,5,11,12,13,14。Caspase 在细胞凋亡的启动和完成中起重要作用,是细胞凋亡的执行者,决定了细胞凋亡的形态改变和生物化学改变。

激活的 Caspase 最后导致细胞凋亡,虽然仍有许多不清楚的地方,但在其已经查明的约 40 个底物中,有一些已经证实其水解和最后的细胞凋亡直接相关。如 ICAD/DFF45 是 CAD 核酸酶(Caspase - activated deoxyribonuclease)的抑制蛋白,CAD 核酸酶可以造成凋亡时 DNA 的片段化,在正常细胞中 CAD 与 ICAD 形成复合物因而不处于激活状态。细胞凋亡时,Caspase 水解 ICAD,CAD 就会处于活性状态并最终使 DNA 片段化。另一个例子是 Caspase 在细胞凋亡时可以水解 BCL - 2 蛋白,它不仅消除了 BCL - 2 蛋白的抗细胞凋亡作用,而且研究显示 BCL - 2 水解片段也有促细胞凋亡的作用,这实际上是一个正反馈的过程。Caspase 还可以影响 DNA 修复、mRNA 剪接、DNA 复制等重要过程中的蛋白。因此,可以说 Caspase 蛋白酶在细胞凋亡过程中的作用处于中心地位。

线粒体在细胞凋亡中的作用包括:释放 Caspase 激活因子如 Cyto - C;丧失电子转移功能并减少能量的产生;线粒体跨膜电位的消失以及与 BCL - 2 蛋白家族促凋亡和抑制凋亡功能相关等方面。一些凋亡刺激因素如射线、化疗药物等,经过一些目前尚未充分了解的途径,促使线粒体释放凋亡启动因子(如 Cyto - C、AIF、Apaf - 1),启动因子通过下述多种机制导致细胞凋亡:① Cyto - C 在 dATP 存在的情况下,与 Apaf - 1 结合,使 Apaf - 1 暴露其上的 CARD(caspase activation and recruitment domain)结构域,并与 procaspase - 9 的 CARD 结合形成凋亡复合体,激活 procaspase - 9,后者进一步激活 Caspase - 3,6 等,从而诱导细胞凋亡。② AIF 通过促进线粒体释放细胞色素 c 而增强凋亡信号,并可快速激活核酸内切酶。③ Smac/Diablo 和 HtrA2 可能通过阻断凋亡抑制蛋白(inhibitors of apoptosis protein,IAPs)的作用参与细胞凋亡的调控。IAPs 为一组具有抑制凋亡作用的蛋白质,主要抑制 caspase - 3,7,9 而抑制细胞凋亡。

细胞凋亡过程中执行染色质 DNA 切割任务的是内源性核酸内切酶,有 Ca^{2+}/Mg^{2+} 非依赖性核酸内切酶和 Ca^{2+}/Mg^{2+} 依赖性核酸内切酶。后者以无活性的形式存在于细胞核内,其激活需 Ca^{2+}/Mg^{2+} 等二价金属离子的存在。在正常的细胞中,具有 DNA 酶活性的蛋白 CAD(caspase - activated dnase)及其抑制物(ICAD)结合成无活性的二聚体,位于胞浆中。当 ICAD 被 caspase 水解后,CAD 与 ICAD 分离而被激活,从而进入细胞核,导致 DNA 的降解。

凋亡细胞双链 DNA 发生两种类型的断裂：① 首先是形成高相对分子质量的 DNA 片段，50 kb 和/或 300 kb，可能由染色质中的 DNA 断裂形成。② 其次，内源性核酸内切酶作用于 DNA 双链的核小体连接部，形成 180～200 bp 或其整倍数的片段，在琼脂糖凝胶电泳中呈"梯"状条带，这是判断凋亡发生的客观指标之一。

细胞凋亡在机体的一生中，从受精至成熟、老化等各个方面都发挥重要作用，其生理意义有：① 确保正常生长发育，如人胚胎肢芽发育过程中的指（趾）间组织通过细胞凋亡机制而被逐渐消除，形成指（趾）间隙。② 维持机体内环境稳定。③ 防御功能，当机体受到病原微生物感染时，宿主细胞发生主动凋亡，导致被感染细胞的死亡和微生物的清除。

细胞凋亡调控异常可导致多种疾病的发生。细胞凋亡与疾病的关系可表述为"该'死'的细胞不死，不该'死'的细胞却死了"，也就是说无论凋亡过度或凋亡不足都可以导致疾病的发生。目前细胞凋亡调控用在临床防治的疾病包括如下几类：

1. 脑缺血神经细胞凋亡可以用 Caspase 抑制剂防止。如新生儿窒息、老年脑缺血、老年痴呆症（如 Alzheimers 病）可用药物预防神经元凋亡。

2. 过度凋亡所致疾病的防治：神经退行性变疾病、视网膜退行性病变、移植排斥、自身免疫性疾病等由于过度凋亡引起细胞缺失，可用 Caspase 抑制剂预防。

3. 肿瘤防治：肿瘤细胞常呈凋亡不足，化疗和放疗可诱导肿瘤细胞凋亡，通过活化 Caspase 酶系统或活化死亡受体启动 Caspase 系统，促进凋亡。应了解某种肿瘤细胞启动的 Caspase 酶系统和正常细胞死亡 Caspase 酶系统的差异，以便选择激发肿瘤细胞的 Caspase 系统。另外，肿瘤细胞可能是 $bcl-2$ 表达过度，$p53$ 表达不足或突变使肿瘤细胞死亡减少，也可据此设计治疗策略。

4. 心肌缺血，心肌梗死：在急性条件下，心肌纤维多为坏死，有些缓慢发展的心肌缺血可产生心肌细胞凋亡，通过了解凋亡的发生过程可以预防和治疗慢性心肌纤维死亡。

5. 有些病毒感染可以阻止细胞凋亡，使病毒得以在活细胞繁殖。利用病毒或其蛋白产生抑制 Caspase 系统或利用小分子多肽来防止凋亡。

近年来，有关细胞凋亡的研究飞速发展，并有所突破。通过对有关疾病产生细胞凋亡机制的深入了解，并找出其特异性，可应用于疾病的防治，成为治疗学新领域。因此，细胞凋亡理论和实践的研究将有广阔的天地。

四、精选习题

填空题

1. 无论是动物还是植物，其胚胎发育过程都要涉及（　　）、（　　）和（　　）这 3 个基本阶段。
2. （　　）为动物器官发生提供了细胞来源，且动物的形态发生是在（　　）时期。
3. （　　）和（　　）是研究细胞决定和分化的常用实验方法。
4. 高等动物发育过程从（　　）开始经过卵裂、（　　）、（　　）、（　　）和（　　）过程，最终发育成幼体。
5. 脊椎动物的发育以（　　）为起点，单细胞受精卵经过（　　）形成多细胞胚囊，胚囊发育成具有三胚层的（　　），然后经过（　　）初步确立了体形特征，经过进一步的器官发生以后，便完成了胚胎的发育。
6. 脊椎动物发育中各胚层逐步发育成各器官系统：（　　）产生表皮和神经系统，（　　）最终将发育成动物的肛门。（　　）产生消化道及与之相连接的器官如胰、肝、肺、呼吸道、尿道等。

（　　）产生脊索、骨骼、肌肉、循环系统、排泄系统和生殖系统等。

7. 胚是（　　）的雏形，其基本结构由（　　）、（　　）、（　　）、（　　）四部分组成。
8. 植物体的所有细胞都来自（　　），只要（　　）不受损伤，植株的体积可终生增加。
9. 受精卵是具有发生潜能的（　　），它的基因组的全部基因都具有表达的潜力。动物细胞在（　　）形成时只有细胞分裂而没有分化。即在早期胚胎中，卵裂球细胞的命运没有特化，细胞都是（　　）。
10. 蛙卵直径为 1~2 mm，细胞核位于卵的上部，上部称为（　　），由于含较多蛋白质和色素呈深色。卵的下部称为（　　），包含大量卵黄等营养物质，呈淡黄色。
11. 细胞分泌化学信号作用方式有（　　）、（　　）、（　　）及（　　）。
12. 镶嵌型发育中，动物卵裂球的发育命运都是由（　　）中储存的（　　）决定的。
13. （　　）中决定细胞命运的特殊信号物质称为决定子。
14. 卵母细胞的细胞质中含有多种（　　），其多数与蛋白质结合，处于非活性状态。受精后被激活并（　　）地分配到子细胞中，决定未来细胞分化的命运。
15. 在哺乳动物中，所有的囊胚细胞都接受到了同等的决定子，这些动物囊胚的发育命运则受到（　　）的控制。脊椎动物眼的晶状体的形成是典型的（　　）。
16. 诱导相邻细胞发育的信号分子是可扩散的（　　），它们又称为（　　）；分泌（　　）的一组特殊细胞称为（　　）。（　　）的高低即待发育的胚胎区域离（　　）的远近位置是决定该区细胞发育命运的重要原因。
17. 非洲爪蟾早期囊胚的高成形素动物极区域以后发育成为（　　），中等浓度区域以后发育成（　　），低浓度区以后发育成（　　）。
18. 细胞凋亡是特定的细胞在（　　）的控制下自动结束生命的过程，细胞内 DNA 发生核小体间的（　　）是细胞凋亡最主要的生化特征。
19. 发育的基础在于（　　），（　　）的本质是细胞中特异（　　）的合成，也就是基因组中少数（　　）的选择性表达。
20. 脊椎动物的器官发育还伴随着细胞迁移的过程，如（　　）、（　　）、（　　）、（　　）等都是长距离的迁移细胞，（　　）通过迁移入性腺发育成为配子细胞。
21. 以（　　）为起始的器官发生过程中，各器官原基按照特定的模式和顺序进行快速的细胞分裂和分化，协调地建成各种器官。
22. MyoD 是科学家最早发现的一个控制（　　）发育的主导基因。该基因的表达产物 MyoD 蛋白是一个控制基因表达的（　　）。
23. 将（　　）引入体外培养的成纤维细胞，这些成纤维细胞没有分化成肌细胞，但是将（　　）引入到体外培养的成纤维细胞中后，肌细胞的分化便开始了。说明（　　）还能改变一些已经分化的非肌细胞的发育。
24. 依靠某（　　）的调控表达，通过产生特定（　　）引发其他（　　）组合的级联反应和组合调控，从而不断地启动（　　）是有机体发育过程中基因调控的基本规律之一。
25. 果蝇的胚胎发育过程，Bicoid 蛋白不但作为（　　）控制着果蝇体轴的建立，它还是一个（　　），调控着果蝇胚胎体节基因的差异性表达。
26. 果蝇胚胎发育过程 bicoid 基因突变引起 Bicoid 蛋白缺陷显示，发育成的幼虫无（　　），顶节（原头区）被一个反向的（　　）所代替。如果将纯化的 biocoid mRNA 注射到处于卵裂的胚胎的（　　），结果可以获得两端各有一个顶节（头部）的双头胚胎。

27. 美国科学家 Christiane Nesslein-Volhard 教授和 Sean Carroll 教授利用分子生物学技术和蛋白荧光原位杂交技术发现了（　　）对（　　）的表达调控作用，对于阐明有机体（　　）做出了重要贡献，为此他们获得了 1995 年度诺贝尔奖。
28. 果蝇早期的胚胎发育由三类不同基因来调控：（　　）、（　　）和（　　）。（　　）的作用是在胚胎决定定向和空间定位中建立前后轴梯度和背腹轴梯度。（　　）的主要功能是在囊胚期形成分隔（体节和副节）及其极性。（　　）主要的功能是决定每一体节形态的分化。
29. 果蝇的发育主要分三个阶段：（　　）、（　　）和（　　）。
30. 拟南芥中决定其花结构发育的基因可划分为 A、B、C 三类。A 类基因控制着（　　）的发育、A 类与 B 类基因共同控制（　　）的发育，B 类与 C 类基因共同控制（　　）的发育，C 类基因控制（　　）的发育。
31. 化学信号分子根据作用的距离范围，可将其分为 3 类：（　　）、（　　）和（　　）。还可以根据其溶解性分为（　　）和（　　）两大类。
32. 位于细胞质膜上的受体称为表面受体，主要有 3 种类型：（　　）、（　　）、（　　）。
33. 线虫细胞凋亡受（　　）基因家族的的控制。线虫染色体中共有 15 个基因分别在不同程度上调控细胞凋亡。其中（　　）、（　　）和（　　）3 个基因作用最重要。（　　）、（　　）的激活是线虫细胞凋亡启动和继续所必须的。（　　）基因可抑制细胞凋亡的发生。在线虫中 ced-3 和 ced-4 的缺失突变（　　）所有发育阶段的细胞死亡。
34. 由信号细胞合成并结合到细胞自身受体的信号属（　　）；进入动物血液再传递到有机体各部位靶细胞的信号是（　　）；只作用于环境中邻近靶细胞受体的信号是（　　）。（　　）也是数量最多和最重要的一类信号分子。
35. Ras 蛋白在 RTK 介导的信号通路中起着关键作用，具有（　　），当结合（　　）时为活化状态，当结合（　　）时为失活状态。
36. 脂溶性化学信号主要类型有：（　　）、（　　）、（　　）和（　　）等。水溶性化学信号主要类型有：（　　）、（　　）和（　　）等。
37. 脂溶性化学信号的受体位于（　　）和（　　）。水溶性信号分子均不能进入细胞，它们的受体位于（　　）。
38. 一般将细胞外的信号分子称为（　　），将细胞内最早产生的信号分子称为（　　）。
39. 胞内信号蛋白的磷酸化通常通过两种途径进行，一种是在蛋白激酶的作用下，共价结合 ATP 提供的（　　）；另一种是在信号诱导作用下与 GTP 结合以取代信号蛋白上原先的（　　）。
40. 发育生物学领域常用的模式生物有（　　）、（　　）、（　　）、（　　）和（　　）等。
41. 根据所处的发育阶段干细胞分为（　　）和（　　）。根据发育潜能干细胞分为三类：（　　）、（　　）和（　　）是全能干细胞，而（　　）是多能或单能干细胞。
42. 人类受精卵经 5~6 天分化后的胚胎被称为（　　），从其中取出的干细胞可培养生长成多种不同的组织细胞。
43. （　　）是多细胞生物发育的基础与核心，其关键在于（　　）合成。
44. 在个体发育中，由一种相同的细胞类型经细胞分裂后逐渐在（　　）、（　　）和（　　）上形成稳定性差异，产生各不相同的细胞类群的过程称为分化。细胞分化是（　　）的结果。
45. 合成特异性蛋白质的实质在于组织特异性基因在（　　）和（　　）上的差异性表达。
46. 成体中具有分化成多种血细胞能力的细胞称（　　）。
47. 成体中仅具有分化成某一种类型能力的细胞称为（　　）。

选择题

1. ** 下列不属于胚后发育的是(　　)。
   A. 鱼的受精卵发育成鱼苗　　　　　　　　B. 蝌蚪从卵膜里孵化出来后发育成青蛙
   C. 家蚕发育成蚕蛾　　　　　　　　　　　D. 小鸡破壳而出后发育成鸡
2. ** 青蛙由于(　　)的发育而具有了感受刺激并发生反应功能的神经系统。
   A. 内胚层　　　　　B. 中胚层　　　　　C. 外胚层　　　　　D. 外胚层和内胚层
3. ** 蛙受精卵的特点是(　　)。
   A. 动物半球颜色深、卵黄多、朝上　　　　B. 植物半球颜色浅、卵黄少、朝下
   C. 动物半球颜色深、卵黄少、朝上　　　　D. 植物半球颜色浅、卵黄多、朝上
4. ** 在动物胚胎发育过程中,早期原肠胚的细胞从一个部位移动到另一个部位时,被移植的细胞能适应新的部位并参与那里的器官形成。但如果在原肠胚的末期,把未来将发育为蝾螈下肢的部分细胞移植到另一个蝾螈胚胎上非发育为下肢的部分,这些细胞将发育为一条额外的腿。这说明(　　)。
   A. 原肠胚末期已有了组织和器官的形式　　B. 细胞是全能的
   C. 原肠胚末期出现的细胞分化不可逆　　　D. 原肠胚已出现了三胚层
5. ** 在动物胚胎发育过程中,细胞质中决定细胞命运的特殊信号物质是(　　)。
   A. DNA　　　　　　B. mRNA　　　　　C. 蛋白质　　　　　D. 未知化合物
6. ** 果蝇体节基因级联表达控制体轴的建立称为(　　)。
   A. 模式形成　　　　B. 转录调节　　　　C. 诱导　　　　　　D. 细胞凋亡
7. ** 细胞的分化总是涉及到(　　)。
   A. 原肠胚的形成　　　　　　　　　　　　B. 环境因子
   C. 基因组中某些基因的丢失　　　　　　　D. 基因组中少数基因的选择性表达
8. ** 同源异形基因(　　)。
   A. 只是控制果蝇体节形态模式的基因
   B. 在植物中称为器官决定基因,它总是造成花器官发育的异常
   C. 就是同源盒
   D. 是与许多生物形态模式相关的控制基因表达的转录因子
9. ** 作为发育生物学研究的模式生物,以下(　　)不是必需的。
   A. 胚胎的分化易于被观察
   B. 分布广泛,易于收集样品
   C. 生活周期较短,生活史清楚
   D. 基因组相对较小或已知其全部或大部分基因组序列
10. ** 有人将果蝇称为遗传学和发育生物学领域的王中王,是因为(　　)。
    A. 仅有4对染色体,组成简单,已完成基因组测序。易于进行基因诱变
    B. 胚胎发育快,易于观察卵裂、早期胚胎发生、躯体模式形成和各器官结构的变化
    C. 个体小,生命周期短,易于大量培养　　D. 上述各点同时都具备
11. 植物的发育是从(　　)开始的。
    A. 受精卵　　　　　B. 种子成熟　　　　C. 种子萌发　　　　D. 真叶开始光合作用
12. 细胞后代在形态结构和功能上发生差异的过程称为(　　)。
    A. 细胞分化　　　　B. 个体发育　　　　C. 胚胎发育　　　　D. 胚后发育

13. 细胞分化的本质是（   ）。
    A. 功能上重新分工 B. 基因选择性表达的结果
    C. 分裂不均匀所致 D. 细胞根据功能需要改变基因
14. 小鼠试验显示，哺乳动物早期胚胎细胞发育到8个细胞时，（   ）。
    A. 细胞仍是全能的，尚未分化 B. 细胞决定已经发生，细胞为多能性
    C. 细胞已经分化，是不可逆转的 D. 以上情况都有可能，不能确定其具体情况
15. 蛙的胚胎发育过程中，细胞分化的开始时期是（   ）。
    A. 从卵裂开始 B. 卵裂至胚囊形成阶段
    C. 原肠胚的形成阶段 D. 三胚层期
16. 细胞质中决定细胞分化命运的特殊信号物质即决定子是（   ）。
    A. 细胞核中的DNA B. 细胞质中的mRNA
    C. 细胞质中多糖类物质 D. 细胞膜上的脂类物质
17. 哺乳动物的胚胎发育过程中的（   ）及之前的细胞是全能性的。
    A. 囊胚期 B. 原肠胚形成后期 C. 三胚层期 D. 神经胚形成期
18. 以（   ）形成为起始的器官发生过程中，各器官原基按照特定的模式和顺序进行快速的细胞分裂和分化，协调地建成各种器官。
    A. 囊胚腔 B. 原肠胚 C. 神经胚 D. 消化道
19. 下列关于干细胞的描述中，不正确的一项是（   ）。
    A. 干细胞本身不是终末分化细胞
    B. 只要条件合适，干细胞可分化发育成一个完整的个体
    C. 干细胞能无限地分裂
    D. 干细胞分裂产生的子细胞只能在两种途径中选择其一：保持亲代特征，或不可逆地向终末分化
20. 个体发育的基本过程是（   ）。
    A. 卵裂→囊胚形成→原肠胚形成→器官发生
    B. 卵裂→原肠胚形成→囊胚形成→器官发生
    C. 卵裂→原肠胚形成→器官发生→囊胚形成
    D. 囊胚形成→卵裂→原肠胚形成→器官发生
21. 细胞分化的共同规律是（   ）。
    A. 多能→全能→单能 B. 全能→单能→多能
    C. 单能→多能→全能 D. 全能→多能→单能
22. 神经组织细胞起源于（   ）。
    A. 外胚层 B. 中胚层 C. 内胚层 D. 囊胚
23. 在胚胎发育中，一部分细胞对邻近的另一部分细胞产生影响，并决定其分化方向的作用称为（   ）。
    A. 胚胎诱导 B. 细胞分化 C. 决定 D. 转化
24. 关于胚胎诱导的叙述下列说法不正确的是（   ）。
    A. 胚胎诱导是胚胎发育过程中，一部分细胞对临近细胞产生的影响
    B. 胚胎诱导是一部分细胞决定另一部分细胞的分化方向的作用
    C. 胚胎诱导只存在于两栖类脊椎动物的胚胎分化和器官形成过程中

D. 胚胎诱导过程中产生影响的一部分组织或细胞称为诱导者

25. 下列不具分化能力的细胞是(　　)。
    A. 胚胎细胞　　　B. 肌肉细胞　　　C. 骨髓干细胞　　　D. 造血干细胞
26. 关于 MyoD 蛋白的作用,下列错误的是(　　)。
    A. 是控制基因表达的转录因子
    B. 能自催化调整其本身的合成(正反馈)
    C. 该蛋白一旦被合成,细胞决定就已经发生,即胚性前体细胞变成了成肌细胞
    D. 不能将脂肪细胞转变发育为肌细胞
27. 内胚层将要发育为(　　)。
    A. 神经　　　B. 表皮　　　C. 肠道　　　D. 骨骼
28. 以下特点不是线虫的有(　　)。
    A. 细胞数量少　　　B. 生命周期短　　　C. 雌雄同体　　　D. 雌雄异体
29. 果蝇囊胚各部的细胞核在指导发育方面具有(　　)。
    A. 相同的性质　　　B. 不同的性质　　　C. 单能性　　　D. 多能性
30. 由胚胎表皮内陷形成的果蝇幼虫成虫盘的细胞群是(　　)。
    A. 未分化的细胞
    B. 未决定的细胞
    C. 已有形态差异的细胞
    D. 已分化的细胞
31. 在 cAMP 信号途径中,G 蛋白的直接效应酶是(　　)。
    A. 蛋白激酶 A　　　B. 腺苷酸环化酶　　　C. 蛋白激酶 C　　　D. 蛋白酪氨酸激酶
32. 细胞凋亡的最主要特征是(　　)。
    A. 细胞以出芽方式形成凋亡小体
    B. DNA 有控降解,凝胶电泳图谱呈梯状
    C. 细胞器溶解
    D. 不引起炎症
33. 细胞内的信息受体是(　　)。
    A. 一类可结合到转录增强子上基因调控蛋白
    B. 一类离子通道受体
    C. 一类蛋白激酶
    D. 一类第二信使
34. 将蛋白质磷酸化的酶是(　　)。
    A. 磷酸酶　　　B. 激酶　　　C. 蛋白激酶　　　D. 磷脂酶
35. 接受外来信息后,首先 G 蛋白的(　　)亚基激活邻近通道或酶。
    A. α　　　B. β　　　C. γ　　　D. β、γ
36. 关于植物细胞的信号转导,下面描述不正确的是(　　)。
    A. 植物细胞和动物细胞具有类似的信号转导机制
    B. 水杨酸是植物的第二信使,但不是动物细胞信号转导的第二信使
    C. 组氨酸激酶是植物细胞特有的,动物细胞中没有该酶
    D. cAMP、Ca^{2+}、IP_3 等既是动物细胞中的信号分子,也是植物细胞中的信号分子
37. 下列关于信息分子的描述中,不正确的一项是(　　)。
    A. 本身不介于催化反应
    B. 本身不具有酶的活性
    C. 能够传递信息
    D. 可作为作用底物
38. 关于第二信使描述错误的是(　　)。
    A. 与第一信使无关
    B. 对胞外信号起转换作用
    C. 对胞外信号起放大作用
    D. 具有酶的作用

39. G蛋白偶联型受体通常为( )。
   A. 单次跨膜蛋白　　　B. 3次跨膜蛋白　　　C. 7次跨膜蛋白　　　D. 5次跨膜蛋白
40. 动物细胞间信息的传递主要是通过( )。
   A. 紧密连接　　　　　B. 间隙连接　　　　　C. 桥粒　　　　　　　D. 胞间连丝
41. 在cAMP信号途径中，G蛋白的直接效应酶是( )。
   A. 蛋白激酶A　　　　B. 腺苷酸环化酶　　　C. 蛋白激酶C　　　　D. 磷脂酶
42. 癌细胞通常由正常细胞转化而来，与原来的细胞相比，癌细胞的分化程度通常表现为( )。
   A. 分化程度相同　　　B. 分化程度低　　　　C. 分化程度高　　　　D. 成为了干细胞
43. 从体细胞克隆高等哺乳动物的成功说明了( )。
   A. 体细胞的全能性　　　　　　　　　　　　B. 体细胞去分化还原性
   C. 体细胞核的全能性　　　　　　　　　　　D. 体细胞核的去分化还原性
44. 细胞分化方向决定的细胞与干细胞相比( )。
   A. 已经发生了形态特征的变化　　　　　　　B. 没有发生形态特征的变化
   C. 丧失了细胞分裂能力　　　　　　　　　　D. 分化细胞特有功能的获得
45. 细胞全能性的分化能力由大到小的顺序是( )。
   A. 卵细胞>受精卵>体细胞　　　　　　　　B. 受精卵>卵细胞>体细胞
   C. 体细胞>受精卵>卵细胞　　　　　　　　D. 体细胞>卵细胞>受精卵
46. 细胞分化的本质是( )。
   A. 基因组中基因的选择性丢失　　　　　　　B. 基因组中基因的选择性表达
   C. 细胞中蛋白质的选择性失活　　　　　　　D. 细胞中mRNA半衰期的改变
47. 细胞分化过程中，基因表达的调节主要是( )。
   A. 复制水平的调节　　　　　　　　　　　　B. 转录水平的调节
   C. 翻译水平的调节　　　　　　　　　　　　D. 翻译后的调节
48. 下列不具有分化能力的细胞是( )。
   A. 胚胎细胞　　　　　B. 肝、肾细胞　　　　C. 骨髓干细胞　　　　D. 免疫细胞
49. 生物体细胞种类的增加通过( )。
   A. 细胞分裂　　　　　B. 细胞去分化　　　　C. 减数分裂　　　　　D. 细胞分化
50. 分化细胞重新分裂回复到胚胎细胞这种现象称为( )。
   A. 细胞去分化　　　　B. 减数分裂　　　　　C. 有丝分裂　　　　　D. 细胞分化
51. 癌细胞的最主要且最具危害性的特征是( )。
   A. 细胞膜上出现新抗原　　　　　　　　　　B. 不受控制的恶性增殖
   C. 核膜、核仁与正常细胞不同　　　　　　　D. 表现为未分化细胞特征
52. 对细胞分化远距离调控的物质是( )。
   A. 激素　　　　　　　B. DNA　　　　　　　C. RNA　　　　　　　D. 糖分子
53. 肌细胞合成的特异性蛋白是( )。
   A. 血红蛋白　　　　　B. 收缩蛋白　　　　　C. 角蛋白　　　　　　D. 胶质蛋白
54. 生长因子是细胞内的( )。
   A. 营养物质　　　　　B. 能源物质　　　　　C. 结构物质　　　　　D. 信息分子

连线题

1. 将下列基因或调控因子与其控制的性状相连：

A. Caspase 的蛋白酶　　　　　Ⅰ. 最早发现的一个控制肌细胞形成的主导基因
B. *myoD* 基因　　　　　　　Ⅱ. 与手指和足趾间的细胞凋亡有关
C. 母源的 *bicoid* 基因　　　　Ⅲ. 导致果蝇多一个胸节和其上多长出额外的一对翅膀
D. *Ubx* 基因的突变　　　　　Ⅳ. 影响果蝇体轴建立和身体分节
E. *Antp* 基因的突变　　　　　Ⅴ. 控制线虫细胞凋亡
F. *ced* 基因家族　　　　　　Ⅵ. 使果蝇头部呈现胸节的特征，在本该长触角的部位却长出了一对附肢
G. *ABC* 基因　　　　　　　Ⅶ. 控制花器官的形成

2. 将下列科学家和他们的研究成果匹配起来：

A. Christiane Nesslein-Volhard 和 Sean Carroll　　Ⅰ. 利用分子生物学技术和蛋白荧光原位杂交技术发现了体节基因对果蝇体节发育的表达调控作用，对于阐明有机体发育的分子机理做出了重要贡献，为此他们获得了1995年度诺贝尔医学或生理学奖。

B. Sydney Brenner、John Sulston 和 H. Robert Horvitz　　Ⅱ. 因在器官发育的遗传调控和细胞程序性死亡方面的研究，获2002年诺贝尔医学或生理学奖。

C. Alfred Giljman 和 Martin Rodbell　　Ⅲ. 由于发现 G 蛋白对于细胞内信号传递的重要介导作用以及对 G 蛋白的结构与功能研究的成就而荣获得1994年度诺贝尔医学或生理学奖。

D. Wilmut 和 Campbell　　Ⅳ. 成功克隆"多莉"羊。

E. Thomas Hunt Morgen　　Ⅴ. 发现第一个突变体白眼果蝇；提出了基因论，奠定了现代遗传学的基础，并于1933年获诺贝尔医学或生理学奖。

简答题

1. 细胞决定与细胞分化的关系如何？
2. 影响细胞分化的因素主要有哪些？
3. 细胞核和细胞质在细胞分化中各有什么作用？二者是如何相互配合来完成对细胞分化的调控作用的？
4. 如何证明蛙胚胎发育的细胞决定发生在原肠胚期？
5. 如何确定细胞决定的控制因素？
6. 研究肌细胞分化和生长调控基因——*myoD* 基因的功能、结构及遗传变异的重要意义是什么？
7. 基因的差别表达在细胞分化中的作用是什么？
8. 什么是细胞凋亡？其特点和生物学意义有哪些？
9. 果蝇作为模式生物，其最重要的两大贡献是什么？
10. 细胞衰老的原因可能有哪些？
11. ABC 模型如何解释花的模式形成机制？
12. 简述激素对分化的作用。
13. G 蛋白的作用方式如何？
14. 肾上腺素是如何使靶细胞中的 cAMP 的浓度升高并提高血糖浓度的？
15. 信号的级联放大作用及其意义是什么？

16. 从化学角度来看,细胞信号物质包括哪些种类?
17. 信号传导与信号转导的区别是什么?
18. 干细胞、祖细胞和末端细胞三者的区别有哪些?

图示题

1. 请将下图中字母序号所对应蛙的发育过程填上。

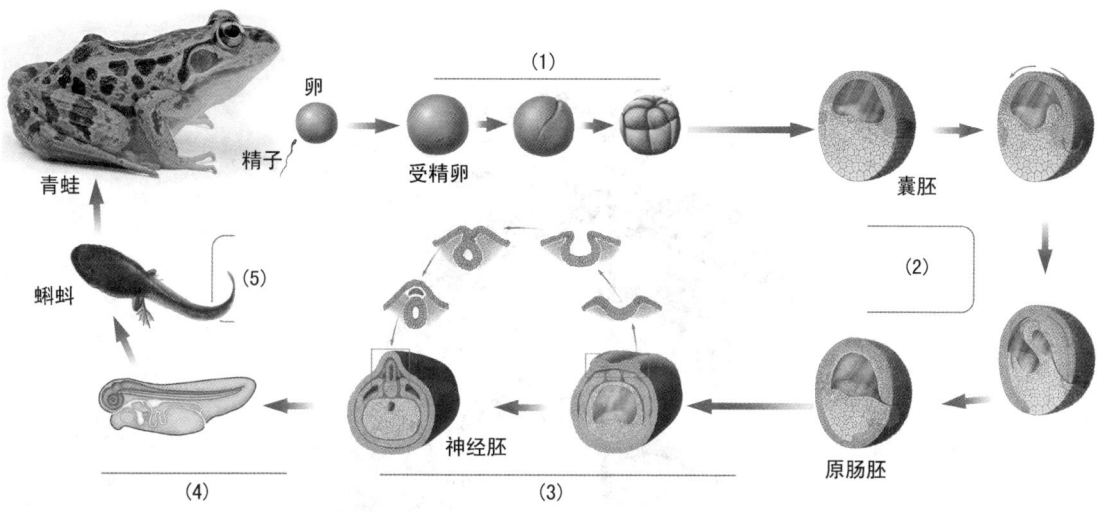

2. 请将序号所对应的名称标出,并回答下列问题。

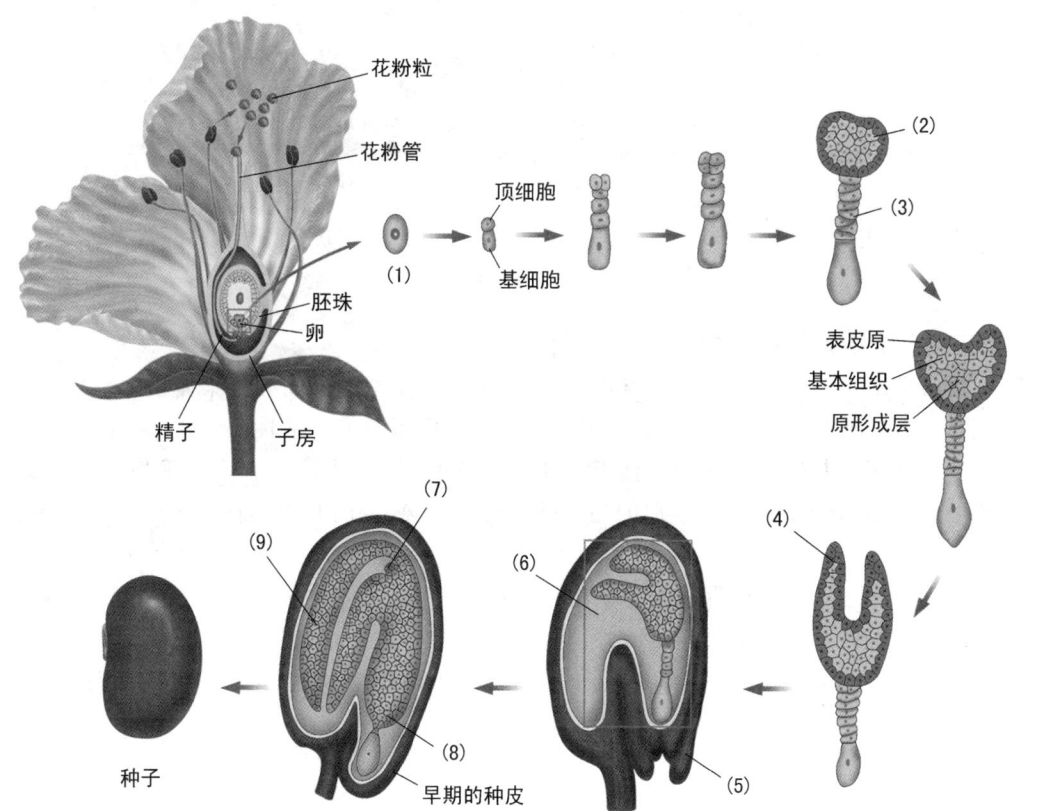

在子房内，_____中的卵细胞受精后形成合子，合子进行一次横分裂，形成一个较大的_____和一个较小的_____。_____原生质浓厚，富含核糖体，最终形成胚体。同时_____横向分裂形成了胚柄。随着胚的进一步分化成熟，胚体两侧部位细胞生长和分裂要快于中央部位细胞，它们渐渐突起形成为_____。胚珠的珠被发育成_____。当胚珠发育成_____，花的子房同时发育成_____。

3. 请写出下图中序号所表示的根、茎、叶的相同组织名称。

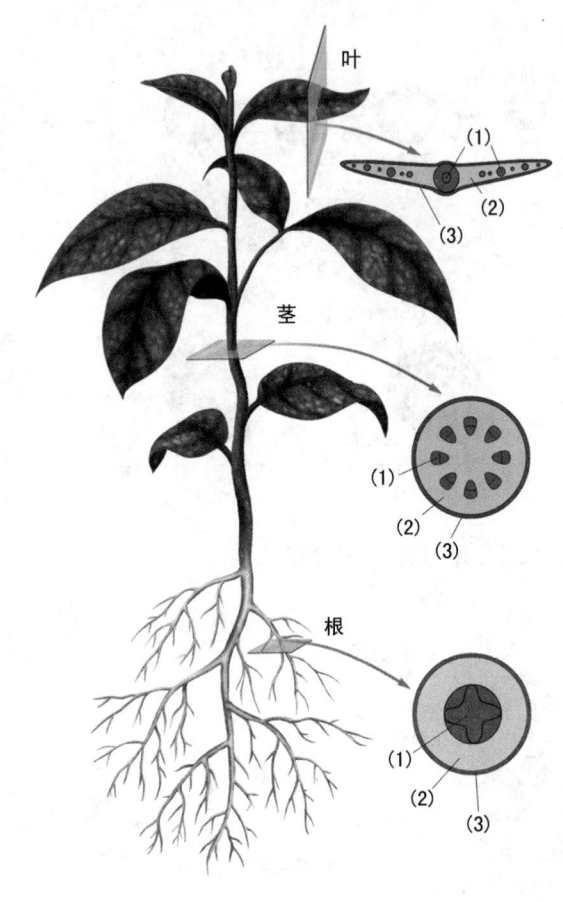

4. 标出下图中序号所表示的结构名称并回答问题。

① G 蛋白是由_____、_____和_____个不同亚基组成的异三聚体蛋白。

② 当_____亚基与 GDP(鸟嘌呤二磷酸)结合时 G 蛋白没有活性。

③ 在胞外激素或其他信号分子结合于 G 蛋白偶联受体后，诱导_____亚基与 GTP 结合，与 GTP 结合的这个亚基与 G 蛋白的另外两个亚基分离，同时移向膜内面的_____并使之活化。

④ 活化后的_____立即催化细胞质中的 ATP 转变成为_____，进一步引起细胞内的代谢反应从而最终对激素信号作出应答。

⑤ 当腺苷酸环化酶被活化后，与 G 蛋白亚基联结的 GTP 被水解成_____，同时_____亚基与_____亚基结合恢复原状。

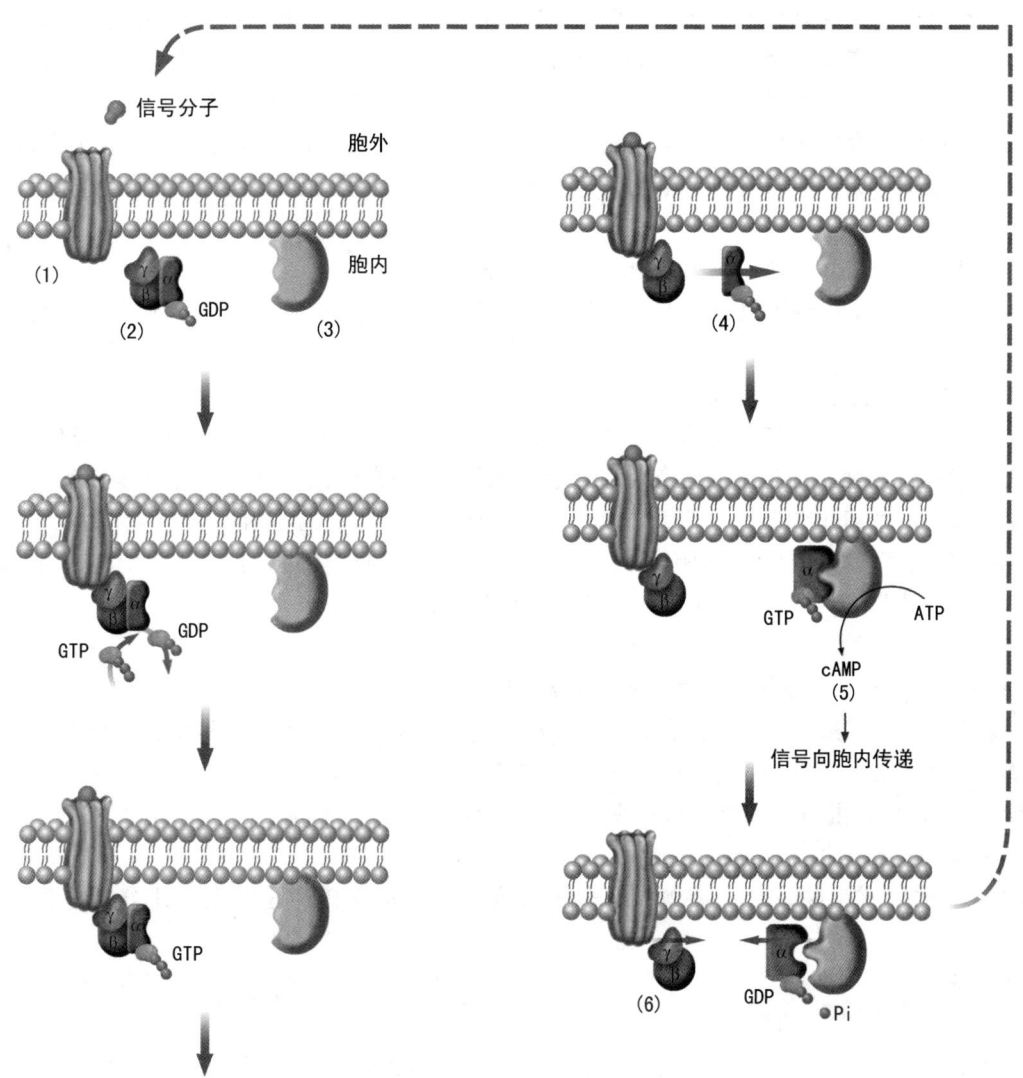

五、思考与讨论

1. 请指出发育与分化两个基本概念的差别与联系。

　　从受精卵形成胚胎,再由胚胎生长发育成个体的过程称为个体发育。从形态上看,个体发育过程经历生长、分化和形态发生。在个体发育中,细胞的后代在形态、结构和功能上发生差异的过程称为细胞的分化,其本质是基因选择性表达的结果,即基因表达调控的结果。

　　发育的基础在于细胞分化,细胞分化的本质是细胞中特异蛋白质的合成,也就是基因组中少数特定基因的选择性表达。

2. 动物的胚胎发育一般包括哪些阶段?

　　动物的胚胎发育一般经过受精卵经过卵裂形成多细胞胚囊、原肠胚、神经胚和器官发生等阶段。

3. 植物与动物在发育过程中的主要差别是什么?

(1) 动物形态建成只局限于胚胎发育期;进入成年的动物个体,其不再无限制地生长。植物的生长和形态发生持续于它的整个生命周期,植物茎尖和根尖的顶端分生组织可以不断地进行分裂和分化,使植物体发育成熟以后还能保证其不断的长高和长大。

(2) 动物的发育早期存在原肠化,即胚囊内细胞和组织的运动并重新排列,产生不同的胚层,进而发育成不同的器官。植物发育不存在原肠化过程,植物细胞被细胞壁包围,不能移动。

(3) 动物的减数分裂是在配子体中,植物是在孢子体中。

(4) 植物中的生殖细胞只有在生殖生长阶段才出现,动物的生殖系统在胚胎发育过程中就已形成。

4. 请指出决定子与成形素的区别。

　　细胞质决定子在卵母细胞中已然形成,卵裂后分配到不同的细胞中,影响着细胞分化。

　　成形素的作用强调的是位置信息对形态建成的影响,即提供细胞是否已经迁至适当位置并应该开始形成不同的组织和器官的信息。成形素在胚胎的特定部位合成和分泌,然后扩散到周围组织,形成一种浓度递减的梯度。细胞通过适当的受体"感知"自身部位的成形素的浓度,细胞就可以估测自己离成形素产生源有多远,并决定分化的方向。

　　二者形成的时期和作用的部位不同。

5. 请举例说明 2 种主导基因对发育的调控机理和过程。

　　见教材:控制肌细胞发育的主导基因 *myoD*;果蝇中母源的 *bicoid* 基因和级联的体节基因特异对果蝇体轴建立和身体分节(segmentation)的影响。

6. 请绘简图示意 G 蛋白偶联受体和酶偶联受体介导的信号转导系统。

　　参见教材图 6-19。

7. 作为发育的模式生物,线虫、果蝇、斑马鱼、小鼠、拟南芥各有哪些优点?并分析它们的共同优点。

　　参考教材第六章第三节。

8. 请说明干细胞的类型和特征。

　　干细胞可分为胚胎干细胞和成体干细胞。成体干细胞包括造血干细胞、表皮干细胞、神经干细胞等。

　　干细胞的特征:① 终生保持未分化或低分化特征;② 干细胞能无限地分裂;③ 在机体中的数目、位置相对恒定;④ 具有自我更新能力;⑤ 具有多向分化潜能,能分化成不同类型的组织细胞;⑥ 分裂的慢周期性,绝大多数干细胞处于 G_0 期;⑦ 通过两种方式分裂,对称分裂和不对称分裂,前者形成两个相同的干细胞,后者形成一个干细胞和一个祖细胞。

9. 请绘简图示意"多莉"羊克隆的步骤。

　　参见教材图 6-40。

10. 为什么发育生物学近年来成为现代生命科学的前沿和热点领域?

　　发育生物学主要研究生物体从精子和卵子的发生、受精、胚胎发育、生长到衰老、死亡的规律,是当今生命科学中的一门前沿学科。发育生物学目前的研究领域已进入到分子水平,从分子和细胞水平阐述一些重要发育途径的调控机理,发现新的发育相关基因,阐明它们的时空表达谱、表达调控机理以及对细胞行为和组织器官形成与分化的影响。所以说发育生物学近年来成为现代生命科学的前沿和热点领域。

11. 请讨论发育与进化的联系。

两者相互融合,互为因果关系。生物的进化离不开发育,发育的不同来自生物进化。
12. 为什么说发育研究是连接分子生物学与个体生物学的桥梁？

分子生物学是从分子水平上对生物体的多种生命现象进行研究；而发育生物学是研究动植物个体发育规律及其调控机理的学科,即生物体从单细胞的受精卵发育成多功能细胞组成的完整的成体的过程中的基因的表达、调控的机制,也就是说发育生物学是把分子生物学的理论运用到个体生物学研究当中；反之,对个体生物的发育过程的研究又充实了分子生物学的内容。因此说发育是连接分子生物学和个体生物学的桥梁。

六、推荐阅读材料

1. Bruce Alberts, et al. Molecular Biology of the Cell. 4th ed. New York: Garland Science, 2002
2. Karp G. Cell and Molecular Biology: Concepts and Experiments. 4th ed. New York: John Wiley & Sons, Inc., 2005
3. 翟中和 主编. 细胞生物学. 北京:高等教育出版社,2000
4. 汪堃仁. 细胞生物学. 第2版. 北京:北京师范大学出版社,1998
5. 郑国锠. 细胞生物学. 第2版. 北京:高等教育出版社,1992
6. 桂建芳,易梅生 主编. 发育生物学. 北京:科学出版社,2002
7. Slack J M W. 发育生物学基础. 影印版. 北京:高等教育出版社,2002
8. 曹仪植. 拟南芥. 北京:高等教育出版社,2004
9. 张红卫. 发育生物学. 北京:高等教育出版社,2001
10. 与课程相关的国家级精品课程网址：

    细胞生物学:中山大学　http://202.116.65.193/jinpinkc/xbsw/
                  四川大学　http://219.221.200.61/2004/show.asp?id=49
    细胞工程学:华中农业大学　http://nhjy.hzau.edu.cn/kech/xbgc/

七、参考答案

填空题

1. 细胞分裂,细胞分化和形态发生　　2. 细胞迁移,胚胎发育期　　3. 细胞移植,分离实验　　4. 受精卵,囊胚,原肠胚,组织分化,器官形成　　5. 受精,卵裂,原肠胚,神经胚期　　6. 外胚层,胚孔,内胚层,中胚层　　7. 植物体,胚芽,子叶,胚轴,胚根　　8. 分生组织,分生组织　　9. 全能细胞,桑椹胚,全能的　　10. 动物极,植物极　　11. 内分泌,旁分泌,自分泌,通过化学突触传递神经信号。　　12. 细胞质,卵源性决定子　　13. 细胞质　　14. mRNA,不均一　　15. 相邻细胞相互作用,诱导发育　　16. 蛋白质,成形素,成形素,组织者,成形素浓度,组织者　　17. 脊索,肌肉,表皮　　18. 基因信息,断裂　　19. 细胞分化,细胞分化,蛋白质,特定基因　　20. 神经嵴,血细胞,淋巴细胞,色素细胞,体细胞　　21. 神经胚形成　　22. 肌肉细胞,转录因子　　23. myoD基因,MyoD蛋白,MyoD蛋白　　24. 主导基因,调节蛋白,调节蛋白(转录因子),细胞分化　　25. 成形素,转录因子　　26. 头和胸,尾节,尾部　　27. 体节基因,果蝇体节发育,发育的分子机制　　28. 母体基因,分节基因,同源异形基因。母体基因,分节基因,同源异形基因　　29. 卵,幼虫和成体果蝇。　　30. 花

萼,花瓣,雄蕊,雌蕊。 31. 内分泌信号,旁分泌信号,自分泌信号,脂溶性信号,水溶性信号
32. 离子通道偶联受体,G-蛋白偶联受体,酶联受体　　33. ced,ced-3,ced-4 和 ced-9,ced-3,ced-4,ced-9,抑制　　34. 自分泌信号,内分泌信号,旁分泌信号,旁分泌信号
35. GTP 酶活性,GTP,GDP　　36. 类固醇激素,甲状腺素,前列腺素,维生素 A 及其衍生物,维生素 D 及其衍生物;肽类激素,神经递质,各种细胞因子　　37. 细胞浆,细胞核内,细胞表面
38. 第一信使,第二信使　　39. 磷酸基团,GDP　　40. 线虫,果蝇,斑马鱼,小鼠,拟南芥
41. 胚胎干细胞,成体干细胞,全能干细胞,多能干细胞,单能干细胞。胚胎干细胞,成体干细胞
42. 胚泡　　43. 细胞分化,特异性蛋白质　　44. 形态,结构,功能,基因选择性表达
45. 时间,空间　　46. 多能造血干细胞　　47. 单能干细胞

选择题

1. A	2. C	3. C	4. C	5. B	6. A	7. D	8. D
9. B	10. D	11. A	12. A	13. B	14. A	15. C	16. B
17. A	18. B	19. B	20. A	21. A	22. A	23. A	24. C
25. B	26. D	27. C	28. D	29. A	30. A	31. B	32. B
33.	34. B	35. A	36. D	37. D	38. A	39. C	40. B
41. B	42. B	43. C	44. B	45. A	46. B	47. B	48. B
49. D	50. A	51. B	52. A	53. B	54. D		

连线题

1. A-Ⅱ,B-Ⅰ,C-Ⅳ,D-Ⅲ,E-Ⅵ,F-Ⅴ,G-Ⅶ
2. A-Ⅰ,B-Ⅱ,C-Ⅲ,D-Ⅳ,E-Ⅴ

简答题

1. 细胞决定是指细胞在发生可识别的形态变化之前就已受到约束而向特定方向分化,这时细胞内部已发生变化,确定了未来的发育命运。

　　多细胞个体起源于一个单细胞受精卵,受精卵是全能性的。在绝大多数情况下,受精卵通过细胞分裂直到形成囊胚之前,细胞的分化方向尚未决定。从原肠胚细胞排列成三胚层之后,各胚层在分化潜能上开始出现一定的局限性,只倾向于发育为本胚层的组织器官。外胚层只能发育成神经、表皮等;中胚层只能发育成肌肉、骨等;内胚层只能发育成消化道及肺的上皮等。三胚层的分化潜能虽然进一步局限,但仍具有发育成多种表型的能力,将这种细胞称为多能细胞。经过器官发生,各种组织的发育命运最终决定,在形态上特化,在功能上专一化。胚胎发育过程中,这种逐渐由"全能"局限为"多能",最后成为稳定型"单能"的趋向,是细胞分化的普遍规律。

　　细胞决定可看作分化潜能逐渐限制的过程,决定先于分化。

2. 影响细胞分化的因素有:

　　(1) 细胞核的基因组选择性表达的结果,产生特异性蛋白质,进而产生分化。

　　(2) 细胞质在细胞分化中的决定作用:①受精卵细胞质的不均一性对细胞分化的影响;②性细胞决定子的影响;③体细胞决定子的影响。

　　(3) 细胞相互作用对细胞分化的影响:①胚胎诱导;②细胞数量效应;③激素作用。

　　(4) 环境对细胞分化的影响。

3. 细胞核决定细胞质的组成,而细胞质影响细胞核的基因表达,两者相互影响,一般来说,细胞核起主导作用。

细胞核的全能性和决定作用：如克隆羊"多莉"的诞生为其提供卵子的细胞质和受孕的母羊均为黑脸，而提供细胞核的是6岁的白色母羊，"多莉"表现为白色。由此说明细胞核的全能性和决定作用。

细胞质影响细胞核的基因表达：例如海胆胚胎的发育实验（见教材第六章第二节）。卵裂时受精卵细胞质物质的分布是不均匀的，因此分裂时分配到子细胞中细胞质是不均一的。这种不均一性在一定程度上决定了细胞的早期分化。正是由于这种极化的差别，造成了卵裂后动物极细胞与植物极细胞发育的不同命运。

4. 通过蛙胚细胞的移植实验来证实细胞决定的发生。在蛙原肠胚早期，将预计会发育成表皮的细胞移植到另一宿主胚胎预计发育为脑组织的区域，结果被移植的细胞在宿主胚胎中发育成脑组织，说明被移植前，这些细胞的发育命运尚没有被确定，移植后，它们的发育受周围环境的控制，在预定为脑组织的发生区域随周围细胞一起发育成脑组织。但在蛙原肠胚晚期再进行同样的移植实验，结果被移植的细胞在宿主胚胎中仍然发育成表皮，表明在细胞移植前细胞决定就发生了，而且这些被移植的细胞在另一宿主胚胎的其他区域仍不会失去它们的"决定"。

5. 在细胞分化前用细胞决定阶段的胚胎材料进行移植实验和分离实验来确定发育过程中细胞决定的机理。

"多莉"羊的诞生说明已经分化的体细胞中的细胞核仍携带生命体的全部基因组，核中的遗传物质没有发生变化。

卵裂时受精卵细胞质物质的分布是不均匀的，这种不均一性在一定程度上决定了细胞的早期分化。典型的例子是对海胆胚胎的发育实验。具体实验过程参考教材第六章第二节。

6. ① 可应用分子数量遗传和现代生物技术，对寻找候选基因，进行分子育种，辅助选择提高家畜的产肉力。② 对筛选转基因动物的目的基因十分重要，而且应用转基因动物模型可促进人们对肌细胞调控因子的作用于肌肉生长发育的机制的了解。③ 研究肌肉细胞分化和发育调控的重要功能基因的分子生物学机制，对阐明肌肉损伤、萎缩或肥大的机理，进行肌肉疾病的基因治疗具有重要作用。

7. 分化的细胞虽然保留了全套的遗传信息，但只有某些基因得到表达，即细胞分化主要是组织特异性基因中某些特定基因的选择性表达的结果，这些蛋白和分化细胞的特异性状密切相关，但不是细胞基本生命活动必不可少的。另外，分化细胞间的差异往往是一群基因表达的差异，而不仅仅是一个基因表达的差异。在基因的差异表达中，包括结构基因和调节基因的差异表达，差异表达的结构基因受组织特异性表达的调控基因的调节。

8. 细胞凋亡即发育过程中编程性（程序性）细胞死亡过程，是另一类控制和影响发育的特殊细胞分化现象。细胞凋亡是特定的细胞在基因信息的控制下自动结束生命的过程，它与由于外部环境的物理、化学或病理等破坏性因素造成细胞的损伤和死亡截然不同。

细胞凋亡过程中，细胞质皱缩，染色质凝集，细胞膜反折，将自我断裂的染色质片段和部分细胞器包裹成许多凋亡小体，这些凋亡小体又被邻近的细胞吞噬，整个细胞凋亡过程不发生炎症反应，细胞内DNA发生核小体间的断裂是细胞凋亡最主要的生化特征，提取凋亡细胞的DNA进行常规的琼脂糖凝胶电泳可检测到呈梯状排列的DNA片段条带。

细胞凋亡对于多细胞生物个体发育的正常进行、自稳平衡的保持以及抵御外界各种因素的干扰方面都起着非常关键的作用。

9. 一个是1910遗传学泰斗摩尔根发现第一个突变体白眼果蝇，随之他又和其弟子通过对果蝇的研究，提出了基因论，奠定了现代遗传学的基础，并于1933年获诺贝尔医学或生理学奖；

另一个是 1978 年美国加州理工学院的 Edward B. Lewis 通过对果蝇的研究,发现了基因复合体对体节发育调控。在此基础上另外两位学者又进一步搞清了受精卵是如何发育成分节胚胎的。为此他们获得 1955 年诺贝尔医学或生理学奖。

10. ① 代谢废物积累;② 大分子交联;③ 自由基的攻击;④ 体细胞突变;⑤ DNA 损伤修复学说;⑥ 细胞有限分裂学说,"Hayflick"极限;⑦ 重复基因失活;⑧ 衰老基因学说。

11. 植物器官决定基因也是一些编码转录因子的主导基因,它们通过转录因子表达后与 DNA 的启动子或增强子结合来调控花器官的发育。利用各种突变体和花原基分生组织原位杂交技术对芥科植物拟南芥的遗传发育研究证明,决定其花结构发育的基因可划分为 A、B、C 三类。A 类基因控制着花萼的发育,A 类与 B 类基因共同控制花瓣的发育,B 类与 C 类基因共同控制雄蕊的发育,C 类基因控制雌蕊的发育。实验显示,这三类基因中任何一类基因的突变都将导致花器官发育的异常。例如,缺失 A 类基因的突变使得原着生花萼的花轮部位分生组织发育成了雌蕊,原着生花瓣的花轮部位分生组织发育成了雄蕊。

12. 激素可看作是远距离细胞间的相互作用,虽然激素分布在整过循环系统,但它只作用于特定的靶细胞,促进其生长和分化。

13. G 蛋白三聚体状态中,α 亚基上结合的是 GDP,此时没有活性。当 G 蛋白偶联受体接受胞外信息后,可诱导 G 蛋白的 α 亚基与 GTP 结合,并且与 $G_{\beta\gamma}$ 亚基分开,而同某一特异蛋白结合在一起,引起信号转导。当与 G_α 结合的 GTP 被水解成 GDP 时,信号转导就会终止。因此,GTP 水解的速率在某种程度上决定着信号转导的强度和时间的长短。G_α 亚基具有较弱的 GTPase 的活性,能够缓慢地水解 GTP,进行自我失活。失活可通过与 GAP 的作用而加速。一旦 GTP 水解成 GDP,G_α-GDP 能够重新与 $G_{\beta\gamma}$ 复合物恢复结合,形成非活性的三体复合物。

14. 肾上腺素作为第一信使作用于靶细胞的膜受体,通过 G 蛋白偶联系统激活腺苷酸环化酶,将 ATP 生成 cAMP。cAMP 使得一种 cAMP 依赖蛋白激酶 A(PKA)活化,活化的 PKA 又诱导活化了一种磷酸化激酶,后者再激活糖原磷酸化酶。cAMP 可以同时作用于两种蛋白激酶,一方面促进糖原的分解,另一方面又抑制葡萄糖合成为糖原,这两方面的效应增加了肝细胞及血液中葡萄糖的水平。

一分子肾上腺素与单个靶细胞受体结合后,可以活化多个分子的 G 蛋白,而每一分子的 G 蛋白都可以激活一分子腺苷酸环化酶;虽然每两分子 cAMP 可激活一分子蛋白激酶,但是每一分子活化的蛋白激酶却可以同时激活许多分子的糖原磷酸化酶,每一分子的糖原磷酸化酶作用于糖原后立即产生出更多的葡萄糖分子。通过上述一系列逐级放大反应,单个肾上腺素分子便可导致成千上万个葡萄糖的产生。

15. 从细胞表面受体接收外部信号到最后作出综合性应答,是将信号进行逐步放大的过程称为信号的级联放大反应。

组成级联反应的主要是由磷酸化和去磷酸化酶组成。信号的级联放大作用对细胞来说至少有两大优越性:第一,同一级联中所有具有催化活性的酶受同一分子调控,如糖原分解级联中有三种酶:依赖于 cAMP 的蛋白激酶、糖原磷酸化酶激酶和糖原磷酸化酶都是直接或间接受 cAMP 调控的。第二:通过级联放大作用,使引起同一级联反应的信号得到最大限度的放大。如 $10-10$ M 的肾上腺素能够通过对糖原分解的刺激将血液中的葡萄糖水平提高 50%。在肾上腺素的刺激下,细胞内产生了 $10-6$ M 的 cAMP。

级联反应除了具有将信号放大,使原始信号变得更强,更具激发作用,引起细胞的强烈反应外,级联反应还有其他一些作用:① 信号转移,即将原始信号转移到细胞的其他部位;② 信号转化,即将信号转化成能够激发细胞应答的分子,如级联中的酶的磷酸化;③ 信号的分支,即将信号分开为几种平行的信号,影响多种生化途径,引起更大的反应;④ 级联途中的各个步骤都有可能受到一些因子的调节,因此级联反应的最终效应还是由细胞内外的条件来决定。

16. 从化学结构来看细胞信号分子包括:
    ① 多肽类;② 气体分子;③ 氨基酸;④ 核苷酸;⑤ 脂类;⑥ 离子。

17. 信号传导强调信号的释放与传递,包括细胞通讯的前三个过程:
    ① 信号分子的合成:一般的细胞都能合成信号分子,而内分泌细胞是信号分子的主要来源。
    ② 信号分子从信号传导细胞释放到周围环境中:这是一个相当复杂的过程,特别是蛋白类的信号分子,要经过内膜系统的合成、加工、分选和分泌,最后释放到细胞外。③ 信号分子向靶细胞运输:运输的方式有很多种,但主要是通过血液循环系统运送到靶细胞。
    信号转导强调信号的接受与放大,包括细胞通讯的后三步:
    ① 靶细胞对信号分子的识别和检测:主要通过位于细胞质膜或细胞内受体蛋白的选择性的识别和结合。② 细胞对细胞外信号进行跨膜转导,产生细胞内的信号。③ 细胞内信号作用于效应分子,进行逐步放大的级联反应,引起细胞代谢、生长、基因表达等方面的一系列变化。
    另外,细胞完成信号应答之后,要进行信号解除,终止细胞应答,主要是通过对信号分子的修饰、水解或结合等方式降低信号分子的水平和浓度以终止反应。

18.

	干细胞	祖细胞	末端细胞
是否已表达了分化的标记蛋白	没有	开始具备	有
增殖能力	无限	有	无
自我更新能力	无限	无	无
产生分化后代的能力	有	有限	无
参与受损组织再生的能力	长期有	暂时有	无

图示题

1. 蛙的发育过程包括:
   (1) 卵裂　　　(2) 原肠形成　　　(3) 神经胚形成　　　(4) 细胞迁移与器官发生
   (5) 变态与生长

2. (1) 合子　　(2) 原胚　　(3) 胚柄　　(4) 子叶　　(5) 珠被
   (6) 胚孔　　(7) 胚芽　　(8) 胚根　　(9) 子叶
   填空:胚珠,基细胞,顶细胞,顶细胞,基细胞,子叶,种皮,种子,果实

3. (1) 维管组织　　　(2) 基本组织　　　(3) 表皮组织

4. (1) G 蛋白偶联受体　　　(2) G 蛋白三聚体　　　(3) 腺苷酸环化酶
   (4) $G_{\beta\gamma}$ 二聚体　　　(5) G_α – GTP　　　(6) cAMP
   ① α,β,γ　　② α　　③ α,腺苷酸环化酶　　④ 腺苷酸环化酶,环式腺苷一磷酸(cAMP)　　⑤ GDP,α,β 和 γ

第7章 进 化

一、要点提示

生命的起源

地球大约在46亿年以前形成。科学研究表明,原始的地球缺乏氧气,这可以通过地球外壳最古老的岩石不含有带状铁,以及云母铀在较新的地层中逐渐消失来推断。因为带状铁的形成需要氧,而云母铀在有氧的条件下溶解与水而消失。一般认为早期的大气中存在 H_2、NH_3、CH_4、水蒸气(H_2O),也可能有 CO_2、H_2S 等气体,大气中氧气则由早期蓝藻光合作用分解水来产生。迄今发现的最早的蓝藻生物化石存在于南非34亿年前的燧石层中。在前寒武纪早期地层中发现的一些叠层石被确定为是光合蓝藻与矿物在周期性交互生长与沉积后所形成的特殊构造。也就是说,蓝藻光合作用分解水产生氧气至少是在34亿年前开始的。

1953年Miller设计的一套密闭循环实验装置模拟和验证了非生命的有机分子在原始地球环境中生成生物分子结构单元的化学动力学过程。Oparin的团聚体学说,Fox的微球体学说和以后的脂球体模型证明了生物大分子是由较小的单体自发聚合而成,并由此推测这些实体就是生命起源的早期阶段。

在原始生命起源的过程中,一旦遗传系统被建立起来,自然选择便开始发挥作用。那些繁殖能力强,同时能从环境中获得更多能量的细胞便具有更强的存活率和进化的机会。繁殖、蛋白质合成和代谢三者在特殊环境条件下协同进化,加强了遗传系统与代谢系统的偶联。

生物进化与物种的形成

1859年,达尔文发表了划时代的著作《物种起源》,轰动了当时的科学界,也引起广大平民百姓的关注。进化论压倒了神创论,达尔文的进化论得到了更广泛的传播。达尔文的进化论的要点有:①一切生物都能发生可遗传的变异,也就是说现代所有的生物都是从过去的生物进化来的;②自然选择是生物适应环境而进化的原因。

物种是生物进化的基本单位。地理隔离造成生殖隔离,生殖隔离导致新种的形成,这一过程合理地解释了物种形成的机理问题。

种群是同一物种的一群个体,享有共同的基因库。同一种群生物个体之间的交配便造成了彼此间的基因交流并保持着基因库的稳定。经过地理隔离和生殖隔离形成新种的方式称为异地物种形成,它是生物进化过程中形成新物种的主要方式。基因突变等遗传物质的改变为物种形成提供了原材料,遗传变异是随机发生的,自然选择是有方向的。隔离既是物种形成的重要条件,又是物种形成的重要标志。

沉积岩地层的化石记录了不同时代沉积埋藏的生物。这些化石记录显示:越老的地层,生物形态越简单;越新的地层,生物形态越复杂。地质历史及化石记录雄辩地证明,生物是进化的,复杂的生物是从简单的生物进化来的。沉积岩地层的化石记录为揭示真核生物起源和生物进化的历史进程提供了依据。生物地理学、比较解剖学、比较胚胎学、分子生物学等的研究也都从不同的角度和层次上揭示了生物进化的现象。

100多年来进化理论在不断发展、补充和修正。现代遗传学家认为生物本身的遗传机制是推动进化的主要因素,进化的动力来自生物的遗传突变与环境的选择作用相结合。进化是有方向性的,即生物由简单到复杂,由低等到高等的方向进化。综合进化论、分子进化及中性学说、跳跃式的进化解释物种以上单元的起源与进化问题,地质灾变和物种灭绝对生物的进化历程影响的研究等都促进了生物进化理论不断向前发展。

群体遗传的机理

Hardy-Weinberg定律阐明了在没有外界因素干扰的条件下,群体的基因频率世代相传而不发生变化的现象。Hardy-Weinberg定律还说明,遗传变异一旦被一个群体所获得,就可以维持在一个相对恒定的水平上,并不因为交配而融合或最后消失。而促进基因频率改变及微观进化最主要的原因可包括突变、迁移、随机的遗传漂变等。而自然选择既是一种促进基因频率改变及微观进化的重要原因,也是对突变、迁移、随机的遗传漂变等发生以后的一种促进进化的作用过程。

当一部分生物个体从一个大的群体中分隔出来形成了一个小的群体,由于群体太小引起的基因频率随机增减或丢失的现象称为遗传漂变。少量生物群体数量的消长对基因频率的影响称为瓶颈效应。适合度是指某一基因型个体与其他基因型个体相比能够存活并把它的基因传给下一代的能力。选择系数则表示某一基因型在群体中不利于生存的程度。具有与环境适合性好的表型的个体有更多的生存机会,也留下较多的后代,这一过程就是自然选择。因此,自然选择作用是指不同的遗传变异体所具有的差别的生活力和繁殖力。自然选择的本质反映了一个群体中的不同基因型个体在特定的环境中对后代基因库的贡献。综合进化论认为,只要不同基因型个体之间适合度有差异,就会发生选择。自然选择包括方向性选择、分歧性选择和正态化选择等几种主要类型。

自然选择是一种创造性的作用过程,生物个体遗传结构和组成的变化随着环境的变化可构成多种组合,遗传信息多方向动态加强和积累最大程度地保存了生命各个层次的多样性,从而创造和保留了大量的物种。自然选择的创造性还在于,突变是随机的,但自然选择是非随机且定向的,因此从总体上看,它促进了生物由简单到复杂,由低等到高等的进化。

生物进化历程年代表

地质时代		距今年代/Ma	自然条件	生物进化阶段
新生代	第四纪	1.5	冰川广布,气温逐渐下降	人类出现并发展到最盛
	第三纪	66	气候渐冷,有造山运动	现代被子植物、哺乳动物繁盛
中生代	白垩纪	137	晚期有造山运动,气候变冷	被子植物和现代昆虫类繁盛,大爬行类衰亡灭绝
	侏罗纪	195	气候温暖	原始鸟类(始祖鸟)出现,裸子植物与大爬行类(恐龙)繁盛
	三叠纪	245	气候温和干燥,晚期湿热	爬行类动物如恐龙等逐渐成为优势生物,开始出现哺乳动物
古生代	二叠纪	285	造山运动频繁,气候干热	蕨类植物衰退,裸子植物繁茂,三叶虫及多种无脊椎动物灭绝
	石炭纪	350	造山运动,陆地扩大,气候湿润温暖	两栖动物繁盛,爬行类出现,动物界完成由水生到陆生的进化
	泥盆纪	405	海陆变迁,出现广大陆地,气候干旱炎热	蕨类植物非常繁盛,鱼类繁盛,出现原始两栖动物
	志留纪	440	末期有造山运动	出现原始鱼类
	奥陶纪	500	气候温暖	原始陆生动、植物出现,海藻、高等无脊椎动物繁盛
	寒武纪	570	浅海扩大,气候温和	出现软体动物和棘皮动物,后期繁盛
元古代		2500	岩层古老,地壳剧烈变动	出现原始无脊椎动物、单细胞绿藻
太古代		3800		开始出现蓝藻、裂殖菌
冥古代		4600	地球的初级阶段	生命起源化学演化

二、基本概念

生物进化(evolution):生物的某一种群在一定历史时期为适应环境变化而形成的遗传变异的积累和表型特征的改变。

宏观进化(macroevolution):现代进化生物学理论将种和种以上分类群的进化称为宏观进化。

微观进化(microevolution):将无性繁殖系和种群通过自然选择在遗传组成上的微小改变称为微观进化。

化学演化期(prebiotic period):无机与有机分子聚合形成糖、脂类、蛋白质和核酸等生物大分子,甚至到生物多分子体系,但还没有出现真正的生命,这一时期被称为化学演化期或前生物期。

原球体(protobionts):非生物过程产生的多聚体整合成为多分子体系颗粒,这些原始的具有某些简单生命特征的颗粒被统称为原球体。

团聚体(coacervate):多肽、核酸和多糖等放在合适的溶液中,它们能够自动地浓缩聚集为分散的球状小滴,俄国科学家 Alexander Oparin 将这种球状小滴称为"团聚体"。

微球体(microsphere):美国南伊利诺州大学生物化学家 Sidney Fox 发现,浓缩干燥的氨基酸在水溶液中可以形成微小的蛋白质球状体,并称之为微球体。

核酶(ribozyme):是20世纪80年代初期发现的具有催化功能的 RNA 分子。

突变(mutation):是指 DNA 种类、结构、排列顺序或数目上的发生变异。

遗传漂变(genetic brift):当一小群生物个体从一个大的群体中分隔出来形成了一个小的群体,由于群体太小引起的基因频率随机增减或丢失的现象成为遗传漂变。

基因流(gene flow)：一个群体的个体迁移出这一群体并与另一群体交配，于是发生了种群基因的流动，称为基因流。基因流动不会改变一个物种的等位基因频率，但可局部地改变等位基因频率。

自然选择(natural selection)：自然选择实质上是自然环境导致生物出现生存和繁殖能力的差别，一些生物生存下去，另一些生物被淘汰。自然选择的理论是达尔文进化论的核心，它解释了生物进化的机理。

基因库(gene pool)：是一种生物群体全部遗传基因的集合，它决定了下一代的遗传性状。

种群(population)：是指生活在同一地点，在一定时间，通过一定的关系联系在一起的同一物种的群体。

地理隔离(geographic isolation)：达尔文将某些地理障碍如大的山脉、峡谷、海洋等把生物相互隔开称为地理隔离。

生殖隔离(reproduction isolation)：即不同小种群间的个体不能彼此交配或产生有生殖能力的后代，标志了它们已经成为不同的物种。

异地物种形成(allopatric speciation)：经过地理隔离和生殖隔离形成新种的方式称为异地物种形成。

间断平衡论(penctuated equilibrium)：该理论指出生物的进化是突变与渐变的交替过程。

综合进化论(synthetic theory)：由于交配繁殖引起基因分离和重组，种群才能保持一个相对稳定的基因库。进化体现在种群遗传组成的改变，这就决定了进化改变的是整个群体，而不仅仅是个体。

中性学说(neutral theory of molecular evolution)：分子进化的中性学说认为，每一种生物大分子都有一定的进化速率，大量经常发生的中性突变既无利也无害，中性突变的漂移固定即导致生物形态和生理上出现差异以后，自然选择才可以发挥作用。因此，中性突变的漂移固定是生物进化的动力。

基因型(genotype)：生物个体的基因组成。

表型(phenotype)：生物个体形成的性状表现。

基因型频率(genotype frequency)：群体遗传学将某种基因型的个体在群体中所占的比率定义为基因型频率。全部基因型频率的总和等于1。

等位基因频率(allele frequency)：一个群体中某一等位基因在该基因座上可能出现的等位基因总数中所占的比率。任一基因组的全部等位基因频率之和等于1。

群体遗传结构：群体中各种等位基因频率以及由不同的交配体制所产生的各种基因型在数量上的分布。

Hardy – Weinberg 平衡定律：在一个大的随机交配的群体内，基因型频率在没有迁移、突变和选择的理想条件下，世代相传保持不变，由英国数学家 Hardy G. H 和德国医学家 Weinberg W. 于1908年提出。

平衡群体：在生物个体随机交配，且没有突变，自然选择的情况下，群体的基因型频率世代保持不变这样的一个群体称为平衡群体。

微进化(microevolution)：是指群体在世代过程中等位基因频率的变化，即发生在物种内的遗传变化。

大进化(macroevolution)：指从现有物种中产生新物种的过程，是微进化扩展、累积的结果。

瓶颈效应(bottbe neck effect)：指由于自然环境急剧的改变，使得群体中大部分个体死亡，仅存的少数个体侥幸逃生,再繁衍成原先规模的群体时,这种小生物群体内个体数量的消长对基因频率的影响。

适合度(fitness):所谓适合度(用 W 表示),是指某一基因型个体与其他基因型个体相比能够存活并把它的基因传给下一代的能力。适合度最大值通常被定为1,即 $W_{max} = 1$。

选择系数(selective coefficient):选择系数(以 s 表示)表示某一基因型在群体中不利于生存的程度。例如,$s = 0.001$,表明该基因型的群体中有千分之一的个体不能存活或繁殖后代。选择系数与适合度的关系是:$s = 1 - W$。

方向性选择(directional selection):是把趋于某一方向的变异保留下来而淘汰另一相反方向的变异,使生物表型定向发展。

分歧性选择(disruptive selection):是将一个群体的两端变异按不同方向保留下来而逐渐减少中间态的一种选择。

正态化选择(stablizing selection):与分歧性选择恰恰相反,是将一个群体的两端变异逐渐淘汰而保留下中间态表型的个体,同时使生物表型具有相对的稳定性。

化石(fossil):地壳中保存的属于古地质年代的动物或植物的遗体、遗物或遗迹。

化石燃料(fossil fuel):在海洋与湖泊中,古代大量的动物和植物尤其是生物量最大的浮游藻类生物死亡后被沉积埋藏,经过漫长的地质年代和温度与压力的作用,生物体内的生物化学物质被降解转化为碳氢化合物,即形成了石油。我们现代开采的大部分石油来源于古代的生物,所以又被称为化石燃料。

生物地理学(biogeography):研究各种生物在地理上分布的科学。

比较解剖学(comparative anatomy):对不同种群生物的个体解剖结构进行比较的学科称为比较解剖学。

比较胚胎学(comparative embryology):对不同生物胚胎发育过程进行比较的学科称为比较胚胎学。

同源结构(homologous structure):在一些不同种群生物中,某些器官的功能不同,但从它们的结构和发育可以看出,它们是从同一个"蓝图"模制下来的,这些具有共同来源的结构称为同源结构。

内共生学说(endosymbiotic theory):内共生学说是说明真核细胞的起源来自于原核细胞。主要过程是原始的较大的原核细胞可以吞入其他较小的原核细胞,被吞入的细胞与其发生了内共生的关系,以后逐渐特化为其中的一部分,即被吞入的原核细胞通过内共生变成了细胞器,并逐渐完成了向真核细胞的进化。

种(species):物种是在自然界中占据特殊生态位的种群的一个生殖集群,在生殖上与其他物种相隔离。

分类阶层(taxonomic hierachy):是指生物的分类从高级单元到低级单元所构成不同阶层,包括界(kingdom)、门(phylum)、纲(class)、目(order)、科(family)、属(genus)、种(species)。

双名法(binomial nomenclature):由瑞典植物分类学家林奈(Corlous Linnaeus)创立的物种命名法,使用的是拉丁文。属在前,第一个字母大写;种在后,全部小写;属名和种加词用斜体;在属名和种加词之后也可以用正体标出定名人。

进化系统树(phylogenetic tree):是科学家依据古生物学、比较形态学、比较生理学和分子生物学研究结果,按照生物间进化的先后顺序和相互亲缘关系的远近,把各类生物安置在一个类似树状分枝的图上来简明地表示各类或各种生物的进化历程和亲缘关系。

水华(algal bloom):由蓝细菌在富营养化的污染水体中大量繁殖而形成。

化能自养生物(chemoautotroph):可以从其他无机物如 S、H_2、NH_3 等的氧化过程中获得能量的原核生物,如硝酸盐还原菌。

化能异养生物(chemoheterotroph):可以从有机化合物中获得能量和碳源的生物,真细菌大多数是化能异养生物。

原生生物(protist):一些最简单的真核生物,早期的原生生物也是植物、真菌类和动物的祖先。

自养原植体(thallus):藻类是一类具有光合作用色素、没有根茎叶分化的自养原植体生物。

五界分类系统(Five Kingdom System):魏泰克(R. H. Whittaker, 1924—1980)1969 年提出的将地球上的全部生物划分成五个界,即原核生物界、原生生物界、真菌界、植物界、动物界。

六界分类系统(Six Kingdom System):即在五界分类系统的基础上把原核生物分为古细菌界和真细菌界。

地衣(lichens):是真菌的菌丝体与藻类细胞共生形成的特殊复合共生体。

孢子植物(spore plants):通过孢子繁殖的一类植物,包括菌、藻、苔、藓、蕨类等。

种子植物(seed plants):通过种子繁殖的一类植物,称为种子植物,包括裸子植物和被子植物。

维管植物(vascular plants):凡有维管系统的植物都称为维管植物,包括蕨类植物、裸子植物和被子植物等。

裸子植物(gymnospermae):裸子植物有性生殖时受精作用在胚珠中进行并发育形成为种子。由于胚珠及种子裸露,没有真正的花和果实,因此它们被称为裸子植物。

被子植物(angiosperm):是植物界中种类最多的一个门,它也是植物界中被研究得最彻底的一个门。其最大的特点是一种在其他植物门中没有的生殖器官——花,因此它也被称为有花植物或开花植物。

文化(culture):广义上是指人类的创造活动及其成果的总和。文化的进步是人类逐渐积累知识和经验的过程。随着新知识的不断增加和积累,人类文化就不断地变化和发展。正是由于人类文化的进步,人与其他包括灵长类动物的差别越来越大,成为万物之灵。

叠层石(stromatolite):是前寒武纪未变质的碳酸盐沉积中最常见的一种"准化石",是原核生物所建造的有机沉积结构。由于蓝藻等低等微生物的生命活动所引起的周期性矿物沉淀、沉积物的捕获和胶结作用,从而形成了叠层状的生物沉积构造。

三、热点聚焦

基因组学和生命的进化

功能和进化是后基因组时代生命科学研究中的两大主题。进化基因组研究是连接基因型和表现型之间的桥梁,为揭示生命现象的过程和机制提供了新的机遇。因此,后基因组时代的进化研究不仅有助于在理论上破解生命奥秘,阐明基因组结构和功能,理解代谢途径、遗传和发育过程中的机制,解决屡攻不破的生物进化难题(如生命和各生物类群的起源及其机理等),而且像诸如对形态等表现型变异分子基础的研究将直接导致技术上的突破,给人类经济生活带来前所未有的影响。利用基因组学所提供的海量数据、信息和研究基础,探讨复杂的生命现象和过程,开展生命起源和进化研究也已提到议事日程。加快生物进化和基因组领域的交叉和合作,不仅会有力地推动生命科学的发展,而且会直接影响到生物、医学和医药产业的长远发展。

1. 进化遗传学及其发展

进化遗传学主要研究生物进化和适应过程的遗传学机制。群体遗传学为其基础学科,理论模型构建、比较生物学和实验遗传学为常用手段。进化遗传学的研究范围涵盖了进化生物学的遗传学理论基础,物种(包括人类)形成的遗传学基础和过程,表型和适应的遗传学基础,性状显现的遗传学基础,以及基因和分子进化的规律和机制等。该学科对于人类疾病基因鉴定、家畜和作物重要基因的克隆和利用、药物分子设计等均具有重要指导作用。

早在达尔文《物种起源》中,生物进化最基本的概念——物种形成与自然选择,就是一个重要的研究领域。到了基因组时代,随着发育生物学与进化生物学的发展,人们获得了研究生物表型与基因型之间关系的新手段,即发育表达的研究,使解释以前难以理解的物种形成与自然选择现象成为可能,同时又产生了新的更深层次的问题。

物种形成一直是进化生物学研究中最困难的环节。以果蝇为模式生物,对物种形成在经典遗传学、分子遗传学与群体遗传学三个层次上的问题进行的研究说明:在经典遗传学层次,至少在雄性繁殖与性行为的遗传基础上,物种是非常多样的,性选择与精子产生机制促进了这种多样性;在分子遗传学层次上,物种形成的基因在一致性与正常功能上发生分化,而正是选择促进了这种进化;基因的正常功能与生殖隔离之间的关系也发生分化,如基因的微小改变可导致巨大的表型效应等。

在新基因产生的速率与模式的研究中可以发现,新基因在早期阶段经历了序列、结构与表达的变化,正向选择明显促进了新基因的进化。分析果蝇通过重复起源的新基因,发现染色体部位对新基因的产生有重大影响。

2. 基因组学与基因组进化

随着基因组学的迅猛发展,如何揭开生物系统复杂性的面纱,有效地利用和解读海量的生物信息和数据,是当今生命科学中的一个根本性问题。进化基因组学主要利用基因组学数据,用进化遗传学的概念和方法,探讨基因组组成、结构和功能形成和演化的过程和机制。

目前研究显示,基因组数据已对物种形成、系统发育、进化时间估测及自然选择等方面的研究产生了巨大影响,同时产生了一些新的研究热点,如新基因的产生、近缘种之间基因组的分化、蛋白质相互作用网络的进化及调控系统的进化等。过去重复基因表达的分化的研究局限于基因家族的数目,而不能全景描述基因组水平重复基因表达分化的速率。基因芯片与基因组测序技术使这种全景描述成为可能。

3. 重建生命之树

重建所有生命的进化历史,是自达尔文以来科学家们的伟大梦想之一。随着基因组计划成功的实施和取得的巨大进展,系统发育重建和进化研究也在思路、方法和手段上有了新的发展。近年来国际上已启动了生命之树项目,提出在基因组和分子水平上研究生命多样性及其成因,最终阐明生命的起源、发展及其进化机制。生命之树研究是与后基因组时代相伴出现的,是生命科学发展的必然产物。

尽管在形态、古生物与分子等方面的研究已积累了大量的资料,但关于陆生植物的系统发育仍然存在很多争议。重建陆生植物的系统发育可借助形态、多基因、基因组结构性状与进化发育等分析方法;利用氨基酸序列符号信息来构建系统发育关系的方法;采用基因芯片分析的数据,对嘌呤磷酸化酶基因家族进行系统发育分析的方法等。

综上所述,目前庞大的基因组信息为各个方面和各种层次的生命科学进化研究提供了前所未有的机遇。如果能得到有效的利用已经完成和将要完成的基因组序列,用比较基因学和进化基因学的手段进行分析,将会极大地促进相关领域的研究从而实现跨越式发展。中国有着丰富的生物多样性,其资源在世界上占有举足轻重的地位。我国的基因组信息也非常丰富,为生命进化的研究提供了难得的基础。充分利用基因组信息,开展生命进化研究具有重要的现实意义。

四、精选习题

填空题

1. 科学家们对生命起源需要的多分子体系(原球体)形成、代谢的进化和遗传体系的建立提出了不同的假说。其中有( )、( )和( )。
2. 达尔文的进化论认为,物种形成过程一般要经历( )、( )和( )等3个主要环节。
3. 种的性状可分为两类:( )和( )。( )是种的遗传本质,即生物性状表现所必须具备的内在因素;( )为与环境结合后实际表现出来的可见性状。
4. 除了古生物化石的研究为生物进化提供的证据以外,还有( )学、( )学、( )学和( )学等的研究也都从不同的角度揭示了生物进化的现象。
5. ( )是生物与其生存环境相互作用过程中,其遗传系统随时间而发生的一系列的改变,并导致相应的表型的改变。在大多数情况下,这种改变导致生物总体对其生存环境的相对适应。
6. 小进化是指( )的进化改变,大进化是指( )的进化。
7. 拉马克论述动物进化原因的两条著名法则是( )和( )。
8. 达尔文认为( )是进化发生的动力;生物进化的( )表明生物的潜在生育能力远大于存活的成熟个体的数目;其作用的4个过程是( )、( )、( )和( )。
9. 小群体的个体数量很少,往往因随机留种的偶然性造成基因留存具有随机性,从而导致( )。
10. 环境剧烈变化使群体数目急剧减少,在通过瓶颈效应恢复到原先的群体规模期间,由于( )的作用,它们的( )的频率就会发生很大的改变。瓶颈效应是一种极端典型的( )。
11. 在一个种群内,由同源染色体同一位点上的等位基因所构成的不同基因型所占的比例,就是( );( )是一个种群内某一等位基因占它的全部等位基因总数的比例。
12. Hardy – Weinberg 定律证明遗传( )改变一个群体的基因频率。其描述的遗传平衡代表了( )的特殊状态。
13. 促进基因频率改变及微观进化最主要的原因包括( )、( )、( )和( )。
14. 突变主要包括基因的( )和( )的改变,直接影响着基因频率。
15. 根据发生的频率,突变可以分为( )和( )。( )由于其频率低,在大群体里遗传下去的机会小。( )对群体基因频率的影响较大。
16. ( )和( )产生了生物进化的原材料,( )决定生物进化的方向。
17. ( )是指某一基因型个体与其他基因型个体相比能够存活并把它的基因传给下一代的能力,而( )则表示某一基因型在群体中不利于生存的程度,二者的关系是( )。
18. 生物因自然选择而( ),( )和( )是自然选择发生作用的前提。( )为选择提供材料,( )作用于表型,自然选择是群体中的生物随机变异的非随机淘汰和保存。
19. 自然选择主要包括( )、( )和( )等几种主要类型。
20. 地质学家将地质历史从老到新分成不同的( ),每一( )至少大约6500万年以上;向下再分成若干个( ),这两者都有其特征的化石记录;最后( )还被分成若干个( )。

21. 生物的分类从高级单元到低级单元构成若干分类阶层,包括(　　)、(　　)、(　　)、(　　)、(　　)、(　　)和(　　)。
22. 由瑞典分类学家(　　)创立的双名命名系统是:前一个词为(　　)名,第一个字母大写,第二个词是(　　),全部小写,这两个词均用斜体。
23. 光能自养菌以(　　)作能源,以(　　)作碳源。
24. 光能异养菌以(　　)作能源,(　　)为碳源,以(　　)作为质子供体将(　　)合成细胞有机物。
25. 化能自养菌以(　　)取得能量,以(　　)作碳源合成细胞有机物。
26. 化能异养菌以(　　)获得能量,以(　　)作为碳源,并将其还原为新的有机物。
27. 根据微生物生长所需要的碳源和能源的不同,可把微生物分为(　　)、(　　)、(　　)、(　　)4种营养类型。
28. 地衣是(　　)与(　　)共生形成的特殊复合物。
29. 原核生物被分为(　　)、(　　)和(　　)3类。
30. 原生动物一般通过(　　)、(　　)或(　　)运动。
31. 真菌类生物被分为(　　)、(　　)、(　　)、(　　)和(　　)。真菌是典型的真核生物。
32. 根据陆地生活能力和进化特征,植物可以分成(　　)、(　　)、(　　)和(　　)4大类。
33. 动物分为(　　)和(　　)两大类,其中较高等的一类是(　　)。
34. 水螅和水母属于(　　)胚层(　　)对称的(　　)动物,消化循环腔的开口有(　　)的作用,有原始的神经系统——(　　)。
35. 高等脊索动物只在胚胎期间出现(　　),发育完全时即被分节的骨质(　　)所取代。
36. 脊椎动物分为(　　)、(　　)、(　　)、(　　)、(　　)和(　　)等7个纲。
37. 同硬骨鱼相比,软骨鱼没有对鳃起保护作用的(　　),没有起漂浮作用的(　　)。
38. 裸子植物出现在(　　)代(　　)纪,被子植物出现在(　　)代(　　)纪,而与被子植物出现同一纪的占统治地位的动物是(　　)类,而人则直到(　　)代(　　)纪的(　　)世才出现。
39. 除了脊索动物门,现在所有的动物门都可以在(　　)纪岩石中找到化石;陆生植物和动物出现在(　　)代的志留纪,中生代被称为(　　)的时代;开花植物的多样化和在地球上成为优势植物是在(　　)代。
40. 生物发展史可以分为两个相互密切联系的部分,即个体发育和系统发育,也就是个体的发育历史和由同一起源所产生的生物群的发展历史;(　　)发育史是(　　)发育史的简单而迅速的重演即(　　)。
41. 灵长目的两个亚目是(　　)亚目和(　　)亚目;眼镜猴和狐猴是(　　)亚目的。
42. 猿和人一起被归为(　　)科动物,出现大的(　　)是猿类和人的重要特征。现今发现的最早的人科化石是距今390万年至300万年以前的(　　)的化石。
43. 如将人类社会分成4个阶段,可以是(　　)、(　　)、(　　)和(　　)。

选择题

1. **下列叙述中不正确的是(　　)。
   A. 生物具有新陈代谢、生长和运动等基本功能
   B. 动物对外界环境具有适应性,而植物则几乎没有
   C. 动物与植物有共同的祖先,它们都是由原始的有鞭毛的单细胞生物分化而来的
   D. 生物进化遵循着由水生到陆生,由简单到复杂,由低等到高等的规律

2. **生命起源以前,原始的地球大气中不存在的气体是( )。
   A. H_2　　　　　　B. NH_3　　　　　　C. O_2　　　　　　D. CH_4
3. **达尔文《物种起源》问世于( )。
   A. 1831 年　　　　B. 1836 年　　　　C. 1859 年　　　　D. 1953 年
4. **传统的五界分类系统不包括( )
   A. 原核生物界　　　　　　　　　　　B. 原生生物界
   C. 真菌界　　　　　　　　　　　　　D. 真核生物界　　　E. 动物界
5. **虫媒花与传粉昆虫的相互适应是下列( )方式进化的结果。
   A. 趋同进化　　　B. 平行进化　　　C. 重复进化　　　D. 协同进化
6. **生物分类的基本单位是( )。
   A. 属　　　　　　B. 种　　　　　　C. 品种　　　　　　D. 科
   E. 门
7. **有一个由40条鱼组成的群体,其中基因型AA为4条、Aa为16条,aa为20条。如果有4条基因型为aa的鱼迁出,4条基因型为AA的鱼迁入,请问新群体等位基因a的频率是( )。
   A. 0.2　　　　　B. 0.5　　　　　C. 0.6　　　　　D. 0.7
8. **地球大约在( )亿年前形成。
   A. 36　　　　　B. 46　　　　　C. 56　　　　　D. 66
9. **下列属于化学演化的是( )。
   A. 无机分子形成有机小分子
   B. 有机小分子进一步产生生命大分子
   C. 相互作用的生命大分子逐渐聚合成细胞样结构
   D. 上述各项
10. **蓝细菌的( )结构具有抵抗紫外辐射的作用。
    A. 细胞壁　　　B. 细胞膜　　　C. 色素　　　D. 胶质鞘
11. **生物进化的基本单位是( )。
    A. 个体　　　　B. 种群　　　　C. 群落　　　　D. 生态系统
12. **在进化中,遗传变化的原始材料来源于( )。
    A. 选择　　　　B. 杂交　　　　C. 突变　　　　D. 繁殖
13. **一个物种在进化为两个物种时往往最先发生的是( )
    A. 生殖隔离　　B. 配子隔离　　C. 地理隔离　　D. 机械隔离
14. **定义物种的根本依据是( )。
    A. 解剖学结构差别　　　　　　　　B. 生理学行为差别
    C. 适应性能力差别　　　　　　　　D. 生殖隔离
15. 种群数目较少时,有较大的机会发生( )。
    A. 人工选择　　B. 基因漂变　　C. 自然选择　　D. 中性突变
16. **一对等位基因A、a,基因型AA、Aa和aa的基因型频率分别是0.49、0.42和0.09,则A的基因频率是( )。
    A. 0.7　　　　B. 0.6　　　　C. 0.4　　　　D. 0.3
17. **假设一种群符合Hardy-Weinberg平衡,现在49%是纯合显性,42%是杂合的,9%是纯合隐性的。下代中是纯合隐性的比例是( )。

A. 9% B. 42% C. 49% D. 21%

18. Pasteur 的鹅颈瓶实验说明了(　　)。
    A. 所有生物只能来源于生物
    B. 新的生命随时都可以从非生命物质中自发地产生
    C. 生命起源的问题
    D. 生命来源于外星球

19. 前寒武纪时期是(　　)。
    A. 地球形成到生命出现时期
    B. 地球形成到原核生物出现时期
    C. 地球形成到原核生物出现时期
    D. 地球形成到5.7亿年这段时期

20. 下列对远古大气描述正确的是(　　)。
    A. 远古大气是氧化性的,而现今的大气是还原性的
    B. 远古大气和现今一样有20%的氧气
    C. 远古大气有利于生命起源,而现在的大气不利于生命的起源
    D. 远古大气屏蔽掉了太阳中的紫外线辐射,有利于生命起源

21. 地球上生命起源最关键的一个阶段是(　　)。
    A. 氨基酸等有机小分子的形成
    B. 原始的蛋白质、核酸等生命大分子的形成
    C. 具有原始界膜的多分子体系的形成
    D. 由多分子体系进化为原始生命

22. 生命起源的最重要的因素是(　　)。
    A. 氧气的生成
    B. 生物大分子的生成
    C. 液态水的出现
    D. 还原性大气的存在

23. 化学演化期(前生物期)大约经历了(　　)。
    A. 5～10亿年的时间
    B. 10～15亿年的时间
    C. 15～20亿年的时间
    D. 20～25亿年的时间

24. 有氧呼吸被认为出现在大约距今(　　)。
    A. 10～15亿年的时间
    B. 20～25亿年的时间
    C. 30～35亿年的时间
    D. 40～45亿年的时间

25. 第一个成功验证了生物大分子可以在还原性大气中被合成的人是(　　)。
    A. Miller B. Darwin C. Pasteur D. Spallanzani

26. 线粒体中含有由大约100个不同类型多肽分子组成的微粒,这些微粒催化由丙酮酸生成乙酰CoA和CO_2的反应,当其组成多肽被分解之后就不再有酶活性了,这些微粒是(　　)。
    A. 自发的生成
    B. 生命的起源
    C. 信息大分子
    D. 系统的突发属性

27. 不论是原核细胞或真核细胞都普遍存在糖酵解的代谢过程,这说明最早的细胞应该是(　　)。
    A. 异养的 B. 自养的 C. 兼性的 D. 都可能

28. 内共生学说包括以下内容有(　　)。(多选)
    A. 最初原始的较大原核细胞吞入较小的原核细胞
    B. 被吞入的需氧细菌可变成线粒体
    C. 被吞入的含叶绿素的蓝细菌变成叶绿体

D. 已经用实验证明

29. 最能说明 RNA 是最早的遗传物质的理由是（　　）。
    A. RNA 链可以自发地延伸和复制
    B. RNA 分子的组成多样性和稳定性
    C. 复制更快、活性更高
    D. 对高温及不同盐浓度等环境因素更为适应

30. 不能用来证明所有生物具有共同祖先的生物化学和分子生物学证据是（　　）。
    A. 不同物种 DNA、RNA 的 4 种核苷酸相同
    B. 蛋白质的 20 种氨基酸相同，氨基酸均为 D 型，单糖均为 L 型
    C. 所有生物体的化学元素都相同
    D. 各种生物活动都是以 ATP 为能量载体

31. 林奈认为物种是（　　）。（多选）
    A. 可变的　　　　B. 可进化的　　　　C. 永恒的　　　　D. 孤立的

32. 第一个提出比较完整的进化理论的学者是（　　）。
    A. 马尔萨斯　　　B. 林奈　　　　　　C. 拉马克　　　　D. 达尔文

33. 下列对达尔文进化论描述正确的有（　　）。
    A. 进化论中自然选择思想来源于 Malthus 的人口论
    B. 生存竞争带来了生物的用进废退
    C. 物种产生是由低级到高级的
    D. 动物园中的猴子有一天会进化成人类

34. 下列内容不属于达尔文的自然选择理论的是（　　）。
    A. 变异主要来源于突变　　　　　　　　B. 生物生殖大量后代以便更好地繁衍
    C. 由于竞争，不是所有生物都能存活的　D. 在物种之间生存竞争力是不同的

35. 生物进化的基本单位是（　　）。
    A. 个体　　　　　B. 种群　　　　　　C. 群落　　　　　D. 生态系统

36. 选择作用通常不会减少二倍体大种群中的致死隐性基因，是因为（　　）。
    A. 种群中会发生基因固定　　　　　　　B. 杂合子具有选择优越性
    C. 大种群中的致死基因的突变率比较高　D. 常会有此等位基因的杂合子携带者

37. 种群的特征是（　　）。（多选）
    A. 是一个分类学单位　　　　　　　　　B. 享有共同的基因库
    C. 是一个杂交群体　　　　　　　　　　D. 可以发展为一个新物种

38. 新种可以产生于（　　）。
    A. 由地域条件选择的变化的逐步积累　　B. 有花植物的基因材料的加倍
    C. 阻止与种内的其它成员交配的突变　　D. 上述各项

39. 马和驴是两个物种是因为（　　）。
    A. 杂种衰败　　　B. 杂种不育　　　　C. 行为隔离　　　D. 配子隔离

40. 下列属于合子前隔离的是（　　）。（多选）
    A. 生态隔离　　　B. 时间隔离　　　　C. 机械隔离　　　D. 配子隔离

41. 蝴蝶通过感知信息素来识别异性，这属于（　　）。
    A. 生态隔离　　　B. 配子隔离　　　　C. 行为隔离　　　D. 机械隔离

42. 下列描述与综合进化论相符的是(　　)。(多选)
    A. 交配繁殖使种群基因库稳定　　　　B. 进化改变的是个体,而不是整体
    C. 影响基因频率的生物间关系有进化价值　　D. 变异都有进化价值
43. 发生进化时(　　)。
    A. 适应环境总是发生的　　　　　　　B. 基因频率总是变化的
    C. 自然选择总是正向的　　　　　　　D. 总是由中性突变引起的
44. 下列描述正确的有(　　)。(多选)
    A. 在一个分离人群中有一种比例很高的遗传疾病的最好解释是基因漂变
    B. 在一个分离人群中有一种比例很高的遗传疾病的最好解释是基因流动
    C. 适应性强的个体后代在下一代中的比例较高最好的解释是自然选择
    D. 适应性强的个体后代在下一代中的比例较高最好的解释是基因漂变
45. 特定时间内一个特定物种的所有基因称为(　　)。
    A. 基因漂变　　　　　　　　　　　　B. 基因频率
    C. 基因库　　　　　　　　　　　　　D. 等位基因频率
46. Hardy-Weinberg 定律有下列(　　)先决条件。
    A. 群体非常大,交配是随机的　　　　B. 群体之间没有发生任何迁移
    C. 自然选择对等位基因不产生影响　　D. 任何突变可以被忽略
    E. 以上都是
47. 在自然状态下,下列不能发生等位基因变化的是(　　)。
    A. 基因漂变　　B. 基因流动　　C. 突变　　D. 随机交配
48. 由于种群个体移居其他地方引起的等位基因变化称为(　　)。
    A. 基因漂变　　B. 基因流动　　C. 突变　　D. 自然选择
49. 种群繁殖过程中,描述其基因库的变化最合适的表达是(　　)。
    A. 基因漂变　　B. 基因流动　　C. 突变　　D. 自然选择
    E. 进化
50. 下列可引起种群基因型频率变化而不影响等位基因频率的是(　　)。
    A. 基因漂变　　B. 基因流动　　C. 突变　　D. 自然选择
    E. 人工选择
51. 由于偶然因素引起基因库变化的过程最合适的描述是(　　)。
    A. 基因漂变　　B. 基因流动　　C. 突变　　D. 自然选择
    E. 人工选择
52. Hardy-Weinberg 定律说明的是(　　)。
    A. 显性等位基因频率增加　　　　　　B. 显性等位基因频率减少
    C. 最适等位基因频率增加　　　　　　D. 等位基因频率保持不变
53. 引起种群等位基因频率变化的是(　　)。(多选)
    A. 突变　　　　B. 基因漂变　　C. 随机交配　　D. 以上都是
54. 种群基因表型的总和称为(　　)。
    A. 基因漂变　　　　　　　　　　　　B. 基因库
    C. 基因型频率　　　　　　　　　　　D. 等位基因频率
55. 在100只果蝇的种群中,显性纯合子 AA 的红眼果蝇64只,隐性纯合子 aa 的白眼果蝇4只,其

他为杂合子,在此种群中红眼等位基因 A 的频率是( )。
   A. 16%　　　　　　B. 64%　　　　　　C. 80%　　　　　　D. 96%
56. 在某一个种群中,隐性性状者 aa 占16%,那么该性状的 AA、Aa 基因型个体出现的概率分别为( )。
   A. 0.36、0.48　　　B. 0.36、0.24　　　C. 0.16、0.48　　　D. 0.48、0.36
57. 基因漂变在下列( )情况下最重要。
   A. 多态现象　　　　　　　　　　　　B. 选择压的减轻
   C. 在渐变群中的基因转移　　　　　　D. 小种群中
58. 根据 Hardy – Weinberg 规律我们可以预测( )。
   A. 有性生殖将会引起进化,假如个体倾向于只与一种基因型而非其他的基因型的交配
   B. 有性生殖可以是进化的一个原因
   C. 有性生殖在进化中没有什么作用
   D. 有性生殖对于进化是必须的
59. 对古生物结构最直接的证据是( )。
   A. DNA 序列　　　　　　　　　　　　B. 蛋白质序列
   C. 生物地理学的证据　　　　　　　　D. 化石
60. 为什么脊椎动物的前肢具有相似的骨结构( )。
   A. 它们就有相同的功能　　　　　　　B. 它们适合相似的选择压力
   C. 它们是退化器官　　　　　　　　　D. 它们是同源器官
61. 在自然选择中,最好的选择因子是( )。
   A. 气候　　　　　　B. 时间　　　　　　C. 突变　　　　　　D. 环境
62. 脊椎动物细胞色素 C 的研究显示( )。
   A. 所有脊椎动物的细胞色素 C 是相同的
   B. 进化更高级的脊椎动物的细胞色素 C 的效率更高
   C. 进化更高级的脊椎动物的细胞色素 C 的效率复杂
   D. 细胞色素 C 越相似的其亲缘关系越近
63. 人类的腿与( )具有同源性。
   A. 人的胳膊　　　　B. 昆虫的腿　　　　C. 海龟的后腿　　　D. 鸟类的翅膀
64. 古生物的( )可以成为化石。
   A. 遗体　　　　　　B. 遗物　　　　　　C. 遗迹　　　　　　D. 上述各项
65. 现在发现的最早的化石生物是( )。
   A. 大肠杆菌　　　　B. 霉菌　　　　　　C. 蓝细菌　　　　　D. 放线菌
66. 古生代起始于5.7亿年前,下列不属于古生代的是( )。
   A. 奥陶纪　　　　　B. 泥盆纪　　　　　C. 二叠纪　　　　　D. 三叠纪
67. 在中生代末期出现的大规模生物灭绝推测是因为较大陨星撞击地球造成的,其依据是在中生代和新生代之间的地层中发现了大量的( )元素。
   A. 铂　　　　　　　B. 钴　　　　　　　C. 铱　　　　　　　D. 镧
68. 新生代包括( )。(多选)
   A. 第一纪　　　　　B. 第二纪　　　　　C. 第三纪　　　　　D. 第四纪
69. 鸟类出现在( )。

A. 前寒武纪　　　　B. 古生代　　　　　　C. 中生代　　　　　　D. 新生代

70. 灵长类出现在(　　)。

　　A. 前寒武纪　　　　B. 古生代　　　　　　C. 中生代　　　　　　D. 新生代

71. 类人猿出现在(　　)。

　　A. 前寒武纪　　　　B. 古生代　　　　　　C. 中生代　　　　　　D. 新生代

72. 最短的历史时代是(　　)。

　　A. 前寒武纪　　　　B. 古生代　　　　　　C. 中生代　　　　　　D. 新生代

73. 海洋面积减少,陆地面积扩大主要出现在(　　)。

　　A. 前寒武纪　　　　B. 古生代　　　　　　C. 中生代　　　　　　D. 新生代

74. 被称为鱼类大发展的时代是(　　)。

　　A. 奥陶纪　　　　　B. 志留纪　　　　　　C. 泥盆纪　　　　　　D. 石炭纪

75. 中生代与下面(　　)有关。(多选)

　　A. 又称为爬行动物时代　　　　　　　　B. 恐龙出现在侏罗纪

　　C. 昆虫和有花植物出现大分化　　　　　D. 上述各项

76. 下列不是同源器官的是(　　)。

　　A. 人的手和猫的爪　　　　　　　　　　B. 猪腿和鲸鱼鳍

　　C. 蝗虫的翅和麻雀的翅　　　　　　　　D. 鸟的翅膀和蝙蝠的翅膀

77. 分别被植物学家和动物学家看成是植物和动物的是(　　)。

　　A. 鞭毛变形虫　　　B. 海绵　　　　　　　C. 眼虫　　　　　　　D. 海葵

78. 比较鱼类、两栖类、爬行类和人的胚胎时,发现这些胚胎(　　)。

　　A. 全部发育过程中都有鳃和尾　　　　　B. 在发育初期都有鳃和尾

　　C. 全部发育过程中都有鳃裂和尾　　　　D. 在发育初期都有鳃裂和尾

79. 下列不是痕迹器官的是(　　)。

　　A. 人的盲肠　　　　B. 蟒蛇的四肢痕迹　　C. 鲸的后肢骨　　　　D. 马的后肢骨

80. 下列对病原微生物描述正确的是(　　)。

　　A. 科赫最早提出了病原菌学说

　　B. 病原微生物致病作用的一个途径是产生干扰全身系统的毒素

　　C. 麻疹、流行性腮腺炎和鼠疫都是病毒病

　　D. 在公共健康事业中一般用抗生素对付病毒

81. 当你必须长期服用抗生素时,医生会给你开许多种类的抗生素,而不是单纯的一种,是因为(　　)。

　　A. 你有可能会对其中的一种抗生素过敏而非对所有的都过敏

　　B. 多种抗生素可以筛选出致病的细菌而不会影响别的

　　C. 很少存在单个细菌对所有的抗生素都有抗性

　　D. 一些抗生素可能会促进某些细菌的生长

82. 下列靠出芽生殖的有(　　)。(多选)

　　A. 酵母菌　　　　　　　　　　　　　　B. 草履虫

　　C. 水螅　　　　　　　　　　　　　　　D. 金黄葡萄球菌

83. 下列生物不能产生孢子的有(　　)。

　　A. 苔藓　　　　　　B. 蕨　　　　　　　　C. 草履虫　　　　　　D. 青霉菌

84. 原生生物单独分为一个界是因为(　　)。
    A. 它们是多细胞生物　　　　　　　　B. 它们的运动方式特殊
    C. 它们早于动植物出现　　　　　　　D. 它们的分类尚不明确
85. 下列哪项不是原生动物(　　)。
    A. 变形虫　　　　B. 蓝藻　　　　C. 眼虫　　　　D. 草履虫
86. 多数海产藻类属于(　　)。
    A. 绿藻门　　　　B. 红藻门　　　　C. 褐藻门　　　　D. 蓝藻门
87. 下列藻类中属于多细胞的有(　　)。(多选)
    A. 硅藻　　　　B. 甲藻　　　　C. 褐藻　　　　D. 红藻
88. 下列对被子植物描述不正确的有(　　)。
    A. 具有典型的根、茎、叶、花、果实、种子　　B. 可以分为单子叶植物和双子叶植物
    C. 子房发育成果实　　　　　　　　　　　　　D. 松树、紫荆都是被子植物
89. 对下列动物的描述不正确的是(　　)。
    A. 蜘蛛是节肢动物门中的食肉动物　　　B. 蛤是软体动物门中的滤食动物
    C. 蚯蚓是节肢动物们中的食腐动物　　　D. 文昌鱼是脊索动物门中的滤食动物
90. 体腔在进化中的重要性在于(　　)。
    A. 它可以使有机体具有排泄系统
    B. 它可以使动物具有循环系统和其他活动的内部器官
    C. 它使得体内具有贮存额外体液的动物生活在陆地上
    D. 它为运动附肢的进化作好准备
91. 珊瑚属于(　　)。
    A. 海绵动物　　　B. 腔肠动物　　　C. 扁形动物　　　D. 软体动物
92. 最原始的三胚层动物是(　　)。
    A. 扁形动物　　　B. 线形动物　　　C. 软体动物　　　D. 环节动物
93. 最早出现专职呼吸器官的是(　　)。
    A. 扁形动物　　　B. 线形动物　　　C. 软体动物　　　D. 环节动物
94. 下面属于对软体动物描述的有(　　)。(多选)
    A. 由头、足、和内脏团三部分组成　　　B. 具有外套膜和贝壳
    C. 个体发育中经历担轮幼虫阶段　　　　D. 闭管式循环
95. 具有嘴和肛门的消化管道的主要优势在于(　　)。
    A. 它使得动物可以将更大的有机体作为食物
    B. 它使得动物可以吃大块的食物
    C. 它使得内脏的不同部分依次专门负责消化过程的不同部分
    D. 它可以使没有牙齿的动物也能研磨食物
96. 下列哪种动物不属于节肢动物门(　　)。
    A. 蜘蛛　　　　B. 苍蝇　　　　C. 蚯蚓　　　　D. 螃蟹
97. 下列不是昆虫的有(　　)。
    A. 蚂蚱　　　　B. 蜘蛛　　　　C. 蜻蜓　　　　D. 跳蚤
98. 下列哪种动物不属于两栖类(　　)。
    A. 青蛙　　　　B. 蜥蜴　　　　C. 蟾蜍　　　　D. 蝾螈

99. 下列对两栖动物描述不正确的是(　　)。(多选)
    A. 两栖纲有典型的五趾型四肢结构
    B. 两栖动物皮肤表面有细鳞保持皮肤湿润
    C. 肌肉分化,终生靠肺呼吸
    D. 循环系统出现一心室两心房

100. 下列恒定体温的脊椎动物纲有(　　)。(多选)
    A. 两栖纲　　　　　B. 爬行纲　　　　　C. 鸟纲　　　　　D. 哺乳纲

101. 分子生物学证据和化石证据都表明最早的人类最可能出现在(　　)。
    A. 亚洲　　　　　　B. 非洲　　　　　　C. 欧洲　　　　　　D. 美洲

102. 下列对灵长类描述不正确的有(　　)。(多选)
    A. 森林古猿属是类人猿的人类祖先
    B. 尼安德特人是直立人的成员
    C. 所有人类也许是非洲兽群的后裔
    D. 在类人猿中眉脊是从来不存在的

103. 在下列动物中,和人类亲缘关系最近的是(　　)。
    A. 猩猩　　　　　　B. 金丝猴　　　　　C. 大猩猩　　　　　D. 黑猩猩

104. 大多数微生物的营养类型属于(　　)。
    A. 光能自养　　　　B. 光能异养　　　　C. 化能自养　　　　D. 化能异养

105. 蓝细菌的营养类型属于(　　)。
    A. 光能自养　　　　B. 光能异养　　　　C. 化能自养　　　　D. 化能异养

106. 自养型微生物和异养型微生物的主要差别是(　　)。
    A. 所需能源物质不同
    B. 所需碳源不同
    C. 所需氮源不同
    D. 以上都是

107. 下列正确排出人类进化顺序的是(　　)。
    A. 阿法南猿→直立人→早期猿人→早期智人
    B. 早期猿人→阿法南猿→早期智人→直立人
    C. 阿法南猿→早期猿人→直立人→早期智人
    D. 早期猿人→阿法南猿→直立人→早期智人

108. 直立人是人类学家根据对(　　)的化石研究确定的一个化石人类物种。(多选)
    A. 东非人　　　　　B. 北京人　　　　　C. 爪哇人　　　　　D. 蓝田人

109. 下列对晚期智人和早期智人描述正确的是(　　)。(多选)
    A. 晚期智人和早期智人属于不同物种
    B. 晚期智人的前部牙齿和颜面较早期智人小
    C. 晚期智人眉脊升高
    D. 晚期智人颅骨增大

110. 人类的农业发展开始于(　　)年前。
    A. 5 000—10 000
    B. 10 000—15 000
    C. 15 000—20 000
    D. 20 000—25 000

111. 遗传漂变通常发生在(　　)。
    A. 小种群　　　　　B. 大种群　　　　　C. 隔离的大种群　　D. 岛屿化种群

112. 地球上生物多样性最高的生态系统通常在(　　)。
    A. 极地苔原　　　　B. 热带雨林　　　　C. 寒温带森林　　　D. 温带草原

连线题

1. 将下列的生物进化学者和他们的贡献匹配：
   A. 布丰　　　　　Ⅰ. 人口论
   B. 拉马克　　　　Ⅱ. 第一个提出生物进化概念的现代博物学家
   C. 达尔文　　　　Ⅲ. 现代生物进化论
   D. 马尔萨斯　　　Ⅳ. 获得性遗传

2. 请将下列人种匹配：
   A. 黄种人　　　　Ⅰ. 高加索人、法国人
   B. 白种人　　　　Ⅱ. 澳大利亚人、新西兰人
   C. 黑种人　　　　Ⅲ. 蒙古利亚人、中国人
   D. 棕种人　　　　Ⅳ. 尼格罗人、尼日利亚

3. 对下列结构和动物进行匹配：
   A. 身体表面覆盖着干硬的角质壳　　Ⅰ. 两栖类
   B. 骨中有空气空间，没有牙齿　　　Ⅱ. 爬行类
   C. 在生命的一定时期有腮裂　　　　Ⅲ. 鸟类
   D. 带有圆形吸盘无颌　　　　　　　Ⅳ. 哺乳类
   E. 最早的鸟类　　　　　　　　　　Ⅴ. 七鳃鳗
   F. 圆鳍鱼　　　　　　　　　　　　Ⅵ. 腔棘鱼
   G. 头索动物　　　　　　　　　　　Ⅶ. 始祖鸟
   　　　　　　　　　　　　　　　　　Ⅷ. 骨鱼
   　　　　　　　　　　　　　　　　　Ⅸ. 文昌鱼

简答题

1. 认为生命起源于 RNA 的主要根据是什么？
2. 氧在生命起源和进化中的作用是什么？
3. 种群的基本特征是什么？
4. 改变群体基因频率的因素有哪些？
5. 为何从生物的分类关系可以了解生物种类之间的血缘关系及进化关系？
6. ATP 的形成和功能与生物进化有什么联系？
7. 物种的形成的条件？
8. 简述进化的自然作用因素。
9. 核酶的发现在生命进化上的有什么意义？
10. 简述隔离在进化中的作用。
11. 中性学说（分子进化学说）的要点是什么？
12. 自然选择的概念是什么？
13. 如何理解自然选择作用必然性？
14. 自然选择的基本类型有哪些？
15. 生物进化的证据有哪些？
16. 什么是综合进化论？
17. 综合进化论要点是什么？

18. 支持内共生假说的现象有哪些?
19. 微生物是一个分类系统水平吗?为什么?微生物有哪些主要特点?
20. 水华是怎样发生的?对环境的主要影响是什么?
21. 两栖类有哪些特点说明它们尚不能完全适应陆生生活?
22. 简述恒温的进化意义。
23. 什么是胎生?有什么积极的生物学意义?

图示题

1. 请根据下图填写下表:

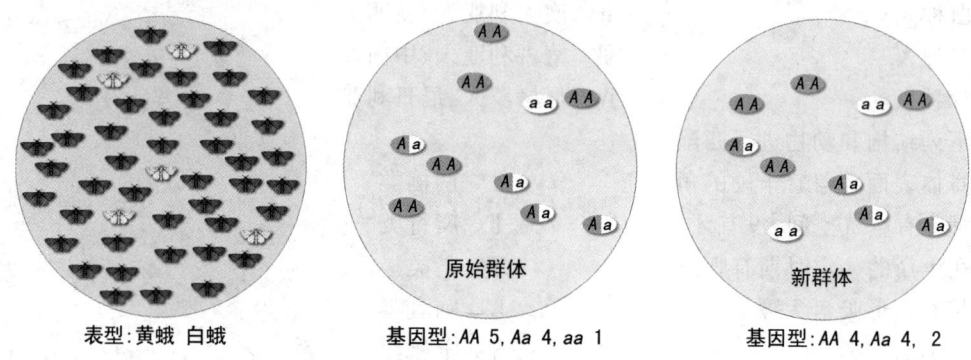

表型:黄蛾 白蛾　　基因型:AA 5, Aa 4, aa 1　　基因型:AA 4, Aa 4, 2

	原始群体	新群体
AA 的基因型频率		
Aa 的基因型频率		
aa 的基因型频率		
A 的基因频率		
a 的基因频率		
黄色表现型(个)		
白色表现型(个)		

2. 请写出等位基因 A、a 的频率,并在图中添加第二代的基因型及频率。

第一代

基因型	AA	Aa	aa
基因型频率	0.49	0.42	0.09

五、思考与讨论

1. 哪些事实或证据能够说明早在30多亿年前,地球上就出现了有细胞结构的生命?
   (1) 格陵兰的依苏阿(Isua)云母石英变质岩中,含有地球最古老的有机结构。
   (2) 南非翁维瓦特群(Onverwacht group)的碳质燧石中有机结构(可疑微生物化石):巴伯顿古球菌(Archaeosphaerioides barbertonensis),以岩石中含非生命起源有机质为养料(35亿年)——原始生命形态(原细胞)代表。
   (3) 西澳大利亚皮尔巴拉的瓦拉乌纳群(Warrawoona group)的丝状、似菌落放射丝状集合体——原始蓝菌(35亿年)。

2. 你认为从原始的生命体(团聚体、微球体、脂球体)到真正意义上的原始细胞,还需要哪些最基本的结构、代谢和遗传特征?

   从结构方面,需要具有选择性通透功能的将细胞的内容物与其外界环境分开的界膜;从代谢方面,需要能够提供生命活动所必需的可用能量的代谢系统;从遗传角度,需要携带遗传信息的DNA分子,以及相关的转录与翻译系统,即把DNA信息转录为RNA,再进一步翻译为蛋白质的系统。

3. 工业革命以前,英国的工业区有一种椒花蛾,体色以淡灰色为主。工业革命以后,工业区人口大量增长,树木和房屋都被煤烟熏成了灰黑色。在这些工业区里发现的椒花蛾大部分已经变成暗黑色。试用自然选择理论来解释这一现象。

   自然选择实质上是自然环境导致生物出现生存和繁殖能力的差别,一些生物生存下去,另一些生物被淘汰而死亡,即优胜劣汰。工业革命之前,树木和房屋以淡灰色为主,因此以淡灰色为主的椒花蛾类能够很好的以之为保护色来躲避敌害,因此工业革命之前它们以淡灰色为主。而由于工业革命以后树木和房屋都被煤烟熏成了灰黑色,椒花蛾类当中的淡灰色类由于在此背景之下显得格外显眼,容易被食虫鸟类等天敌捕获,而暗黑色的椒花蛾由于具有保护色而易于存活,并将暗黑色这一性状的基因遗传给后代,并使其后代在椒花蛾中的比例提高。经多代选择,椒花蛾的体色由淡灰色变为暗黑色。

4. 早期的灵长类动物身体出现了哪些适应于环境、有利于进化的特征?

   灵长类的特征主要与树栖和杂食的生活习性有关。树栖生活使四肢灵活,关节有比较大的旋转能力,锁骨和胸骨联系加强,以适应在树枝上悬吊,大拇指与其它指分开,有抓握能力,爪为指甲所取代;树栖要视觉发达,机敏,所以灵长类两眼前视以获得立体效果,伴随而来脑亦增大。这些生活习性及与之伴随的脑、眼、手的发展是灵长类获得成功的重要因素。

5. 一位农民发现他种的橘树受到一种蛾子的侵害,于是喷洒了杀虫剂,结果杀死了99%的蛾子。5个星期以后,蛾子又多了起来,于是他再次喷洒杀虫剂,结果只有一半蛾子死亡。解释为什么杀虫剂的效力会降低。

   开始的时候,蛾子当中大多数都没有抗药性,只有少数的蛾子具有抗药性,因此,杀虫剂可以把99%的蛾子杀死。由于杀死的是没有抗药性的种类,留下来的大多数是具有一定抗药性的,这样的种类留下来繁殖了下一代,使后代中更多的蛾子具有抗药性,所以杀虫剂的效力减弱。也就是说,具有抗药性基因的蛾子通过瓶颈效应把抗药性基因保留了下来。

6. 请叙述达尔文进化论的主要内容。

   达尔文进化论包含了两方面的基本含义:
   (1) 现代所有的生物都是从过去的生物进化来的;

（2）自然选择是生物适应环境而进化的原因。
7. 请举例证实达尔文进化论的合理性,也可以提出关于进化论的一些新的观点。

以人类自身的进化为例,在人出现之后的长期进化过程中,人类也发生了不小的变化。由于会用衣物来避寒用房子来避雨,所以身体多毛与眉骨突出的特征慢慢地失去;而在激烈的生存与择偶斗争当中,身强力壮而又高大的个体同样得到自然的选择,而且寿命较长的个体由于能够学得更多的知识,在竞争当中获得更大的优势而得到自然的选择。

而古生物化石是支持达尔文生物进化理论最有力的证据,一些古生物化石与现代某些物种相似,但结构上有又很大不同,证明了生物是进化的而不是永远不变的,另一些生物化石同时具有两个或多个类别生物的特征,证明了各物种有着共同的祖先,如始祖鸟化石。根据化石记录,越老的地层中生物形态越简单,越新的地层中生物形态越复杂,表明生物是进化的,复杂的生物是从简单生物进化来的。

8. 物种是如何形成的?

经过地理隔离和生殖隔离形成新种的方式是生物进化过程中形成新物种的主要方式。还外还有没有经过地理隔离也产生新种的同地物种形成。例如环境的突变或生物个体基因的突变就有可能逐渐产生出新种。

9. 请解释种群、基因频率、基因型频率、基因库、适合度、选择系数等基本概念。

见本章"二、基本概念"。

10. 请写出群体遗传平衡的 Hardy - Weinberg 平衡定律及其成立的条件,请说明 Godfrey H. Hardy 和 Wilhelm Weinberg 提出该群体遗传平衡定律的意义。

参看教材"第三节二、群体遗传平衡——Hardy - Weinberg 定律"

11. 请分别说明促进生物微观进化的主要原因。

促进基因频率改变及微观进化最主要的原因可包括突变、迁移、随机的遗传漂变等。参看教材第三节"三、促进基因频率改变及微观进化的原因"。

12. 请闭上眼睛后在头脑中想象生命进化的历程,并说出其中的重大事件和时间点。另请说明光合作用的出现在生物进化中的意义。

光合作用之前,地球上的生物只能够利用地球上当时已有的有机物质,而这些物质是有限的。光合作用的出现使得生物界摆脱了对现有的有机物质的依赖,而且能够产生出氧气,为有氧呼吸的出现提供了先决条件,同时改变了地球的大气组成,臭氧层的形成可以屏蔽大部分紫外线,保护生命不被破坏继续发展。这些都大大改变了生物界乃至整个世界的面貌。因而光合作用的出现在生物的进化中有其重要的、不可取代的作用。

13. 人类文化发展对于人类的进化具有什么样的作用?

人类文化的发展其实也是人类文化的进化,同时也是人类本身与人类社会的进化。人类文化的出现使得人类在自然面前有更大的生存竞争能力,而人类文化同时也有积累与传递的特点,所有这些都改变了人类进化有区别于其他生物的模式,人类不再像其他生物那样被自然选择下来的只是身强力壮容易获得食物与配偶的个体,同时,更会学习与继承人类文化的个体也具有很大的优势,使整个人类向着这个方向进化。同时人类文化的发展使得人也具备选择其他生物的能力,即人工选择。人类文化使整个人类社会的进化速度远高于一般的进化速度。

人类文化发展与人类的进化是相互作用、相互影响的。人类的文化创造活动是依靠思维、劳动、语言三个基本能力的,而人类的思维器官、劳动器官和语言器官等正是生物学进化的结果。人类文化的出现使得人类在自然面前有更大的生存竞争能力,而人类文化同时也有积累与传递的特点,所有这些都改变了人类进化,使其具有区别于其他生物进化的模式,人类不再像其他生物那样只被自然选择,人类文化的发展使得人也具备选择其他生物的能力,即人工选择。

人类文化的发展可分为5个阶段,以狩猎与聚集为简单的部落社会阶段,火的使用和简单语言的出现有利于大脑的增加和发育;农业发展阶段,人们固定下来居住,工具使用能力的提高和文字的发明进一步刺激了人类的生物学进化;之后的工业革命阶段、信息技术革命时代和刚起步的生物技术革命时代各种先进文化的发展将进一步改变人类的生物学特性。当然,值得提出的是,文化系统中的一些伦理、法律等可以促进或阻碍人类的生物学进化,被人类的活动所污染、破坏的自然环境也正在反作用于人类进化。

14. 请讨论,从人类探测火星获得的资料与信息分析,今天的火星可能是地球的过去?是地球的未来?还是与地球的过去或未来都没有可比性?

从人类探测火星获得的资料与信息分析,火星过去很可能有过一段像地球这样的状态——火山活动频繁,大气浓厚,有水,甚至有生命。但是,火星的直径毕竟只有地球的一半,质量也只有地球的十分之一,本身引力很小,又没有磁场的保护,导致气体外逸,再加上后来火星的地质活动慢慢减弱,可以提供给大气循环的能量不够,导致气体冷却、气压降低、水分流失。

按照现有的天体演化理论粗略计算,再过30亿年太阳就变成红巨星了,它的体积会膨胀,表面温度很高,这样就影响周围的天体。它会先吞噬离太阳最近的水星、金星、地球,然后是火星。如果从现在起到了第20亿年的时候,太阳的火将烧到金星,地球将被烤得很热。

至于是地球的未来,目前学术界有两种假设。一是无限荒漠化。随着废气和尘埃对阳光阻挡能力的增强,太阳的光线会越来越弱。如果地球的能量越来越弱的话,地球可能会变成火星的样子。据介绍,最近一些年地球的磁场确实在减弱,如果有一天地球磁场忽然倒转一次,或者消失一阵,情况就很难说了。太阳带给我们很多粒子辐射,称之为"太阳风"。太阳风可以被想像成一股"风","风"一来,包裹着地球的一团气体就被吹走;如果地球没有频繁的火山活动等来补充气体的话,气体就会逃逸,气压随之降低、水跟着就沸腾,地球变得越来越干——今天的火星可能就是地球的未来。

地球未来的另一种可能就是温室效应过于严重,地球变成金星。前苏联、美国都发射了探测器到金星,发现那里温度非常高,平均温度超过400℃。金星是标准的温室效应,就像一个高压锅,有大量二氧化碳和硫化物。现在地球上工业排放也很厉害,气象组织一些专家分析,地球的确在一点一点地升温,如果人类不注意控制工业废气的排放,不加强环境保护的话,很可能地球的环境就像金星那样的恶劣了。

六、推荐阅读材料

1. Masatoshi N, Sudhir K. Molecular Evolution and Phylogenetics. Oxford University Press, 2000
2. Karp G. Cell and Molecular Biology:Concepts and Experiments. 3rd. Wiley & Sons, 2002
3. 沈银柱. 进化生物学. 北京:高等教育出版社,2000.8
4. 李难. 进化生物学基础. 北京:高等教育出版社,2004
5. 张昀. 生物进化. 北京:大学出版社,1998
6. 郝守刚 等. 生命的起源与进化. 北京:高等教育出版社/施普林格出版社,2000
7. 穆西南 主编. 古生物学研究的新理论新假说. 北京:科学出版社,1993
8. 与课程相关的国家级精品课程网址:

古生物学:中国地质大学 http://unit.cug.edu.cn/jpkc/gswx/

七、参考答案

填空题

1. 团聚体,微球体,脂球体 2. 遗传变异,自然选择,隔离产生 3. 基因型,表型,基因型,表型 4. 生物地理,比较解剖,比较胚胎,分子生物 5. 生物进化,不可逆 6. 种内的个体和种群层次上,种和种以上分类群 7. 用进废退,获得性遗传 8. 自然选择,自然选择理论,过量生育,个体差异,生存竞争,存活再生育 9. 遗传漂变 10. 遗传漂变,等位基因,遗传漂变 11. 基因型频率,等位基因频率 12. 不能,生物进化停止 13. 自然选择,突变,迁移,随机的遗传漂变 14. 点突变,染色体结构及数目 15. 非频发突变,频发突变,非频发突变,频发突变 16. 突变,基因重组,自然选择 17. 适合度,选择系数,选择系数=1-适合度 18. 进化,遗传变异,不同的适合度,变异,选择 19. 方向性选择,分歧性选择,正态化选择 20. 64代,代,纪,纪,世 21. 界,门,纲,目,科,属,种 22. 林奈,属,种加词,斜体 23. 光,CO_2 24. 光,有机碳,有机物,CO_2 25. 氧化无机物,CO_2 26. 氧化有机物,有机物分解的中间产物 27. 光能自养型,光能异养型,化能自养型,化能异养型 28. 真菌的菌丝体,藻类细胞 29. 古细菌,细菌或真细菌,蓝细菌 30. 鞭毛,纤毛,伪足 31. 鞭毛菌,接合菌,子囊菌,担子菌,半知菌,异养 32. 苔藓植物,蕨类植物,裸子植物,被子植物 33. 无脊椎动物,脊索动物,脊椎动物 34. 两,辐射,腔肠,捕食和排遗,神经网 35. 脊索,脊柱 36. 圆口纲,软骨鱼纲,硬骨鱼纲,两栖纲,爬行纲,鸟纲,哺乳纲 37. 鳃盖,鳔 38. 古生,石炭,中生,侏罗,爬行,新生,第四,更新 39. 寒武,古生,恐龙,新生 40. 个体,系统,重演律 41. 原猴,类人猿,原猴 42. 人,眼眶脊,阿法南猿 43. 部落社会阶段,农业社会阶段,工业革命阶段,信息技术革命时代

选择题

1. B	2. C	3. C	4. D	5. D	6. B	7. C	8. B
9. D	10. D	11. B	12. C	13. C	14. D	15. B	16. A
17. A	18. A	19. D	20. C	21. D	22. C	23. A	24. B
25. A	26. D	27. A	28. A、B、C		29. A	30. B	31. C、D
32. C	33. A	34. A	35. B	36. D	37. B、C、D		38. D
39. B	40. A、B、C、D		41. C	42. A、C	43. B	44. A、C	45. C
46. E	47. D	48. A	49. E	50. E	51. A	52. D	53. A、B
54. D	55. D	56. A	57. D	58. A	59. D	60. D	
61. C	62. D	63. C	64. D	65. D	66. D	67. C	68. C、D
69. C	70. D	71. D	72. D	73. B	74. C	75. A、C	76. C
77. C	78. D	79. D	80. B	81. C	82. A、C	83. C	84. D
85. B	86. C	87. C、D	88. D	89. C	90. B	91. B	92. A
93. C	94. A、B、C		95. C	96. C	97. B	98. B	99. B、C
100. C、D	101. C	102. C、D	103. D	104. D	105. A	106. B	107. C

108. B、C 109. B、D 110. B 111. A 112. B

连线题

1. A-Ⅱ,B-Ⅳ,C-Ⅲ,D-Ⅰ
2. A-Ⅲ,B-Ⅰ,C-Ⅳ,D-Ⅱ
3. A-Ⅱ,B-Ⅲ,C-Ⅰ、Ⅱ、Ⅲ、Ⅳ、Ⅷ,D-Ⅴ,E-Ⅶ,F-Ⅵ,G-Ⅸ

简答题

1. RNA学说认为生物大分子的进化过程可分为三个阶段:RNA世界,RNA-蛋白质世界和DNA-RNA-蛋白质世界。生命起源于RNA的主要根据有:

   (1) 许多病毒只含单链RNA而不含DNA;

   (2) 一些RNA具有酶的催化活性,由于RNA酶的发现,人们提出了从多核苷酸到多肽的学说;

   (3) 在一些病毒(如HIV,即AIDS病毒)中发现了逆转录现象;

   (4) RNA各种编辑变换的发现,使人们对RNA功能的多样性有了更多的认识。

2. 在远古大气层中缺少氧气,没有臭氧层遮挡紫外线,可以使更多的太阳能进入大气层为生命起源提供能量,同时还防止化学演化的初始形成的生物化合物被氧化降解,这对生命的诞生是有利的。随着生命演化的进展,大气出现氧气,并在大气层上部形成臭氧层,对稳定核酸和蛋白质的结构以及防止真核生物被紫外线破坏是必需的,同时氧气的存在使有氧呼吸成为可能,极大的促进了生物的演化。

3. 种群是在一定空间和时间范围内,同一物种的一群个体,享有共同的基因库。

   种群不是个体的简单叠加,是通过种内关系组成的一个有机统一体或系统。

   种群是一个自我调节系统,通过系统的自动调节,使其能在生态系统内维持自身稳定性。作为系统还具有群体的信息传递、行为适应与数量反馈控制的功能。

   种群不仅是自然界物种存在、物种进化、物种关系的基本单位,也是生物群落、生态系统的基本组成成份,同时,还是生物资源保护、利用和有害生物综合管理的具体对象。

   一个物种,由于地理隔离,有时不只有一个种群。

4. (1) 突变能产生新的等位基因,但改变基因频率的速率很慢;

   (2) 自然选择是进化的潜在动力;

   (3) 突变与选择对常染色体上等位基因频率的联合效应;

   (4) 遗传漂变对进化平衡的不可预测效应;

   (5) 迁移造成群体间的基因流。

5. 种是生物基本的分类单元,又是遗传单元和生态单元。同种生物具有一个共同的进化祖先,亲缘关系相近的种构成另一个高一级的分类单元。

6. 在紫外线的照射下,5个HCN可以形成腺嘌呤,而腺嘌呤又可以很容易的形成ATP(三磷酸腺苷),也就是说在远古的环境中ATP可能是形成最早的生物化合物之一。同时ATP是核酸的组成单位;是生物能量的载体;是参与代谢反应的酶的辅助成分。一个人每天的基本活动需要消耗45 kg ATP。ATP如此重要,可能和其在远古时期条件下较易形成有关系。

7. (1) 基因突变和基因重组(产生生物进化的原材料);

   (2) 自然选择(使种群基因频率定向并决定的改变生物进化的方向);

   (3) 隔离(新物种形成的必要条件)。

8. 当一个群体足够大、随机交配、不受进化力量的影响时,群体的基因频率并不因为遗传而改变。然而对很多群体而言并不具备 Hardy – Weinberg 所要求的条件。如群体常常并不够大、交配也不是随机的、另外进化的压力也是存在的。在这种情况下,基因频率会发生改变,而群体的基因库对不同进化因子相互作用作出反应而发生进化。影响进化的自然作用因素主要有:
   (1) 突变:突变是指 DNA 种类、结构、排列顺序或数目上的发生变异,突变是造成遗传变异最初的原因。
   (2) 基因漂变:在很小的机会下,等位基因的基因频率随时间产生不规则的变动。尤其对较小的种群有较大的影响力
   (3) 基因流动:含有不同等位基因的新成员进入一个种群,或种群的某些成员离去,都会使等位基因发生改变。
   (4) 自然选择:每一个个体中,都有一连串的变异,若环境改变,资源不足,或天敌的威胁下,拥有较适应环境的表现型的个体会有较大的生存机会。长久下来就造成物种的改变。
9. 在进化上为先有核酸提供了依据。早期遗传信息和遗传信息功能体现者是一体的,只是在进化的某一进程中蛋白质和核酸分别执行不同的功能。
10. 隔离一般有地理隔离,生态隔离和生殖隔离等。地理隔离是由于某些地理的阻碍而发生的。生态隔离是指由于所要求的食物、环境或其它生态条件的差异而发生的隔离。例如:两种生物虽然处于同一个地区,但因繁殖季节不同而不能达到相互交配或受精的目的。至于生殖隔离是指不能杂交或杂交不育而言。

   地理或生态的隔离可以说是一种条件性的生殖隔离。分离开的生物间不能相互杂交,遗传物质不能交流,这样,在各个隔离群体里发生的遗传变异,就会朝着不同的方向累积和发展,久之就形成不同的变种或亚种,最后过渡到生殖上的隔离,形成独立的物种。

   隔离在生物进化中占有重要的地位。一个发生优良变异的个体或群体,如果不和普通个体或群体隔离开来,彼此间进行自由交配,则新得到的优良特性就很快消失,也就不能形成新种,在物种形成上是一个不可缺少的条件。
11. (1) 在核酸与其直接产物蛋白质保持原有功能前提下,作为它们构成单位的个别核苷酸却逐渐发生变异,这种变异对对生物无利也无害——中性;
    (2) 中性突变:通过随机的"遗传漂变"在群体中固定下来,在分子进化水平上,自然选择不起作用;
    (3) 进化的速度由中性突变的速率决定。
12. (1) 达尔文的观点:最适者生存,不适者淘汰;
    (2) 现代进化论对自然选择的认识:
       a. 自然选择只作用于个体的性状,但只有这些表现的性状能遗传才有意义。最适者一只有那些能留下最多后代的类型。
       b. 进化的基本单位是群体(种群),一个个体如果在遗传上发生有利生存的变异,有关基因必须在群体里逐渐扩散,逐渐取代原有的基因,才能形成新的类型。
       c. 自然选择并不总起着"筛子"作用。达尔文进化论的观点:选择就是去掉有害、保留有利性状。但实际上选择有多种机制,还有保留有害基因的平衡选择。

    综上所述:自然选择是不同基因型的有差异的延续,不同遗传变异体的差别繁殖。
13. 基因频率与 Hardy – Weinberg 平衡:
    (1) 基因频率:某一等位基因在所有等位基因总数中所出现的百分率;

(2) 哈代温伯格平衡：一个群体中各基因频率代代稳定不变，保持平衡。但必须符合下列条件。①群体极大；②交配随机；③没有突变；④没有种群间个体的迁移或基因交流；⑤没有自然选择。

事实上，上述条件是不存在的，平衡定律恰恰说明了不平衡。即：遗传平衡是相对的，群体的基因频率改变是绝对的，自然选择与进化的发生是不可避免的。自然选择是突变选择。

14. (1) 方向性选择：把趋于某一极端的变异保留下来，淘汰掉另一极端的变异，使生物类型向某一变异方向发展；

(2) 分歧性选择：把一个群体中的极端变异个体按不同方向保留下来，而中间型大为减少；

(3) 正态化选择：把趋于极端的变异淘汰掉而保留那些中间型的个体，使生物类型具有相对稳定性；

上述三种选择为最基本的选择，另外还有：

(4) 平衡性选择　能使二个或几个不同质量的性状在群体中的比例在若干代中保持平衡的现象。平衡性选择即保留不同等位基因的选择，包括保留有害基因；

(5) 性选择：与性别相联系的体形、颜色、行为等方面的差异现象的存在，是性选择的结果。

15. (1) 古生物学证据：支持达尔文生物进化理论最有力的证据是自然界发现的古生物化石记录。这些化石记录显示，越老的地层，生物形态越简单；越新的地层，生物形态越复杂。地质历史及其中的化石记录雄辩地证明，生物是进化的，复杂的生物是从简单的生物进化来的，陆生生物是从水生生物进化来的。

(2) 生物地理学证据：生物地理学是研究物种地理分布的科学。由于自然的地理隔离产生了独特的动植物区系，地理隔离进一步造成更重要的生殖隔离。生物种群的进化一方面受环境选择的作用，另一方面在一定的区系内进行。各地现存的动植物在自然的情况下通常都是从本区域古老的祖先进化而来的。正是生物地理学最早为达尔文提出的物种形成和生物进化提供了证据。

(3) 比较解剖学证据：在一些不同种群生物中，科学家们发现，某些器官即使行使不同功能，它们在解剖结构上也具有相同或相似性，反映出这些生物之间具有的亲源关系和从某一个共同祖先进化过来的轨迹，如同源器官、同功器官的比较等。

(4) 胚胎学证据：不同生物胚胎发育过程的变化研究也揭示了一些不同的生物是由同一个祖先进化而来的事实。亲源关系相近的生物在它们发育过程中有相同的发育阶段。例如，所有脊椎动物在其早期发育的胚胎阶段都出现了尾巴和鳃囊。

(5) 分子生物学的证据：分子生物学的研究方法也为生物进化提供了有力的证据和更多的信息。如，在所有生物中，遗传密码的通用性说明，自然界所有生命形式都是相互关联的。分子生物学家发现，亲源关系相近的生物，其 DNA 或蛋白质分子具有更多的相同性。而亲源关系较远的生物之间，DNA 或蛋白质分子的差别就比较大。

16. 综合进化论提出，由于交配繁殖引起基因分离和重组，种群才能保持一个相对稳定的基因库；进化体现在种群遗传组成的改变，这就决定了进化改变的是整个群体，而不仅仅是个体；在自然选择过程中，生物之间的关系不但有生存竞争，还有捕食、寄生、共生、合作等多种方式，这些相互关系只要影响到基因频率的变化和所涉及的相关因素，都应该有进化的价值。

17. 种群是生物进化的基本单位，生物进化的实质在于种群基因频率的改变。突变和基因重组、自然选择及隔离是物种形成过程的三个基本环节，通过它们的综合作用，种群产生分化，最终导致新物种的形成。在这个过程中，突变和基因重组产生生物进化的原材料，自然选择使种群的基因频率定向改变并决定生物进化方向,隔离是新物种形成的必要条件。

18. 首先,生物细胞间的内共生现象是存在的。好氧细菌与线粒体,蓝细菌与叶绿体在大小、膜的组成及膜蛋白的运转作用等方面具有相似性。繁殖时,线粒体和叶绿体分裂方式与好氧细菌和蓝细菌的二分裂基本相同。线粒体与叶绿体内部含有环状 DNA,这一点也与好氧细菌和蓝细菌相同。另外,线粒体与叶绿体核酸序列的分析结果也为内共生学说提供了支持。

19. 不是,微生物是一类形体微小的生物的总称(其中也有个体较大的,如食用真菌),其中的生物属于不同的生物界;其主要特征有:小体积和大的比表面积,快速的吸收和转化,快速的复制生长,对环境的强适应性,分布广泛、种类多样。

20. 水华(藻华)是指某一时期内藻类等生物量急剧增加的现象,是由于人为或自然因素引起的水域营养盐浓度的增加,将导致藻类等生物量的异常增加,其死亡后发生的有机物降解大量消耗海水中的溶解氧,又造成其他生物的死亡。而近岸海域海洋和湖泊富营养化现象是全球所面临的严重的环境问题。

21. 呼吸尚不能完全由肺完成,需要皮肤呼吸和幼体的鳃辅助;皮肤的呼吸作用和皮肤的抗水分蒸发作用是矛盾对立的;皮肤的透性使其生活范围受限制,很难在干旱高盐地区生活;受精过程和幼体发育要在水中进行。

22. 恒温动物具有较高而稳定的新陈代谢水平和调节产热、散热的能力,从而使体温保持在相对恒定的、稍高于环境温度的水平。高而恒定的体温,促进了体内各种酶的活动、发酵过程,提高了新陈代谢水平,机体细胞对刺激的反应迅速而持久,提高动物快速运动的能力,减少了生物对环境的依赖性,扩大了生活和分布的范围(特别是夜间积极活动能力和寒冷地区活动能力)。

23. 胚胎的发育过程在体内进行,胎儿通过特殊结构(胎盘)从母体获取营养发育为幼儿产出的生殖方式。胎生为发育的胚胎提供了保护、营养和稳定的恒温条件,有利于保证代谢活动的正常进行,使外界环境条件对胚胎发育的不利影响减低到最小程度。

图示题

1.

	原始群体	新群体
AA 的基因型频率	0.5	0.4
Aa 的基因型频率	0.4	0.4
aa 的基因型频率	0.1	0.2
A 的基因频率	0.7	0.6
a 的基因频率	0.3	0.4
黄色表现型(个)	9	8
白色表现型(个)	1	2

2.

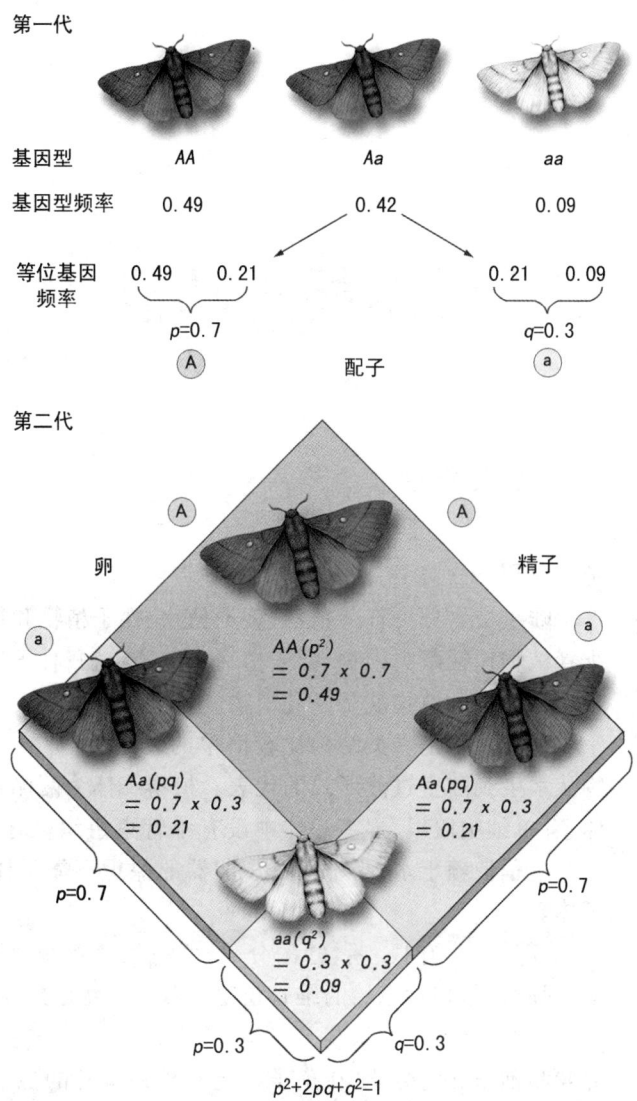

第 8 章 植物的结构与功能

一、要点提示

陆生植物

陆生植物分为苔藓植物、蕨类植物、裸子植物和被子植物4大类。其中维管植物包括蕨类植物、裸子植物和被子植物；种子植物包括裸子植物和被子植物。被子植物就是开花植物。

苔藓植物是一类结构比较简单的高等植物。一般生于阴湿地方，是植物从水生到陆生过渡形式的代表。植物个体为两侧对称的叶状体或拟茎叶体，有单细胞假根，拟茎叶体中没有维管束组织。有性生殖时精子有鞭毛，受精过程依赖于水，受精卵在颈卵器的保护下靠母体的营养发育成胚和孢子体。

蕨类植物有根、茎、叶的分化，并有维管系统，属于是较高等的孢子植物，同时也是相对原始的维管植物。蕨类植物已经非常适应陆地环境，多数为不定根，着生于根状茎上，根状茎内维管组织不很发达。叶异型，即有营养叶和孢子叶的分化，在孢子叶上有排列整齐的孢子囊。孢子萌发后形成的配子体不发达，精子仍然有鞭毛。

裸子植物的种子裸露。种子的出现使胚受到保护以及改善营养物质的供给，可使植物度过不良环境。植物体大都为高大乔木，常绿。孢子体发达，配子体简化。维管组织的木质部中只有管胞，而无导管。韧皮部中只有筛胞，而无筛管和伴胞。绝大多数裸子植物中尚有结构简化的颈卵器。少数种类如苏铁属和银杏仍有多数鞭毛的游动精子。

被子植物的孢子体高度发展和分化，具有典型的根、茎、叶、花、果实和种子等器官。生殖器官特化成为花的构造，其中雌蕊形成了子房、花柱和柱头，胚珠包被在子房内，传粉受精后胚珠发育成种子，子房发育成果实。果实的形成是植物进一步适应陆地生活，更加进化的体现。

被子植物的特点

被子植物具有3大组织系统，分别是表皮组织系统、维管组织系统和基本组织系统。根据结构和功能的特点,还可以把植物的组织分为分生组织、薄壁组织、保护组织、输导组织、机械组织和分泌组织等6类。

植物体通过根固着在土壤中,同时吸收水分和矿质营养。水分及无机盐经皮层进入到中柱的木质部,然后通过根、茎部相互连通的木质部中的导管与管胞向上输送,经过叶柄到达叶片。双子叶植物多为直根系,在初生结构成熟后,还进行次生生长;其侧生分生组织有维管形成层和木栓形成层。而单子叶植物和一些草本植物多为须根系,无次生生长。

茎是地上部分的枝干,着生叶、花或果实。在茎的顶端和节上叶腋内着生有芽,顶芽是枝的主要生长点,腋芽具有发育成营养枝或繁殖枝的潜力。维管组织在茎的内部通常成束分布,又称为维管束。双子叶植物形成层的细胞分裂活动,使茎不断加粗,产生茎的次生结构。

叶着生在节上,是大多数植物的主要光合作用器官。气孔是叶片上光合作用细胞与外界环境相互交换气体的通道。叶肉细胞通过叶脉的木质部获得水分和矿质营养,又通过叶脉的韧皮部将光合作用的产物—糖类和其他有机物输送到植物的其他各部分。叶片中的叶脉连同其周围的机械组织同时还具有对叶片基本组织即叶肉的机械支持作用。植物体的水分通过叶片向空气中蒸发称为蒸腾作用。

在被子植物中,花、种子与果实属于植物的繁殖器官。被子植物的孢子体由种子萌发而来,是二倍体植物。当其由根、茎、叶的营养生长过渡到生殖生长期,在孢子体上形成了特化的繁殖器官—花,其部分特殊细胞通过减数分裂,形成单倍体的孢子,孢子经过有丝分裂形成了多细胞的雄配子体和雌配子体,它们分别是花中雄蕊部分的花粉粒和雌蕊部分的胚囊。被子植物的配子体世代(单倍体世代)不发达,雌雄配子体不能独立生活,都寄生在孢子体上,且特化成花的一部分。一朵完整的花包括花托、花被、雄蕊群和雌蕊群几部分。当花的雄蕊和雌蕊发育成熟,花粉便从花粉囊中散出,并被传送到花的柱头上。花粉粒和囊胚经过有丝分裂,分别产生单倍体的配子,即精子和卵。以后,精子与卵结合形成受精卵,成为二倍体的合子。合子进一步发育成为种子。种子萌发后,植物的生活史又开始一轮新的循环。

生长调控

春化作用、光周期现象、植物内部"生物钟"现象等等都说明植物体的生长和发育始终都受到一系列外部和内部因素的调控。影响植物生长与发育的外部环境因子主要包括温度、光、水分以及其他各种刺激。植物激素是一些在植物体内合成的微量具有生理活性的物质,它们能从产生部位运送到作用部位,在低浓度时可明显改变植物体某些靶细胞或靶器官的生长发育状态。外部环境因子和植物激素对植物体的生长和发育控制的作用都是通过细胞内的信号传导途径和基因的转录表达来实现的。

二、基本概念

苔藓植物(bryophyta):是生于阴湿环境的一类小型多细胞的植物体,属于高等植物。无花和种子,以孢子繁殖。苔藓植物门包括苔纲、藓纲和角苔纲。

蕨类植物(pteridophyta):蕨类植物又叫羊齿植物,属于有维管束和真根的植物,其依然行孢子繁殖,是介于苔藓植物和种子植物之间的类群。

精子器(antheridium)和颈卵器(archegonium):苔藓植物和蕨类植物的雌、雄生殖器官,由多细胞组成。雌性生殖器官称颈卵器,颈卵器的外形如瓶状,上部细狭,下部膨大。雄性的生殖器官称精子器,精子器的外形多成棒状或球状。

木质部(xylem)：维管植物中由几种不同类型的细胞构成的一种复合组织；包括无生命的、细胞壁木质化的管胞、导管和纤维，同时结合有生命的薄壁组织细胞；其主要作用有输导水分和无机盐类，兼有机械支撑的作用。

韧皮部(phloem)：维管植物体内主要输导有机养分，兼有支持、贮藏等功能的复合组织，包含筛管分子、伴胞、薄壁细胞、纤维等不同类型的细胞。

裸子植物(gymnosperm)：是指种子裸露，没有被包入子房的植物，比如铁树目和松柏目植物。

被子植物(angiosperm)：是指胚珠被包在子房里的开花植物。

单子叶植物(monocotyledon)：是指种子只含一个子叶的植物的开花植物，如草、兰花和百合花。

双子叶植物(dicotyledon)：是指种子具有两片子叶的开花植物。

营养器官(vegetative organ)和繁殖器官(generative organ)：根、茎、叶、花、果实、种是种子植物的6大器官，其中根、茎、叶执行养料、水分的吸收、运输、转化、合成等营养功能，称为营养器官。而花、果实、种子完成开花结果至种子成熟的全部生殖过程，叫做繁殖器官。

直根系(tap root system)：有明显的主根和侧根区别的根系。

茎(stem)：植物体中与根相反，向上生长的轴，通常露于空气中。茎上通常着生叶、花等器官。

节(node)：茎上着生叶的位置叫节，两节之间的部分叫节间。

顶端生长优势(apical dominance)：指植物主茎的顶芽抑制侧芽或侧枝生长的现象。

薄壁细胞(parenchyma cell)：植物体中最基本的一种细胞类型，细胞特点有细胞壁较薄、细胞间隙大、大多缺少次生壁、具有中央大液泡等，是进行各种代谢活动的主要组织细胞；其功能较多，有光合、贮藏、分泌、传递等，随着功能的不同，细胞壁结构和所含细胞器有所不同。

厚角细胞(collenchyma cell)：一种在茎和叶柄中起主要支持作用的细胞；它最显著的结构特征是细胞壁不均匀增厚，不含木质素，具有初生壁性质能随周围细胞延伸而扩展。

厚壁细胞(sclerenchyma cell)：细胞具有均匀增厚的次生壁，大多是缺少原生质体的死细胞，含有木质素，对植物的支撑作用较强，通常包括纤维和石细胞。

管胞(tracheid)：高等植物木质部中具有次生壁的管状分子，成熟时一般是缺少原生质的死细胞，其细胞两端无穿孔，细长梭形，通过侧壁上的纹孔来输送水分及矿物质。

导管(vessel element)：一种与管胞类似的管状分子，由于端壁上有穿孔，因而纵向连接可成连续的管状结构导管，输水效率比管胞高。

筛管分子(sieve-tube element)：筛分子中的一种，其端壁上的筛孔特化为筛板，为被子植物所特有，在植物体中纵向连接形成长的筛管，每个筛管分子常与一个伴胞相连。

伴胞(companion cell)：在筛管旁边有1个或多个瘦长的细胞称为伴胞，细胞质浓厚，细胞核明显。筛管伴胞来源于同一母细胞，通过一次不等的纵分裂，变成2个细胞，大的发育成筛管，小的发育成伴胞。

组织(tissue)：组成结构与功能单位的一群起源相同的细胞被称为组织；组织是多细胞生物的基本形态，各种不同的组织以一定形式交织能进一步形成器官。

表皮组织系统(dermal tissue system)：覆盖和保护着植物各部分的一层排列紧密的表皮细胞，是植物体与外界环境的直接接触层，根毛的表皮细胞还具有吸收水分和养分的能力。

维管组织系统(vascular tissue system)：由木质部和韧皮部构成的贯穿于植物体的两种输导组织，具有输导水分及养分和机械支持的功能。

基本组织系统(ground tissue system)：填充在表皮组织系统和维管组织系统之间，占据了植物体的绝大部分。基本组织系统主要由具同化(如光合作用)、贮藏、通气和吸收功能的薄壁细胞组成,还包括具机械支持功能的厚壁细胞和厚角细胞。根据结构和功能的特点,还可以把植物的组织分为分生组织、薄壁组织、保护组织、输导组织、机械组织和分泌组织等 6 类。

世代交替(alternation of generation):指二倍体的孢子体阶段(或无性世代)和单倍体的配子体阶段(或有性世代)在生活史中有规则地交替出现的现象。

一年生植物(annual growth plant):在一年之内完成从种子萌发到开花、结果、形成种子然后死亡的植物。

两年生植物(biennial plant):在第一年完成营养生长,第二年开花结果然后死亡的植物。

原分生组织(promeristem):原分生组织是直接由胚细胞保留下来的,一般具有持久而强烈的分裂能力,位于根端和茎端较前的部分。

初生分生组织(primary meristem):初生分生组织是由原分生组织衍生的细胞组成,这些细胞在形态上已出现了最初的分化,但细胞仍具有很强的分裂能力,因此,它是一种边分裂、边分化的组织,也可看作是由分生组织向成熟组织过渡的组织。

次生分生组织(secondary meristem):次生分生组织是由成熟组织的细胞,经历生理和形态上的变化,脱离原来的成熟状态(即反分化),重新转变而成的分生组织。

根尖(root tip):从根的先端到有根毛的这一段距离。根尖的作用包括使主根、侧根、不定根伸长,形成组织和物质吸收。

根冠(root cap):是罩在根尖最顶端的帽状结构,由薄壁细胞组成,细胞内的高尔基体和液泡通过分泌多糖物质使细胞壁黏液化,有利于根尖在土壤中延伸和生长。

分生区(meristematic zone):又称生长锥、生长点,长约 1 mm,根顶端分生组织(原分生组织+初生分生组织)所在地。

伸长区(elongation zone):伸长区的细胞近分生区端有分裂能力,成为根尖深入土层的动力,远离分生区端的细胞伸长,增加根的长度,具有环纹导管,个别出现筛管。

成熟(根毛)区(maturation zone):植物根中吸收水分的部分。表皮细胞形成根毛,细胞停止生长,分化成各种成熟组织,寿命由几天到 10~20 天。

初生维管柱(primary vascular cylinder):是指包括一层中柱鞘(pericycle)细胞、初生木质部和初生韧皮部的部分。在大多数双子叶植物的初生维管柱中,木质部位于维管柱中央,有数个辐射状棱角,形成木质部束;初生韧皮部位于两初生木质部之间,与其相间排列。

皮层(cortex):在表皮与维管柱之间的薄壁细胞组成皮层。皮层细胞可以贮存有机养分和使水分及矿物质横向通过。

内皮层(endodermis):皮层最内部管桶状紧密排列的一层细胞,是皮层与维管柱的边界。

凯氏带(Casparian band):根的内皮层细胞壁上径向栓质化带状加厚的部分,可控制皮层和维管柱之间的物质交流,控制根内水分、无机盐的横向输导。

维管形成层(vascular cambium):初生木质部外侧,初生韧皮部内侧的薄壁细胞恢复分生能力,成为维管形成层。

木栓形成层(cork cambium):中柱鞘细胞通过恢复分生能力而转变成木栓形成层。木栓形成层进行平周分裂,向外产生木栓层,向内形成栓内层,它们共同组成周皮,代替原来被破坏的表皮起保护作用。

维管束(vascular bundle):由木质部和韧皮部共同组成的束状结构,称为维管束。起源于初生分生组织的原形成层。

年轮(annual ring):木本植物茎横切面上所显示的木材部分的同心纹称为年轮。其形成原因是在植物茎的次生生长过程中,春夏季维管形成层的细胞分裂快,生长快,木质部细胞大,壁薄,形成材质疏松的早材;而在夏末至秋,形成层的细胞活动减弱,产生木质部细胞较小,细胞排列紧密,形成材质致密的晚材;因而可以根据年轮推算植物的年龄。

气孔(stoma):气孔是两个保卫细胞间可调节大小的孔隙,是叶片中细胞与外界环境相互交换气体的通道。

栅栏组织(palisade tissue):叶肉是含有许多叶绿体的薄壁组织。栅栏组织位于上表皮之下,细胞为长柱形,含叶绿体较多。

海绵组织(spongy tissue):在栅栏组织与下表皮之间为海绵组织,其细胞形状和排列都不规则,细胞内叶绿体较少,细胞间隙较大。

叶脉(nein):叶片中的维管束。叶脉直接与叶柄和茎中的维管束相连通,也有木质部和韧皮部。

根压(root pressure):由于植物根系生理活动而促使液流从根部上升的压力。它是根系与外液水势差的表现和量度。

水势(water potential)与细胞水势:在相同温度下,同一体系中每偏摩尔体积水与每摩尔体积纯水之间的自由能差值,叫水势。由于细胞内存在各种可溶性物质、使水的自由能降低,此时细胞液的水势叫细胞水势。公式为 $\psi_W = \psi_m + \psi_S + \psi_P$。其中,$\psi_m$(衬质势),亲水性物质对自由水束缚(水合作用)所引起的水势降低值;ψ_S(渗透势),溶质颗粒所引起的水势降低值;ψ_P(压力势),细胞吸水膨胀时细胞壁对细胞内含物产生的静水压而引起的水势增加值。

压力流动假说(pressure flow hypothesis):德国明希(E. Münch)提出的关于有机物在韧皮部运输机理的假说。其基本点是有机物质在筛管内的流动是由于筛管的两端(即供应端和接纳端)之间所存在的压力势差推动的。压力势在筛管内是可以传导的,因而就产生了一个流体静压力,这种压力推动筛管的溶液向输出端流动。

营养生长(vegetative growth):植物由种子萌发形成幼苗及根、茎、叶的生长。

生殖生长(reproductive growth):当植物的营养生长发展到一定时期,为了繁殖后代、延续种族,植物体进入到生殖生长阶段,产生具生殖功能的细胞和器官。

营养繁殖(vegetative propagation):植物营养体的一部分从母体分离开直接形成新个体的繁殖方式称为营养繁殖。也有的学者将营养繁殖归入无性生殖。

无性生殖(asexual reproduction):植物的无性生殖是指一些具有生殖功能的细胞不经过两性的结合,直接发育成新个体的过程。无性生殖中具有生殖功能的细胞称为孢子。

有性生殖(sexual reproduction):是指通过两性细胞的结合形成新个体的过程。其中性细胞称为配子,为单倍体。

世代交替(alternation of generation):一些藻类植物和高等植物(包括裸子植物和被子植物)的生活史中,孢子体世代与配子体世代(无性世代与有性世代)交替出现,这就是植物生活史中的世代交替现象。

花(flower):花是被子植物最重要的生殖器官。当被子植物进入到生殖生长阶段时,茎的顶端一些分生组织不再形成叶原基和芽原基,转而形成花原基或花序原基。因此,花是一种特化的节间很短的变态的枝。

完全花(complete flower):花萼、花冠、雄蕊和雌蕊4部分齐全的花,称为完全花。

不完全花(incomplete flower):花的这4部分并不齐全,缺失了其中的一个或几个部分,这些花称为不完全花。

两性花(perfect flower):同一朵花既有雄蕊又有雌蕊的称为两性花;

单性花(imperfect flower):缺少雄蕊或缺少雌蕊称为单性花。

雌雄同株(monoecism):两种单性花(雄花和雌花)在同一个植株上叫雌雄同株。

雌雄异株(dioecism):两种单性花(雄花和雌花)分别着生在不同的植株上叫雌雄异株。

异花传粉(alloflower pollination):指一朵花的花粉粒被传送到同一株或不同植株另一朵花的柱头上的传粉方式。

双受精(double fertilization):在被子植物受精过程中,2个精细胞中的一个与卵细胞逐渐接近并相互融合,另一个与中央细胞(2个极核)接近并相互融合。因为2个精细胞分别与卵细胞和中央细胞融合(受精),故称双受精。这是被子植物有性生殖所特有的现象。

黄化现象(etiolation):植株生长在黑暗处或弱光下所出现的不正常现象,表现为叶绿素不能正常形成,使植株呈显黄色,侧枝不发育,节间明显伸长,茎内机械组织和输导组织不发达等。

春化作用(vernalization):一些二年生植物和冬性一年生植物需低温才能开花,这种低温作用叫春化作用;有的植物对低温的要求是绝对的,如果不经过春化作用,就保持营养生长状态,不开花,有的植物对低温要求是相对的,未经低温处理虽然营养期延长,但最终也能开花。

光周期现象(photoperiodism):不同植物的开花与日照长度有关,植物对白天和黑夜的相对长度的反应称为光周期现象;进行光周期诱导所需处理的天数称为诱导周期数。

短日植物(short-day plant):即日照长度短于临界日长(即引起植物开花的最大日长)条件下才能开花的植物。短日植物对暗期很敏感,延长暗期会诱导或促进开花,因此短日植物又称长夜植物。

长日植物(long-day plant):即日照长度长于临界日长(即引起植物开花的最小日长)条件下才能开花的植物。

日中性植物(day-neutral plant):即没有临界日长,在长日和短日照条件下都能开花的植物。

植物激素(plant hormone):指在植物体内合成的、通常从合成部位运往作用部位、对植物的生长发育产生显著调节作用的微量有机物。

植物生长调节剂(plant growth regulato):凡是在低浓度下对植物的生长发育具有调节作用的外源有机化合物。

三、热点聚焦

生物质能

从广义上讲生物质是指有机物中除化石燃料以外的所有来源于动植物的可再生的物质。生物质能则是直接或间接通过绿色植物的光合作用,把太阳能转化为化学能后固定和储藏在生物体内的能量。生物质是地球上一种最普遍的可再生能源,它包括林业生物质、能源作物、水生植物、农业废弃物、城市垃圾、有机废水和人畜粪便等。

农业废弃物 $\begin{cases} \text{农业生产及加工废弃物如谷壳、甘蔗渣、椰子壳、} \\ \text{花生壳以及动物肥料等} \end{cases}$

林业生物质 $\begin{cases} \text{木材和木材加工废弃物如锯粉、树皮等,} \\ \text{还有小树、灌木等} \end{cases}$

据估算,地球每年生物质产生的热为 3×10^{21} J,可是目前被用作燃料的还不到2%。当前的生物质能源是以一种十分低效率的形式进行利用的,大部分是直接燃烧取其热能。开发不同形式的生物质能源的高效利用方法,将会大大推动经济的发展。

生物柴油的特点

生物柴油即脂肪酸甲酯,是一种生物质可再生能源,一般由含油量高的种子作物,如油菜籽、向日葵、大豆等中提取的油脂经加工制得,所含的能量为 39.3~40.6 MJ/kg。生物柴油具有以下的一些主要优点:

(1) 生物柴油无毒性,可生物降解;

(2) 生物柴油十六烷值和含氧量高,使燃烧更充分,从而减少 CO、碳氢化合物和颗粒物等污染物排放。其中 CO 的排放与柴油相比减少约 10%;

(3) 基本不含硫和芳烃化合物,SO_2 和致癌物质 PAH 的排放极低。生物柴油是唯一尾气排放指标全部达到美国"清洁大气法"规定的健康影响检测要求的替代油品,使用生物柴油的发动机尾气排放指标可以满足严格的欧洲 4 号标准;

(4) 有较好的安全性能,闪点高,不属于危险品。因此,在运输、储存、使用时具有很大的安全性;

(5) 生物柴油的制备是以可再生的动植物油脂为原料,可减少对石油的需求量和进口量。

微藻生物柴油制备的实验流程:

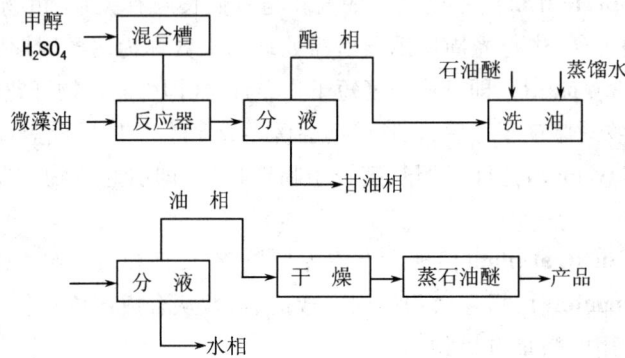

此外,使用生物柴油的汽车排放污染物大幅度减少,这对人口稠密的城市区域意义尤为重大;生物柴油的使用还可有效的控制大气中温室气体的总量,对全球气候变化有积极影响。

目前世界上有 85 座生物柴油工厂,总产量可达 128 万吨。在菲律宾,就有人把柴油与椰子油混合后用于卡车和拖拉机中。我国目前也已成功研制利用菜籽油、大豆油、米糠和野生植物小桐籽油等为原料生产生物柴油的工艺。

生物柴油研究进展

早在 100 多年前,Rudolf Diesel 就进行了植物油作为发动机燃料的试验,并取得了成功。但由于价格的原因,直至 20 世纪 30—40 年代,植物油作为柴油机燃料还仅用于应急情况。自 20 世纪 70 年代,尤其是 1991 年海湾战争以来,一方面,石油价格不断上涨、石油资源逐渐枯竭,全世界都面临着能源短缺的危机;另一方面,随着人们生活水平的提高和环境保护意识的增强,人们逐渐认识到石油作为燃料所造成的空气污染的严重性。因此,国际石油组织认为开发一种新的能源来替代石油燃料已迫在眉睫,生物柴油是最重要的清洁燃料之一。

生物柴油既可作为生物燃料,又可作为柴油机燃料的添加剂。近 20 年来,由植物油制备生物柴油作为石油燃料的替代物,已引起了世界各国的广泛关注。1982 年前后,德国和奥地利首次在柴油机引擎中使用菜籽油甲酯。1985 年奥地利建立了以新工艺(常温、常压)生产菜籽油甲酯的生产装置,并从 1990 年起以菜籽油为原料工业化生产生物柴油。1991 年奥地利标准局首次发布了生物柴油的标准,世界上其他一些国家,如法国、意大利、捷克、瑞士、美国和德国,也都相继建立了生物柴油的标准。目前,欧洲和北美主要以植物油为原料制备生物柴油,欧洲已建立了数家生物柴油工厂,规模最大的生物柴油工厂在意利,生产能力达 25×10^4 t/年。欧盟 2003 年的产量达到了 270×10^4 t,并计划于 2010 年达到 $800\sim1000\times10^4$ t,使生物柴油在柴油市场中的份额达到 5.75%,规划 2020 年达到 20%。日本则通过回收废食用油来制备生物柴油,其生产能力已达到 40×10^4 t/年。巴西 2002 年重新启动生物柴油计划,采用其丰产的蓖麻油为原料,建成了 2.4×10^4 t/年的生物柴油生产厂,并计划到 2005 年使生物柴油在石油柴油中的掺比达到 5%,到 2020 年达到 20%。韩国引进了德国生产技术,以进口菜籽油为原料于 2002 年建成 10×10^4 t/年的生物柴油生产装置,目前正再建一套 20×10^4 t/年的生产装置。

我国对生物柴油的开发和研究尚处于起步阶段,随着世界范围的能源短缺,以及人们对环境保护的日益重视,开发和研究生物柴油这一绿色环保型燃料,以替代不断枯竭的石油能源已势在必行。我国从 1993 年起成为石油净进口国,其中,柴油是我国消费的主要石油产品。发展立足于本国原料大规模生产替代石油燃料,是保障我国石油安全的重大战略措施之一。

四、精选习题

填空题

1. 苔藓植物为两侧对称的(　　),没有维管束组织,有性生殖时(　　)有鞭毛,受精过程依赖(　　),受精卵在(　　)的保护下靠母体的营养发育成胚和孢子体。
2. 叶产生于(　　),而芽则产生于叶腋处的(　　)。(　　)和(　　)都起源于茎的顶端分生组织。
3. 常见的植物细胞类型包括(　　)、(　　)、(　　)、(　　)、(　　)等。
4. 根的初生结构,由外向内分别为(　　)、(　　)和(　　)。内皮层细胞初生壁上径向栓质化环带状加厚,称为(　　),是控制(　　)与(　　)之间物质交流的通道。
5. 植物细胞的生长通常分为 3 个时期,即(　　)、(　　)和(　　)。
6. 植物生长的相关性主要表现在 3 个方面,即(　　)、(　　)和(　　)。
7. 被子植物双受精后,由合子发育成(　　),由受精的极核(中央细胞)发育成(　　),由珠被发育成(　　)。
8. 大多数双子叶植物的根在初生结构成熟后,还进行(　　);(　　)和(　　)是造成根次生加粗生长的侧分生组织。
9. 木本双子叶植物茎的各组织从里向外的排列顺序是:(　　)、(　　)、(　　)、(　　)和(　　)。
10. 植物激素包括(　　)、(　　)、(　　)、(　　)和(　　)5 大类。
11. 组织培养研究中证明:当 CTK/IAA 比值高时,诱导(　　)分化;比值低时,诱导(　　)分化。
12. 干旱、淹水对乙烯的生物合成有(　　)作用。
13. 不同植物激素组合,对输导组织的分化有一定影响,当 IAA/GA 比值低时,促进(　　)分化;比值高时,促进(　　)分化。
14. 当保卫细胞吸水膨胀时,气孔便(　　);相反,当保卫细胞失水时,气孔(　　)。
15. 影响蒸腾作用的环境因子主要有(　　)、(　　)、(　　)和(　　)。

16. 植物体内有机物的长距离运输的部位是（　　），运输的方向有（　　）和（　　）两种。
17. 筛管中含量最高的有机物是（　　），而含量最高的无机离子是（　　）。
18. 证明植物体内有机物的运输途径可采用（　　）和（　　）两种方法。研究有机物运输形式最巧妙的方法是（　　）。
19. 植物的必需微量元素是（　　）、（　　）、（　　）、（　　）、（　　）、（　　）和（　　）。
20. 植物缺钾的典型症状主要是（　　）和（　　）等。
21. 影响根部吸收矿物质的条件有（　　）、（　　）、（　　）和（　　）。
22. 根系从土壤吸收矿质元素的方式有（　　）和（　　）。
23. 植物地上部分对矿质元素吸收的主要器官是（　　），营养物质可从（　　）运入叶内。
24. 植物根系吸水方式有（　　）和（　　）。吸收水的动力有（　　）和（　　）。证明根压存在的证据有（　　）和（　　）。
25. 目前认为水分沿导管或管胞上升的动力是（　　）和（　　）。
26. 影响花诱导的主要外界条件是（　　）和（　　）。
27. 植物接受低温春化的部位是（　　）。
28. 植物光周期的类型可分为（　　）、（　　）和（　　）3种。
29. 要想使菊花提前开花可对菊花进行（　　）处理，要想使菊花延迟开花，可对菊花进行（　　）处理。
30. 短日照植物南种北引，则生育期（　　），故应引用（　　）种；长日照植物南种北引，则生育期（　　），故应引用（　　）种。
31. 一般说来，细胞分裂素可（　　）叶片衰老，而脱落酸可（　　）叶片衰老。
32. 叶片衰老过程中，光合作用和呼吸作用都（　　）。
33. 叶片衰老时，蛋白质含量下降的原因有两种可能：一是蛋白质（　　）；二是蛋白质（　　）。
34. C_4途径中CO_2的受体是（　　），最初产物是（　　）。C_4途径是在（　　）中进行的，卡尔文循环是在（　　）中进行的。
35. 农作物中主要的C_3植物有（　　）、（　　）、（　　）等，C_4植物有（　　）、（　　）、（　　）等。
36. 种子休眠的原因大致有（　　）、（　　）、（　　）和（　　）4个方面的原因。
37. 种子萌发的标志是（　　）。
38. 种子萌发的必须条件有（　　）、（　　）和（　　）。
39. 在植物细胞中具有第二信使作用的金属离子是（　　）。
40. 细胞的信号传导途径包括（　　）、（　　）和（　　）3个主要步骤。

选择题

1. **陆生植物分成4个大类，下面（　　）不符合这个分类
   A. 苔藓植物　　　　B. 蕨类植物　　　　C. 裸子植物　　　　D. 种子植物
2. **下列不属于被子植物3大组织系统的是（　　）。
   A. 表皮组织系统　　　　　　　　　　B. 维管组织系统
   C. 营养组织系统　　　　　　　　　　D. 基本组织系统
3. **下列对植物组织描述不正确的有（　　）。（多选）
   A. 分生组织由未分化的细胞组成，一般在植物体的生长部分
   B. 成熟组织也称永久组织，是不可变的组织

C. 薄壁组织有多种功能,一般细胞质少,液泡大

D. 气孔属于输导组织

4. ＊＊下列对根描述不正确的有（　　）。

   A. 除了主根和侧根,生长在茎、叶和老根上的根叫不定根

   B. 须根系比直根系更利于植物的固定

   C. 根的延长区是根吸收水分的主要部分

   D. 根冠细胞在生长过程中不断磨损,由分生区细胞分裂加以补充

5. ＊＊下列木本双子叶植物茎的中柱(维管柱)各部分按由内向外排列的正确顺序是（　　）。

   A. 初生木质部、次生木质部、维管形成层、次生韧皮部、初生韧皮部

   B. 初生木质部、维管形成层、次生木质部、次生韧皮部、初生韧皮部

   C. 初生韧皮部、初生木质部、次生木质部、维管形成层、次生韧皮部

   D. 次生韧皮部、初生韧皮部、维管形成层、初生木质部、次生木质部

6. ＊＊在木本植物茎的树皮和木质部之间有一层分裂组织是：

   A. 维管形成层　　　B. 木栓形成层　　　C. 边材形成层　　　D. 心材形成层

7. ＊＊植物物质运输过程中,韧皮部主要传输下列物质中的（　　）。

   A. 水分　　　　　　B. 蔗糖　　　　　　C. 二氧化碳　　　　D. 矿物质

8. ＊＊下列蔬菜中（　　）的食用部分不是茎。

   A. 藕　　　　　　　B. 洋葱　　　　　　C. 马铃薯　　　　　D. 胡萝卜

9. ＊＊下列（　　）对叶片描述不正确。（多选）

   A. 叶片上表皮气孔比下表皮多

   B. 栅栏组织在下表皮之上,海绵组织在上表皮之下

   C. 叶脉是叶片中的维管束,直接与叶柄和茎中的维管束相连通

   D. 叶肉是含有许多叶绿体的薄壁组织

10. ＊＊气孔的开合最主要是和下列（　　）的运动有关。

    A. 钠离子　　　　　B. 钾离子　　　　　C. 钙离子　　　　　D. 锌离子

11. ＊＊（　　）是植物长距离水分运输主要渠道。

    A. 导管和管胞　　　B. 胞间连丝　　　　C. 伴胞细胞　　　　D. 筛管

12. ＊＊根吸收水的方式有主动吸收和被动吸收,两者的动力分别为（　　）。

    A. 根压和根压　　　　　　　　　　　　B. 根压和蒸腾拉力

    C. 蒸腾拉力和蒸腾拉力　　　　　　　　D. 蒸腾拉力和根压

13. ＊＊下列（　　）对花结构描述不正确。（多选）

    A. 一朵完整的花包括花托、花冠、雄蕊群和雌蕊群几部分

    B. 多数雄蕊可分为花丝和花药两部分

    C. 心皮包括雄蕊和雌蕊

    D. 子房一般着生在花托上

14. ＊＊植物感受光周期诱导的部位是（　　）。

    A. 叶片　　　　　　B. 茎尖　　　　　　C. 腋芽　　　　　　D. 花

15. ＊＊一短日植物的临界光周期是13 h,在下列（　　）情况下植物才会开花。

    A. 14 h光照,随后10 h夜长

    B. 10 h光照,随后14 h夜长

C. 12 h 光照,随后 12 h 夜长,并在第 18 h 给一次红光闪光

D. 10 h 光照,随后 14 h 夜长,并在第 18 h 给一次红光闪光

E. 12 h 光照,随后 12 h 夜长,并在第 18 h 顺序给一次红外闪光和红光闪光

16. 苔藓植物适应于陆地环境是因为(　　)。
    A. 它们可以无性生殖　　　　　　　　B. 它们有可以依赖的孢子
    C. 它们可以将水保持在身体周围　　　D. 它们不足几英寸大

17. 下列对蕨类植物描述正确的有(　　)。
    A. 蕨类植物呈两侧对称　　　　　　　B. 精子鞭毛消失
    C. 根状茎内有维管组织　　　　　　　D. 营养叶上排列整齐的孢子囊群

18. 蕨类植物通常生活在潮湿的地点是因为(　　)。
    A. 精子游动需要水　　　　　　　　　B. 有鞭毛的孢子需要水
    C. 孢子体后代需要水　　　　　　　　D. 需要较多水进行呼吸作用

19. 在蕨类生活史中,其植物体是(　　)。
    A. 配子体阶段　　　　　　　　　　　B. 孢子体阶段
    C. 原叶体阶段　　　　　　　　　　　D. 从孢子发育而来

20. 通常裸子植物花属于(　　)。(多选)
    A. 单性花　　　B. 两性花　　　C. 风媒花　　　D. 虫媒花

21. 下列不属于被子植物三大组织系统的是(　　)。
    A. 表皮组织系统　　　　　　　　　　B. 维管组织系统
    C. 营养组织系统　　　　　　　　　　D. 基本组织系统

22. 下列关于菜豆种子萌发的叙述,错误的一项是(　　)。
    A. 种子萌发需要外界适宜的温度、水分和氧气
    B. 种子萌发必须具有完整的活胚
    C. 菜豆是由于下胚轴伸长而形成子叶出土的植物
    D. 菜豆是由于上胚轴伸长而形成子叶出土的植物

23. 小麦种子萌发期间,种子内部运动非常激烈,首先是物质转化,然后为形态变化,试问在小麦萌发过程中(　　)。
    A. 胚乳与胚中的物质以合成为主,重量不断增加
    B. 胚乳与胚中的物质以分解为主,重量不断减少
    C. 胚乳的物质以分解为主,形态由大变小,胚中的物质以合成为主,重量不断增加
    D. 胚乳的物质以合成为主,形态由小变大,胚中的物质以分解为主,重量不断减少

24. 在根尖生长过程中,各段的细胞群出现细胞体积增大和细胞分化最明显的是(　　)。
    A. 根冠　　　B. 生长点　　　C. 伸长区　　　D. 成熟区

25. 从根毛区来看,水分从土壤进入根毛细胞后以渗透的形式通过组织最后进入导管或管胞。水分以(　　)顺序通过组织。
    A. 皮层→中柱→木质部　　　　　　　B. 中柱→皮层→木质部
    C. 皮层→木质部→中柱　　　　　　　D. 木质部→皮层→中柱

26. 裸子植物茎的输导组织由(　　)组成。(多选)
    A. 导管　　　B. 管胞　　　C. 筛管　　　D. 筛胞

27. 维管形成层属于( )。(多选)
    A. 顶端分生组织　　　　　　　　　　B. 次生分生组织
    C. 初生分生组织　　　　　　　　　　D. 侧生分生组织
28. 植物根的增粗主要是由于( )分裂活动的结果。
    A. 中柱鞘　　　　B. 形成层　　　　C. 凯氏带　　　　D. 维管形成层
29. 种子植物维管形成层属分生组织,其细胞特点是( )。
    A. 全部为等直径细胞,核大、质浓,无大液泡,能进行各种方向分裂
    B. 全部纺锤形具大液泡,能进行各种方向细胞分裂
    C. 部分细胞为纺锤形,具大液泡,能进行各种方向细胞分裂
    D. 部分细胞纺锤形,具大液泡,只能进行平周分裂
30. 一棵树茎高 3 m,在距地面 2 m 处作一标记。2 年后这棵树长到 5 m 高,这时标记距地面应是( )。
    A. 4 m　　　　　B. 3 m　　　　　C. 2 m　　　　　D. 5 m
31. 指出单子叶植物茎的典型特征是( )。
    A. 具厚角组织　　B. 具外韧维管束　C. 维管束散生　　D. 老茎具周皮
32. 人们吃的豆芽,食用部分主要是( )。
    A. 胚芽　　　　　B. 胚轴　　　　　C. 胚根　　　　　D. 子叶
33. 判断枝条的年龄是根据( )。
    A. 年轮数目　　　B. 芽鳞痕数目　　C. 混合芽数目　　D. 中柱鞘
34. 把一段带叶的茎下端插入装有稀释红墨水的瓶子里,放置在温暖的阳光下,待到叶脉微红时,用肉眼观察茎的横切面,染红的结构是( )。
    A. 韧皮部　　　　B. 木质部　　　　C. 筛管　　　　　D. 导管
35. 下列项中,( )不是一般植物的茎所具备的功能。
    A. 吸收　　　　　B. 支持　　　　　C. 输导　　　　　D. 繁殖
36. 植物激素和植物生长调节剂最根本的区别是( )。
    A. 二者的分子结构不同　　　　　　　B. 二者的生物活性不同
    C. 二者合成的方式不同　　　　　　　D. 二者在体内的运输方式不同
37. 1 kg 绿豆可以生出近 10 kg 豆芽菜,在此过程中,各物质含量的变化是( )。
    A. 有机物减少,水分增多　　　　　　B. 有机物增多,水分增多
    C. 有机物增多,水分减少　　　　　　D. 有机物减少,水分减少
38. 双子叶木本植物茎的增粗主要是( )活动的结果。
    A. 顶端分生组织　　　　　　　　　　B. 居间分生组织
    C. 侧生分生组织　　　　　　　　　　D. 额外分生组织
39. 在茎的次生结构中维管束是指( )。
    A. 木质部　　　　　　　　　　　　　B. 韧皮部
    C. 木质部、形成层、韧皮部　　　　　D. 木质部与韧皮部
40. 双子叶木本植物茎内的细胞能获得叶片制造的有机物是由( )结构运输的。
    A. 髓和髓射线　　　　　　　　　　　B. 导管和髓射线
    C. 筛管和导管　　　　　　　　　　　D. 筛管和髓射线

41. 下列对茎描述不正确的有(　　)。(多选)
    A. 在四年树龄的树木枝条,其顶芽痕的数目应与其横切面上的年轮数目相等
    B. 在皮层、髓和木射线中,多数组织由薄壁细胞构成
    C. 顶端组织形成次生组织,形成层产生原生组织
    D. 只要树干中心腐烂树木就会死亡
42. 植物体的维管组织包括(　　)。
    A. 导管和管胞 B. 筛管和伴胞
    C. 木质部和韧皮部 D. 筛管和导管
43. 下列不具有变态茎的植物是(　　)。
    A. 马铃薯 B. 慈菇 C. 青椒 D. 竹
44. 在木本植物的树干上环割一周,深度至形成层,剥去圈内树皮,过一段时间可见到环割上端出现瘤状物,这种现象说明(　　)。
    A. 韧皮部输送有机物受阻 B. 韧皮部输送水分和无机盐受阻
    C. 木质部输送有机物受阻 D. 木质部输送水分和无机盐受阻
45. 水分在根及叶的活细胞间传导的方向决定于(　　)。
    A. 细胞液的浓度 B. 相邻活细胞的渗透势
    C. 相邻活细胞的水势梯度 D. 活细胞压力势的高低。
46. 蔗糖向筛管装载是(　　)进行的。
    A. 顺浓度梯度 B. 逆浓度梯度
    C. 等浓度 D. 无一定浓度规律
47. 植物体内有机物转移与运输的方向是(　　)。
    A. 只能从高浓度向低浓度方向移动,而不能相反
    B. 既能从高浓度向低浓度方向移动,也能相反
    C. 长距离运输是从高浓度向低浓度方向转移,短距离运输也可逆浓度方向进行
    D. 只能从低浓度向高浓度方向移动,而不能相反
48. 属于代谢源的器官是(　　)。
    A. 根 B. 果实 C. 幼嫩的叶片 D. 长成的叶片
49. 属于代谢库的器官是(　　)。
    A. 衰老的叶片 B. 刚萌动的种子 C. 果实 D. 成长的叶片
50. 水稻叶片叶绿体中输出到细胞质的糖类主要是(　　)。
    A. 蔗糖 B. 葡萄糖和果糖 C. 磷酸丙糖 D. 麦芽糖
51. 在筛管内被运输的有机物质中,含量最高的物质是(　　)。
    A. 葡萄糖 B. 蔗糖 C. 苹果酸 D. 磷酸丙糖
52. 植物根部吸收的无机离子向植物地上部运输时主要通过(　　)。
    A. 筛管 B. 导管 C. 转运细胞 D. 薄壁细胞
53. 苔藓植物体内水分和养分的输送途径是(　　)。
    A. 导管 B. 筛管
    C. 维管束 D. 细胞之间的传递
54. 秋天,叶的色素中最易受低温伤害而被破坏的是(　　)。
    A. 叶绿素 B. 叶黄素 C. 花青素 D. 胡萝卜素

55. 以下植物具有贮藏养料功能的变态叶是（　　）。
    A. 马铃薯　　　　B. 水仙　　　　C. 荸荠　　　　D. 藕
56. 影响根毛区主动吸收无机离子最重要的原因是（　　）。
    A. 土壤中无机离子的浓度　　　　B. 根可利用的氧
    C. 离子进入根毛区的扩散速度　　D. 土壤水分含量
57. 植物叶片的颜色常作为（　　）肥是否充足的指标。
    A. 磷　　　　B. 硫　　　　C. 氮　　　　D. 钾
58. 高等植物的下列细胞中，不能进行光合作用的是（　　）。
    A. 叶片的表层细胞　　　　B. 保卫细胞
    C. 海绵组织细胞　　　　　D. 幼嫩茎的皮层细胞
59. 某种植物（例如：芒果）在阳光光照不充分的地方生长，其叶片面积和厚度比在阳光充足地方生长时的变化是（　　）。
    A. 叶面积减小，叶肉增厚　　　　B. 叶面积增大，叶肉增厚
    C. 叶面积减小，叶肉减薄　　　　D. 叶面积增大，叶肉减薄
60. 白菜是两年生植物，在第一年生长中，有机物的分配中心（　　）。
    A. 主要是幼根　　B. 主要是幼叶　　C. 主要是幼茎　　D. 花和果实
61. 竹子开花后，植株往往就死亡，这是因为开花后（　　）。
    A. 产生了抑制生长的物质
    B. 生殖周期完成
    C. 生殖生长消耗养料过多，阻碍了营养生长
    D. 环境条件变坏
62. 在烟草的叶片中含有大量烟碱，当把烟草嫁接到番茄上时，烟草的叶就不含烟碱了。反之，嫁接在烟草上的番茄叶子中却含有烟碱。这说明（　　）。
    A. 烟草根部能合成烟碱
    B. 烟草叶子受番茄影响，遗传性发生改变
    C. 番茄叶子受烟草影响，遗传性发生改变
    D. 只有依靠烟草根部吸收某种物质，烟草叶片才产生烟碱
63. 被子植物名称的由来，主要是它的胚珠包藏在下列（　　）结构内。
    A. 子房壁　　　　B. 枝头　　　　C. 花粉管　　　　D. 种子
64. （　　）的植物，才能算是真正的陆生植物。
    A. 具有发达的根系
    B. 具有发达的输导组织
    C. 胚受到母体保护
    D. 受精过程出现了花粉管
65. 植物感受春化作用的主要部位是（　　）。
    A. 顶端分生组织　　B. 嫩茎　　　　C. 叶片　　　　D. 根端
66. 植物向光性反应的光受体可能是（　　）。
    A. 隐花色素　　　　B. 光敏色素　　　C. 叶绿素　　　D. 花色素
67. 花生、棉花等种子含脂肪较多，萌发时较禾谷类种子需要更多的（　　）。
    A. 水分　　　　B. 矿质元素　　　　C. 氧气　　　　D. 光照

68. 植物形态学上端长芽,下端长根,这种现象称为( )现象。
   A. 再生　　　　　B. 脱分化　　　　　C. 再分化　　　　　D. 极性

连线题

1. ＊＊将下列激素与其生物学作用进行匹配:
   A. 生长素　　　　　　　Ⅰ. 控制生长分化,延缓衰老
   B. 细胞分裂素　　　　　Ⅱ. 促进果实成熟,加速器官的衰老和脱落
   C. 赤霉素　　　　　　　Ⅲ. 与植物顶端优势、向光性有关
   D. 脱落酸　　　　　　　Ⅳ. 抑制生长,促进休眠
   E. 乙烯　　　　　　　　Ⅴ. 促进种子萌发和发芽,刺激开花和果实发育

2. ＊＊将下列微量元素和它们的作用匹配:
   A. 参与光合作用中水的光解,调节渗透与离子平衡　　　　Ⅰ. 硼
   B. 细胞色素的组成成分,参与一些酶的活化　　　　　　　Ⅱ. 铜
   C. 调节叶绿素的合成,与糖类的转运和核酸的合成有关　　Ⅲ. 镍
   D. 参与氨基酸合成,为类囊体膜的稳定和光合放氧所必需　Ⅳ. 钼
   E. 参与叶绿素合成的活化和一些酶的活化　　　　　　　　Ⅴ. 铁
   F. 为许多还原酶和木质素合成酶的成分　　　　　　　　　Ⅵ. 氯
   G. 硝酸还原和生物固氮所必需　　　　　　　　　　　　　Ⅶ. 锰
   H. 与氮代谢相关的一种酶的辅助因子　　　　　　　　　　Ⅷ. 锌

3. ＊＊将下列大量元素和它们的作用相匹配:
   A. 组成核酸、蛋白质、激素和辅酶的成分　　　　　　　　Ⅰ. 硫
   B. 组成蛋白质、激素和辅酶的成分,不参与核酸组成　　　Ⅱ. 钙
   C. 组成核酸、磷脂、ATP 和某些辅酶的成分　　　　　　　Ⅲ. 钾
   D. 调节蛋白质合成、水平衡,与渗透作用、气孔的开关有关　Ⅳ. 磷
   E. 调节细胞壁稳定性,作为第二信使调节对细胞刺激信号的响应　Ⅴ. 氮
   F. 叶绿素的组成成分　　　　　　　　　　　　　　　　　Ⅵ. 镁

4. ＊＊将下列花结构和它们在功能相匹配:
   A. 花粉囊　　　　　　　Ⅰ. 变为果实
   B. 雌蕊　　　　　　　　Ⅱ. 制造小孢子囊
   C. 胚珠　　　　　　　　Ⅲ. 制造花粉
   D. 子房　　　　　　　　Ⅳ. 变为种子

5. 将下列植物功能和结构进行匹配:
   A. 储存、分泌和光合作用　　　Ⅰ. 皮孔
   B. 起支持作用　　　　　　　　Ⅱ. 薄壁组织
   C. 水和矿物元素传导　　　　　Ⅲ. 气孔
   D. 草本茎气体交换通道　　　　Ⅳ. 管胞和导管
   E. 木本茎气体交换通道　　　　Ⅴ. 厚角组织和厚壁组织

6. 请将下列茎维管束中的结构和描述匹配:
   A. 导管　　　　　　　Ⅰ. 细胞两端稍长,又名管胞
   B. 假导管　　　　　　Ⅱ. 柱状细胞组成,上下有筛孔
   C. 筛管　　　　　　　Ⅲ. 可调节筛管活动的活细胞

D. 伴胞
Ⅳ. 柱状细胞组成,细胞质消失,细胞壁增厚

7. 将下列特点分别归入苔藓植物和蕨类植物:

苔藓植物　　　　　　　　　　A. 配子体显著
　　　　　　　　　　　　　　B. 无维管
　　　　　　　　　　　　　　C. 孢子体显著
　　　　　　　　　　　　　　D. 没有真正的根、茎或叶
蕨类植物　　　　　　　　　　E. 雌雄同株
　　　　　　　　　　　　　　F. 没有无性繁殖结构
　　　　　　　　　　　　　　G. 雌雄异株
　　　　　　　　　　　　　　H. 无性繁殖孢子
　　　　　　　　　　　　　　I. 有导管
　　　　　　　　　　　　　　J. 真正的根、茎、叶

简答题

1. 导管是如何形成的,和管胞有什么不同?哪一个的输水效率高?
2. 简述水分在植物体的运输途径。
3. 筛管分子的哪些特点使其有利于输送营养物质?
4. 物质在维管束中运输的一般规律是什么?
5. 说明种子休眠的原因,并指出破除种子休眠的方法
6. 短日照植物是指光期短于某一定时间开花的植物,长日照植物是光期要超过某一定时间,根据给出条件完成下表。

临界日长/h	光期/h	暗期/h	长日植物开花情况	短日植物开花情况
10	8	16		
11	12	12		
12	13	11		
14	13	11		

7. 试解释 C_4 植物比 C_3 植物的光合作用强的原因。
8. 光周期理论在农业生产上有哪些应用?
9. 试述水分对植物的作用。
10. 盐对植物产生的伤害有哪些?
11. 果实成熟过程中的物质变化有哪些?
12. 简述被子植物生活史。
13. 被子植物与裸子植物同样以种子繁殖,但比裸子植物要演化完善得多,其主要特征表现在哪些方面?
14. 种子植物的共同特征是什么?
15. 何谓压力流动假说?实验依据是什么?该学说还有哪些不足之处?
16. 种子萌发时,有机物质发生哪些生理生化变化?

17. 试述光对植物生长的影响。
18. 把树干的树皮全部剥光等于杀死树木,为什么?
19. 说明产生无籽果实的原因。
20. 为什么我们称种子植物的两类为裸子植物和被子植物?与裸子植物相比,被子植物生活史的主要特征有哪些?

图示题

1. 下图为苔藓植物生活史示意图,请填入序号对应的世代名称或结构名称,并回答下列问题。

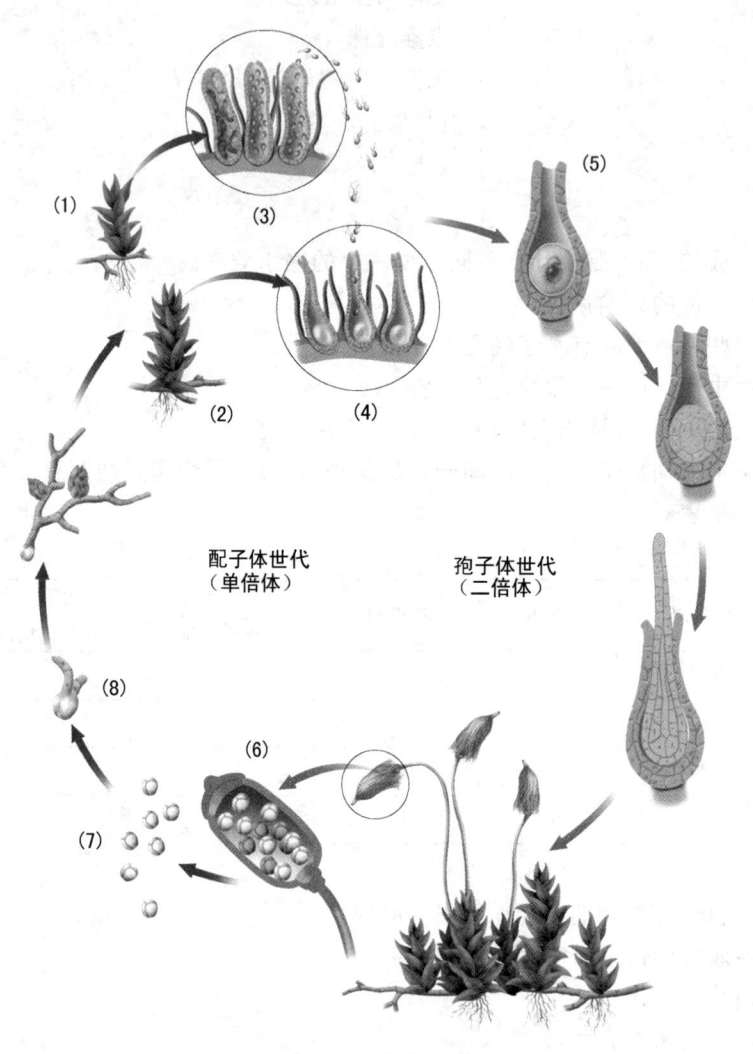

① 我们平常所看见的绿色苔藓植物都是_____体,其_____体退化且不能独立生活。
② 苔藓植物双倍体的受精卵经过胚胎阶段,发育成_____。
③ 配子托上生出_____和_____,分别产生精子和卵。
④ 精子借助于水游入_____与卵结合,卵受精后形成二倍体的_____,_____不经过休眠直接分裂形成胚,以后胚发育成_____。
⑤ 苔藓植物营养体在形态上并没有完全真正的_____、_____、_____构造分化。

2. 下图为蕨类植物的形态及生活史示意图,请填入序号对应的世代名称或结构名称,并填空回答下列问题。

① 常见的蕨类植株多是_____,有根、茎、叶的分化,大多数为多年生草本。
② 配子体不发达,但能独立生活,缺乏_____,腹面生有_____和_____。
③ 受精卵发育成胚与孢子体后,暂时寄生在_____上。孢子体成长后,配子体死去。
④ 在蕨类植物孢子体内,出现了真正的_____,其主要作用是输导水分和养分,还具有支持功能。
⑤ 蕨类植物的维管组织较原始,_____主要起输导水分的作用;_____主要由筛胞和韧皮薄壁细胞组成,起输导有机养分和光合作用产物的功能。
⑥ 蕨类植物的_____比苔藓发达的多,且更加适应于陆地生活。

3. 下图为裸子植物生活史示意图,请填入序号对应的世代名称或结构名称,并填空回答下列问题。
① 裸子植物_____发达,其强壮的茎中有高度分化的_____组织,茎干也有加粗的次生生长。
② 裸子植物有性生殖时受精作用在_____中进行,受精卵发育形成为_____。由于_____及_____裸露,没有真正的花和果实。

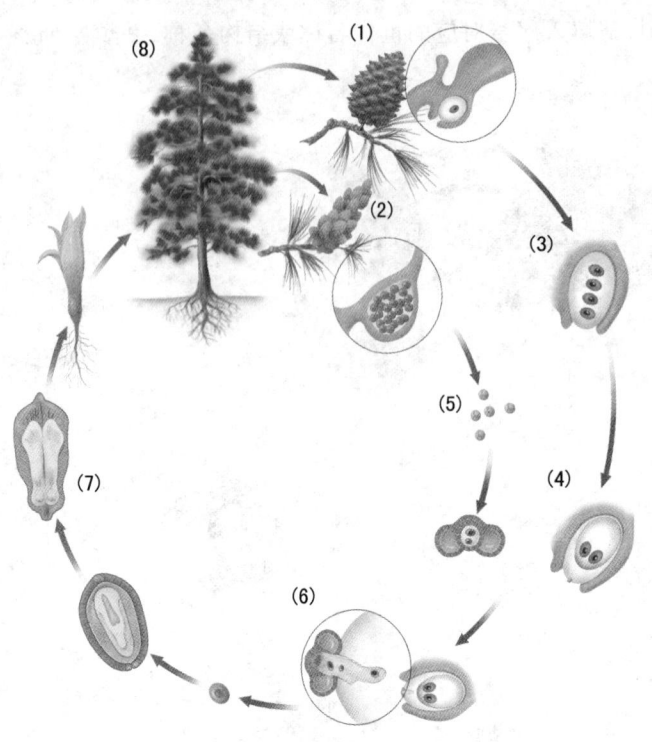

③ 裸子植物单性的孢子叶聚集成球花或球果,雌雄同株或异株;小孢子叶球为_____,着生有即花粉囊,大孢子叶球就是_____,每片大孢子叶基部着生裸露的_____。

④ 裸子植物的生活史为异形世代交替,与蕨类植物相比,其_____更加发达,_____不能独立生活。

4. 下图为根尖结构示意图,请标出各部位名称,并回答下列问题。

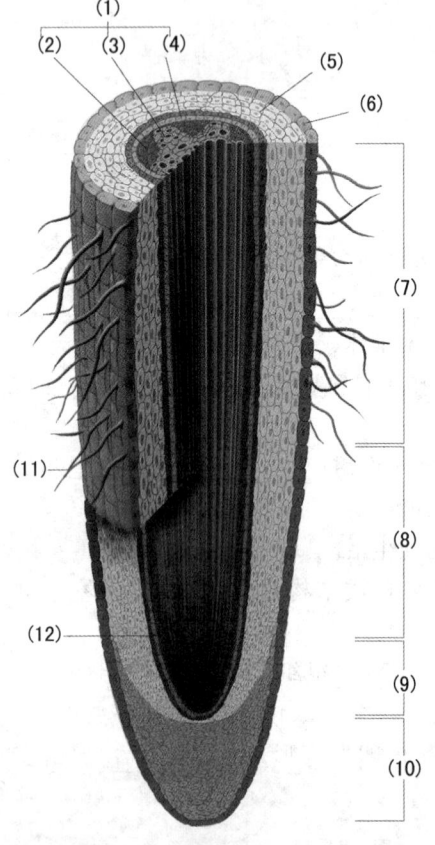

① 运送有机物的部位是_____。
② 双子叶植物的维管柱也称为_____。
③ 活跃的分裂细胞存在于_____。
④ 皮层的内层是_____。

5. 下图为双子叶与单子叶植物茎横切面示意图,请指出序号所表示部位的名称,并简述二者的生长特点。

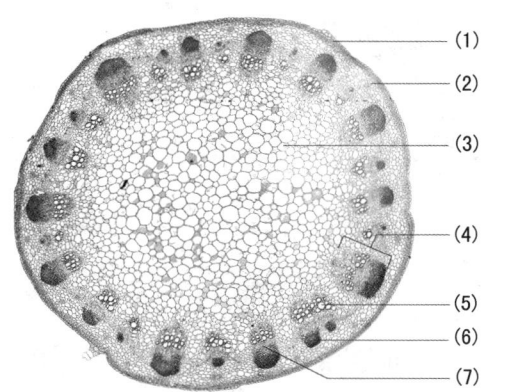
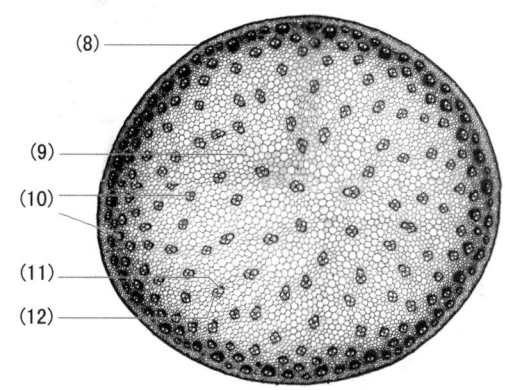

6. 下图为叶片结构示意图,请填上序号所指部位的名称,并回答下列问题。

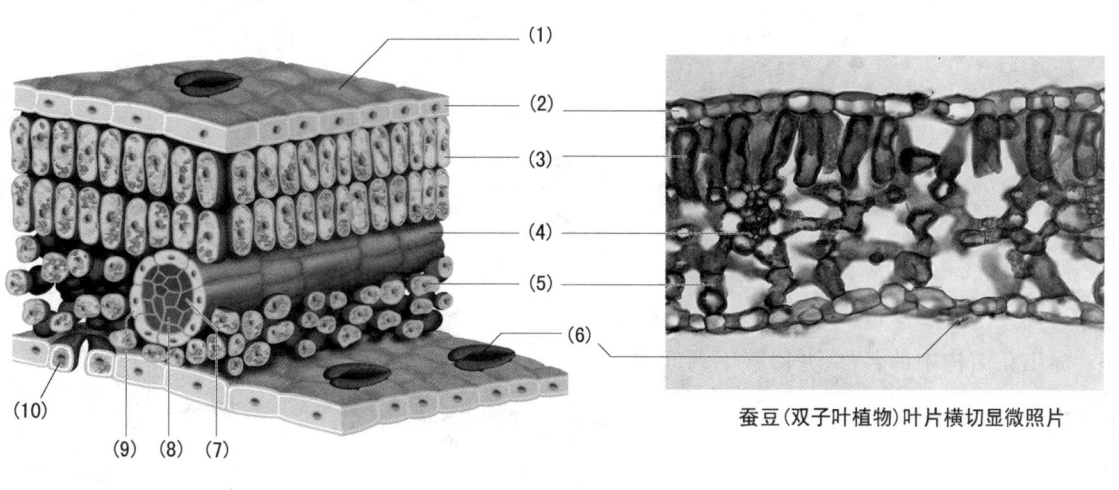

蚕豆(双子叶植物)叶片横切显微照片

① 典型的叶片由_____、_____和_____3部分组成。
② 表皮上分布着许多由保卫细胞组成的_____,其作用是_____。
③ 叶肉细胞是植物进行光合作用的主要场所,包括叶绿体含量多的_____组织和细胞间隙较大的_____组织。
④ 叶脉是叶片中的_____,包括_____和_____。分枝的叶脉与光合组织的叶肉细胞相连,叶肉细胞通过叶脉的_____获得水分和矿质营养,又通过叶脉的_____将光合作用的产物—糖类和其他有机物输送到植物的其他各部分。

7. 下图为被子植物生活史示意图,请填入序号对应的世代名称或结构名称,并填空回答下列问题。在种子植物中,占优势的世代是_____,_____显著退化且不能独立生活,发育成胚的是_____,发育成胚乳的是_____。果实是由_____发育而成,种子是由_____发育而成。

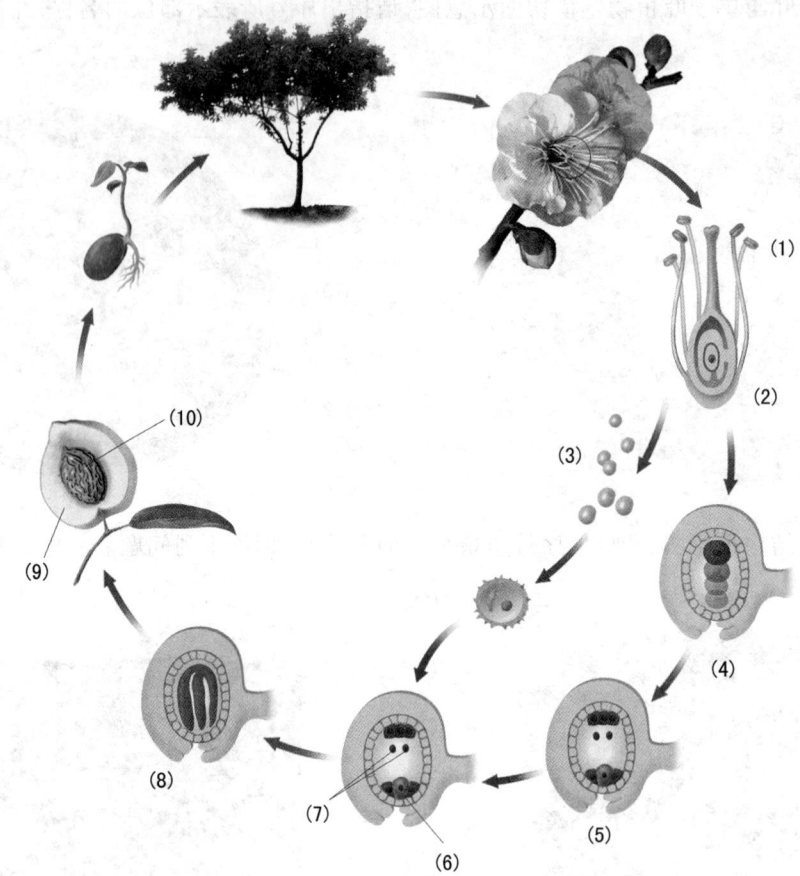

8. 标出花结构中的名称,并回答下列问题。

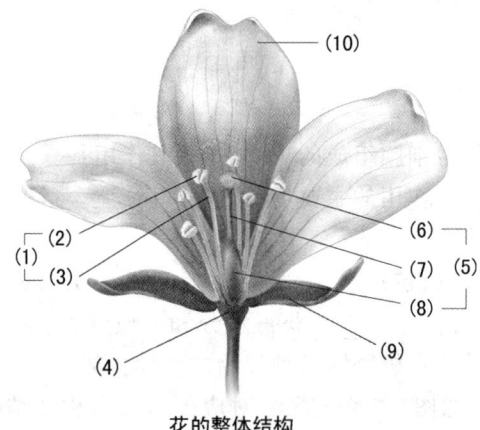

花的整体结构

① _____ 通常为绿色,在花开放前对花芽起保护作用。
② _____ 着生在花萼内,通常具有艳丽的色彩,以招引昆虫等协助传送花粉。
③ _____ 和 _____ 是花的非生殖部分。_____ 和 _____ 是花中真正有生殖功能的部分,着生在花托上。
④ 雄蕊可分化为 _____ 和 _____ 两部分。_____ 是产生花粉的结构。花粉借助于风

或昆虫到达_____,由花粉产生的精子经花柱到达_____与其中的卵子结合,完成受精过程。

⑤ 子房是_____基部膨大的部分。在子房室内着生有一个或多个_____。

⑥ 胚珠由含有卵细胞的_____、_____和_____所组成。

9. 下图为花粉与囊胚的发育过程,请标上序号所指部位的名称并回答下列问题。

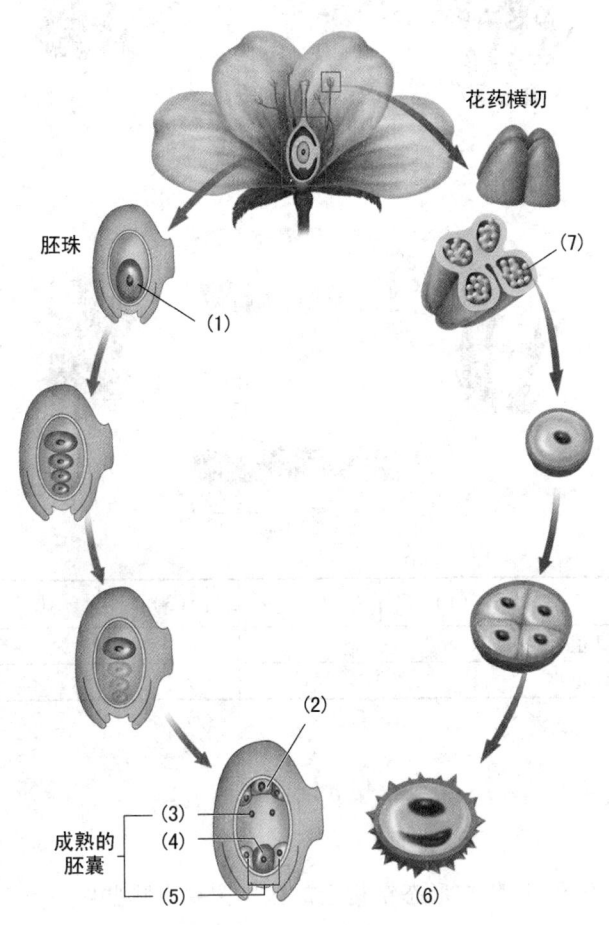

① 花药内部的花粉囊中,一个二倍体的_____经过减数分裂形成4个单倍体的_____。每个_____成熟后又经过一次有丝分裂形成两个花粉细胞,其中一个大的花粉细胞以后发育成_____,另一个小的花粉细胞成为生殖细胞,生殖细胞再分裂一次,形成两个_____。

② 胚囊的发育过程中,首先珠心的孢原细胞形成_____,一个二倍体的_____经过减数分裂,产生4个单倍体的_____。这4个_____中,3个退化,仅有一个继续发育形成了具8个核的_____。

③ 位于胚囊中部的两个核(称为极核)形成一个_____;位于珠孔端的3个核也形成3个细胞,其中一个为_____,另两个为_____;相对于珠孔的另一端(合点端)的3个细胞形成为3个_____。如此,8个核、7个细胞的胚囊(雌配子体)完全发育成熟。

10. 请根据下图中给出4个光照条件,指出植物是否开花。

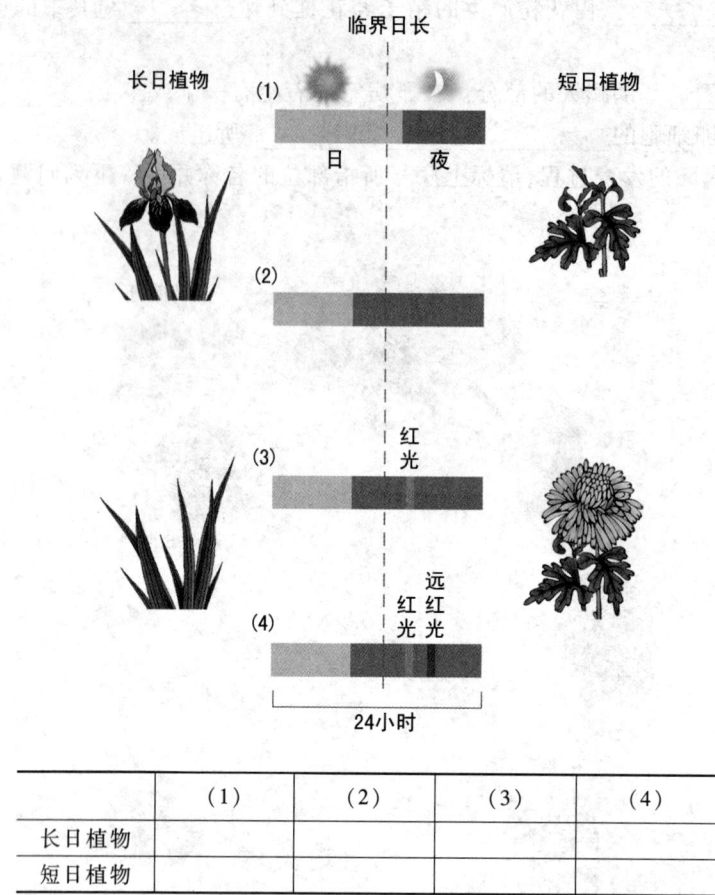

	（1）	（2）	（3）	（4）
长日植物				
短日植物				

五、思考与讨论

1. 单子叶植物与双子叶植物在形态结构上的区别主要有哪些？

单子叶植物与双子叶植物结构比较

	单子叶植物	双子叶植物
根	须根系	直根系
茎	一般维管束散布，无形成层，只有初生结构，茎长成后不再加粗	茎内维管束环状排列，有形成层，次生组织发达。
叶	平行或弧状叶脉，缺少叶柄	网状叶脉
花基数	3 或 3 的倍数	4 或 5 及其倍数
胚内子叶数	1 片	2 片
花粉粒	3 个萌发孔	单个萌发沟(孔)

2. 在初生构造上,根、茎、叶中的维管组织各有那些特征?

维管组织是3大组织之一,起着输导水分、养分以及支撑的作用,贯穿植物的根茎叶。根部的维管组织位于根的中部,初生木质部与初生韧皮部相间排列,被一层中柱鞘细胞包围,不与基本组织接触;茎部的维管组织靠近茎的表面分布,初生木质部与初生韧皮部内外排列,通常成束分布,称为维管束,每一个维管束都被基本组织包围;叶的维管组织就是通常所说的叶脉,主脉的维管束发达,分支末端叶脉很细,初生木质部与初生韧皮部外围被薄壁细胞所构成的维管束鞘细胞包围。

3. 请举例说明被子植物陆生适应性进化的现象。

被子植物最早起源于水中的藻类,随进化变成了典型的陆生植物,具备了各种适应陆生生活的构造与功能:

① 分化出根和茎,根生长在土壤中,而茎生长在空气中,适应于陆地的营养吸收和光合作用;

② 通常植物叶片上气孔下表皮较上表皮多,上表皮气孔少,有利于植物在强光照时减少水分的蒸腾;茎和叶表皮覆盖一层蜡质,有利于保持水分;

③ 有机同化物从"源"到"库"的输送,是由于水向浓度高的"源"运动产生的压力推动有机同化物向"库"方向运动的结果,这与植物在陆生环境中的水分运输是协调一致的;

④ 分化出专门的繁殖器官花、果实和种子,使种子在果实的保护之下更好地传播;种子发芽前通常要经过休眠,可使它适应陆地环境,增加存活概率;从生长来看,植物从种子的萌发、营养生长到开花、结实,其最适温度先逐渐上升,再略有下降,正好与种子在春季萌发后春、夏、秋季的温度变化趋势相吻合。

⑤ 保持了有性生殖的配子体世代与无性生殖的孢子体世代交替出现的生活史,保证了新个体获得双重遗传信息,从而具有与环境相适应的最大活力;

这一切都体现了被子植物在漫长的演化中是如何去适应陆生环境的。

4. 以植物的营养与体内运输为例,举例说明植物各部分器官在功能上相互依赖与配合,结构的特点体现了为功能服务,结构与功能的密切联系体现在植物个体发育每一个阶段。

植物进行光合作用的重要器官是叶。叶子制造的有机物,除少数供自身利用外,大多数都被运输到根、茎、花、果、种子等器官中去,这种有机物的运输,是通过贯穿于植物体各器官的韧皮部的筛管进行的;而筛管之所以可运输有机物,就在于筛管两端所具有的渗透压不同。渗透压高的一端,从其周围的细胞中吸水,从而又使该端的膨压加大,在一定膨压的作用下,筛管内所含的有机物便从膨压高的一端运送到较低的另一端。因此,植物在生长过程中,如果韧皮部受到破坏,即筛管受到破坏(如环割、剥皮),也就破坏了运输途径,进而影响到植物的生长,甚至导致死亡。在根系中合成的氨基酸、酰胺等含氮有机物也是经筛管运输到地上各器官中。

在植物体中,有机物的运输方向有一定的规律,通常与植物的生长有关。幼嫩的、生长旺盛的、陈新代谢较强的器官及组织常常是有机物运输的主要方向。因此,随着植物的生长、发育,在不同的生育期,有其不同的生长中心,从而也促使体内有机物运输方向的不断改变。例如:小麦在分蘖期,其上层成长叶片中的光合产物主要转移到主茎上的幼叶及幼小的分蘖,而下层叶则为根系的发育提供养料;而到了拔节期,光合产物主要运输到生长旺盛的叶及正在伸长的节间,其次是小分蘖。此外,许多植物都具有贮藏有机物质的能力,大凡这类植物通常都具有发达的块根、块茎等贮藏器官,如马铃薯(块茎)、甘薯(块根)等。

有机物在植物体内的制造、运输及贮藏过程,是与植物体内所进行的光合作用、输导作用、吸收作用及生长发育等各项生理功能密切相关的。

5. 如何区别植物的复叶与小枝？

叶与茎之间的夹角叫叶腋，叶腋处有腋芽，植物茎的分枝起源于叶腋处的芽原基。若叶柄与茎之间有腋芽存在，则说明是小枝，复叶产生于茎的顶端分生组织两侧的叶原基，其叶柄与茎之间是没有腋芽的；如已没有腋芽，则可在茎上找到叶痕的是小枝，找不到的是复叶。

6. 从分子水平上解释为什么植物根部遭受水淹后很容易导致植物的死亡。

正常情况下空气可以自由进入土壤间空隙，根的呼吸作用放出二氧化碳和水，形成碳酸，碳酸离解为 HCO_3^- 和 H^+，这两种离子可以和土壤溶液及土壤颗粒表面的正负离子交换；植物体中矿质元素浓度大大高于土壤溶液中的，将土壤中的矿质元素吸收需要跨膜消耗 ATP 的主动运输，ATP 来源于呼吸作用。当植物根部遭受水淹时，空气无法正常进入土壤，根"呼吸"不到空气，离子交换和主动运输受阻，植物最终会因不能吸收和转运营养元素而死亡。

7. 为什么 C_4 植物具有比 C_3 植物更高的对炎热干旱环境的适应性，并保持着较高的光合作用效率？

C_4 植物中 CO_2 固定的最初产物不是 Calvin 循环中的 3 - 磷酸甘油酸，而是四碳化合物草酰乙酸。此反应是发生在叶脉，即维管束外圈的 C_4 植物特有的叶肉细胞中，由磷酸烯醇式丙酮酸（PEP）羧化酶作用产生。与核酮糖二磷酸羧化酶相比，PEP 羧化酶具有更好的 CO_2 亲和力，能够更加有效地固定 CO_2；接下来，在维管束鞘细胞中发生 Calvin 循环，生成葡萄糖等光合产物，而脱羧反应产生的丙酮酸又返回外圈叶肉细胞中，重复进行高效的 CO_2 固定。在炎热干旱环境中，叶片关闭气孔以减少水分的丧失，导致叶片中 CO_2 浓度大大下降，因此在这样的环境中 C_4 植物上述特点使其保持较高的光合作用率，具有很好的生存优越性。

8. 为什么说花是一个特化的枝条？请描述花的构造。

茎顶端的分生组织在植物进入生殖生长阶段，进行从营养型向生殖型的不可逆转变，形成花原基和花序原基，由此形成花的各个部分。从它的形成来源来看，花是节间缩短、不分枝的、适应生殖的变态枝。花梗是枝条的一部分，花被、雄蕊和雌蕊皆为生于花托上的变态叶。因此说花是一个特化的枝条。

9. 请以一种植物为代表，简述其生活史和世代交替现象。

以被子植物为例（被子植物中各种植物基本符合这个过程），其生活史具有两个基本阶段：

由大孢子（单核胚囊）和小孢子（单核花粉粒）分别发育为成熟胚囊（含卵细胞）和成熟花粉粒或花粉管（含精子），这一过程较为短暂，细胞内染色体的数目是单倍体，此阶段为配子体世代。此后进行双受精成为二倍体的受精卵，再由种子萌发为完整植株，直到产生胚囊母细胞和花粉母细胞减数分裂为止，之后产生的孢子行无性生殖，具有二倍体的染色体，此阶段称为孢子体世代，在生活史中所占时间较长，常见的许多被子植物都是典型的孢子体。这便是被子植物的生活史，在生活史中配子体世代和孢子体世代有规律地交替出现的现象叫世代交替。在这个过程中，减数分裂和双受精是两种世代交替的转折点。

10. 请描述植物开花的光周期现象。

每天昼夜长短比例不同，对植物的开花结实具有明显的影响，这叫做光周期现象。根据对日照长度的反应类型可把植物分为长日照植物、短日照植物、中日照植物和日中性植物。

长日照植物是指在日照时间超过一定数值才能开花的植物，而且光照时间越长，开花越早。否则便只进行营养生长，不能形成花芽。较常见的长日照植物有牛蒡、紫菀、凤仙花和除虫菊等，作物中有冬小麦、大麦、油菜、菠菜、甜菜、甘蓝和萝卜等。人为延长光照时间可促使这些植物提前开花。

短日照植物是日照时间短于一定数值才能开花，否则就只进行营养生长而不开花的植物，这类植物通常是在早春或深秋开花。常见种类有牵牛、苍耳和菊类,作物中则有水稻、玉米、大豆、烟草、麻、棉等。

日中性植物即没有临界日长,在长日和短日照条件下都可以开花的植物。如黄瓜、番茄、番薯、四季豆和蒲公英等,这类植物称为日中性植物。

植物开花除了受临界日长的控制外,还同时受到诱导周期数的影响。诱导周期数就是光周期敏感植物开花诱导所需的光周期数(天数)。诱导周期数是开花要求的最少周期数,增加诱导周期数更有利于开花。

了解植物的光周期现象对植物的引种驯化工作非常重要,引种前必须特别注意植物开花对光周期的需要。在园艺工作中也常利用光周期现象人为控制开花时间,以便满足观赏需要。

11. 什么是植物激素?请叙述植物激素的种类、功能和发生部位。另外,您知道植物激素是如何被发现的吗?

是指植物体内合成的,一些对生长发育有显著调节作用的微量有机物。植物激素对植物体的生长、细胞分化、器官发生成熟和脱落等多方面都可具有调节作用,因此,植物激素对于植物的生长发育是必不可少的。

植物激素	主要合成部位	分布	生理作用
生长素	生长旺盛的细胞和分生组织	生长旺盛的组织,特别是芽顶端的分生组织	促进细胞的伸长、促进果实的发育和扦插的枝条生根。
赤霉素	生长中的种子和果实、幼叶、根和茎尖	较多存在于植株生长旺盛的部位,如茎端、嫩叶、根尖、果实和种子	调节细胞的伸长、促进蛋白质和 RNA 的合成,从而促进茎的伸长、抽薹、叶片扩大、种子发芽、果实生长、抑制成熟和衰老等
细胞分裂素	根、生长中的种子和果实	主要分布于进行细胞分裂的部位,如茎尖、根尖、未成熟的种子、萌发的种子、生长着的果实	促进细胞分裂,诱导芽的分化,促进侧芽生长,抑制不定根和侧根形成,延缓叶片的衰老等
乙烯	成熟中的果实、衰老中的组织、茎节	各器官都存在	促进细胞扩大,促进果实成熟,促进器官脱落等
脱落酸	根冠、老叶、茎	各器官、组织中都有,将要脱落或休眠的器官和组织中较多,逆境条件下会增多	抑制核酸和蛋白质的合成,表现为促进叶、花、果的脱落,促进果实成熟,抑制种子发芽、抑制植株生长等

12. 苔藓植物、蕨类植物、裸子植物和被子植物4大类各自进化的形态特征怎样?这些特征在适应陆地生活方面有哪些差别?

苔藓植物营养体在形态上并没有完全真正的根、茎叶构造分化,有性生殖时,精子有鞭毛,受精过程依赖于水,这些特征反映了苔藓植物对陆地生活的适应性还有一定局限。苔藓植物生殖器官的发育和分化体系了其比水生藻类生物更适应陆地生活的特征。

蕨类植物有根、茎、叶的分化,在蕨类植物孢子体内,出现了真正的维管组织,蕨类植物的生活史也有明显的世代交替现象,但与苔藓植物相比,孢子体比苔藓发达的多。蕨类植物更加适应于陆地生活。

裸子植物孢子体发达,大多数为高大的乔木,其强壮的茎中有高度分化的维管组织,茎干也有加粗的次生长长。裸子植物有性生殖时受精作用在胚珠中进行,受精卵发育形成为裸露的种子,适应于陆地生活,介于蕨类植物和被子植物之间的一类高等植物。

被子植物的孢子体高度发展和分化,具有典型的根、茎、叶、花、果实和种子等器官,生殖器官特化成为花的构造,其中雌蕊由子房、花柱和柱头3部分构成,胚珠包被在子房内,传粉受精后胚珠发育成果实。被子植物约有25万钟,占了植物界的半数,是适应于陆地生活的最完善的植物类群。

六、推荐阅读材料

1. 潘瑞炽. 植物生理学. 第5版. 北京:高等教育出版社,2004
2. 王忠 主编. 植物生理学. 北京:中国农业出版社,2000
3. 李合生 主编. 现代植物生理学. 北京:高等教育出版社,2002.1
4. 翟中和 等 主编. 细胞生物学. 北京:高等教育出版社,2000
5. 余叔文,汤章城 主编. 植物生理与分子生物学. 第2版. 北京:科学出版社,1999
6. 靳德明 主编. 现代生物学基础. 北京:高等教育出版社,2000
7. Hooykaas P J J, Hall M A, Libbenga K R. Biochemistry and Molecular Biology of Plant Hormones. Amersterdam: Elsevier, 1999
8. Hopkings W G. Introduction to Plant Physiology. New York : John Wiley & Sons, Inc. 1999
9. 与课程相关的国家级精品课程网址:
   植物生理:华南师范大学   http://sky.scnu.edu.cn/jpkc/zwslx/
              扬州大学   http://jpkc.yzu.edu.cn/course/zhwshl/index.asp
              浙江大学   http://jpck.zju.edu.cn/crs/zwslx/index.htm
              华中农业大学   http://nhjy.hzau.edu.cn/kech/zwsl/

七、参考答案

填空题

1. 叶状体或拟茎叶体,精子,水,颈卵器   2. 叶原基,芽原基,叶原基,芽原基   3. 薄壁细胞,厚角细胞,厚壁细胞,管胞与导管,筛管与伴胞   4. 表皮,皮层,维管柱,凯氏带,皮层,维管柱   5. 分裂期,伸长期,分化期   6. 根与地上部的相关,顶端优势,营养器官与生殖器官的相关   7. 胚,胚乳,种皮   8. 次生生长,维管形成层,木栓形成层   9. 髓,初生木质部,次生木质部,维管形成层,次生韧皮部,初生韧皮部   10. 生长素,赤霉素,细胞分裂素,脱落酸,乙烯   11. 芽,根   12. 促进   13. 韧皮部,木质部   14. 张开,关闭   15. 光照强度,CO_2浓度,温度,湿度   16. 韧皮部,双向运输,横向运输   17. 蔗糖,K^+ 18. 环剥法,同位素示踪法,蚜虫吻刺法   19. 氯,铁,硼,锰,锌,铜,钼,镍   20. 叶片枯黄皱缩,边缘坏死   21. 温度,通气状况,溶液浓度,氢离子浓度,离子间的相互作用   22. 通过土壤溶液得到,直接交换得到   23. 叶片,角质层   24. 主动吸水,被动吸水,根压,蒸腾拉力,吐水,伤流   25. 根压,蒸腾拉力   26. 低温,光周期   27. 茎尖生长点   28. 长日照植物,短日植物,日中性植物   29. 短日照,延长光照(或暗期中闪红光)   30. 延长,早熟,缩短,迟熟   31. 延缓,加速   32. 迅速下降   33. 合成能力减弱,分解加快   34. 磷酸烯醇式丙酮酸(PEP),草酰乙酸,维管束鞘细胞,叶肉细胞   35. 水稻,棉花,小麦,甘蔗,玉米,高粱   36. 种皮限制,种子未完成后熟,胚未完全发育,抑制物质的存在 37. 胚根突破种皮 38. 适宜的温度,水分和氧气 39. Ca^{2+} 40. 信号接受,信号传导,诱导应答

选择题

1. D	2. C	3. B、D	4. B	5. A	6. A	7. B	8. D
9. A、B	10. B	11. A	12. B	13. A、C	14. B	15. B	16. C
17. C	18. A	19. B	20. A、C	21. C	22. D	23. C	24. D
25. A	26. B、D	27. B、D	28. D	29. C	30. C	31. C	32. B
33. B	34. B	35. D	36. C	37. A	38. C	39. C	40. D
41. C、D	42. C	43. C	44. A	45. C	46. A	47. C	48. C
49. C	50. C	51. B	52. B	53. D	54. A	54. B	56. B
57. C	58. A	59. D	60. C	61. C	62. D	63. A	64. D
65. A	66. B	67. C	68. D	69. C			

连线题

1. A - Ⅲ, B - Ⅰ, C - Ⅴ, D - Ⅳ, E - Ⅱ
2. A - Ⅵ, B - Ⅴ, C - Ⅰ, D - Ⅶ, E - Ⅷ, F - Ⅱ, G - Ⅳ, H - Ⅲ
3. A - Ⅴ, B - Ⅰ, C - Ⅳ, D - Ⅲ, E - Ⅱ, F - Ⅵ
4. A - Ⅱ, B - Ⅲ, C - Ⅳ, D - Ⅰ
5. A - Ⅱ, B - Ⅴ, C - Ⅳ, D - Ⅲ, E - Ⅰ
6. A - Ⅳ, B - Ⅰ, C - Ⅱ, D - Ⅲ
7. 苔藓植物:A、B、D、G、H,蕨类植物:C、E、F、I、J

简答题

1. 导管分子的端壁上具有穿孔,导管分子通过端壁上的穿孔连接起来形成连续的管状结构,称为导管。而管胞两端尖细,没有明显的端壁穿孔,它们通过尖细侧壁的重叠连接,并通过侧壁上的纹孔来输送水分和矿物质。导管的输水效率高。

2. 水分在植物体内可经质外体和共质体途径运输。运输的途径是:土壤→根毛→皮层→内皮层→中柱鞘→根的导管或管胞→茎的导管→叶柄导管→叶脉导管→叶肉细胞→叶细胞间隙→气孔下腔→气孔→大气。水分在导管或管胞上升的动力是根压与蒸腾拉力,并以蒸腾拉力为主。由于水分子之间的内聚力和水分子与导管壁之间的吸附力远大于水柱张力,因而导管中的水柱连续不中断,这是水分源源不断上升的保证。

3. 筛管分子成熟时原生质体内无细胞核,被称为筛板的端壁上密布着簇生的小孔(筛孔),筛管分子通过筛板纵向连接成筛管。筛管分子还常和伴胞相连,其间存在发达的胞间连丝,可能与控制和传递物质进入筛管有关。

4. 无机营养及信息物质在木质部中向上运输,而在韧皮部中向下运输;同化物在韧皮部中可向上或向下运输,而在木质部中向上运输;木质部和韧皮部间可侧向发生物质交换。叶片中由光合作用形成的磷酸丙糖通过叶绿体被膜上磷运转器进入细胞质,并经过一系列酶促反应合成蔗糖,蔗糖是光合同化物的主要运输形式,它通过胞间短距离运输进入韧皮部薄壁细胞,然后装载进入筛管 - 伴胞复合体,一旦光合同化物进入韧皮部,在压力梯度的驱动下,向库细胞侧运输。在库端同化物从筛管 - 伴胞复合体向周围细胞卸出。源端的蔗糖装载和库端蔗糖卸出维持着源库两端蔗糖浓度差,由蔗糖浓度差引起的膨压差推动着韧皮部中的物质运输。

5. 种子休眠的原因:
   (1) 种皮障碍:由于种皮较厚,结构致密,或者覆盖角质和蜡质,导致不透水、不透气,阻碍胚生长(机械作用)。
   (2) 后熟作用:或者胚分化发育不全(形态后熟),或者生理尚未完成转化(生理后熟)。
   (3) 抑制物质的作用:如 ABA、氰化物、醛类等。

   破除种子休眠的方法有:
   (1) 机械破损:使种皮透水透气。
   (2) 层积处理:需后熟作用的种子常常采用此法。
   (3) 药剂处理:如赤霉素可打破休眠。
   (4) 温热处理:如晒种、温汤浸种。
   (5) 清水冲洗:洗去种子外壳上的抑制物质(如西瓜、辣椒)。
   (6) 物理因素:X 射线,超声波、磁场、高低频电流等。以温度对植物生长的影响最为明显。

6.

临界日长(h)	光期(h)	暗期(h)	长日植物开花情况	短日植物开花情况
10	8	16	不开花	开花
11	12	12	开花	不开花
12	13	11	开花	不开花
14	13	11	不开花	开花

7. (1) 从解剖特征上看:C_4 植物(如玉米)的叶片具"花环"状结构,外侧为叶肉细胞,能够固定 CO_2;内侧为维管束鞘细胞,能够还原 CO_2。
   (2) C_4 植物具两种羧化酶:PEP 羧化酶存在于叶肉细胞,对 CO_2 的亲和力大,固定 CO_2 能力强;RuBP 羧化酶存在于维管束鞘细胞。
   (3) C_4 植物的二羧酸途径是附加在卡尔文循环的"CO_2 泵",可以固定外来的 CO_2,同时也固定自身产生的 CO_2。与之相比,C_3 植物无论从解剖特征上还是生化途径上均无上述的明细分工。CO_2 的固定与同化均由 RuBP 羧化酶完成,而且 RuBP 羧化酶对 CO_2 固定的能力低于 PEP 羧化酶。

8. (1) 控制开花:光周期的人工控制可以促进或延迟开花,菊花是短日植物,经短日处理后可以从原先的十月份开花提前至六、七月间开花。在杂交育种中,可以延长或缩短日照长度,控制花期,解决父、母本花期不遇的问题。
   (2) 抑制开花,促进营养生长,提高产量。如甘蔗是短日植物,临界日长 10h 可以在短日照来临时,用光间断暗期,即可抑制甘蔗开花,增加甘蔗产量。
   (3) 引种上必须考虑植物能否及时开花结实。如南方大豆是短日植物,南种北引,开花期延迟,所以引种时要引早熟种。
   (4) 可以利用作物光周期特性,南繁北育,缩短育种周期。

9. 生理作用:
   (1) 原生质的重要组分,占 70%～90%。
   (2) 参与光合作用,呼吸作用等合成与分解的生化反应。

(3) 物质吸收与运转的溶剂。

(4) 充足的水分是细胞分裂、伸长等生长过程的必要条件。

(5) 使植物保持挺立姿态。

(6) 水的理化性质有利于植物的生命活动。充足的水分可以稳定原生质胶体，在导管内形成连续水柱，降低叶温，利用水生植物光合等。

10. (1) 生理干旱：盐分过多，水势降低，植物吸水困难，甚至出现反渗现象。

(2) 离子失调：某种离子过多常常干扰植物对其它离子的吸收，如 Cl^- 与 SO_4^{2-} 过多，降低植物对 HPO_4^{2-} 的吸收，磷酸盐过多减少对 Zn^{2+} 的吸收，等等。同时，盐分过多易产生单盐毒害。

(3) 代谢紊乱：呼吸不稳（低盐促进，高盐抑制）；光合减弱（光合色素含量降低、叶绿体趋于解体，RuBP 羧化酶与 PEP 羧化酶活性下降）；蛋白合成受阻（核酸分解大于合成，高盐破坏氨基酸合成）；有毒物质（NH_3、H_2O_2 等）积累。

11. 果实成熟过程中的物质变化是：

(1) 糖类转化：在淀粉酶、转化酶、蔗糖合成酶的作用下，产生大量可溶性糖，因而甜度增加。

(2) 有机酸类转化：果实中的苹果酸、柠檬酸、酒石酸通过各种途径，或者转化为糖类，或者变成 CO_2 和 H_2O，或者与 Ca^{2+}、K^+ 等结合形成盐，最终使酸味降低。

(3) 单宁转化：在过氧化物酶作用下，被氧化分解，或者变成不溶性物质，从而使涩味消失。

(4) 芳香物质形成：如乙酸乙酯、柠檬醛等，使果实具有特殊的风味。

(5) 果胶转化：在果胶酶和原果胶酶的作用下，使原果胶降解为可溶性的果胶酸和半乳糖醛酸等，促使果实变软。

(6) 色素转化：由于叶绿素降解破坏，类胡萝卜素（β—胡萝卜素与番茄红素）和花色素（花翠素与花葵素）含量逐渐增加，果实由绿变为黄色、橙色和红色，十分鲜艳。

12. 植物在一生中所经历的发育和繁殖阶段的有规律地循环的全过程，称为植物的生活史，即由种子萌发到新种子形成的过程。被子植物的生活史，包括两个基本阶段。

第一阶段：从合子开始，到大、小孢子母细胞减数分裂前为止。这一阶段细胞的染色体数为二倍体。所以这一阶段又称二倍体阶段，或孢子体阶段。

第二阶段：从大小孢子母细胞进行减数分裂开始到形成成熟胚囊和花粉粒为止。这一阶段细胞的染色体数目为单倍体，所以又称为单体部阶段，或配子体阶段。其中，单倍体阶段极短，二倍体阶段较长，由二倍体阶段转入单倍体阶段，必须经过减数分裂才能实现，而由单倍体阶段进入二倍体阶段，则必须精卵结合才能完成。由此可见，减数分裂和精卵结合（受精）是被子植物生活史中的重要环节和转折点。

在被子植物的整个生活史中，单倍体阶段不能独立生活，必须寄养在孢子体（二倍体）上以获取生活物质。

13. 表现在：

(1) 出现了两性结合的花；围绕性器官出现苞、萼、瓣等保护的结构；雄蕊有花药和花丝，大孢子叶发育成具有子房、花柱、柱头的雌蕊；由柱头而不是直接由胚珠受粉。

(2) 雌、雄配子体简化；具有特殊的"双受精"，胚乳是受精产物。

(3) 传粉方式多样化：风媒、虫媒、鸟媒、水媒、自花、异花等。

(4) 形成了果实，多样化的果实促成了被子植物的传播。

(5) 孢子体高度发达和多样化，适应性广。

（6）营养方式除自养外尚有其他方式。
（7）有不经种子而扩大个体的能力,如分蘖、地下走茎、鳞茎、块茎、块根上的不定芽。
14. 种子植物的共同特征：
（1）孢子体高度发达。
（2）配子体退化、简化,寄生在孢子体上。
（3）具有胚珠。
（4）产生了花粉管,花粉管把精子直接输送到卵,受精过程最终摆脱了对水的依赖。
（5）产生了种子。
胚珠、花粉管和种子的出现是植物进化过程中革命性的转折,是种子植物最为本质的构造。
15. 压力流动学说是德国植物学家 Münch 于 1926 年提出的。该学说认为,连接源到库的筛管中存在着一个单向的呈密集流动的液体,其流动的动力是源库之间的压力势差。具体来说,在叶片光合产物通过转运细胞源源不断地装入筛管细胞,浓度增加,吸水膨胀,使压力势升高,推动物质向库端流动;而库端（如块茎、块根）被运输物质不断卸出,并在贮藏器官贮藏,结果筛管细胞中溶质浓度下降,压力势亦随之降低。这样,源库两端的压力势差就成为有机物质在筛管中运输的动力。
实验证据是：
(1) 溢泌现象,表示有正压力存在；
(2) 筛管接近源库的两端存在浓度梯度差。
(3) 植物生长素的运输只能随筛管内物质集体流动；
(4) 用蚜虫吻刺法直接测定筛管中液流速度,约为 100cm/h。
不足之处：
(1) 无法解释筛管细胞内可同时进行双向运输；
(2) 物质快速流动所需的压力势差,远远大于筛管两端由有机物浓度差所引起的压力势差。
16. （1）淀粉的转化:淀粉在淀粉酶、麦芽糖酶或淀粉磷酸化酶作用下转变成葡萄糖（或磷酸葡萄糖）。
（2）脂肪的转化:脂肪在脂肪酶作用下转变为甘油和脂肪酸,再进一步转化为糖。
（3）蛋白质的转化:胚乳或子叶内贮藏的蛋白质在蛋白酶和肽酶的催化下,分解为氨基酸。
17. 光对植物生长的影响是多方面的,主要有下列几方面：
（1）光是光合作用的能源和启动者,为植物的生长提供有机营养和能源；
（2）光控制植物的形态建成,即叶的伸展扩大,茎的高矮,分枝的多少、长度。根冠比等都与光照强弱和光质有关；
（3）日照时数影响植物生长与休眠。绝大多数多年生植物都是长日照条件促进生长、短日照条件诱导休眠；
（4）光影响种子萌发,需光种子的萌发受光照的促进,而需暗种子的萌发则受光抑制,此外,一些豆科植物叶片的昼开夜合,气孔运动等都受光的调节。
18. 剥去树皮,即使是薄薄的一层,也会将韧皮部破坏,阻止了有机营养将从叶向下部的运输,下部的根与茎就会因得不到营养而死亡。
19. 植物授粉之后,子房中生长素含量增加,刺激子房及其周围组织扩大,因而促进果实长大。如果在授粉之前用生长素处理柱头与子房,可不经受精作用而引起子房膨大并发育成果实,这样的果实中不含种子,即无籽果实。
20. 它们名称的由来是由于裸子植物的种子裸露在外,而被子植物的种子则由子房包被着。与裸子植物相比,被子植物生活史主要特征有:孢子叶(即雄蕊和构成子房的心皮)特化程度高,不再像叶子;胚珠在子房中,不裸露;配子体更退化;传粉方式多样化,有柱头专门接受花粉;双受精,而裸子植物是单受精;有果实,裸子植物没有果实。

图示题

1. (1) 雄配子体　　　　(2) 雌配子体　　　　(3) 精子器　　　　(4) 颈卵器
   (5) 受精卵　　　　　(6) 孢子囊　　　　　(7) 孢子　　　　　(8) 原丝体
   ① 配子,孢子　　　　② 孢子囊,孢子,原丝体,配子枝(营养体)
   ③ 精子器,颈卵器　　④ 颈卵器,合子,合子,孢子体　　　　⑤ 根,茎,叶
2. (1) 颈卵器　　　　　(2) 精子器　　　　　(3) 合子　　　　　(4) 孢子体
   (5) 孢子囊
   ① 孢子体　　　　　②维管组织,精子器,颈卵器　　　　　③ 配子体
   ④ 维管组织　　　　⑤ 木质部,韧皮部　　⑥ 孢子体
3. (1) 雌球花　　　　　(2) 雄球花　　　　　(3) 大孢子　　　　(4) 卵细胞
   (5) 小孢子　　　　　(6) 精子　　　　　　(7) 种子　　　　　(8) 孢子体
   ① 孢子体,维管　　　② 胚珠,种子,胚珠,种子
   ③ 雄球花,雌球花,胚珠　　　　　　　　　④ 孢子体,配子体
4. (1) 中柱　　　　　　(2) 韧皮部　　　　　(3) 木质部　　　　(4) 中柱鞘
   (5) 皮层　　　　　　(6) 表皮　　　　　　(7) 成熟区　　　　(8) 伸长区
   (9) 分生区　　　　　(10) 根冠　　　　　 (11) 根毛　　　　 (12) 原形成层
   ① 韧皮部　　　　　　② 中柱　　　　　　 ③ 分生区　　　　 ④ 内皮层
5. (1) 表皮　　　　　　(2) 皮层　　　　　　(3) 髓　　　　　　(4) 维管束
   (5) 木质部　　　　　(6) 韧皮部　　　　　(7) 囊中形成层　　(8) 表皮
   (9) 基本组织　　　　(10) 维管束　　　　 (11) 木质部　　　 (12) 韧皮部
   大部分单子叶植物仅有初生生长,没有次生结构。
   双子叶植物的茎除了初生生长外,还具有次生生长。茎的次生生长使茎不断加粗。其过程是维管束内木质部与韧皮部间的形成层(又称束中形成层)开始分裂,同时维管束之间的部分髓射线薄壁细胞恢复分生能力形成束间形成层。束中形成层与束间形成层衔接成环,构成维管形成层。它向外分裂出的细胞产生次生韧皮部,向内分裂的细胞产生次生木质部。
6. (1) 角质层　　　　　(2) 上表皮细胞　　　(3) 栅栏组织　　　(4) 维管束
   (5) 海绵组织　　　　(6) 气孔　　　　　　(7) 木质部　　　　(8) 韧皮部
   (9) 维管束鞘　　　　(10) 保卫细胞
   ① 表皮,叶肉,叶脉
   ② 气孔,叶片中细胞与外界环境相互交换气体的通道
   ③ 栅栏,海绵
   ④ 维管束,木质部,韧皮部,木质部,韧皮部
7. (1) 雄蕊　　　　　　(2) 雌蕊　　　　　　(3) 小孢子　　　　(4) 大孢子
   (5) 胚囊　　　　　　(6) 受精卵　　　　　(7) 受精极核　　　(8) 胚
   (9) 果实　　　　　　(10) 种子
   孢子体世代,配子体世代,受精卵,受精极核,子房,胚珠
8. (1) 雄蕊　　　　　　(2) 花药　　　　　　(3) 花丝　　　　　(4) 花托

(5) 雌蕊　　　　　　(6) 柱头　　　　　　(7) 花柱　　　　　　(8) 子房
(9) 萼片　　　　　　(10) 花瓣
① 花萼　　　　　　② 花冠　　　　　　③ 花萼、花冠、雄蕊、雌蕊
④ 花丝,花药,花药,柱头,子房　　　⑤ 雌蕊,胚珠　　　⑥ 胚囊,珠心,珠被

9. (1) 大孢子母细胞　(2) 反足细胞　　(3) 极核　　　　(4) 卵细胞
   (5) 助细胞　　　　(6) 花粉粒　　　(7) 花粉囊
   ① 小孢子母细胞(花粉母细胞),小孢子,小孢子,花粉管,精子
   ② 大孢子母细胞、大孢子母细胞,大孢子,大孢子,胚囊
   ③ 中央细胞,卵细胞,助细胞,反足细胞

10.

	(1)	(2)	(3)	(4)
长日植物	开花	不开	开花	不开
短日植物	不开	开花	不开	开花

第9章 动物的结构与功能

一、要点提示

器官和器官系统

结构和功能相似的细胞组成组织,动物组织有上皮组织、结缔组织、肌肉组织和神经组织四大类。器官是由一定的组织形成,而功能上相联系的不同器官组成器官系统。人的器官系统包括骨骼系统、皮肤系统、消化系统、呼吸系统、循环系统、淋巴系统和免疫系统、排泄系统、内分泌系统、神经系统、肌肉系统、生殖系统等。

人体的结构、功能与发育

消化系统由消化道和消化腺两部分组成。消化道的主要部分是口、舌、咽、食道、胃、小肠、大肠、直肠和肛门。消化腺包括唾液腺、胰腺和肝脏。

胃和小肠是食物消化和吸收的主要场所。由消化腺分泌的消化液在胃和肠道里面将食物中的大分子物质分解为细胞可吸收的小分子物质。由胃肠吸收的物质除脂质外全部经门静脉输入肝内,在肝细胞内进行合成、分解、转化、贮存。肝脏执行与糖类和脂肪等有关的新陈代谢反应;清除体内代谢过程中产生的有毒物质如氨、胆红素等,还可通过氧化、结合等方式结合外来毒物。大肠吸收剩下的水并且将无法消化的物质转化成粪便,再经过肛门排出体外。

呼吸系统由呼吸道和肺二部分组成。呼吸系统的机能主要是与外界的进行气体交换,吸进新鲜氧气,为血液提供 O_2,同时排出细胞新陈代谢的终产物 CO_2。O_2 扩散进入血液的同时,CO_2 通过肺泡扩散进入肺,最终排出到体外。医学上把喉以上的呼吸道称为上呼吸道,包括鼻腔、咽、喉。鼻是呼吸系统的门户。上呼吸道感染,就是指鼻、咽、喉等部位的感染性炎症。喉以下的部位称为下呼吸道,如气管和支气管等。

循环系统是封闭的管道系统,它包括心血管系统(血液循环)和淋巴管系统(淋巴循环)两部分。淋巴循环是血液循环的辅助部分。

主要机能是:①把机体从外界摄取的氧气和营养物质送到全身各部,供给组织进行新陈代谢之用,同时把全身各部组织的代谢产物,如 CO_2、尿素等,分别运送到肺、肾和皮肤等处排出体外,从而维持人体的新陈代谢和内环境的稳定;②它还将为数众多的与生命活动调节有关物质(如激素)运送到相应的器官,以调制各器官的活动;③淋巴系是组织液回收的第二条渠道,既是静脉系的辅助系统。淋巴系统产生的淋巴细胞和抗体参与身体的免疫反应。

排泄系统由肾、输尿管、膀胱和尿道等排泄器官组成。肾的基本生理功能是形成尿液,将需要清除的水溶性物质从血液中过滤出去。尿液暂时储存在膀胱中,通过尿道排出体外。肾脏还有调节机体水和渗透压平衡、电解质和酸碱平衡、调节血压、促进红细胞生成等作用。

内分泌系统包括独立的内分泌器官(内分泌腺)和位于某些器官内的内分泌细胞(散在或形成某种结构)。内分泌细胞的分泌物称激素。内分泌细胞分泌的激素通过血液循环,作用于特定的细胞,即靶细胞。靶细胞具有与该激素特异性结合的受体。激素与靶细胞表面受体分子结合后,通过信号传导,启动了细胞核内相关基因的表达。激素直接作用于邻近细胞的称旁分泌。激素通过影响特定细胞的活动,调节诸如消化、新陈代谢、生长、繁殖、心率和水分平衡等生理反应。

神经系统包括中枢神经系统和周围神经系统两部分。中枢神经系统是信息集成处理器,包括脑和脊髓。周围神经是指脑和脊髓以外的所有神经结构,也可分为躯体神经和植物性神经两部分。

神经元是神经系统最基本的结构和功能单位,是专门传递信号的特化细胞,由细胞体和从细胞体延伸的突起所组成。神经冲动的传导过程是在神经纤维上顺序发生的电化学变化过程。神经系统与内分泌系统共同协调人体的活动。

运动系统是由骨、骨连接和骨骼肌三部分组成的。骨骼的主要作用是支持身体、运动、保护作用、储存矿物质和制造血球等作用,人体共有 206 块骨头。头颅容纳并保护大脑,胸廓保护肺和心脏。人体的中轴骨骼包含 29 块颅骨和 51 块躯干骨,附肢骨包含 64 块上肢骨和 62 块下肢骨。在肌肉的牵引下关节做屈伸、内收、外展和旋转等运动。人全身的骨骼肌包括头颈肌、躯干肌和四肢肌等几大类,共有 600 余块。每块骨骼肌都是由数量很多的肌纤维组成的,肌肉中分布有血管和神经。肌肉系统由身体中所有的骨骼肌构成,骨骼肌与坚硬的骨骼或者软骨结构相连,可以带动身体的某些部分进行运动。肌肉系统使我们得以随意运动,改变我们的面部表情。

生殖系统分为男性生殖系统和女性生殖系统。男性生殖系统主要由睾丸、附睾、精囊腺、前列腺、尿道球腺、输精管、射精管和阴茎等几部分组成。睾丸是产生精子和分泌男性激素的生殖腺,睾丸产生的精子先贮藏在附睾内,当射精时经输精管、射精管和尿道排除体外。精囊腺、前列腺和尿道球腺的分泌物与精子共同组成精液,并对精子具有营养和促进其活动的作用。女性生殖系统主要由卵巢、输卵管、子宫和阴道等共同组成。卵巢内成熟的卵子进入输卵管,在输卵管内受精后移动到子宫内发育成长。胎儿体内发育完成后从母体内娩出。

二、基本概念

仿生学(bionics):是指研究生物系统的结构、性状、原理、行为以及相互作用,从而为工程技术提供新的设计思想、工作原理和系统构成的技术科学,是生命科学、物质科学、信息科学、脑与认知科学、工程技术、数学与力学以及系统科学等学科的交叉学科。

上皮组织(epithelial tissue):覆盖身体表面和体内器官内外表面的一层呈膜状的紧密排列的细胞。上皮组织有保护、分泌、排泄和吸收等多种功能,其中具有分泌功能的常常被称为腺上皮。

结缔组织(connective tissue):由基质及分散其中的细胞构成,细胞和细胞之间排列疏松,充满了大量的细胞间质。在动物体内分布广泛,种类最多,具有连接、支持、保护、储存、修复和运输等功能。

疏松结缔组织(loose connective tissue)：其基质是疏松的纤维网，牢固的胶原蛋白构成了疏松结缔组织中的纤维。疏松结缔组织主要起连接、支持组织器官的作用，如连接皮肤和下面的肌肉。其特点是细胞种类较多，纤维数量较少，排列稀疏，分布广。

成纤维细胞(fibroblast)：是疏松结缔组织中最主要的细胞。光镜下，细胞呈扁平状，多突起；胞核较大，卵圆形，着色浅，核仁明显；胞质较丰富，弱嗜碱性。

巨噬细胞（macrophage）：形态多样，随功能状态的变化而改变。功能活跃时常伸出伪足，胞核较小，圆形或卵圆形，着色较深。胞质丰富，嗜酸性，可含异物颗粒和空泡。巨噬细胞是体内分布广泛的一种免疫细胞，具有强大的吞噬功能、有抗原呈递功能、并能分泌多种生物活性物质，参与和调节机体的免疫应答。

脂肪细胞(fat cell)：常为单泡脂肪细胞，体积大，圆形或相互挤压为多边形，胞质内有一个大脂滴，常将胞核挤到细胞的周边部，并挤压成扁圆形。脂肪细胞合成和储存脂肪，参与脂类代谢。

脂肪组织(adipose tissue)：主要是由大量的脂肪细胞构成。根据脂肪细胞的结构和功能的差异，脂肪组织可分成两类：黄色脂肪组织脂肪细胞内有一个大的脂滴胞，分布广泛，具有储能、维持体温、缓冲、保护和填充等作用。棕色脂肪组织脂肪细胞内有许多散在的小脂滴，多见新生儿，其主要功能是在机体需要时可以产生大量热能。

血液(blood)：血液是流体性状的结缔组织，充满于心血管系统(循环系统)中，在心脏的推动下不断循环流动。血液由血浆和血细胞组成。

动脉血(arterial blood)和静脉血(venous blood)：在体循环的动脉中流动的血液及在肺循环中的肺静脉中流动的血液，含氧较多，含二氧化碳较少，颜色鲜红色，称为动脉血。在体循环的静脉中流动的血液，以及在肺循环中的肺动脉中的血液，含氧较少，含二氧化碳较多，颜色暗红色，称静脉血。

致密结缔组织(dense connective tissue)：是一种以纤维为主要成分的固有结缔组织，纤维粗大，排列致密，以支持和连接为其主要功能。

纤维状结缔组织(fibrous connective tissue)：是由紧密结合在一起的平行的胶原纤维组成的。肌腱和韧带均是纤维状结缔组织构成。

软骨组织(cartilage)：含有丰富的胶原纤维，这些纤维嵌在一种有弹性的基质中，从而构成坚硬而有伸缩性的骨骼。

骨骼(bone)：是一种坚固的结缔组织，它的基质由嵌在钙盐中的纤维组成，这种结合使得骨骼坚固又不易脆裂。

肌肉组织(muscle tissue)：由成束的具收缩能力的长形肌纤维组成，其功能是维持机体和器官的运动，包括骨骼肌、心肌和平滑肌3种类型。

骨骼肌(skeletal muscle)：又称横纹肌，它们通过肌腱与骨骼相连，负责身体由意识支配的运动。

平滑肌(smooth muscle)：分布于血管壁和许多内脏器官，又称内脏肌。平滑肌纤维呈梭形，无横纹，细胞核位于肌纤维中央。它的运动不受人的意志支配，所以它又叫不随意肌。

心肌(cardiac muscle)：心肌主要分布于心脏壁，也存在于大血管的近心端。心肌纤维呈短柱状，也分支并互相吻合成网，核呈卵圆形位于肌纤维中央，可见双核并偶见多核。肌原纤维也有明带和暗带，因而也具有横纹。但心肌受内脏神经支配，属不随意肌，心肌收缩慢、有节律而持久，不易疲劳。

神经组织(nervous tissue)：神经组织是由神经元(即神经细胞)和神经胶质所组成。神经元是神经组织中的主要成份，具有接受刺激和传导兴奋的功能，也是神经活动的基本功能单位，神经胶质在神经组织中起着支持、保护和营养作用。

神经元(neuron):即神经细胞,神经系统的结构和功能单位,其结构包括胞体和胞突两部分,胞体的大小差异很大,胞突的形态和数量也不相同,胞突分为树突和轴突两种,通常一个神经元有一个或多个树突,但轴突却只有一条。

树突(dendrite):树突多呈树状分支,它可接受刺激并将冲动传向胞体。

轴突(axon):轴突呈细索状,末端常有分支,轴突将冲动从胞体传向终末。

器官(organ):器官是由多种组织构成的特定形态结构,每一种器官完成与其形态结构特征相适应的生理机能。器官水平的功能源于组织的相互协调作用,相互协调作用是动物界各体系层次水平中的基本特征。

器官系统(organ system):在功能上相关联的一些器官联合在一起,分工完成某种生命必需的功能,这种比器官更高层次上的结构单元称为系统或器官系统;一般脊椎动物主要有骨骼系统、皮肤系统、消化系统、呼吸系统、循环系统、淋巴和免疫系统、排泄系统、内分泌系统、神经系统、肌肉系统、生殖系统等器官系统。

骨骼系统(skeletal organ system):由骨骼与软骨支架所组成。功能包括支持,运动,保护,储存矿物及制造血细胞。

皮肤系统(integument system):是指动物体与外界隔离的最外层结构,主要起保护体内其他组织的作用,同时还可接受外界信息并传递到中枢神经。

消化系统(digestive system):由消化道和消化腺两部分组成,完成食物的摄取、消化和吸收。

呼吸系统(respiratory system):是人体与外界环境进行气体交换的场所。它为血液提供氧气,同时排出细胞新陈代谢的终产物 CO_2。

循环系统(circulatory system):指心血管系统,由心脏、血管和血液3部分组成,其主要功能是物质运输。

淋巴系统(lymphatic system):淋巴系统是由淋巴管构成的网状结构,淋巴管与淋巴结相连接。淋巴系统是循环系统的辅助和补充。由血管渗出的组织液经淋巴管收集形成淋巴液,并最终回到血液,从而保证血液总量的稳定。淋巴系统能进攻外来异物、病源微生物,从而保护人体免受侵害。

免疫系统(immune system):是机体保护自身的防御性结构,主要由淋巴器官(胸腺、淋巴结、脾、扁桃体)、其它器官内的淋巴组织和全身各处的淋巴细胞、抗原呈递细胞等组成。

排泄系统(excretory system):包括肾脏、输尿管、膀胱和尿道等器官。肾脏不断生成尿液,经输尿管运送到膀胱,在膀胱内暂时储存,达一定容量时,就从尿道排出体外。

内分泌系统(endocrine system):内分泌系统由内分泌腺和分布于其它器官的内分泌细胞组成。是机体的重要调节系统,它与神经系统相辅相成,共同调节机体的生长发育和各种代谢,维持内环境的稳定,并影响行为和控制生殖等。

内分泌腺(endocrine gland):以腺上皮为主要成分构成的器官称腺,若形成的腺无导管,腺细胞的分泌物直接经血液或淋巴运输则称内分泌腺。其结构特点是:腺细胞排列成索状、团状或围成滤泡;腺细胞周围有丰富的毛细血管;腺细胞能分泌高效能的活性物质即激素直接进入血液,经血液循环作用于靶器官或靶细胞。有的亦可通过旁分泌的方式直接作用于邻近的细胞。

旁分泌(paracrine):内分泌腺细胞分泌的激素大部分进入血液,通过血液循环作用于靶器官或靶细胞,也有的腺细胞分泌的激素可直接作用于邻近细胞,调节邻近细胞的功能活动,后一种形式称旁分泌。

神经系统(nervous system):人体内最高级、最重要、功能最复杂的一个系统,是人体的调节装置。

神经系统能调节全身各器官的功能活动,使器官、系统之间的活动互相配合而形成统一的整体。

肌肉系统(muscular system):由身体中所有的骨骼肌构成,骨骼肌与坚硬的骨骼或者软骨结构相连,带动身体的某些部分运动。

生殖系统(reproductive system):由生殖腺(卵巢和睾丸)、输精管或输卵管、附属腺体和外生殖器四部分组成。其主要功能是产生生殖细胞,繁殖后代,延续种族。生殖器官还具有内分泌功能,可产生激素,调节发育。

消化(digestion):食物中的各种营养物质在消化道内被分解为可吸收利用的小分子物质的过程称为消化。

排泄(excretion):代谢废物排出体外的过程称为排泄,它是一个需要消耗能量的过程。哺乳动物的排泄途径包括呼吸排出 CO_2、出汗和由肾脏排出尿液等。

肺活量(vital capacity):人呼吸时,肺扩张到最大时从肺内所能呼出的最大气体容量称为肺活量。

肺循环(pulmonary circulation):是指血液从心脏的右心室(两栖类为心室)进入肺动脉,通过分布于肺泡表面的肺毛细血管而入肺静脉返回左心房的循环径路。

体循环(systemic circulation):是指含氧血(动脉血)由左心室射出,注入主动脉,流入全身各组织器官(肺泡除外)的毛细血管,将氧和营养物质供给组织细胞,然后经静脉返回右心房,此循环路径称体循环,因流程较长,又称大循环。它包括脑循环、冠状循环、内脏循环等。

血压(blood pressure):心室收缩将血液射入动脉,并推动血液向前流动,血液在血管内向前流动时对血管壁造成的侧压力称为血压;血压的大小取决于左心室每次压入动脉的血量和血管对血流的阻力;各处血压不同,在医学上谈到的血压通常指体循环的动脉压。

红细胞(erythrocyte):红细胞呈双面凹陷的圆盘状,直径约为 7.5 μm,没有细胞核,细胞质内没有细胞器而有大量血红蛋白。血液的颜色就是由血红蛋白决定的。血红蛋白具有与氧和二氧化碳结合的能力。所以红细胞能供给全身组织所需要的氧,并带走组织内所产生的二氧化碳。

白细胞(leukocyte):白细胞在血液中呈球形,能以变形运动穿过毛细血管壁进入周围组织中。包括中性粒细胞、嗜碱性粒细胞、嗜酸性粒细胞、单核细胞和淋巴细胞 5 种,它们的主要功能是对机体进行保护和防御。

血小板(platelet):血小板也称血栓细胞,在流动的血液中呈双面凸的圆盘状,侧面看呈梭形。血小板的功能是参与止血与凝血。

凝集原(agglutinogen):人的红细胞表面带有的抗原物质称为凝集原。有 A 凝集原和 B 凝集原两种。

凝集素(agglutinin):人的血清中则含有与凝集原对抗的两种凝集素,分别叫做抗 A 凝集素和抗 B 凝集素。不同血型的血液细胞表面上存在不同的抗原物质,血清中与之相对应的特异性抗体称为凝集素,与 A 型抗原对应的凝集素称抗 A 凝集素,与 B 型抗原对应的称抗 B 凝集素。在同一个人的血液中不会含有和自身抗原相对应的凝集素。

中枢神经系统(central nervous system):中枢神经系统是信息集成处理器,由位于颅腔内的脑和脊椎骨内的脊髓组成。

周围神经系统(peripheral nervous system):周围神经系统全身分布,包括与脑相连的脑神经和与脊髓相连的脊神经。周围神经系统按机能还可分为感觉神经和运动神经。

突触(synapse):神经元与神经元之间或神经元与效应细胞之间传递信息的部位称突触。突触分化学突触和电突触二类,化学突触以化学物质作为媒介传递信息,由突触前成分、突触间隙和突触后成分构成;电突触的本质是缝隙连接。

电突触(electrical synapse):电突触的突触间隙很小,电阻低,神经冲动及动作电位可以直接传导过去。电突触功能有双向快速传递的特点,传递空间减少,传送更有效。

化学突触(chemical synapse):化学突触的特征是一侧神经元通过释放小泡内的神经递质到突触间隙,相对应一侧的神经元(或效应细胞)的突触后膜上有相应的受体。化学突触传导为单向性。

反射(reflex):人体通过神经系统对各种刺激所发生的反应叫做反射。

反射弧(reflex arc):反射通路的结构基础称为反射弧,包括感受器、传入神经元、神经中枢(中间神经元及突触连接)、传出神经元、效应器5个环节。

植物性神经(autonomic nerve):在周围神经系统中,有一部分运动神经纤维分布到心、肺、消化道等内脏器官的平滑肌和腺体器官,控制着这些内脏器官的活动。这一部分神经称为植物性神经或自主神经,它们可以调节心率、血压、体温、激素分泌、胃肠蠕动、支气管收缩与扩张等等。植物性神经只有运动神经元,不受人的大脑及意志控制。

交感神经(sympathetic nerve):交感神经系植物神经系统的重要组成部分,由脊髓发出神经纤维到交感神经节,再由此发出纤维分布到内脏、心血管和腺体。其主要功能是使瞳孔散大,心跳加快,皮肤及内脏血管收缩,冠状动脉扩张,血压上升,小支气管舒张,胃肠蠕动减弱,膀胱壁肌肉松弛,唾液分泌减少,汗腺分泌汗液、立毛肌收缩等。

副交感神经(parasympathetic nerve):副交感神经系植物性神经系统的一部分,由脑干和脊髓发出神经纤维到器官旁或器官内的副交感神经节,再由此发出纤维分布到平滑肌、心肌和腺体,调节内脏器官的活动。其主要功能是使瞳孔缩小,心跳减慢,皮肤和内脏血管舒张,小支气管收缩,胃肠蠕动加强,括约肌松弛,唾液分泌增多等。副交感神经和交感神经两者在机能上完全相反,有相互拮抗作用。

静息电位(resting potential,RP):是指在未受刺激状态(静息状态)下细胞膜两侧的电位差。以膜外为零,膜内则为负值。一般骨骼肌细胞、神经细胞和红细胞的 RP 分别 -90 mV、-70 mV 和 -10 mV,即不同类型细胞的 RP 数值不等。

极化(polarization):指 RP 存在时膜两侧所保持的内负外正的状态。

去极化(depolarization):指在 RP 的基础上膜内朝着正电荷增加的方向变化,此时膜电位的绝对值小于 RP 的绝对值。

超极化(hyperpolarization):指在 RP 的基础上膜内朝着正电荷减少(或负电荷增加)的方向发展,此时膜电位的绝对值大于 RP 的绝对值。

再极化(repolarization):指去极化完毕后膜内朝着正电荷减少方向发展,逐渐恢复 RP 的过程。

动作电位(action potential):由于神经冲动造成膜周期性的电位变化,即由膜的外正内负到外负内正,再到外正内负的过程称为动作电位。

神经递质(neurotransmitter):是指存在于突触间传递神经冲动的一类化学物质,通常由突触前囊的囊泡释放,经过突触间隙作用于突触后膜(或效应器细胞膜)上的受体,从而传递信息,引起兴奋或抑制的效应。

感受器(sensory receptor):是指动物的感觉器官,感受器及其辅助结构共同构成感觉器官,是感觉、了解和认识世界的"窗口"。

有性生殖(sexual reproduction):是指亲本通过减数分裂形成雌配子和雄配子,雌雄配子受精形成合子,随后合子分裂、分化而发育成后代的生殖方式。

肌节(sarcomere):整个骨骼肌纤维显示出相间整齐排列的明带和暗带。在明带中央还有一条致密的横线,称为 Z 线。从一条 Z 线到相邻的另外一条 Z 线构成一个肌节是骨骼肌收缩的基本结构单位。

三、热点聚焦

大脑、神经和认知科学

　　探索物质的本质、宇宙的起源、生命的本质和智力的产生是人类科学事业面临的四大挑战。认知科学就是探索人类的智力如何由物质产生和人脑信息处理的过程。认知科学研究的范围包括知觉、注意、记忆、动作、语言、推理、思考、意识乃至情感在内的各个层面的认知活动。认知科学是由心理科学、信息科学、神经科学、科学语言学、比较人类学以及其他基础科学交叉而涌现出来的高度跨学科的新兴科学。至于它到底具体包括哪些内容，目前还没有一个统一的说法，但一般的趋势是认知科学所涉及的范围不断扩大。美国麻省理工学院在1999年出了一本认知科学百科全书"The MIT Encyclopedia of Cognitive Science"。该书内容代表现今多数学者意见，把认知科学基础分为6个部分：哲学、心理学、神经科学、计算智能、语言学和语言、文化、认知和进化。

　　认知科学的兴起和发展标志着对以人类为中心的认知和智能活动的研究已进入到新的阶段。认知科学的研究将使人类自我了解和自我控制，把人的知识和智能提高到空前未有的高度。尽管认知科学是一门基本在20世纪下半叶才逐渐成型的新兴科学，但溯其根源其实非常古老，这是因为人类对心智性质探索的历史可上溯到古代东方与希腊的哲学思想。认知问题是哲学的重要内容，这是由哲学对知识的真实性问题的重视而确定的。及至各科知识急速膨胀的近代，为了掌握五花八门的知识，人们必须找到背后稳定不变的规律，找到由已知推出未知的方法，因此认识论便成为哲学中最受关注的分支。

　　大多数动物都有其特征的行为模式，它的一种传递方式是子代向亲代或其他个体学习，称为文化传递。人类由于有高度发达的神经系统，具备空前的学习能力，其行为模式大都是通过文化传递获得，特别是语言和文字出现以后，人类既可从历史上，又可从其他人群中吸取经验。这也是认知科学所涉及的内容。

　　而在认知科学中，与生命科学关系最大的就是以大脑和神经为基础的心理学和神经科学。这两者相辅相成，密不可分。真正的心理学一般都认为是由德国心理学家威廉·冯特（Wilhelm Wundt，1832—1920）建立起来的，当年他建立了世界上第一个心理学实验室，从此开始用实验手段研究心理问题。真正的神经科学应始于19世纪末神经学说的建立。当时的一种发明——可选择性地染出单个神经元的银染色，使人们看到神经元的结构，也使人们认识到神经系统是由神经元串接而成。神经元是脑组织的基本单位，是神经系统的结构与功能的单位。人的大脑大约有$10^{10} \sim 10^{11}$个神经元。神经元由细胞体和突触组成，其中突触又分为较长的用于输出的树突和较短的用于输入的轴突。每个神经元与大约$10^3 \sim 10^5$个其他的神经元相连接，构成极为庞大和复杂的网络——神经系统。尽管每个神经元反应的时间为几毫秒，比计算机单元慢数百万倍，但由于整个神经系统的巨量并行性结构却补足了个体的不足，使它能处理许多计算机无法处理的问题。

　　认知科学发展历程中四大理论体系之一的联结理论正是以神经系统抽象化而成的人工神经网络为基础研究对象的。这种理论认为认知活动的机制基于神经元之间联结强度的不断变化，它对信息进行着平行分布式的处理。联结理论的目的是模拟发生在神经系统中的过程。由于人工神经网络是表征神经系统的数学上的抽象大致的模式，所以联结理论的语言是微分方程而不是数学逻辑。目前许多认知科学家们对联结理论充满信心，他们认为这种理论能体现人脑的基本特性，是人脑功能的抽象和简化。而联结理论相对于四大理论体系的另一个、把认知过程看作是对来自外部输入的物理符号的处理过程的物理符号论有较明显的优势,例如它确认人脑为"并行处理系统",提供了一个与不同于符号处理模型的人脑真实工作模型。根据某些联结理论的支持者的预测,联结模型的应用将带来像蒸汽机及随之而来的"工业革命"一样大的影响。

另外还要提到的与认知科学有关的学科有大脑协同学——研究大脑中协同作用的科学。前文提及神经元的复杂相连关系在大脑中形成不同类型的大量神经回路。大脑协同学认为不同回路与不同思维有关,一些神经元只感知个别信息,只有经过复杂的神经元的综合和协同才使知觉形成。现在也已有证据表明,神经系统较高级的功能正是通过简单功能的复杂的协同偶合作用所产生。

目前认知科学主要有3条研究路线:认知心理学的研究、人工神经网络的研究、认知神经学的研究。而随着科技的发展,认知科学将越来越趋向于无损伤性实验技术。脑成像技术使研究者可以直接考察大脑的活动,是当今最有效的实验技术。

四、精选习题

填空题

1. 动物组织根据其起源、形态结构和功能上的不同,分为( )、( )、( )和( )四大类。其中( )是动物体中分布广泛、种类最多的一类组织。
2. 上皮组织是指覆盖身体表面和体内器官内表面的一层呈膜状的紧密排列的细胞,具有( )、( )、( )和( )等功能。
3. 按细胞层数上皮组织可分为单层上皮和( )上皮。单层上皮根据细胞形状可以分为( )、( )、( )和( )。( )上皮较薄,具有可渗性,有利于通过扩散进行物质交换;( )上皮适于覆盖并连接容易受损的表面。
4. 结缔组织由( )及分散其中的细胞构成,细胞间( )通常由氨基多糖及嵌在其中的( )组成,具有连接、支持、保护、防御、修复和运输等功能。
5. ( )基质是疏松的纤维网,牢固的胶原蛋白构成了其中的纤维。其主要作用( ),如连接皮肤和下面的肌肉。
6. 致密结缔组织包括( )、( )和( )3种。
7. 肌肉组织包括( )、( )和( )3种类型。其中( )和( )是横纹肌,( )和( )是不随意肌。
8. 心肌的生理特点是:( )、( )和( )。
9. 神经元中的( )主要向细胞体传递信号,而( )把信号由细胞体向另一个神经元传递。
10. 器官是由多种( )构成的特定形态结构,每一种器官完成与其形态特征相适应的生理功能。如心脏主要由( )、( )和( )构成。
11. 在功能上相关联的一些器官联合在一起,分工合作完成某种生命必需的功能,这种比器官更高层次上的结构单元称为( )。例如消化系统是由( )、( )、( )、( )和( )等器官联合在一起,分工合作,共同完成对食物的消化和对营养的吸收。
12. 循环系统指心血管系统,由( )、( )和( )3部分组成,其主要功能是( )、( )和( )等。
13. 散热的方式通常有( )、( )、( )和( ),当环境温度接近或超过体温时,( )成为最有效的散热方式。
14. 动物从食物中所摄取的营养成分除水外,还包括蛋白质、糖类、脂类、( )和( )五大类。

15. 人体的必需氨基酸包括（　　）、（　　）、（　　）、（　　）、（　　）、（　　）、（　　）和（　　）9种。
16. 胰腺向小肠分泌的胰液中含有（　　）、（　　）、（　　）和（　　）等，可促进食物的分解。
17. 消化液的主要功能是（　　）、（　　）、（　　）和（　　）。
18. 蛋白质吸收的主要形式是（　　），吸收的部位是（　　）和（　　）。
19. 小肠从前往后分（　　）3段；小肠的内壁有许多环状褶皱，在黏膜层上密布许多指状的（　　），其上又形成（　　），大大增大了小肠的（　　）。
20. 消化管的最后一段是（　　），消化吸收的剩余废物经其蠕动传送至（　　）排出体外。
21. （　　）包括物理和酶的作用将食物分解为可吸收的小分子，其中食物在消化管内被消化、分解的过程被称为（　　）消化；（　　）是将不能消化和吸收的食物排出体外的过程，和代谢废物的（　　）是不同的过程。
22. 在小肠绒毛的内部渗入了（　　）和（　　），食物经消化分解形成的葡萄糖、氨基酸等小分子物质穿过（　　）后进入毛细血管，然后再汇集血管，血液将食物分子输送到（　　）。
23. 动物的体液包括（　　）、（　　）、（　　），（　　）等也来源于体液。
24. 由血管渗出的组织液经（　　）收集形成（　　），并最终回到血液，从而保证血液总量的稳定。
25. 人和哺乳动物的排泄器官包括（　　）、（　　）、（　　）和（　　）。
26. 空气通过鼻腔和口腔进出呼吸系统。经（　　）进入气管，气管分支后形成（　　）。支气管入肺后反复分支至（　　），后者分支最终形成（　　）。（　　）通过肺泡扩散进入血液的同时，（　　）则从血液中扩散到肺泡，最终排出到体外。
27. 呼吸是一种有节律的反复运动，呼吸节律的快慢和每一次呼吸量的大小随着（　　）的变化而发生相应的改变；呼吸作用的这种改变主要受（　　）的调节和自动控制。
28. 人体的呼吸调节中枢位于（　　）和（　　）中。（　　）中的调节中枢产生的神经信号传递到胸部，可以控制（　　）和（　　）的收缩与松弛，形成吸气和呼气运动。
29. 水生脊椎动物用（　　）进行呼吸，陆生脊椎动物出现了专门的呼吸器官——（　　）；两栖动物，如青蛙的此种专门呼吸器官比较简单，仅是一层薄壁的囊，呼吸功能较差，还需要通过（　　）的辅助呼吸获得足够的O_2。
30. 呼吸是气体吸入和呼出的交替运动。吸气时，肋间外肌（　　），胸部肋骨（　　），胸腔随之（　　），同时横膈肌（　　），如此便增大了胸腔的体积，造成肺的扩张和肺内气压（　　）外界气压，使空气吸入肺内；呼气时则相反。
31. 肺的外表面是一层光滑的外膜，内部分布着反复多级分支的（　　）和大量的（　　）。（　　）是实现气体交换功能的基本结构单位，每叶肺有几百万个肺泡。
32. 心脏除了有循环功能外，还有（　　）功能。
33. 血液由（　　）和（　　）组成。其中（　　）相当于结缔组织的细胞间质，为浅黄色液体；而（　　）分为3类：（　　）、（　　）和（　　）。
34. 人体的血管分为（　　）、（　　）、（　　）和（　　）等。（　　）是血液流回心脏的血管，（　　）是血液从心脏外流的血管；（　　）是血管中最纤细的部分，它们联结着小动脉和小静脉，血液与周围组织的物质交换就是通过致密细小的（　　）来进行的。
35. （　　）是红细胞中的主要成分，它可以与O_2或CO_2结合，主要起输送O_2和CO_2的功能。红细胞一般在人体中循环3~4个月，然后在（　　）肝脏中分解。（　　）可分泌红细胞生成素，促使骨髓再造红细胞。

36. 白细胞包括（　　）、（　　）、（　　）、（　　）和（　　）5 种，它们的主要功能是对机体进行（　　）和（　　）。
37. 血液经离心分为上下两层，上层浅黄清澈的液体为（　　），沉到离心管下层的是（　　），（　　）与片状的（　　）。血浆中的蛋白质主要包括（　　）、（　　）和（　　）等 3 种。
38. 内分泌系统是由独立的（　　）和散在的（　　）构成。它们分泌的物质叫（　　），通过毛细血管或淋巴管进入（　　），运送至全身，影响靶器官的活动。
39. 人体的内分泌器官有（　　）、（　　）、（　　）、（　　）和（　　）。
40. 人体的内分泌组织有胰腺的（　　），卵巢内的（　　）和（　　），睾丸内（　　）的。
41. 肾上腺位于（　　），左侧者近似（　　），右侧者呈（　　）形。
42. 内分泌腺的分泌物称（　　），直接进入（　　）或（　　），经血液循环来实现对机体的调节作用，称为（　　）调节。
43. 在人体的内分泌腺或组织中，（　　）是身体内分泌系统的总枢纽，接受信息并发出信号作用于（　　），而（　　）又会分泌多种激素，调节和控制体内其他分泌腺和组织的活动，最终调节身体作出反应。
44. 动物激素都具有两个明显的特征：①在血液中含量极低，一般在（　　）每升的含量；②血液中的激素并非对所有的组织和细胞都起作用，仅（　　）地作用于靶细胞或靶组织，从而引起某些特殊的反应。激素通常分为 3 类：（　　）、（　　）和（　　）。在激素作用中，多种水溶性激素是通过形成（　　）来介导信号传导，被称为第二信使。
45. 人的神经系统包括（　　）和（　　）两部分。前者包括脑和脊髓；后者包括（　　）和（　　），包含支配骨骼肌的躯体运动神经和支配内脏器官的（　　）神经的是（　　）。
46. 大脑分左右半球，左半脑主要包含人的（　　）、（　　）和（　　）等理性联络区，被称为"理性脑"；右半脑则决定一个人的想象力、空间感觉、艺术和音乐的能力，被称为"感性脑"。左右大脑半球通过称为（　　）的厚神经纤维相连。在胼胝体下部，由神经元细胞体聚集形成一些小的基底神经节，如果这些基底神经节病变会引起（　　）。
47. 反射通路的结构基础称为（　　），包括（　　）、（　　）、（　　）、（　　）和（　　）5 个环节。
48. 在周围神经系统中，控制内脏器官的活动，只包含（　　）的神经称为（　　），不受人的大脑及意志控制。
49. 植物性神经包括（　　）和（　　）两大类，它们具有对立相反的作用。
50. 神经冲动的传导过程是在神经纤维上顺序发生的（　　）过程。
51. 神经纤维末端无髓鞘和神经膜，仅以很细的纤维终止于器官组织内，称为（　　）。
52. 神经突触包括（　　）和（　　）两种类型。前者的突触间隙小，电阻低，神经冲动及动作电位可以（　　）传导过去；后者的特征是一个神经元轴突末端即（　　）与另一神经元的表膜即（　　）之间有较宽的缝隙，因此神经冲动不能以动作电位的方式直接通过，而要借助于特殊的化学物质即（　　）的参与。
53. 人的视觉器官称为眼，由眼球及其（　　）、（　　）、（　　）和（　　）等辅助部分组成。
54. 人（　　）恰好弥补了盲点的缺陷。眼睛的近视是由于（　　），可通过戴矫正；远视则是（　　），可通过戴矫正。
55. 人耳具有（　　）和（　　）的功能。听觉系统有（　　）、（　　）和（　　）等部分组成。外耳包括（　　）和（　　），中耳由（　　）、（　　）和（　　）组成；内耳主要由（　　）、（　　）和（　　）等部分组成。

56. 人的骨骼分为（　　）和（　　）两类；人体的骨骼共有（　　）块；29 块颅骨和 51 块躯干骨统称为（　　），64 块上肢骨和（　　）块下肢骨统称为（　　）。
57. 人的骨骼肌包括（　　）、（　　）和（　　）三大类，共（　　）余块。
58. （　　）不涉及性别，没有配子参与，也没有受精过程；（　　）则是有配子参与和有受精过程的繁殖方式。
59. 女性的妊娠期为平均（　　）个月，受精卵在受精后（　　）小时开始卵裂，卵裂在八分裂球之后形成一个多细胞的（　　），继续发育形成（　　）。
60. 人的受精卵经过一个月的时间发育形成的胚胎已经具备了胚胎外的四层膜构成的生命支持系统，它们是羊膜、绒毛膜、卵黄膜和尿囊膜。在胚胎长大后，由胚胎腹部延伸出的（　　）包围着缩小的（　　）和（　　）形成一细管，这便是胎儿的（　　），通过（　　）的毛细血管网从母体吸收氧气和营养。
61. 利用（　　），可解决男性精子量少、精子不活跃，女性存在排卵障碍或输卵管堵塞，受精卵不能植入子宫内等造成不孕症。

选择题

1. **下列不属于组织的是（　　）。
   A. 软骨　　　　　　B. 心肌　　　　　　C. 血液　　　　　　D. 心脏
2. **动物体中，（　　）的肌动蛋白含量最丰富。
   A. 脊椎动物骨骼肌细胞　　　　　　B. 小肠消化道上皮细胞
   C. 皮肤细胞　　　　　　　　　　　D. 在分裂过程中的动物细胞
3. **动物体内分化程度最高的组织是（　　）。
   A. 上皮组织　　　B. 结缔组织　　　C. 肌肉组织　　　D. 神经组织
4. **（　　）在动物体内分布最广。
   A. 上皮组织　　　B. 结缔组织　　　C. 肌肉组织　　　D. 神经组织
5. **动物不直接开口于体外的是（　　）。（多选）
   A. 消化系统　　　B. 呼吸系统　　　C. 内分泌系统　　D. 循环系统
6. **消化系统中（　　）不与食物接触。
   A. 支气管　　　　B. 肝脏　　　　　C. 大肠　　　　　D. 食道
7. 胆汁用于消化（　　）。
   A. 脂肪　　　　　B. 蛋白质　　　　C. 淀粉　　　　　D. 纤维素
8. **消化管壁由内向外是（　　）。
   A. 浆膜－肌层－黏膜下层－黏膜　　　B. 黏膜下层－黏膜－肌层－浆膜
   C. 黏膜－黏膜下层－肌层－浆膜　　　D. 黏膜－黏膜下层－浆膜－肌层
9. **气体交换效率最高的是（　　）。
   A. 青蛙　　　　　B. 蛇　　　　　　C. 麻雀　　　　　D. 人
10. **人吸气时，（　　）。
    A. 膈肌展平、肋骨上升　　　　　　B. 膈肌和肋骨上升
    C. 膈肌和肋骨下降　　　　　　　　D. 膈肌上升肋骨不动
11. **防止食物进入呼吸道的结构是（　　）。
    A. 横膈膜　　　　B. 半月板　　　　C. 会厌软骨　　　D. 三间瓣

12. ** 在体循环中,(　　)血压最高。
    A. 大动脉　　　　　B. 支动脉　　　　　C. 大静脉　　　　　D. 支静脉
13. ** 血液中占比重最大的细胞是(　　)。
    A. 红细胞　　　　　B. 白细胞　　　　　C. 淋巴细胞　　　　D. 血小板
14. ** 来自肺的血液回到心脏的(　　)。
    A. 右心房　　　　　B. 左心房　　　　　C. 右心室　　　　　D. 左心室
15. ** B 型血(　　)。
    A. 在血浆中有 B 凝集原　　　　　　　　B. 红细胞上有抗 A 凝集素
    C. 可以接受 O 型血　　　　　　　　　　D. 为 Rh 阳性
16. ** 下列离子中,(　　)与心肌细胞产生动作电位没有密切相关。
    A. K^+　　　　　B. Na^+　　　　　C. Ca^{2+}　　　　D. Mg^{2+}
17. ** 淡水鱼保持身体水平衡的办法是(　　)
    A. 排出低渗尿　　　　　　　　　　　　B. 将喝进的水大量吐出
    C. 通过鳃将盐排出　　　　　　　　　　D. 减少水的吸入量
18. ** 进入集合管的尿液是(　　)。
    A. 高渗或等渗的　　B. 等渗或低渗的　　C. 低渗　　　　　　D. 高渗、等渗或低渗
19. ** (　　)具有控制内脏活动如心率、呼吸和消化等功能。(多选)
    A. 中脑　　　　　　B. 脑桥　　　　　　C. 延髓　　　　　　D. 小脑
20. ** 在脑中能够分泌生长激素的是(　　)。
    A. 垂体　　　　　　B. 中脑　　　　　　C. 脑桥　　　　　　D. 延髓
21. ** Leowi 设计的双蛙心灌流实验中导致第二个蛙心跳动减慢的化学物质是(　　)。
    A. 任氏液　　　　　B. 多巴胺　　　　　C. 乙酰胆碱　　　　D. 荷尔蒙
22. ** 听觉感受器毛细胞位于(　　)。
    A. 卵圆窗　　　　　B. 半规管　　　　　C. 耳蜗　　　　　　D. 咽鼓管
23. ** 当肌肉收缩时,(　　)。
    A. 肌原纤维节增大　　　　　　　　　　B. 肌浆球蛋白滑过肌动蛋白
    C. 明带缩短　　　　　　　　　　　　　D. 钙使肌钙蛋白构象改变
24. ** (　　)是肌肉收缩的直接能量源。
    A. 磷酸肌酸　　　　B. ATP　　　　　　C. 肌糖原　　　　　D. 乳酸
25. ** 动物恒温的主要来源是(　　)。
    A. 血液循环　　　　B. 脏器运动　　　　C. 肌肉收缩　　　　D. 皮肤收缩
26. ** 受精通常(　　)。
    A. 刺激受精卵合成蛋白　　　　　　　　B. 阻止其他精子进入受精卵
    C. 刺激细胞分裂　　　　　　　　　　　D. 上述各项
27. 下列不属于人体基本组织的是(　　)。
    A. 上皮组织　　　　B. 结缔组织　　　　C. 脂肪组织　　　　D. 肌组织
    E. 神经组织
28. 下列对组织功能描述不正确的是(　　)。
    A. 神经组织有信息传送功能　　　　　　B. 上皮组织有保护、吸收和分泌作用
    C. 肌肉组织有收缩和传导功能　　　　　D. 结缔组织有连接和支持功能

29. 单层扁平上皮不见于( )。
    A. 心包膜表面　　B. 胃壁内表面　　C. 胃壁外表面　　D. 肺泡壁
30. 纤毛可见于( )。
    A. 小肠上皮　　B. 气管上皮　　C. 口腔上皮　　D. 血管内皮
31. 复层扁平上皮的特点是( )。
    A. 浅层为一层扁平细胞　　　　　　B. 中间层细胞之间有大量缝隙连接
    C. 基底层细胞有较强的分裂增殖能力　　D. 含较多的毛细血管
32. 人体内最耐摩擦的上皮组织是( )。
    A. 单层立方上皮　　B. 单层柱状上皮　　C. 假复层柱状上皮　　D. 复层扁平上皮
33. 上皮组织的功能不包括( )。
    A. 保护　　B. 收缩　　C. 吸收　　D. 分泌
    E. 排泄
34. 以下属于上皮组织的特性的有( )。(多选)
    A. 紧密排列的细胞和少量间质　　　　B. 细胞有极性
    C. 有血管进行物质交换　　　　　　　D. 常位于体表和体内管腔表面
35. 结缔组织的结构和功能特点是( )。(多选)
    A. 由细胞和大量细胞外基质构成　　　B. 细胞具有极性
    C. 细胞外基质包括无定形基质和纤维　D. 细胞外基质中含组织液
    E. 具有连接、支持、营养、运输、保护等多种功能
36. 下列不属于疏松结缔组织的是( )。
    A. 脂肪组织　　B. 血液　　C. 巨噬细胞　　D. 平滑肌
37. 下列不属于致密结缔组织的是( )。
    A. 纤维状结缔组织　　B. 软骨组织　　C. 骨骼　　D. 巨噬细胞
38. 人唾液中含有的酶是( )。
    A. 脂肪酶和蛋白酶　　　　B. 淀粉酶和溶菌酶
    C. 淀粉酶和寡糖酶　　　　D. 蛋白酶和溶菌酶
39. 混合食物由胃完全排空通常需要( )。
    A. 1~2 h　　B. 2~3 h　　C. 4~6 h　　D. 6~8 h
40. 胃液可使( )。
    A. 蛋白质分解　　　　B. 淀粉分解为葡萄糖
    C. 脂肪分解　　　　　D. 核酸分解
41. 下列( )不属于胃液的作用。
    A. 杀菌　　　　　　　B. 激活胃蛋白酶原
    C. 使蛋白质变性　　　D. 对淀粉进行初步消化
42. 下列食物在胃中排空速度由快到慢的顺序是( )。
    A. 糖、脂肪、蛋白质　　　B. 糖、蛋白质、脂肪
    C. 蛋白质、糖、脂肪　　　D. 蛋白质、脂肪、糖
43. 消化液中最重要的是( )。
    A. 唾液　　B. 胃液　　C. 胆汁　　D. 胰液

44. 营养物质吸收最主要的部位是(　　)。
    A. 食管　　　　　　B. 胃　　　　　　C. 小肠　　　　　　D. 大肠
45. 下列对各系统描述不正确的是(　　)。
    A. 淋巴系统和免疫系统共用一些结构　　　　B. 人体的消化废物经排泄系统排出体外
    C. 生殖器官具有内分泌功能　　　　　　　　D. 神经系统和内分泌系统共同协调人体的活动
46. 在消化中盲肠起到较重要作用的动物是(　　)。
    A. 人　　　　　　　B. 牛　　　　　　C. 马　　　　　　　D. 羊
47. 下列(　　)物质是制造血红蛋白必需的。
    A. 维生素 B_{12}　　B. 维生素 K　　　C. 叶酸　　　　　　D. 铁
48. 对肝脏代谢功能不正确的说法有(　　)。(多选)
    A. 在饥饿的头 12 个小时中,血糖的主要来源是骨骼肌糖原
    B. 在饥饿的头 12 个小时中,血糖的主要来源是肝糖原
    C. 胰高血糖素降低糖原的合成
    D. 胰岛素降低肝糖原的合成
49. 下列与胃相关描述中不正确的是(　　)。(多选)
    A. 食物经过胃之后变成酸性食糜
    B. 胃酸可进入十二指肠和小肠抑制胰液、肠液和胆汁的排放
    C. 反刍动物的胃分为瘤胃、网胃、瓣胃和皱胃 4 室
    D. 反刍动物胃中的微生物可以协助反刍动物消化食物中的蛋白质
50. 成年人的造血组织是(　　)。
    A. 肝脏　　　　　　　　　　　　　　　　B. 脾脏
    C. 所有骨髓腔的骨髓　　　　　　　　　　D. 扁骨及长骨近端骨骺处骨髓
51. 下列可以进行细胞内消化动物有(　　)。(多选)
    A. 蚯蚓　　　　　　B. 原生动物　　　C. 水螅　　　　　　D. 昆虫
52. 下列对人体内的胆汁描述正确的是(　　)。
    A. 含有重要的蛋白酶　　　　　　　　　　B. 含有重要的脂肪酶
    C. 由胆囊合成　　　　　　　　　　　　　D. 起乳化脂肪的作用
53. 对人类大肠描述正确的有(　　)。(多选)
    A. 是消化食物的主要场所　　　　　　　　B. 是消化道中最长的部分
    C. 通常有细菌的存在　　　　　　　　　　D. 有吸收水的作用
54. 在人体中,蛋白质的消化是由下列(　　)等器官分泌的酶来执行的。
    A. 胃、小肠和胰腺　　　　　　　　　　　B. 肝、胃、胰腺和小肠
    C. 唾液腺、胃、胰腺和小肠　　　　　　　D. 胃、胰腺和唾液腺
55. 下列对肾脏描述不正确的是(　　)。
    A. 肾小球的过滤作用是基于毛细血管丛的高血压
    B. 肾小囊产生的滤液与循环系统中的血浆是等渗的
    C. 肾单位只承担过滤和选择性重吸收这两项工作
    D. 蛋白质通常不经肾小球网进入肾单位
56. 不属于人体内分泌腺的是(　　)。
    A. 甲状腺　　　　　B. 唾液腺　　　　C. 肾上腺　　　　　D. 性腺

57. 肾单位的组成包括(　　)。
   A. 肾小体、肾小管和肾小囊
   B. 肾小体和肾小管
   C. 肾小体、肾小管和集合小管
   D. 肾小体、近曲小管和远曲小管
58. 肾的功能包括(　　)。(多选)
   A. 分泌活性物质
   B. 促进红细胞生成
   C. 增强免疫应答
   D. 清除代谢废物
   E. 调节水盐平衡
59. 近曲小管的功能包括(　　)。(多选)
   A. 重吸收原尿中的营养物
   B. 向管腔分泌 H^+、NH_3 等代谢废物
   C. 分解原尿中的有毒物质
   D. 转运和排出青霉素等药物
   E. 在尿液浓缩中起主要作用
60. 呼吸运动的特点是(　　)。
   A. 吸气和呼气都是主动的
   B. 吸气是主动的,呼气是被动的
   C. 吸气是被动的,呼气是主动的
   D. 吸气和呼气都是被动的
61. 平静吸气主要由(　　)收缩所致。
   A. 肋间外肌和肋间内肌
   B. 肋间外肌和膈
   C. 肋间内肌和膈
   D. 肋间内肌和腹肌
62. 下列对人呼吸系统描述正确的是(　　)。
   A. 呼吸道包括鼻、咽、喉、气管、支气管和肺
   B. 用鼻呼吸比用口呼吸的好处是可减少肺部水分蒸发
   C. 肺泡是实现气体交换的基本单位
   D. 肺中所能容纳的最大气体量被称为肺活量
63. 肺内压是指肺泡内的压力,在吸气末和呼气末,肺内压(　　)大气压。
   A. 大于
   B. 小于
   C. 等于
   D. 上述都可能
64. 下列符合人的呼吸中心特点的描述有(　　)。(多选)
   A. 位于大脑皮层
   B. 位于延髓
   C. 受 CO_2 刺激
   D. 控制呼吸速率
65. 维持胸内负压的必要条件是(　　)。
   A. 呼吸道内存在一定压力
   B. 吸气肌收缩
   C. 胸腔膜密闭
   D. 肺内压低于大气压
66. 切断延髓与脊索的联系后,呼吸将(　　)。
   A. 变浅变快
   B. 变深变慢
   C. 变深变快
   D. 立即停止
67. CO_2 对呼吸的兴奋主要是通过(　　)。
   A. 直接刺激呼吸中枢
   B. 直接刺激中枢化学感受器
   C. 刺激颈动脉体、主动脉体化学感受器
   D. 通过生成 H^+ 刺激中枢化学感受器
68. 下列属于血浆中的 CO_2 特性的描述有(　　)。(多选)
   A. 和血红蛋白结合
   B. 形成重碳酸盐离子
   C. 过多可能引起二氧化碳中毒
   D. 对呼吸中心有刺激作用
69. 通常所说的血型是指(　　)。
   A. 红细胞膜上特异性受体类型
   B. 血浆中特异性凝集素类型

C. 红细胞膜上特异性凝集素类型　　　　　　D. 红细胞膜上特异性凝集原类型
70. 抽血液抗凝剂后离心沉淀,血液分为3层,从上至下为(　　)。
　　A. 血清,白细胞和血小板,红细胞　　　　B. 血清,红细胞,白细胞和血小板
　　C. 血浆,白细胞和血小板,红细胞　　　　D. 血浆,红细胞,白细胞和血小板
71. 血液中数量最多和最少的白细胞是(　　)。
　　A. 中性粒细胞和单核细胞　　　　　　　　B. 淋巴细胞和嗜碱性粒细胞
　　C. 中性粒细胞和嗜碱性粒细胞　　　　　　D. 淋巴细胞和单核细胞
72. 关于红细胞的描述正确的有(　　)。(多选)
　　A. 是血细胞中为数最多的一种　　　　　　B. 细胞呈圆球状,故称红血球
　　C. 成熟红细胞有细胞器　　　　　　　　　D. 胞质内充满血红蛋白
73. 下列对心脏描述不正确的有(　　)。(多选)
　　A. 心室比心房提前进入收缩期　　　　　　B. 心输出量等于搏出量乘以心率
　　C. 心肌由冠状动脉供血　　　　　　　　　D. 右侧房室瓣为二尖瓣,左侧为三尖瓣
74. 下列对动脉特点描述不正确的是(　　)。
　　A. 具有瓣膜　　　　　　　　　　　　　　B. 含有很多弹性纤维组织
　　C. 运输血液离开心脏　　　　　　　　　　D. 有搏动现象
75. 体循环和肺循环基本相同的是(　　)。
　　A. 心输出量　　　B. 收缩压　　　C. 舒张压　　　D. 脉压
76. 心室肌细胞静息电位是(　　)。
　　A. Na^+的电化学平衡电位　　　　　　　B. Ca^{2+}的电化学平衡电位
　　C. K^+的电化学平衡电位　　　　　　　　D. Na^+和K^+的平衡电位
77. 血液和组织液之间物质交换的主要方式是(　　)。
　　A. 扩散　　　　　B. 滤过　　　　C. 重吸收　　　D. 吞饮
78. 下列对动脉中血流几乎无影响的是(　　)。
　　A. 血压　　　　　B. 心跳　　　　C. 骨骼肌收缩　D. 血管横截面
79. 下列各项中,(　　)不是淋巴回流的生理学意义。
　　A. 调节血浆与细胞间的液体平衡　　　　　B. 回收组织液中的糖分
　　C. 脂肪消化后的主要吸收途径　　　　　　D. 淋巴结的防御屏障作用
80. 下列属于淋巴器官的是(　　)。
　　A. 扁桃体　　　　B. 脾脏　　　　C. 胸腺　　　　D. 上述各项
81. 关于内分泌腺的特点有(　　)。(多选)
　　A. 无导管　　　　　　　　　　　　　　　B. 毛细血管丰富
　　C. 腺细胞排列成索状、团状或滤泡状　　　D. 通过分泌激素,作用于靶器官和靶细胞
82. 调节人体生理功能的生物信息传递系统是(　　)。
　　A. 神经系统和免疫系统　　　　　　　　　B. 内分泌系统和免疫系统
　　C. 神经系统和内分泌系统　　　　　　　　D. 中枢神经系统和外周神经系统
83. 下列4种膜在人体中退化的是(　　)。
　　A. 羊膜　　　　　B. 绒毛　　　　C. 卵黄膜　　　D. 尿囊膜
84. 下列各项和糖尿病有关的有(　　)。(多选)
　　A. 血中胰岛素过多　　　　　　　　　　　B. 血中胰岛素不足

C. 血糖浓度过高 D. 血糖浓度不足

85. 激素传递的方式不包括( )。
    A. 血液运送 B. 经组织液扩散
    C. 神经轴浆运输 D. 经腺体导管分泌
    E. 自分泌

86. G蛋白偶联膜受体介导的第二信使包括( )。
    A. cAMP B. 三磷酸肌醇 C. cGMP D. Ca^{2+}
    E. 以上都是

87. 关于激素的信息传递作用,下列描述正确的是( )。
    A. 加强或减弱靶组织的生理生化过程 B. 为靶组织活动提供额外能量
    C. 为靶组织代谢添加新成分 D. 内分泌系统的信息是电信号

88. 下列既有中枢神经系统又有外围神经系统的是( )。
    A. 水蛭、蚯蚓、兔子、人 B. 涡虫、水蛭、兔子、人
    C. 草履虫、水蛭、蚯蚓、人 D. 蚯蚓、麻雀、兔子、人

89. 下列各项对脑的描述不正确的是( )。
    A. 后脑包括脑桥和延髓 B. 前脑包括大脑、丘脑和下丘脑
    C. 左右两个大脑半球通过中脑连接 D. 后脑可协调小脑对身体运动进行调节

90. 保持身体平衡、协调肌肉运动的控制中心是( )。
    A. 延髓 B. 小脑 C. 脑干 D. 脊髓

91. 脑干包括下列( )。(多选)
    A. 中脑 B. 脑桥 C. 延髓 D. 小脑

92. 与神经系统的发育联系最紧密的胚层是( )。
    A. 外胚层 B. 中胚层 C. 内胚层 D. 上述各项

93. 下列对脊髓及脊神经描述不正确的有( )。
    A. 脊髓中间为灰质,周围为白质 B. 脊神经连于脊髓,共12对
    C. 脊神经是混合神经 D. 脊神经属于周围神经系统

94. 下列对神经元描述不正确的有( )。(多选)
    A. 神经元由神经细胞和胶质细胞组成
    B. 轴突向细胞体传递信息,树突由细胞体向外传递信息
    C. 胶质细胞起到营养和绝缘的作用
    D. 感觉神经末梢和运动神经末梢分别具有感应器和效应器的作用

95. 下列各项对神经描述不正确的有( )。(多选)
    A. 在神经元间起连接作用的是神经胶质细胞
    B. 当神经冲动到达突触突起,它刺激神经递质的释放
    C. 神经就是神经元
    D. 刺激肌肉收缩的神经递质是乙酰胆碱

96. 下列对植物性神经描述正确的是( )。
    A. 植物性神经属于周围神经系统
    B. 植物性神经受大脑调控
    C. 植物性神经包括感觉神经元和运动神经元

D. 交感神经起增强性调节作用,副交感神经起减弱性调节作用
97. 神经纤维传导兴奋的特征不包括(　　)。
    A. 双向性　　　　　　　　　　　　B. 相对不疲劳性
    C. 绝缘性　　　　　　　　　　　　D. 对内环境变化敏感
98. 兴奋性化学突触的传递过程不包括(　　)。
    A. 兴奋性神经递质的释放　　　　　B. 突触后膜的超极化
    C. 突触后膜产生去极化电位　　　　D. 突触后膜的兴奋性升高
99. 下列对神经传导描述不正确的有(　　)。(多选)
    A. 冲动沿髓鞘神经传递的速度更快
    B. 粗的轴突与细的轴突相比传递冲动的速度慢
    C. 跳跃式传导与具有朗飞氏结的神经纤维有关
    D. 脊椎动物神经的髓鞘是电的良导体
100. 下列关于突触描述正确的有(　　)。(多选)
    A. 分为化学性突触和电突触两大类　　B. 是神经元与神经元之间的连接
    C. 是神经元与神经胶质细胞之间的连接　D. 是信息传递的重要结构
101. 突触存在于(　　)。
    A. 神经元与神经元之间
    B. 神经元与神经元之间,或神经元与效应细胞之间
    C. 神经元与神经元之间,或神经元与神经胶质细胞之间
    D. 神经元与神经元之间,或神经胶质细胞与神经胶质细胞之间
102. 在突触中,神经递质的相应受体存在于(　　)。
    A. 突触前膜上　　B. 突触后膜上　　C. 突触间隙内　　D. 突触后成分的胞浆内
103. 化学性突触含神经递质的结构是(　　)。
    A. 突触小泡　　　B. 微丝　　　　　C. 微管　　　　　D. 线粒体
104. 突触前膜指的是(　　)。
    A. 轴突的细胞膜　　　　　　　　　B. 树突的细胞膜
    C. 有受体一侧的细胞膜　　　　　　D. 有突触小泡一侧的细胞膜
105. 下列属于对神经递质的特性描述的有(　　)。(多选)
    A. 是神经胶质细胞产生的化学物质　B. 贮存在突触小泡内
    C. 释放于突触间隙中　　　　　　　D. 可以是兴奋性的,或是抑制性的
106. 下列关于对中枢神经系统的胶质细胞描述的有(　　)。(多选)
    A. 数量比神经元多　　　　　　　　B. 没有突起
    C. 对神经元起着支持、营养等作用　D. 保持分裂增殖能力
107. 神经纤维髓鞘的主要作用有(　　)。(多选)
    A. 绝缘　　　　　　　　　　　　　B. 营养轴突
    C. 保护轴突　　　　　　　　　　　D. 加快神经冲动的传导速度
108. 关于神经元轴突的描述,描述正确的有(　　)。(多选)
    A. 每个神经元只有一个轴突　　　　B. 没有侧支
    C. 轴质内不能合成蛋白质　　　　　D. 轴质内无细胞器
109. 在轴突运输中起重要作用的结构是(　　)。

A. 滑面内质网　　　　B. 微丝　　　　　　　C. 突触小泡　　　　D. 微管
110. 第二信使 cAMP 的作用是激活（　　）。
A. DNA 酶　　　　　B. 磷酸化酶　　　　　C. 蛋白激酶　　　　D. 腺苷酸环化酶
111. 骨骼肌纤维形成横纹的原因是（　　）。
A. 多个细胞核横向规律排列
B. 肌浆内线粒体横向规律排列
C. 质膜内褶形成的横小管规律排列
D. 相邻肌原纤维的明带和明带、暗带和暗带对应，排列在同一水平
112. 属于肌肉组织的特点有（　　）。（多选）
A. 由肌细胞和大量细胞间质构成　　　　B. 由肌纤维和少量结缔组织构成
C. 骨骼肌受神经支配，属随意肌　　　　D. 心肌和平滑肌不受神经支配，属不随意肌
113. 肌节是指（　　）。
A. 相邻两条 Z 线之间的一段肌原纤维　　B. 相邻两条 Z 线之间的一段肌纤维
C. 相邻两条 M 线之间的一段肌原纤维　　D. 相邻两条 M 线之间的一段肌纤维
114. 肌原纤维的结构和功能特点不包括下列的（　　）项。
A. 沿肌纤维长轴平行排列　　　　　　　B. 表面有单位膜包裹
C. 由粗、细肌丝组成　　　　　　　　　D. 是肌纤维收缩的物质基础
115. 下列属于对骨骼肌纤维收缩过程中的叙述有（　　）。（多选）
A. 横桥与细肌丝的肌动蛋白接触　　　　B. 肌球蛋白分子头 ATP 酶被激活
C. 细肌丝向 Z 线方向滑动　　　　　　　D. 肌节缩短
116. 近视眼产生的原因大多是由于（　　）。
A. 眼球前后径过长　　　　　　　　　　B. 眼球前后径过短
C. 角膜表面不呈正球面　　　　　　　　D. 晶状体的弹性减弱或消失
117. 盲点是视觉神经穿过（　　）的点。
A. 巩膜　　　　　　　B. 脉络膜　　　　　　C. 视网膜　　　　　　D. 虹膜
118. 在下列人类能分辨的味道中，（　　）不属于基本味觉。
A. 甜　　　　B. 酸　　　　C. 苦　　　　D. 辣　　　　E. 咸
119. 耳中（　　）打开可以使中耳的气压和大气一致。
A. 卵圆窗　　　　　　B. 半规管　　　　　　C. 耳蜗　　　　　　　D. 咽鼓管
120. 与平衡感觉有关的有（　　）。（多选）
A. 卵圆窗　　　　　　B. 前庭　　　　　　　C. 半规管　　　　　　D. 咽鼓管
121. 听觉感受器毛细胞位于（　　）。
A. 卵圆窗　　　　　　B. 半规管　　　　　　C. 耳蜗　　　　　　　D. 咽鼓管
122. （　　）是肌肉收缩的直接能量源。
A. 磷酸肌酸　　　　　B. ATP　　　　　　　C. 肌糖原　　　　　　D. 乳酸
123. 有性生殖比无性生殖具有的优势是（　　）。
A. 突变率的增高　　　　　　　　　　　B. 产生更大的后代
C. 种群中基因多样性的增高　　　　　　D. 减少了后代在生长过程中的死亡率
124. 下列对孤雌生殖描述最正确额的是（　　）。
A. 由单倍体细胞发育而来　　　　　　　B. 可以形成双倍体

C. 没有重组　　　　　　　　　　　　D. 上述各项
125. 下列对动物生殖方式描述不正确的是(　　)。
    A. 鱼类、两栖类、爬行类、昆虫类、鸟类都有孤雌生殖现象
    B. 腔肠动物以出芽的方式进行无性生殖
    C. 从腔肠动物起出现了两性生殖器官
    D. 有性生殖更利于变异
126. 对人类生殖系统描述不正确的有(　　)。(多选)
    A. 阴茎的勃起是由小静脉收缩充血引起的
    B. 大多数完全的有适应性的阴茎存在于成功的陆生生物中
    C. 女性外生殖器包括子宫、大阴唇、小阴唇和阴蒂
    D. 女性阴蒂和男性阴茎同源
127. 下列对月经周期中的各项排序正确的是(　　)。
    A. 排卵-卵泡期-黄体-月经　　　　B. 月经-排卵-卵泡期-黄体
    C. 卵泡期-排卵-黄体-月经　　　　D. 黄体-月经-卵泡期-排卵
128. 精子的头部主要由下列(　　)构成。
    A. 鞭毛　　　B. 细胞核　　　C. 营养物质　　　D. 细胞质
129. 下列对异卵双胎描述正确的是(　　)。
    A. 可以是异性　　　　　　　　　　B. 是同性别
    C. 从一卵双受精发育而来　　　　　D. 从一个胎盘中吸取营养
130. 生精小管内最先形成的单倍体细胞是(　　)。
    A. 初级精母细胞　　B. 次级精母细胞　　C. 精子细胞　　D. 精原细胞
131. 雄激素在下列(　　)方面发挥重要作用。(多选)
    A. 胚胎期的性分化　　　　　　　　B. 青春期性器官的发育和成熟
    C. 精子的发生　　　　　　　　　　D. 副性征与性功能的维持
132. 精子发生是(　　)。
    A. 精子细胞渐变成精子的过程　　　B. 从精原细胞到形成精子的过程
    C. 从初级精母细胞至精子形成的过程　D. 从精母细胞的两次成熟分裂过程
133. 关于精子发生过程的描述,下列错误的是(　　)。
    A. 精原细胞增殖　　　　　　　　　B. 精母细胞的减数分裂
    C. 精子的形成　　　　　　　　　　D. 精子的获能
134. 关于卵泡的描述,错误的是(　　)。
    A. 主要由卵母细胞和卵泡细胞构成　B. 自青春期开始发育
    C. 每个月经周期排出多个卵泡　　　D. 绝经期后,排卵停止
135. 胚胎植入子宫内膜的时间是(　　)。
    A. 胚泡时期　　　　　　　　　　　B. 胚盘分化时期
    C. 桑椹胚时期　　　　　　　　　　D. 受精后24 h内
136. 受精的意义在于(　　)。(多选)
    A. 启动细胞分裂　　　　　　　　　B. 子代获得双亲的遗传物质
    C. 决定遗传性别　　　　　　　　　D. 恢复二倍体

连线题

1. **将下列描述和相应的消化器官进行匹配
   - A. 唾液淀粉酶的作用地点　　　Ⅰ. 十二指肠
   - B. 胰液的作用地点　　　　　　Ⅱ. 结肠
   - C. 营养物的吸收　　　　　　　Ⅲ. 回肠
   - D. 细菌产生维生素　　　　　　Ⅳ. 胃
   - E. 低 pH　　　　　　　　　　Ⅴ. 口
   - F. 液体和电解质的吸收

2. **将下列组织和其相应的功能连接起来
   - A. 上皮组织　　Ⅰ. 具有保护、分泌、排泄和吸收等功能
   - B. 结缔组织　　Ⅱ. 动物体中分布广泛、种类最多的一类组织,具有连接、支持、保护、防御、修复和运输等功能
   - C. 肌肉组织　　Ⅲ. 是脊椎动物体内最丰富的组织,功能是维持机体和器官的运动
   - D. 神经组织　　Ⅳ. 动物体内分化程度最高的一种组织,功能是信息传递

3. 将下列的储气结构和相应的描述进行匹配
   - A. 由身体表面向内生长形成的呼吸结构　　Ⅰ. 气泡
   - B. 鸟的肺中有几个可以膨胀的储气结构　　Ⅱ. 气囊
   - C. 气体交换发生在它的薄壁处　　　　　　Ⅲ. 鳔
   - D. 鱼可以浮起下沉是通过它的空气量　　　Ⅳ. 肺

4. 将下列的激素和其释放部分及主要作用进行匹配
   - A. 腺垂体　　Ⅰ. 胰岛素　　　a. 促进 T 细胞发育,激活对 T 细胞的免疫应答
   - B. 甲状腺　　Ⅱ. 抑钙素　　　b. 促进骨骼形成,降低血钙
   - C. 胸腺　　　Ⅲ. 生长激素　　c. 促进蛋白质合成与组织生长
   - D. 胰腺　　　Ⅳ. 甲状腺素　　d. 促进葡萄糖吸收和向糖原与脂肪转化
   - 　　　　　　Ⅴ. 胸腺激素　　e. 促进和维持新陈代谢

5. **将下列内分泌腺和相应的描述匹配
   - A. 甲状腺　　　　　Ⅰ. 分泌雄性激素
   - B. 胰腺的胰岛　　　Ⅱ. 分泌雌激素
   - C. 肾上腺髓质　　　Ⅲ. 分泌胰岛素
   - D. 垂体前部。　　　Ⅳ. 在颈部
   - E. 肾上腺皮质　　　Ⅴ. 有时被称为紧急事件腺体
   - F. 卵巢　　　　　　Ⅵ. 通过促激素调节其他腺体
   - G. 睾丸　　　　　　Ⅶ. 分泌糖(肾上腺)皮质激素

6. 将眼中的各部分和它们的结构或功能进行匹配
   - A. 眼球最前部可透光部分　　　　　　　　　　　　Ⅰ. 视网膜
   - B. 作用类似于相机光圈,可以改变直径进行放大缩小　Ⅱ. 视锥细胞
   - C. 起到主要聚光作用和调焦作用的结构　　　　　　Ⅲ. 角膜
   - D. 充满黏稠液体的结构　　　　　　　　　　　　　Ⅳ. 瞳孔
   - E. 具有感光作用含有不同感光细胞的结构　　　　　Ⅴ. 玻璃体
   - F. 富含血管,具有供血和遮光的功能　　　　　　　Ⅵ. 脉络膜

G. 感知强光和颜色　　　　　　　　　Ⅶ. 视杆细胞
H. 对弱光非常敏感　　　　　　　　　Ⅷ. 结晶体

简答题

1. 简述食物的消化吸收过程。
2. 简述胃的主要功能。
3. 什么是胰岛？
4. 试述激素在维持血糖浓度平衡方面的作用
5. 试述肝的生理功能。
6. 人体中血液循环的功能是什么？
7. 机体的内分泌细胞如何调节血钙？
8. 简述化学突触的结构及功能。
9. 简述骨骼肌纤维的收缩机理。
10. 光线依次通过哪些结构到达视网膜的感光细胞，并转化为神经冲动传出眼球？
11. 论述肾的基本结构与尿液形成过程。
12. 简述生精细胞的减数分裂过程。
13. 简述受精过程的意义。

图示题

1. 指出图中序号所表示的人的消化系统各器官名称，分别简述其功能。

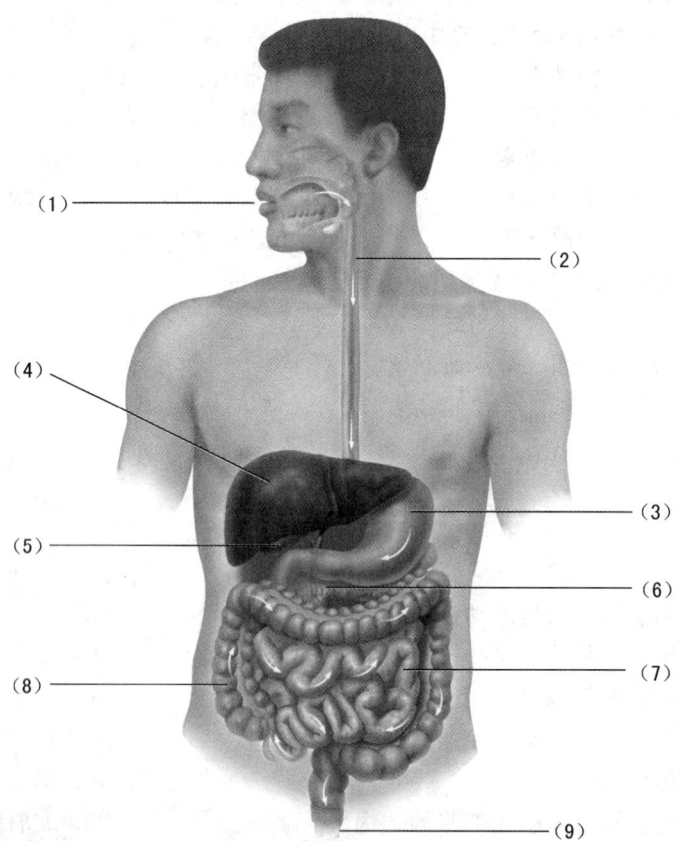

① 人体的消化系统由_____和_____组成。_____的主要部分是口、舌、咽、食道、胃、小肠、大肠和肛门。_____包括唾液腺、胰腺和肝脏。
② 胃可分泌_____和_____。_____被_____激活形成胃蛋白酶,后者将白质水解为_____和_____。_____还具有杀死食物中的细菌和促进胰液、肠液和胆汁的排放。
③ 小肠是人和哺乳动物最主要的消化吸收器官,小肠包括_____、_____和_____。
④ 食物经消化分解形成的葡萄糖、氨基酸等小分子物质穿过小肠的_____后进入毛细血管,然后再汇集到直接通向_____的血管。
⑤ _____是蛋白质、糖、脂肪代谢重要场所,另外还有贮存营养物质、解毒、吞噬衰老的红细胞等重要功能。

2. 下图为肾的结构和尿在肾单位中形成的示意图,请指出序号所指名称并回答下列问题。

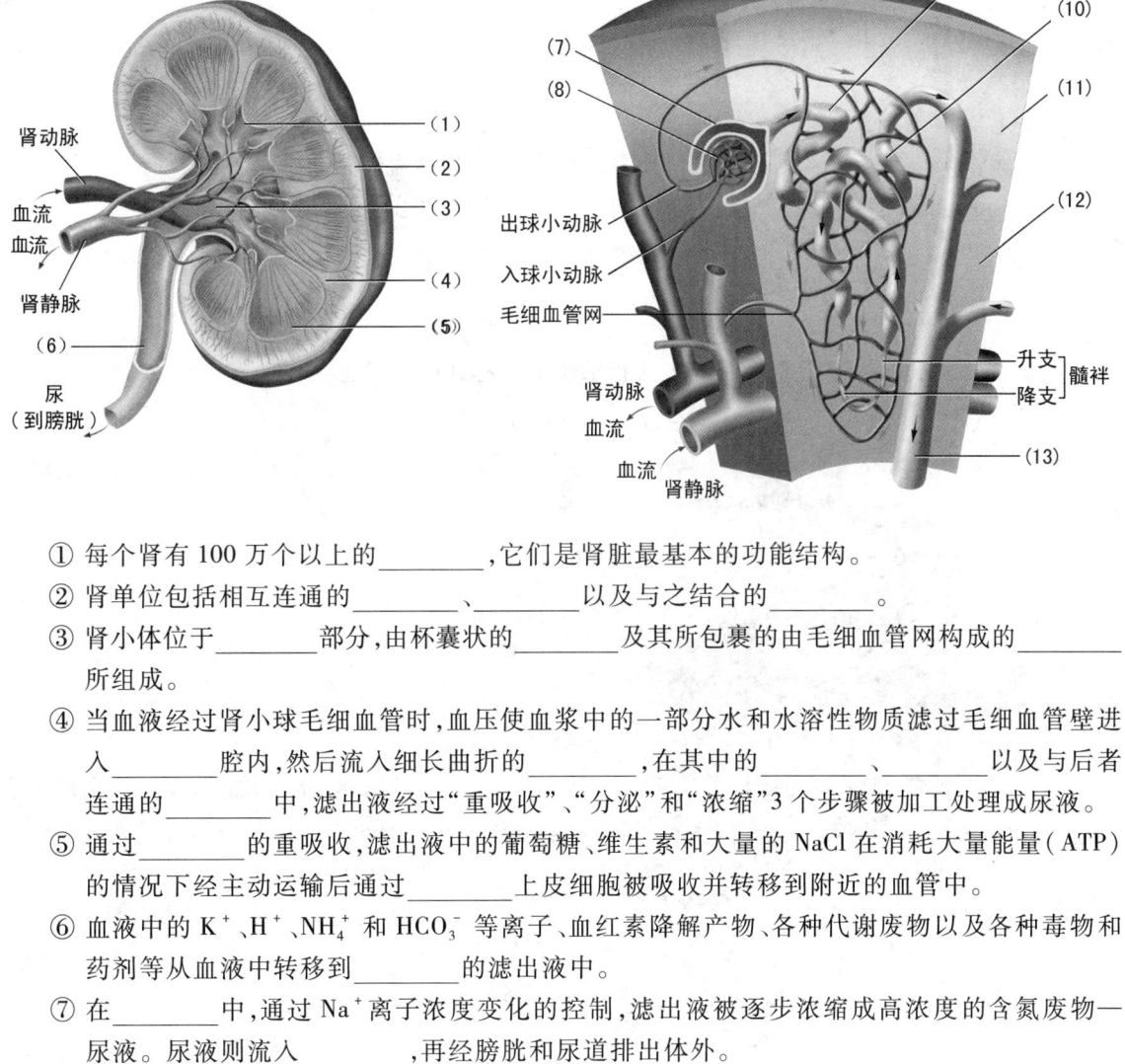

① 每个肾有100万个以上的_____,它们是肾脏最基本的功能结构。
② 肾单位包括相互连通的_____、_____以及与之结合的_____。
③ 肾小体位于_____部分,由杯囊状的_____及其所包裹的由毛细血管网构成的_____所组成。
④ 当血液经过肾小球毛细血管时,血压使血浆中的一部分水和水溶性物质滤过毛细血管壁进入_____腔内,然后流入细长曲折的_____,在其中的_____、_____以及与后者连通的_____中,滤出液经过"重吸收"、"分泌"和"浓缩"3个步骤被加工处理成尿液。
⑤ 通过_____的重吸收,滤出液中的葡萄糖、维生素和大量的NaCl在消耗大量能量(ATP)的情况下经主动运输后通过_____上皮细胞被吸收并转移到附近的血管中。
⑥ 血液中的K^+、H^+、NH_4^+和HCO_3^-等离子、血红素降解产物、各种代谢废物以及各种毒物和药剂等从血液中转移到_____的滤出液中。
⑦ 在_____中,通过Na^+离子浓度变化的控制,滤出液被逐步浓缩成高浓度的含氮废物——尿液。尿液则流入_____,再经膀胱和尿道排出体外。

3. 下图为人体的血液循环示意图,请指出序号所指名称,并回答下列问题。

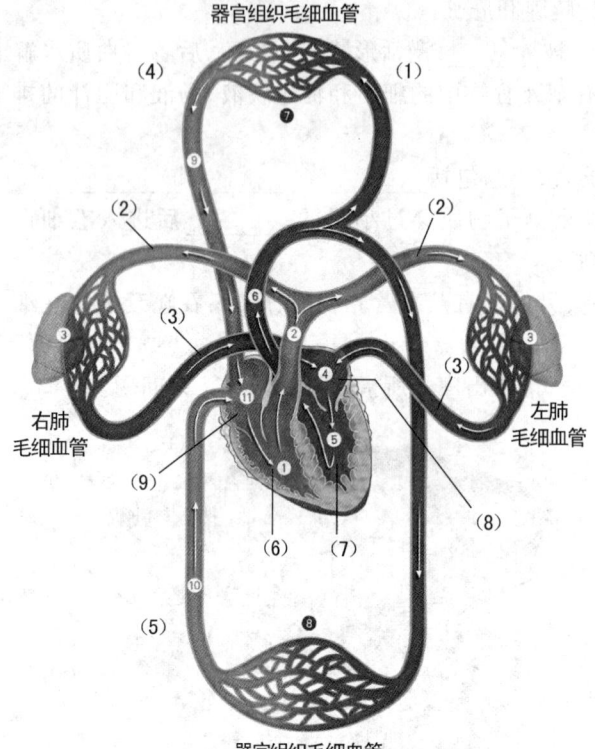

① 静脉是血液_____的血管,动脉是血液_____的血管;动脉血是指_____血液,静脉血是指_____的血液。
② 请在其相应的血管名称旁边标明其中是静脉血还是动脉血。
③ 简述血液循环的过程。

4. 该图为人的心脏示意图,请标出序号所指部位的名称并回答问题。

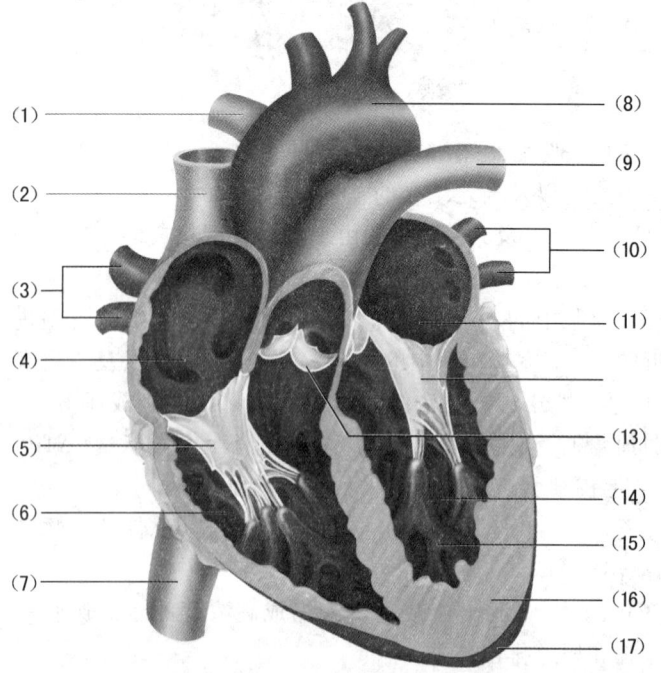

① 控制心脏内血液流动的方向的是心内膜突入心脏形成_____。
② 人的心脏分为_____、_____、_____、_____4个腔室。
③ 简述血液循环的过程。

5. 右图为神经元结构示意图,请标出序号所指名称并简述神经信息传递过程。

6. 下图为人脑的部分结构示意图,请标出相关名称并回答下列问题。

① 所有进出大脑的信息都要经由_____和_____处理。二者还具有控制内脏活动如心率、呼吸和消化等的功能,它们也可以协同小脑调节身体的运动等。

② _____是保持身体平衡、协调肌肉运动的控制中心。

③ _____具有整合和传送感觉信息的功能,还有协调睡眠和苏醒的功能。

④ 左右两个大脑半球通过称为_____的神经

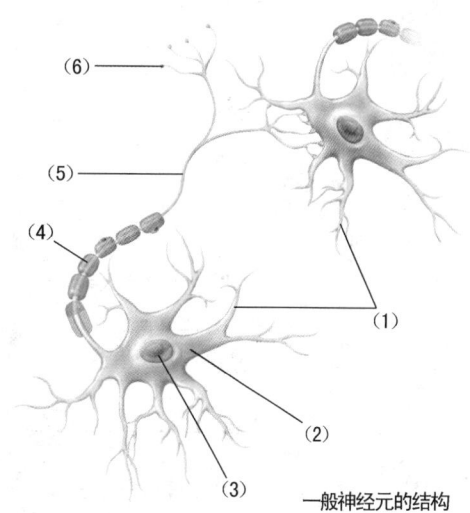

一般神经元的结构

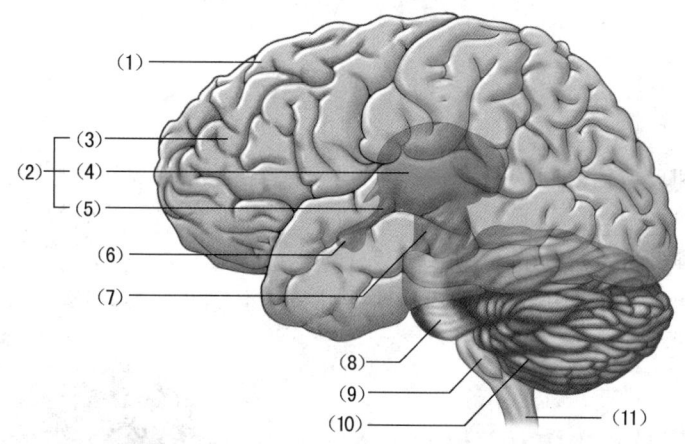

纤维相连。在其下部,由神经元细胞体聚集形成了一些小的基底神经节,如果它们受到损害,身体便无法协调运动。

⑤ _____对感觉(除嗅觉外)信息进行分类、增强或衰减等处理后,将相关信息传送到大脑皮层。

⑥ _____控制着脑垂体和激素的分泌,以及体温、血压、性冲动、饥渴、应激、机体的生物钟节律、快感和发怒等。

7. 下图为人的眼球切面示意图,请标出序号所指部位的名称并回答问题。

① 眼球最外层是由结缔组织构成的_____,其中前部光线可透过的部分为_____,呈透明状,具有聚光功能。

② 紧贴巩膜内层的是_____,它富含血管,具有供血和遮光的功能。

③ 与脉络膜相连的环状虹膜组成可以改变直径的_____,其功能类似于照相机的光圈。虹膜收缩,瞳孔_____,虹膜舒张,瞳孔_____,如此可控制光线的进入。

④ 瞳孔后的_____是角膜后的聚光装置,_____自身可以调节其曲率,以改变成像的焦距,使不同距离的目标在视网膜上形成清晰的像。

⑤ 在晶状体的后部,是充满黏稠透明液的_____,具有保持眼球形状的功能和一定的聚光

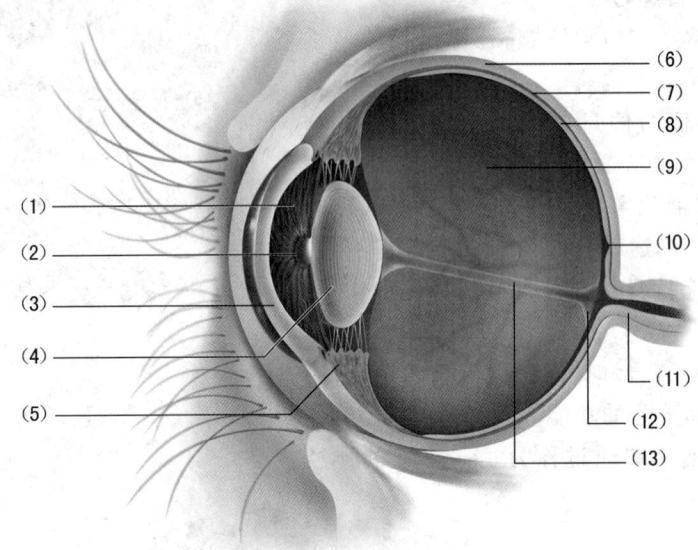

功能。
⑥ 夹在脉络膜和玻璃体之间的是_____,属于神经系统的一部分,是眼睛的感光器。
⑦ 光线经_____、_____、_____、_____到达_____成像,_____将视觉信息转换加工成神经冲动,经由_____传入视觉中枢。

8. 该图为视网膜的结构示意图,请标出序号所指部位的名称并回答问题。

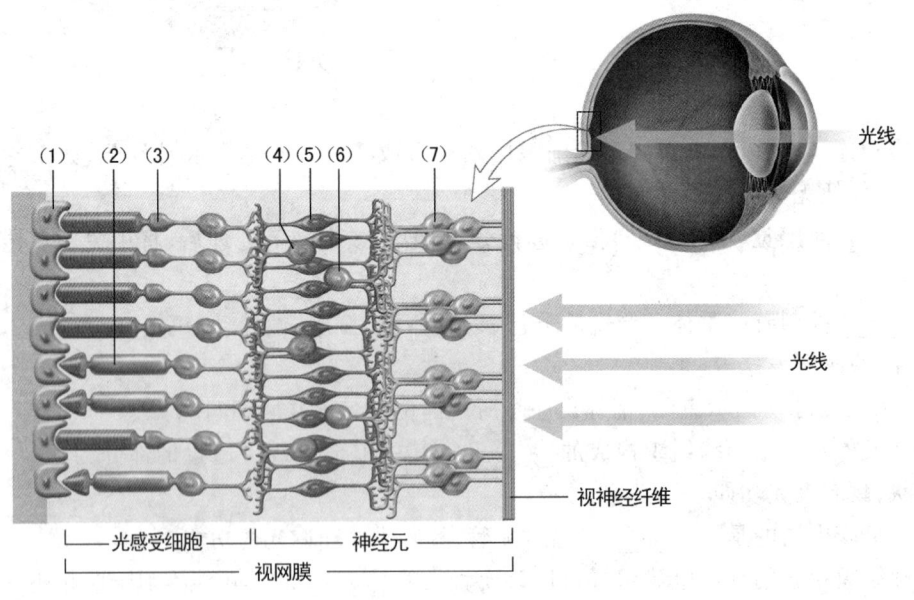

① 视网膜中具有几百万到几亿个感觉细胞,感光细胞分为_____和_____两大类。_____感知强光和颜色,_____对弱光非常敏感。
② 视网膜最外层是_____,对感觉细胞具营养和保护作用。

③ 视网膜通过 5 层神经元接收和处理视觉信息,这 5 层神经元包括_____、_____、_____、_____和_____。光线通过这透明的 5 层细胞后被视网膜后部的_____和_____所吸收,转换成视觉信息后,再通过以上几层神经元细胞的加工处理,最后由_____通过视神经将神经冲动传递到大脑。

9. 请标出图中序号表示的蛋白质的名称,并完成下面填空。

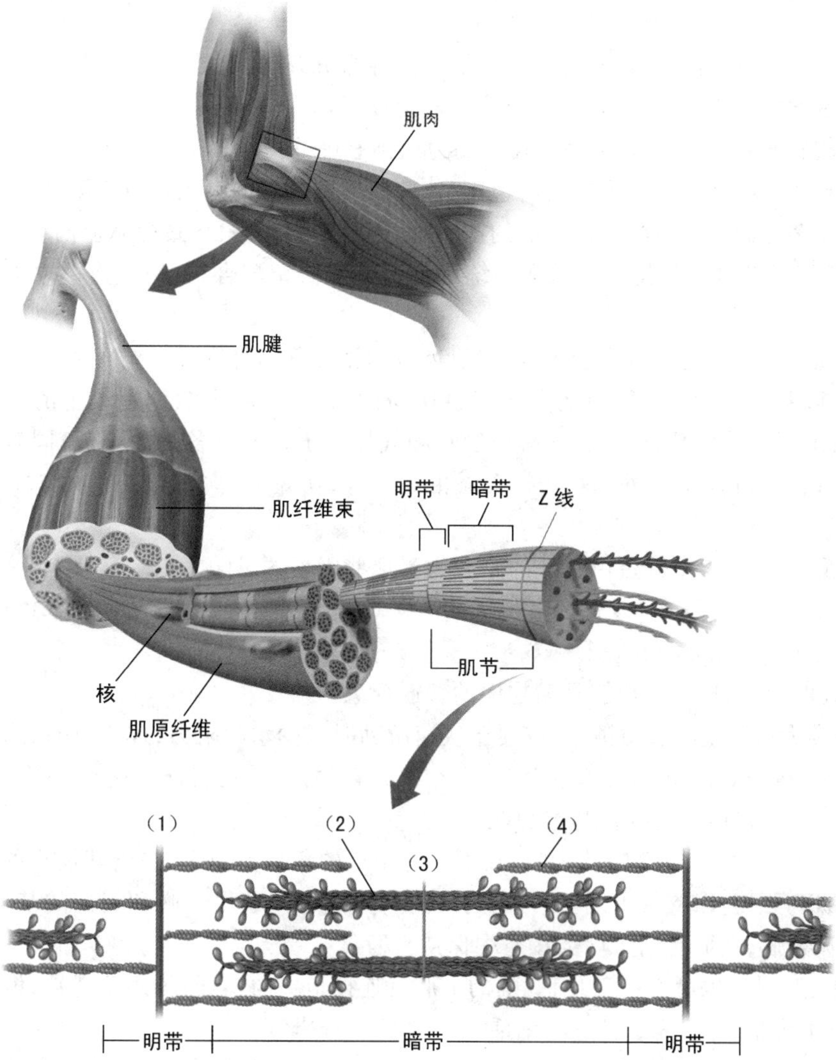

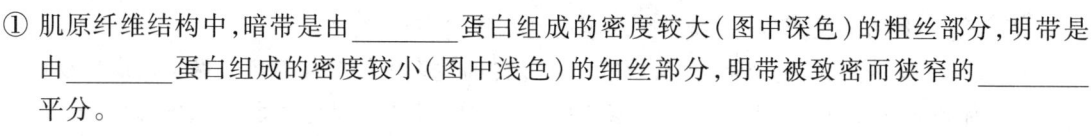

① 肌原纤维结构中,暗带是由_____蛋白组成的密度较大(图中深色)的粗丝部分,明带是由_____蛋白组成的密度较小(图中浅色)的细丝部分,明带被致密而狭窄的_____平分。

② 当 Z 线处产生收缩力时,明带的_____向暗带的_____部分中滑入,直至明带缩短或消失,此时肌肉发生收缩运动。

五、思考与讨论

1. 由于要克服重力作用,与鱼类等水生动物相比,陆生动物在运动时必须要消耗更多的能量。换句话说,同样质量的陆生动物和水生动物都移动1 m,陆生动物需要的能量更多。那么陆生动物的循环系统是如何通过进化来克服这个不利因素的?

   (1) 心脏的动力加大,泵血量大大增加。

   (2) 心脏分化出了两心房两心室,动脉血和静脉血分开,输氧效率大大提高。

   (3) 血液循环分成了肺循环和体循环,血流速度增加。

2. 静脉血的血压接近零,那么它是靠什么动力回到心脏的呢?

   通常哺乳动物的静脉都被骨骼肌所包围,这些肌肉随身体的运动可以不断地挤压静脉,同时大静脉中还有许多控制血液单向流回心脏的瓣膜,两者的共同作用,导致静脉血向心脏回流。

3. 请简要叙述消化、呼吸、排泄与循环系统是如何相互协调配合,共同完成了动物与环境之间的化学交换的。

   消化系统通过对食物的消化和吸收,将机体可利用的营养物质传入循环系统,为机体的生命活动提供能量;呼吸系统为营养物质的利用提供所需的氧气,并将组织细胞产生的二氧化碳排出体外;循环系统通过运输实现营养物质、排泄废物和气体分子在全身各处的交流;同时排泄系统将机体的废物和有害物质排出体外;这4个系统相互依存,协调合作完成了动物与环境之间的化学交换。

4. 在人的呼吸系统中,血红蛋白与氧的亲和力受那些因素的影响?

   受 O_2 分压、CO_2 分压和 pH 等因素的影响。O_2 分压越高、CO_2 分压越低和 p 值升高,可以使血红蛋白与氧的亲和力增加。

5. 请举例证明,结构适应于功能是动物中的普遍现象。

   例1:鱼类大多数呈细长纺锤形,以便于快速游动时减少水的阻力,体表具有保护性鳞片,以鳃呼吸,以鳍划水运动等,这些都是鱼类适应于水生环境的形态结构特征。这些形态结构特征保证了鱼类具有在水中生活所需的各种基本功能。

   例2:鸟类体被羽毛,前肢特化为翼,翼羽中有中空的角蛋白羽干,并以其最小的重量使羽毛有了特殊的形状和强度,以支持飞翔。另外,与飞行有关的肌肉着生于胸和翼部的基部,使身体大部分的重量远离翅膀,从而有利于鸟类在空中保持平衡。

   例3:同为哺乳动物上肢的演化,蝙蝠的上肢有连接指尖的皮蹼,可用于滑翔;鲸鱼演化为划水的鳍;人却有了十指,可以完成各种精细活动。

   例4:袋鼠的尾巴便于其运动时保持平衡,和后肢一起三点着地,可以形成一个稳定的座椅结构,适应于它们日常的蹲踞姿态;长尾猴的尾巴则利于它们在林间翻飞。

6. 动物的外部环境是不断变化的,动物依靠什么样的生理机能对外界刺激做出适应性反应?

   动物体内有两套对内外变化作出反应的系统即内分泌系统和神经系统,通过感受器对信息的接受和整合,反馈给这两套系统,再作出相应的应答。

7. 为什么微量的激素能够特异性或选择性地引起机体巨大的反应?请从细胞和分子水平上对此做出解释。

   脂溶性激素分子可穿过细胞膜进入细胞质中,与细胞质或细胞核内的受体蛋白结合。而细胞核内的受体蛋白具有高度的专一性,仅仅特异性地选择识别一种特定的激素。水溶性激素是只与细胞表面的糖蛋白结合,这种糖蛋白也具有特异性,因此激素引起的反应是具有选择性的。

作为第一信使的激素在血液中含量极低,但通过细胞的信号传导途径,微弱的化学信号可以被逐级放大。例如个别肾上腺素分子与肝细胞质膜上的受体结合后,立刻大大增加了细胞中 cAMP 的浓度,这就实现了放大效应。cAMP 可以同时作用于两种蛋白激酶,一方面促进糖原分解,另一方面又抑制葡萄糖合成为糖原,这又是一个放大的效应,在这些效应的作用下,肝细胞和血液中葡萄糖水平得以提高。

8. 神经系统如何保证神经冲动只能朝一个方向传导?

在动物体内,接受刺激的部位往往是神经末梢,因此神经冲动只能由神经末梢向另一端单向传导,神经纤维的突触处只能让神经冲动单向通过;另外,膜上刚刚发生动作电位的部位不能立即再发生新的动作电位。因此保证了神经冲动只能朝一个方向传导。

9. 请简述肌肉的收缩机制。

肌肉由许多平行的肌纤维组成,每个肌纤维都是一个多核细胞,每个肌纤维都含有上千条肌原纤维,肌原纤维呈现明暗相间的带,明带中间有一条致密的横线,称为 Z 线,两条 Z 线之间是一个肌节,每个肌节中,由两头一尾"Y"形的肌球蛋白和更细的肌动蛋白丝组成。肌肉收缩时,较粗的肌球蛋白丝伸出两个头黏附并带动肌动蛋白丝向 Z 线移动,使明带缩短,造成肌节中央肌动蛋白丝重叠,整个肌节缩短,从而实现整个肌细胞和肌肉的收缩。肌肉收缩需要消耗 ATP,同时还需要 Ca^{2+} 的参与。

10. 简单介绍交感神经和副交感神经的特点。

交感神经和副交感神经往往执行相反的作用,相互拮抗,维持各器官的正常工作,主要支配平滑肌、心肌和腺体,这两种植物性神经一般通过植物性神经节交换神经元,达到所支配的器官,并且不受意志支配。

11. 为什么在头脑受到重击的时候,我们会有眼冒金星的感觉?

对于作用与视网膜的刺激,无论是光还是重击,大脑都感受到光信号。

12. 请简述动物精子和卵细胞形成、受精和受精卵分化的过程。

参看教材"第六节 生殖系统、繁殖与胚胎发育"。

13. 人体有哪些器官系统,各自的组成和功能是什么?

参看本章"一、要点提示"和"二、基本概念"。

六、推荐阅读材料

1. 许崇任,程红. 动物生物学. 北京:高等教育出版社,2002
2. 程会昌 等. 动物解剖学与组织胚胎学. 北京:科学出版社,2001
3. 王玢 主编. 人体与动物生理学. 北京:高等教育出版社,
4. 陈杰 主编. 动物生理学. 第 4 版. 北京:中国农业出版社,2003
5. 杨秀平. 动物生理学. 北京:高等教育出版社,2002
6. Miller S A, Harley J P. Zoology. 第 5 版. 北京:高等教育出版社,2002
7. Jurd R D. Instant Notes in Animal Biology. BIOS Scientific Publishers Ltd., 1997
8. 与课程相关的国家级精品课程网址:
   动物生理学:华中农业大学　　http://nhjy.hzau.edu.cn/kech/dwsl/
   医学生理学:西安交通大学　　http://mcsl.xjtu.edu.cn/

中山大学　http://202.116.65.193/jinpinkc/shengli/mpg/shenbao/index.htm
中国科学技术大学　http://www.teach.ustc.edu.cn/jpkc/xiaoji/slx/kj/physiology/000/index.htm
中南大学　http://cai.csu.edu.cn/jpkc/shenglixue/index.htm

七、参考答案

填空题

1. 上皮组织,结缔组织,肌肉组织,神经组织,结缔组织　　2. 保护,分泌,排泄,呼吸
3. 复层;单层扁平上皮,单层柱状上皮,单层立方上皮,假复层纤毛柱状上皮;单层扁平,复层扁平
4. 基质,基质,网状纤维　　5. 疏松结缔组织,是连接,支持组织器官　　6. 纤维状结缔组织,软骨组织,骨骼　　7. 骨骼肌,心肌,平滑肌。骨骼肌,心肌,心肌,平滑肌　　8. 能够自动,有节律地收缩,不受意识支配　　9. 树突,轴突　　10. 组织,心肌,上皮组织,结缔组织,神经组织　　11. 系统或器官系统,口腔,咽,食道,胃,小肠,大肠,多种消化腺　　12. 心脏,血管,血液;物质运输,体液调节,维持体内环境　　13. 辐射散热,对流散热,传导散热,蒸发散热,蒸发散热　　14. 维生素,矿物质　　15. 赖氨酸,蛋氨酸,苏氨酸,色氨酸,缬氨酸,组氨酸,亮氨酸,异亮氨酸,苯丙氨酸　　16. 胰淀粉酶,胰脂肪酶,胰蛋白酶,糜蛋白酶　　17. 稀释食物,改变消化管腔内的pH,水解食物,保护消化道黏膜　　18. 氨基酸,十二指肠,空肠
19. 十二指肠,空肠和回肠,绒毛,微绒毛,表面积　　20. 大肠,肛门　　21. 消化,细胞外,排遗,排泄　　22. 毛细淋巴管,毛细血管网,绒毛上皮细胞,肝脏　　23. 血液,淋巴液,组织间液,汗水,眼泪　　24. 淋巴管,淋巴液　　25. 肾,输尿管,膀胱,尿道　　26. 喉,支气管,呼吸性细支气管,肺泡,氧气,CO_2　　27. 环境和身体活动水平,中枢神经系统和血液中化学物质　　28. 脑桥,延髓,延髓,膈肌,肋间肌　　29. 鳃,肺,皮肤;　　30. 收缩,上升,扩张,下移,小于　　31. 支气管,肺泡,肺泡,肺泡　　32. 分泌　　33. 血浆,血细胞,血浆,血细胞,红细胞,白细胞,血小板　　34. 动脉,小动脉,静脉,小静脉,毛细血管;静脉,动脉,毛细血管,毛细血管　　35. 血红蛋白,肝脏,肾脏　　36. 中性粒细胞,嗜碱性粒细胞,嗜酸性粒细胞,单核细胞,淋巴细胞;保护,防御　　37. 血浆,红细胞,白细胞,血小板,纤维蛋白原,白蛋白与球蛋白　　38. 内分泌腺(内分泌器官),内分泌组织,激素,血液循环　　39. 甲状腺,甲状旁腺,肾上腺,垂体,松果体　　40. 胰岛,卵泡,黄体,间质细胞　　41. 肾的上端,半月形,三角形　　42. 激素,血液,淋巴,体液　　43. 下丘脑,垂体,垂体　　44. 纳摩尔甚至皮摩尔,特异性,蛋白质和多肽类激素,氨基酸衍生物激素,脂类激素,cAMP　　45. 中枢神经系统,周围神经系统,感觉神经,运动神经,植物性,运动神经　　46. 语言,数学计算,逻辑分析,胼胝体,帕金森氏综合症　　47. 反射弧,感受器,传入神经元,神经中枢,传出神经元,效应器
48. 运动神经元,植物性神经　　49. 交感神经,副交感神经　　50. 电化学变化　　51. 神经末梢　　52. 电突触,化学突触,直接,突触前膜,突触后膜,神经递质　　53. 眼睑,结膜,泪腺,眼肌　　54. 两眼的视野相交,凹透镜,凸透镜　　55. 听觉,保持平衡,外耳,中耳,内耳,听觉中枢,耳廓,外耳道,鼓室,听小骨,咽骨管,鼓膜,耳蜗,前庭,半规管　　56. 软骨,硬骨,206,中轴骨骼,62,附肢骨　　57. 头颈肌,躯干肌,四肢肌,600　　58. 无性生殖,有性生殖
59. 9,24,桑椹胚,囊胚　　60. 羊膜,尿囊,卵黄囊,脐带,胎盘　　61. 辅助生殖技术

选择题

1. D	2. A	3. D	4. B	5. C、D	6. B	7. A	8. C
9. C	10. A	11. C	12. A	13. A	14. B	15. C	16. D
17. D	18. B	19. B、C	20. A	21. C	22. C	23. C	24. B
25. C	26. D	27. C	28. C	29. C	30. B	31. C	32. D
33. B	34. A、B、D		35. A、C、D、E		36. D	37. D	38. B
39. C	40. A	41. D	42. B	43. D	44. C	45. B	46. C
47. D	48. B、D	49. B、D	50. D	51. B、C	52. D	53. C、D	54. A
55. C	56. B	57. C	58. A、B、D、E		59. A、B、D		60. B
61. B	62. C	63. C	64. B、C、D		65. C	66. D	67. D
68. B、C、D	69. D	70. C	71. C	72. A、B、D	73. A、D	74. A	75. A
76. C	77. A	78. C	79. B	80. D	81. A、B、C、D		82. C
83. C	84. B、C	85. D	86. E	87. A	88. C	89. C	90. D
91. A、B、C	92. A	93. B	94. A、B	95. A、C	96. A	97. D	98. C
99. B、D	100. A、B、D		101. B	102. B	103. A	104. D	105. B、C、D
106. A、C、D	107. A、D	108. A、C	109. D	110. C	111. D	112. B、C、D	
113. A	114. B	115. A、B、D		116. C	117. C	118. D	119. D
120. B、C	121. C	122. B	123. C	124. D	125. A	126. A、C	127. C
128. B	129. C	130. C	131. A、B、C、D		132. B	133. D	134. C
135. A	136. A、B、C、D						

连线题

1. A-Ⅴ,B-Ⅰ,C-Ⅲ,D-Ⅱ,E-Ⅳ,F-Ⅱ
2. A-Ⅰ,B-Ⅱ,C-Ⅲ,D-Ⅳ
3. A-Ⅳ,B-Ⅱ,C-Ⅰ,D-Ⅲ
4. A-Ⅲ-c,B-Ⅳ-e,B-Ⅱ-b,C-Ⅴ-a,D-Ⅰ-d
5. A-Ⅳ,B-Ⅲ,C-Ⅴ,D-Ⅵ,E-Ⅶ,F-Ⅱ,G-Ⅰ
6. A-Ⅲ,B-Ⅳ,C-Ⅷ,D-Ⅴ,E-Ⅰ,F-Ⅵ,G-Ⅱ,H-Ⅷ

简答题

1. 食物中的营养物质主要有糖类、蛋白质、脂肪等,而这些大分子物质不能被直接吸收利用,需要先经过消化作用,然后被吸收利用。消化是食物在动物消化系统中被分解成能被细胞吸收的小分子过程。

(1) 淀粉、糖原等被分解为单糖的形式吸收,己糖吸收最快,尤其是葡萄糖及半乳糖可以通过与钠同向转运而加速吸收。

(2) 蛋白质被分解为氨基酸形式吸收。二肽、三肽也可以进入小肠上皮,再被肽酶水解成氨基酸。

(3) 脂肪消化的产物为甘油、脂肪酸及单酰甘油,可被小肠上皮吸收。吸收后的单糖、氨基酸及中、短链脂肪酸(10~12碳原子以下)由血液送入肝脏。长链脂肪酸先由胆盐协助形成微胶粒吸收,再在滑面内质网中重新合成三酰甘油,再外包载脂蛋白及磷脂外壳,形成乳糜粒,进入淋巴转运。

2. (1) 胃是人和哺乳动物主要的消化器官。可分泌盐酸和胃蛋白酶原。
   (2) 胃蛋白酶原,主细胞分泌,被盐酸激活为胃蛋白酶,使蛋白质水解,其最适 pH 为 2.0。
   (3) 盐酸为胃蛋白酶提供酸性环境;促使蛋白质变性,使之易被分解;杀菌;促使小肠内胃肠道激素释放,调节胃、肠、胰、肝、胆活动。
   (4) 胃黏液起润滑、保护合中和胃酸作用。

3. 胰岛是胰脏的内分泌部,由内分泌细胞组成,呈岛状分布于胰外分泌部腺泡和导管之间。人类的胰岛细胞按其染色和形态学特点,主要分为 α 细胞、β 细胞、D 细胞及 PP 细胞。α 细胞约占胰胰岛细胞的 20%,分泌胰高血糖素;β 细胞占胰岛细胞的 60%~70%,分泌胰岛素;D 细胞占胰岛细胞的 10%,分泌生长抑素;PP 细胞数量很少,分泌胰多肽。这些激素分泌进入毛细血管,经血液循环作用于靶细胞,有的激素也有旁分泌作用。

4. (1) 胰岛素能加速葡萄糖的利用和抑制葡萄糖的生成,使血糖的去路增加而来源减少,于是血糖降低。①胰岛素能加速葡萄糖的利用。其作用是提高细胞膜对葡萄糖的通透性,促进葡萄糖由细胞外转运到细胞内,加速葡萄糖的酵解和氧化,并促进肝糖元和肌糖元的合成和贮存。②抑制葡萄糖的生成,能抑制肝糖元分解为葡萄糖,以及抑制甘油、乳酸和氨基酸转变为糖元,减少糖元的异生。
   (2) 胰高血糖素在调节血糖浓度中对抗胰岛素,主要作用是迅速使肝脏中的糖元分解,促进肝脏葡萄糖的产生与输出,进入血液循环,以提高血糖水平。胰高血糖素还能加强糖异生作用。
   (3) 胰岛素与胰高血糖素共同协调血糖水平的动态平衡。进食后,糖类的消化吸收使血糖升高,从而刺激胰岛素的分泌,同时胰高血糖素的分泌受到抑制,胰岛素/胰高血糖素比值明显上升,此时肝脏从生成葡萄糖为主的组织转变为将葡萄糖转化为糖元而贮存糖元的器官。饥饿时,血液中胰高血糖素水平显著上升而胰岛素水平下降。糖异生及糖元分解加快,肝脏不断地将葡萄糖输送到血液中。同时由于胰岛素水平降低,肌肉和脂肪组织利用葡萄糖的能力降低,主要是利用脂肪酸,从而节省了葡萄糖以保证大脑等组织有足够的葡萄糖供应。
   另外与血糖平衡相关的激素还有肾上腺素及去甲肾上腺素、肾上腺皮质激素、生长激素等。

5. (1) 分泌胆汁,促进脂肪的消化与吸收。
   (2) 物质代谢作用:将单糖合成肝糖原贮存。非糖物质的糖异生;葡萄糖转播为脂肪酸与氨基酸。氨基酸吸收后合成蛋白质及脱氨、转氨。血浆蛋白、凝血因子、尿素也在肝内生成。脂肪吸收进入肝脏,再转为体脂贮存;体脂的分解也先进肝脏。
   (3) 解毒作用:清除体内代谢过程中产生的有毒物质如氨、胆红素等,还可通过氧化、结合等方式结合外来毒物。

6. 人体血液循环的功能主要有:
   (1) 运输。将肺吸入的氧气运输到全身各组织。同时将组织代谢产生的二氧化碳与其他废物运输到肺、肾等处排泄,从而保证身体正常代谢的进行。运输是血液的基本功能,主要是靠红细胞来完成的。
   (2) 保持体内水和电解质的平衡、酸碱度平衡以及体温的稳态。
   (3) 激素依靠血液输送到达相应的靶器官,使其发挥一定的生理作用。
   (4) 血液中的白细胞具有免疫防御功能。

7. (1) 当血钙升高时,甲状腺组织中的滤泡旁细胞产生和分泌降钙素;降钙素促进成骨细胞的活动，使骨盐沉着于类骨质，并抑制胃肠道和肾小管吸收钙，使血钙浓度降低。

(2) 当血钙降低时，甲状旁腺主细胞分泌甲状旁腺激素，作用于骨细胞和破骨细胞，使骨盐溶解，并能促进肠及肾小管吸收钙，从而使血钙升高。

(3) 甲状旁腺激素和降钙素共同调节和维持机体血钙浓度的稳定。

8. (1) 化学突触包括一个神经元轴突末端即突触前膜、突触间隙和另一个神经元的树突即突触后膜。

(2) 突触前膜所在神经元的轴突终末含有许多突触小泡，内含不同的神经递质或神经调质。突触后膜上有神经递质的受体。

(3) 当神经冲动沿轴膜传至轴突终末时，突触前膜的钙离子通道开发，细胞外 Ca^{2+} 进入突触前成分；在 Ca^{2+} 和 ATP 的参与下，突触小泡移至突触前膜并与之融合，通过胞吐作用将小泡内的递质释放到突触间隙；然后神经递质与突触后膜上相应的受体结合，使 Na^+ 离子通道开放，产生膜电位，并沿接受神经元的神经纤维传递下去，即使突触后神经元出现兴奋或抑制效应。

9. 收缩过程大致如下：

(1) 神经冲动引起肌肉收缩时，大量 Ca^{2+} 与肌钙蛋白结合，使其构型和位置改变，原肌球蛋白的位置随之变化，原来被掩盖的肌动蛋白单体上的肌球蛋白结合位点暴露；

(2) 肌球蛋白头与肌动蛋白接触，ATP 酶被激活，分解 ATP 并释放能量，使肌球蛋白的头拉动肌动蛋白丝；肌动蛋白丝向暗带内滑入，明带变窄，肌节缩短，肌纤维收缩；

(3) 收缩结束，Ca^{2+} 浓度降低，肌钙蛋白恢复原来构型，原肌球蛋白恢复原位又掩盖肌动蛋白上的位点；同时肌球蛋白头结合一个 ATP 分子，与肌动蛋白脱离，肌动蛋白丝复位，肌纤维松弛。

10. (1) 光线通过角膜、瞳孔、晶状体、玻璃体等屈光装置后，再透过视网膜的节细胞层、双极细胞层到达视细胞。

(2) 视细胞分视杆细胞和视锥细胞两种，其上的感光物质分别感受暗光、弱光和强光、色觉，并转变为神经冲动。

(3) 神经冲动通过视细胞的轴突传递给双极细胞的树突。

(4) 双极细胞的轴突再将神经冲动传给神经节细胞。

(5) 最后，神经节细胞的轴突汇集成视神经离开眼球，将冲动传向中枢。

11. (1) 肾由肾单位、集合管和少量的结缔组织组成。每个肾有 100 万个以上的肾单位，它们是肾脏最基本的功能结构。肾单位包括相互连通的肾小体、肾小管以及与之结合的毛细血管网。

(2) 形成原尿的结构是肾小体，肾小体呈球形，由肾小球和肾小囊构成。

(3) 肾小球是肾小囊中的一团蟠曲的毛细血管，由入球微动脉突入肾小囊内分支形成，继而又汇成一条出球微动脉离开肾小囊。

(4) 肾小囊是肾小管起始部膨大凹陷而成的杯状双层囊。

(5) 当血液经过肾小球毛细血管时，血压使血浆中的一部分水和水溶性物质滤过毛细血管壁进入肾小囊腔内，形成滤过液，即原尿；然后由肾小囊腔流入细长曲折的肾小管，在肾小管的近曲小管、远曲小管以及与后者连通的集合管中，滤出液经过"重吸收"、"分泌"和"浓缩" 3 个步骤被加工处理成尿液。

12. (1) 生精细胞的减数分裂共分为两个阶段，首先由初级精母细胞经第 1 次减数分裂形成次级精母细胞,然后次级精母细胞经第2次减数分裂形成精子细胞。

(2) 在第1阶段,二倍体的初级精母细胞染色体核型为46,XY,经过DNA复制后(4n DNA)进行第1次减数分裂,其间同源染色体间进行了遗传物质的交换,最后,同源染色体分离,形成单倍体的的次级精母细胞,核型为23,X或23,Y(2n DNA)。

(3) 在第2阶段,次级精母细胞不再进行DNA复制,只在着丝点处发生染色单体分离,形成单倍体的精子细胞,核型为23,X或23,Y(1n DNA)。

13. 受精是两性生殖细胞相互融合和相互激活的过程,是新生命的开端。受精过程使双亲的遗传基因随机组合,并使受精卵恢复二倍体核型。受精决定新个体的遗传性别,核型为23,X的精子与卵子受精,新个体性别是女性;核型为23,Y的精子与卵子结合,新个体的性别是男性。

图示题

1. (1) 口腔　　(2) 食道　　(3) 胃　　(4) 肝　　(5) 胆
   (6) 胰脏　　(7) 小肠　　(8) 大肠　　(9) 肛门
   ① 消化道,消化腺,消化道,消化腺　　② 胃酸,胃蛋白酶原,胃蛋白酶原,胃酸,肽,氨基酸,胃酸　　③ 十二指肠,空肠,回肠　　④ 绒毛上皮细胞,肝脏　　⑤ 肝脏

2. (1) 集合管　　(2) 肾皮质　　(3) 肾盂　　(4) 肾髓质　　(5) 锥体
   (6) 输尿管　　(7) 肾小囊　　(8) 肾小球　　(9) 近曲小管　　(10) 远曲小管
   (11) 皮质　　(12) 髓质　　(13) 集合管
   ① 肾单位　　② 肾小体,弯曲的肾小管,毛细血管网　　③ 肾皮质,肾小囊,肾小球
   ④ 肾小囊,肾小管,近曲小管,远曲小管,集合管　　⑤ 近曲小管,肾小管　　⑥ 远曲小管
   ⑦ 集合管,肾盂

3. (1) 主动脉　　(2) 肺动脉　　(3) 肺静脉　　(4) 上腔静脉　　(5) 下腔静脉
   (6) 右心室　　(7) 左心室　　(8) 左心房　　(9) 右心房
   ① 流回心脏,从心脏外流,含氧丰富的,缺氧且富含 CO_2　　② 上、下腔静脉和肺动脉中为静脉血,主动脉和肺静脉中为动脉血。　　③ 血液循环过程为:血液从心脏流入动脉,再经静脉流回心脏,人体和哺乳动物的循环系统可简化为,首先缺氧的静脉血从心脏流向肺部,在肺部形成含氧丰富的动脉血,经过肺静脉回到心脏。然后动脉血从心脏通过主动脉到达全身各毛细血管,并将 O_2 和养料提供给身体的各个组织,经过与组织的气体交换和物质交换以后又成为缺氧的静脉血经过上、下腔静脉流入心脏。

4. (1) 肺动脉　　(2) 上腔静脉　　(3) 肺静脉　　(4) 右心房　　(5) 右房室瓣
   (6) 右心室　　(7) 下腔静脉　　(8) 大动脉　　(9) 肺动脉　　(10) 肺静脉
   (11) 右心房　　(12) 左房室瓣　　(13) 半月瓣　　(14) 左心室　　(15) 心内膜
   (16) 心肌层　　(17) 心外膜
   ① 瓣膜　　② 左心房,左心室,右心房,右心室　　③ 血液循环的过程为:左心室的收缩将含氧丰富的动脉血送入主动脉,经过体循环以后,缺氧的静脉血由上、下腔静脉流回右心房,接着再进入右心室,右心室的收缩,静脉血进入肺动脉流进肺部,通过肺泡毛细血管吸收 O_2 并排出 CO_2,成为含氧丰富的动脉血,然后经肺静脉流回左心房,再进入左心室,以此循环往复。

5. (1) 细胞体　　(2) 细胞核　　(3) 树突　　(4) 神经膜细胞
   (5) 轴突　　(6) 突触
   神经元是神经系统最基本的结构和功能单位。神经元伸出的突起包括树突和轴突两种。树突接受信号刺激并将神经冲动传入细胞体,轴突将从树突或细胞表面传入细胞体的神经冲动传递给

其他神经元或直接传递给包括肌细胞或腺细胞在内的效应器。轴突的末端小球与另一神经元的联结处称为突触,神经信息通过突触传递到下一个细胞。

6. (1) 大脑皮层　　(2) 前脑　　(3) 大脑　　(4) 丘脑　　(5) 下丘脑
   (6) 垂体　　(7) 中脑　　(8) 脑桥　　(9) 延髓　　(10) 小脑
   (11) 脊髓
   ① 延髓,脑桥　　② 小脑　　③ 中脑　　④ 胼胝体　　⑤ 丘脑　　⑥ 下丘脑

7. (1) 虹膜　　(2) 瞳孔　　(3) 角膜　　(4) 晶状体　　(5) 睫状体
   (6) 巩膜　　(7) 脉络膜　　(8) 视网膜　　(9) 玻璃体　　(10) 中央凹
   (11) 视神经　　(12) 视盘　　(13) 玻璃体管
   ① 巩膜,角膜　　② 脉络膜　　③ 瞳孔,变小,变大　　④ 晶状体,晶状体　　⑤ 玻璃体
   ⑥ 视网膜　　⑦ 角膜,前房,晶状体,玻璃体,视网膜,视网膜,视神经

8. (1) 色素上皮细胞　　(2) 视锥细胞　　(3) 视杆细胞　　(4) 水平细胞
   (5) 双极细胞　　(6) 无足细胞　　(7) 神经节细胞
   ① 视杆细胞,视锥细胞,视锥细胞,视杆细胞　　② 色素上皮细胞　　③ 神经节细胞,无足细胞,双极细胞,水平细胞和感觉细胞,视杆细胞,视锥细胞,神经节细胞

9. (1) Z 线　　(2) 肌球蛋白丝　　(3) M 线　　(4) 肌动蛋白丝
   ① 肌球,肌动,Z 线　　② 肌动蛋白细丝,肌球蛋白粗丝

第10章 生物与环境

一、要点提示

种群

种群是特定时间内一定空间中同种个体的集合。种群是物种存在的基本单位,是生物进化的基本单位,也是生命系统更高组织层次——生物群落的基本组成单位。种群与生物个体相比,具有空间、数量和遗传3个基本的特征。其中探讨种群的空间分布与数量变化规律是其主要内容。种群的增长有指数增长模式和逻辑斯蒂增长模型。前者一般只是一种理想的状态,而逻辑斯蒂增长模式则反映了许多物种在限制条件下的生长特征。

群落

生物群落是在相同时间聚集在同一地段上的各物种种群的集合。生物群落作为种群与生态系统之间的一个生物集合体,具有它自己独有的许多特征,比如具有一定的种类组成、群落中各物种之间是相互联系的、群落具有自己的内部环境、具有一定的结构、具有一定的动态特征、具有一定的分布范围、具有边界特征等等,这是它有别于种群和生态系统的根本所在。植物种类不同,群落的类型和结构也不相同,种群在群落中的地位和作用也不相同。因此,可以根据各个种在群落中的作用而划分群落成员型。地球陆地上的主要群落类型包括热带雨林、具稀疏乔木和灌木的高原草地、沙漠、极地冰原、灌木林、温带草原、温带落叶林、针叶林、北极和高山冻原等,水生生物群落包括淡水生物群落和海洋生物群落。群落内生物之间相互关系包括竞争、捕食、寄生和共生等多种类型,其中作用最大的是竞争与捕食。

生态系统

生物群落和其相应的环境构成了生态系统,它是一个不断进行着的物质循环和能量流动过程的统一整体。生态系统结构包括生产者、消费者、分解者和非生物环境四大基本成分。组成生物群落的物种,按其营养方式分为植物、食草动物、食肉动物、顶级食肉动物和分解者生物,构成捕食和碎食两类基本食物链。能流通过各个营养级逐步减少,从而形成能量金字塔。

能流中各个不同点上的能量比值成为能量传递效率,包括同化效率、生长效率和消费效率。自然生态系统属于开放系统。并且具有负反馈调节机制。

生态系统根据其物质和能量交换分为:
① 开放生态系统(与外界能进行能量与物质交换);
② 封闭生态系统(与外界能进行能量交换,不能进行物质交换)
③ 隔离生态系统(与外界不能进行能量与物质交换)。

生态系统按照环境性质和形态特征分为:
①陆地生态系统(按照人干预的程度划分为)
　　a. 自然生态系统,如森林生态系统,草原生态系统等;
　　b. 人工生态系统,如城市生态系统等;
　　c. 半自然生态系统,如农业生态系统等。
② 淡水生态系统
③ 海洋生态系统

生态系统的基本特征

1. 生态系统是动态功能系统

任何一个生态系统总是处于不断发展,进化和演变之中,就是系统的演替。根据演替的状况将其分为幼年期、成长期、成熟期等不同演替阶段。每个演替阶段所需的进化时间在各类生态系统中是不同的。演替阶段不同的生态系统在结构和功能上都具有各自特点。

2. 生态系统具有一定的区域特征

生态系统都与特定的空间相联系,包含一定地区和范围的空间概念。这种空间都存在着不同的生态条件,栖息着与之相适应的生物类群。生命系统与环境系统的相互作用以及生物对环境的长期适应结果,使生态系统的结构和功能反映了一定的地区特性。

3. 生态系统是开放的"自持系统"

自然生态系统需要的能源是生产者对光能的"巧妙"转化,消费者取食植物,而动、植物残体以及它们生活时的代谢排泄物通过分解者作用,使结合在复杂有机物中矿质元素又归还到环境(土壤)中,重新供植物利用,这个过程往复循环,从而不断地进行着能量和物质的交换、转移,保证生态系统发生功能并输出系统内生物过程所制造的产品或剩余的物质和能量。生态系统功能连续的自我维持基础就是它所具有的代谢机能,这种代谢机能是通过系统内的生产者,消费者,分解者三个不同营养水平的生物类群完成的,它们是生态系统"自维持"的结构基础。

4. 生态系统具有自动调节的功能

自然生态系统若未受到人类或者其他因素的严重干扰和破坏,其结构和功能是非常和谐的,这是因为生态系统具有自动调节的功能,所谓自动调节功能是指生态系统受到外来干扰而使稳定状态改变时,系统靠自身内部的机制再返回稳定、协调状态的能力。生态系统自动调节功能表现在3个方面,即同种生物种群密度调节;异种生物种群间的数量调节;生物与环境之间相互适应的调节,主要表现在两者之间发生的输入、输出的供需调节。

生态平衡

生态系统中的能量流动和物质循环能够较长时间地保持着一种动态的平衡,这种平衡状态就叫生态平衡。这种平衡是相对的,在受到干扰和破坏时,这种平衡可暂时被打破,但在一定限度内,可通过自动调节得到恢复。然而生态系统的调节能力有限,如果受到的干扰或破坏超过了它本身的自动调节能力,最终导致该系统平衡的破坏,使人类和生物受到损害。导致生态平衡被破坏的因素有自然因素和人为因素,自然因素导致生态平衡被破坏的频率是较低的,主要是人为因素破坏生态平衡。要使人与自然和谐地发展,必须采取措施,保护生态平衡。

二、基本概念

环境(environment):某一特定生物体或生物群落生活空间的外界自然条件的总和,环境是对于某一个对象的相对概念。

生态学(ecology):研究生物与生存环境之间相互关系和作用规律的科学称为生态学。

生态系统(ecosystem):是指在一定的时间和空间内,生物和非生物之间通过物质循环和能量流动相互作用形成一个有机的整体。根据其物质和能量交换分为开放生态系统(与外界能进行能量与物质交换)、封闭生态系统(与外界能进行能量交换,不能进行物质交换)、隔离生态系统(与外界不能进行能量与物质交换)。

生物圈(biosphere):是指地球上全部生物及其赖以生存的环境的总体。其范围为海平面以上10 km,海平面以下12 km。其间最活跃的是生物,地球上总的生物生产量中,植被占99%。

种群(population):指某一时刻生活在一定环境中的一群同种个体,是物种的基本结构单元,也是生态系统中的繁殖单元;包括种群大小、种群密度、种群组成、种群结构等特征。

群落(community):在外界环境因素的作用下,占据特定空间和时间的多种生物种群的集合体和功能单位被称为群落,所占据的空间称为生物群落生境;包括种群多样性、环境外貌、相对数量、稳定性等特征。

优势种(dominant species):大量控制能流,不需要其他有机体的保护和影响,数量和大小影响其他生物种类。

生态因子(ecological factors):在环境因子中对生物生活起直接作用或其生长发育所必需的因子。按性质分:气候、土壤、地形、生物、人为;按有无生命分:生物与非生物。

生态幅(ecological amplitude):每种生物对一种环境因子都有一个生态上的适应范围的大小,称生态幅。生态幅广的生物种类称为广适性生物,而生态幅小的生物种类称为狭适性生物。

光饱和点(light saturation point):是指光强对光合作用的影响,在低光强区,光合速率随光强的增强而呈比例地增加;当超过一定光强,光合速率增加就会转慢;当达到某一光强时,光合速率就不再增加,而呈现光饱和现象。开始达到光合速率最大值时的光强称为光饱和点。

种群密度(population density):种群的大小是指种群内个体数量的多少,单位面积或体积中个体的数量称为种群密度。

样方(sample plot):以 m^2 或 km^2 为单位随机选定若干个区域,通过对选定区域中该物种的记数来统计和计算整体区域的种群密度。该选定的区域称为样方。

标记重捕法(mark-recapture):对于活动范围广的生物,生态学家通常会通过先捕捉一定数量的该生物进行标记后释放,再进行捕捉时,检查被捕捉的生物中被标记生物的比例,就可以估算出在该生物在一定环境中总的个体数目,可以用以下公式进行计算:

(第二次捕到的数量/其中有标记的数量)×第一次标记的数量=该生态系统中的总数量

种群分布型(pattern of dispersion):是指在一定区域内,属于同一个群落的某种生物在空间和时间上的分布方式;通常包括均匀型、集群型和随机型,种群分布型是由于环境的有利因素分布不均匀造成。

哈代-魏伯格定律（Hardy-Weinberg frequencies）：是指在一个巨大的、个体交配完全随机、没有其他因素的干扰（如突变、选择、迁移、漂变等）的种群中，基因频率和基因型频率将世代保持稳定不变。

逻辑斯蒂模型（logistic growth model）：自然界中所有生物的种群增长曲线不是一个直线而是一个S型曲线。即刚开始时有一个适应环境的延滞期，而后进入指数增长期，随着个体数的增加增长速率变慢，最后增量和减量相等时种群达到最高密度稳定期，该种群增长模型被称作是逻辑斯蒂模型。

生态演替（ecological succession）：是指在一定区域内，群落随时间而发生变化，由一种类型转变为另一种类型的生态过程。又称群落演替。

顶级群落（climax）：随着群落演替的进展，最后出现一个相对稳定的群落阶段，称之为顶级群落。

初生演替（primary succession）：是从未被生物占领过的区域，从没有生物的状态开始的演替，因此又叫原生演替。

次生演替（secondary succession）：次生演替是在生物曾经占领过或原来曾有群落的地方开始的演替。

生产者（producer）：能通过光合自养作用和化能自养作用将能量引入生物界的一类生物，又称为自养生物，它们利用环境内的无机物和能量制造食物，供其自身使用，同时，被它们储存的能量又可通过有机物的形式流向更高级的生物，主要包括可进行光合作用的绿色植物和一些化能合成细菌。

消费者（consumer）：自己不能产生有机物，只能通过消耗其他生物的有机物为营养的一类生物，又称异养生物，根据其与生产者的消费关系可以分为初级消费者、次级消费者和三级消费者。

分解者（decomposer）：指细菌、真菌等腐食性营养的生物，它们能将组成生物体的有机大分子分解变为无机小分子，重新进入环境，是生物界与非生物界联系的终止端。

食物链和食物网（food chain，food web）：生态系统中生产者所固定的能量通过不同级的消费者以及分解者组成的链状结构进行传递，这种链状生物结构称为食物链，根据食物链的生物生活方式可以分为捕食食物链、碎屑食物链与寄生食物链等，而由于食物链两级直接的能量传递是很有限的，因而限制了食物链的长度。很多条食物链交错连接成的网络就叫作食物网。食物网的存在使一种生物在生态系统中可以同时占据多个营养级。

能量金字塔（energy pyramid）：能量通过营养级逐渐减少，所以，如果把通过各营养级的能流量，由低到高勾画成图，就成为一个金字塔形，称为能量金字塔。

生物地球化学循环（biogeochemical cycle）：所强调的是各种化学元素在生物圈里循环的路径及方式，也就是元素从周围环境到生物体，再从生物体回到周围环境的各种不同的循环作用。

生物多样性（biodiversity）：指群种的多少和群落中各个种的相对密度。包括遗传多样性，物种多样性，生态系统多样性，景观多样性。

三、热点聚焦

基因芯片技术及其应用

生物芯片技术是通过缩微技术，根据分子间特异性相互作用的原理，将生命科学领域中不连续的分析过程集成于硅芯片或玻璃芯片表面的微型生物化学分析系统,以实现对细胞、蛋白质、基因及其他生物组分的准确、快速、大信息量的检测。生物芯片技术极大地推动了生物学、遗传学、化学、精密加工、光学、微电子学、生物信息学、计算机、医学以及制药等学科和研究领域的发展与相互渗透。

按照芯片上固化的生物材料的不同,可以将生物芯片划分为基因芯片、蛋白质芯片、细胞芯片和组织芯片等。目前,最成功的生物芯片形式是以基因序列为分析对象的微阵列(microarray),也称为基因芯片(gene chip)或 DNA 芯片(DNA chip)。按照载体上点的 DNA 种类的不同,基因芯片又可分为寡核苷酸芯片和 cDNA 芯片两种。按照基因芯片的用途可分为表达谱芯片、诊断芯片、指纹图谱芯片、测序芯片、毒理芯片等等。

基因芯片的工作原理与经典的核酸分子杂交方法(southern、northern)一致,均应用已知核酸序列作为靶基因与互补的探针核苷酸序列杂交,通过随后的信号检测进行定性与定量分析。具体讲即是将许多特定的寡核苷酸片段或 cDNA 基因片段作为靶基因,有规律地排列固定于支持物上;样品 DNA/RNA 通过 PCR 扩增、体外转录等技术掺入荧光标记分子或放射性同位素作为探针;然后按碱基配对原理将两者进行杂交;再通过荧光或同位素检测系统对芯片进行扫描,由计算机系统对每一探针上的信号作出比较和检测,从而得出所需要的信息。DNA 芯片的突出优点在于:①强大的类比性。使得以往需多次处理的遗传分析在同一时间和条件下快速完成。②巨大的信息产出率。在一张芯片上不仅可以获得组织、细胞、血液等基因表达信号的定性、定量分析,还可实现全局检测静态到动态、时间与空间上的差异及遗传信息。③高度敏感性和专一性。能可靠并准确检测出 10 pg/μL 的 DNA 样品。④高度重复性。一张由尼龙膜制作的微阵列,可以重复杂交使用多达 20 次。⑤微型化和自动化。现已出现的芯片面积最大不过 525 cm^2,最小仅有 1 cm^2;每个阵列中阵点样品 DNA 的用量仅为 5 nL(0.5 μg/μL)左右;试剂用量和反应体积大大减少,反应效率却成百倍提高。⑥哺育新的实验方法。此技术易与其他常规生物技术相融合交叉。基因芯片这些独一无二的特点也代表了后基因组时代技术的发展方向。

基因芯片的主要应用有以下几个方面:

(1)对分子生物信息学检测的作用和意义

在生命科学领域中,基因芯片为分子生物学、生物医学等领域提供了强有力的手段。利用基因芯片技术,可以研究生命体系中不同部位、不同生长发育阶段的基因表达,比较不同个体或物种之间的基因表达,比较正常和疾病状态下基因及其表达的差异。基因芯片技术也有助于研究不同层次的多基因协同作用的生命过程,发现新的基因功能,研究生物体在进化、发育、遗传过程的规律。

(2)临床疾病方面的应用

基因芯片在感染性疾病,遗传性疾病和肿瘤等疾病的临床诊断方面具有独特的优势。与传统检测方法相比,可以在一张芯片同时对多个病人进行多种疾病的检测,无需机体免疫应答反应,诊断及时,待测样品用量小,能检测病原微生物的耐药性。有极高的灵敏度和可靠性、成本低、自动化程度高等特点。这些特点使得医务人员在短时间里可以掌握大量的疾病诊断信息,找到正确的治疗措施。

(3)药物筛选和新药的开

基因芯片技术具有高通量、大规模、平行性等特点,可以进行药物的筛选,尤其对我国传统的中药有效成份进行筛选。目前,国外几乎所有的主要制药公司都不同程度的采用了基因芯片技术来寻找药物靶标,检查药物的毒性或副作用,用芯片作大规模的筛选研究可以省略大量的动物实验,缩短药物筛选所用的时间,在基因组药学领域带动新药的研究和开发。

(4) 基因功能研究

在基因组学和后基因组学研究中,应用基因芯片可以开展 DNA 测序、基因表达检测、基因突变性、基因功能研究、寻找新基因、单核苷酸多态性(SNP)测定等研究。与传统的 Northern blot 杂交或点杂交相比具有大规模平行处理的能力。

(5) 环境保护

环境保护上,基因芯片也有着广泛的应用,一方面可以快速地检测污染微生物或有机化合物对环境、人体、动植物的危害,同时也能够通过大规模的筛选寻找保护基因,置备防治危害的基因工程药品,或能够治理污染源的基因产品。

(6) 农业和畜牧业

利用基因芯片技术,对有重要经济价值的农作物或水果等的基因组进行大规模,高通量的研究,筛选农作物的基因突变,并寻找高产量、抗病虫、抗干旱、抗冷冻的相关基因,以开发高技术含量、高附加值的新产品。也可以利用基因芯片技术筛选和开发高效低毒的生物农药。

(7) 军事和司法

在军事领域,国外已经有公司开发生物战病原体检测系统。在司法领域,国外的公司正在开发便携式 DNA 芯片检测装置,它可以直接在犯罪现场对疑犯遗留下来的头发、血液、唾液、精液等进行分析,并立刻与 DNA 罪犯指纹库系统存储的 DNA 指纹进行比较,以尽快准确破案。我国上海的司法部司法鉴定科学技术研究所第一个"罪犯 DNA 数据库"在 1999 年通过了专家鉴定,利用 DNA 破案将成为一种重要的破案手段。另外,基因芯片还可以做亲子鉴定等方面工作。

目前,国内外 DNA 芯片研究和应用仍有一些关键问题亟待解决,例如:基因芯片特异性的提高;样品制备和标记操作的简化;增加信号检测的灵敏度;高度集成化样品制备、基因扩增、核酸标记及检测仪器的研制和开发。对生物芯片研究人员来说,最终的研究目标是对分析的全过程实现全集成,即芯片实验室。生物芯片是一个学科高度交叉的研究课题,须依靠多学科的科学家和工程技术人员通力合作。

四、精选习题

填空题

1. 生态学的层次从( )、( )、( )、( )到整个生物圈逐级放大。
2. ( )是指某一特定生物体或生物群体以外的空间,以及直接或间接影响该生物体或生物群体生存的一切事物的总和;一个生物的环境因素按性质可分为( )和( )两大类。
3. 从生物学的观点来看,种群不仅是( )存在的基本单位,还是( )的基本组成单位。也是( )的基础。
4. 群落内生物之间相互关系包括( )、( )、( )和( )4 种主要类型。
5. 全球的气候特征主要是由( )和( )决定的。
6. 气候中最重要的影响生物的因素是( )和( );而( )是造成空气运动和降雨的最主要原因。
7. 全球大陆按气候可以分为( )、( )、( )、( )、( )和( )等 6 类气候区;相应形成 9 种生物群落型是:( )、( )、( )、( )、( )、( )、( )、( )和( )等群落型。
8. 在一定时间内,当种群的个体数目增加时,就必定会出现邻接个体间的相互影响,称为( )

效应或（　　）效应。
9. 各种生物对各环境因子都有一个耐受范围,各种生物对生态因子的所能耐受的上限与下限之间的幅度称为（　　）;生态幅广的生物种类称为（　　）,生态幅小的物种称为（　　）。
10. 在一定范围内,光强越大,浮游藻类生长越快,但超出了这个范围,增强光强并不能促进浮游藻类的生长,这一现象称为（　　）;这一范围的最高点称为（　　）。
11. 种群分布型分为（　　）、（　　）和（　　）3个类型。从年龄结构可以分成（　　）、（　　）和（　　）3类。
12. 动物的行为按照其功能一般可归纳为（　　）、（　　）、（　　）、（　　）、（　　）和（　　）等。
13. 在同一地区生活的相同物种构成（　　）,在一个区域相互作用的不同物种的（　　）构成（　　）,生态系统是由相互作用的群落和它们的生活环境构成的;（　　）是集中研究影响种群大小和密度、种群增长和种群结构特征等因素的生态学分支学科。
14. 种群在有限环境条件下连续增长的一种最简单形式是（　　）。
15. 种群的扩散有3种形式,即（　　）、（　　）和（　　）。
16. 种群密度调节的途径有3个,即（　　）、（　　）和（　　）。
17. 种群密度的种内调节包括（　　）、（　　）和（　　）等形式。
18. 种群密度的种间调节包括（　　）、（　　）和（　　）等形式。
19. 种间的正相互作用包括（　　）、（　　）和（　　）等。
20. 种间的负相互作用包括（　　）、（　　）和（　　）等。
21. （　　）关系是一种对双方都有利的共居关系,而（　　）则是仅对一方有利的共居关系。（　　）是指一个种寄生于另一个种的体内或体表、从而摄取养分以维持生活的现象,可分为（　　）两类;虽然是一种对宿主不利的关系,但一般不会杀死宿主。
22. 有相似要求的生物之间为了争夺空间和资源,而产生的一种直接或间接抑制对方的现象被称为（　　）关系,又被分为（　　）和（　　）;在彼此争夺的同时,"完全竞争无法共存"又是（　　）中的一条基本法则。生物种群之间还有一种直接的对抗关系,即一种生物吃掉另一种生物的（　　）关系。
23. 研究动物的行为有利于我们了解自然和人类自身,（　　）学着眼于研究动物在自然环境中的适应性行为;（　　）行为是由基因决定的,（　　）行为是经验累积的结果。
24. 影响陆地生态系统分布的地理因素是（　　）、（　　）和（　　）。
25. 水生群落出现的分层现象,主要取决于水中的（　　）、（　　）和（　　）含量。
26. 只要气候条件合适,从裸露的岩石最终演变到出现顶级群落通常要经历（　　）、（　　）、（　　）和（　　）。这一自然发生的完整过程称为（　　）。群落经扰动后再次进行演替,称为（　　）。
27. 一种群落取代另一种群落的过程称为（　　）,该过程达到的最终相对稳定状态,就是（　　）。群落演替按持续时间可以分为:（　　）即时间一般以地质年代计算的演替;（　　）指持续达几十年,有时几百年的演替;（　　）仅需延续几年或十几年的演替。
28. 自然环境包括（　　）、（　　）、（　　）、（　　）和（　　）等五大因素。
29. （　　）是研究生物间相互关系及它们和环境间相互关系的学科;生态系统是指在一定空间中（　　）以及（　　）的集合;生态系统中物质的运动是（　　）的,而能量的流动是（　　）的;全球生态系统的总和称为（　　）。

30. 生态系统中,死亡的有机体逐步降解过程叫( );无机元素从有机物质中释放出来,该过程叫( ),它和( )正好是相反的过程。分解者包括( )、( )和( )。
31. 生态系统的4个基本成分是( )、( )、( )和( )。
32. 在生物圈中,CO_2通过( )作用进入生物体;而主要通过( )作用回到大气中。多数的氮固定是通过微生物来完成的,特别是( )和( )之间的结合;氨由( )细菌氧化为硝酸盐。
33. 生态平衡是动态的和相对的平衡,其主要特征包括:( )保持相对稳定,( )的输入和输出保持相对稳定,( )的循环与流动保持合理的比例与速度,以及具有良好的( )能力。
34. 地球上藻类、光合作用和植物等生产者所制造的有机质被称为生态系统的( )。
35. 生态系统的基本功能包括生物生产,( )、( )、信息传递。
36. 生态系统的物质循环可在( )、( )和( )3个层次上进行。
37. 生物圈中生态系统包括( )生态系统,淡水生态系统,( )生态系统3大类。
38. 生物圈中各类生态系统固定能量比例最高的3个生态系统分别为按顺序排列( )、( )、草原。如果( )覆盖率达到1/3以上,且( )就能维持比较适宜的生态环境。
39. 废水、废气、( )和( )被称为现代城市最突出的环境问题。
40. 海洋生态系统通常可分为( )、( )和( )。
41. 草原生态系统中存在的主要生态问题是( )、( )、( )和( )等。
42. 大气中主要的污染物有( )、( )、( )和( )等。
43. 大气污染物主要来源于( )、( )和( )。
44. 土壤中的化学污染物质可分为两大类,一类是( ),如( )、( );另一类是( ),如( )、( )、( )、( )。
45. 土壤污染的主要发生类型有4种,分别是( )、( )、( )和( )。
46. 农药在土壤中的降解途径有( )、( )、( )。
47. 目前人类面临的五大问题分别是( )、( )、( )、( )和( )。
48. 一般认为,( )之前生物圈尚未受到全球范围的巨大干扰,其( )和呼吸处于平衡及稳定状态。而( )现象最早引起了人们对气候变化的广泛关注。
49. 可持续发展是"既满足当代人的需要,又不对后代满足其需要的能力构成危害的发展"。在发展中应坚持( )、( )和( )等3个原则。

选择题

1. **物种多样性最丰富的生态群落类型是( )。
   A. 温带草原　　　　B. 热带雨林　　　　C. 热带草原　　　　D. 荒漠草原
2. **下面( )不是生物多样性所包括的内容。
   A. 遗传多样性　　　B. 物种多样性　　　C. 生物个体数量多　　D. 生态系统多样性
3. **下列( )特征不属于平衡的生态系统的特征。
   A. 没有人为干扰和灾害发生　　　　　　B. 物流与能流相对稳定
   C. 具有良好的自我调节能力　　　　　　D. 具有较强的自净化能力
4. **两个物种共同生活在一起(甚至一种生物生活在另一种生物体内),相依为生,相得益彰,彼此都离不开对方,这种现象称为( )。
   A. 寄生　　　　　　B. 共栖　　　　　　C. 共生　　　　　　D. 协作

5. ** 能量在食物链的传递中会发生巨大损失,在下列4种原因中,( )是不被确认的。
   A. 动物排泄物中能量大部分散失于环境中　B. 食物链缺少顶级消费者
   C. 不是100%的生物个体都进入食物链环节　D. 生物体自身代谢所消耗
6. ** 下列属于物种密度相关因素的有( )。
   A. 营养与食物　　　B. 领土　　　　　C. 天敌和竞争者　　D. 上述各项
7. ** 小鸡在一只长脖子的鸟飞过头顶时不再畏缩和躲藏,这是( )行为的例子。
   A. 记忆　　　　　　B. 本能　　　　　C. 适应　　　　　　D. 顿悟
8. ** 稀树草原主要分布于( )。(多选)
   A. 非洲　　　　　　B. 南美洲　　　　C. 大洋洲　　　　　D. 欧洲
9. ** 不属于大陆生物群落的是( )。
   A. 热带雨林　　　　B. 高原气候区　　C. 极地冰原　　　　D. 温带草原
10. ** 下列被称为"生态先锋"的是( )。
    A. 地衣　　　　　　B. 蕨类　　　　　C. 松树　　　　　　D. 牧草
11. ** 下列对生态系统特征描述不正确的有( )。(多选)
    A. 生态系统具有自我调节能力,生态系统越复杂,调节能力越强
    B. 生态系统的能量流动和物质流动是循环式的
    C. 生态系统中营养级数目一般不超过4~5个
    D. 生态系统是一个封闭的动态系统
12. ** 给出正确的食物链顺序( )。
    A. 鹰-蛇-鼠-稻　　　　　　　　　　B. 鼠-蛇-稻-鹰
    C. 蛇-鹰-鼠-稻　　　　　　　　　　D. 稻-鼠-蛇-鹰
13. ** 在食物链中,生物量最多的是( )。
    A. 生产者　　　　　B. 草食动物　　　C. 初级消费者　　　D. 顶级消费者
14. ** 在生物地球化学循环中,下述( )没有气体成分参与,而只涉及从陆地到海洋沉积、又从海洋沉积到陆地反复循环。
    A. 碳循环　　　　　B. 氮循环　　　　C. 磷循环　　　　　D. 水循环
15. ** 下列描述不正确的是( )。
    A. 越发达的国家对热带雨林的破坏越少
    B. 热带雨林的破坏使全球生物多样性受到了严重破坏
    C. 热带雨林的破坏使热带土壤不能再长期支持农业
    D. 热带雨林的破坏增加了全球变暖的威胁
16. 生物群落是( )。
    A. 生物偶然的组合　　　　　　　　　B. 生物有规律的组合
    C. 生物随意的组合　　　　　　　　　D. 生物杂乱无章的组合
17. 种群是指( )。
    A. 一定空间内同种个体的集合　　　　B. 不同空间内同种个体的集合
    C. 一定空间内所有种的集合　　　　　D. 不同空间内所有种的集合
18. 下列对物种描述正确的是( )。
    A. 物种之间可以交配,所以所有的狗之间都可以交配
    B. 趋同结构是同源的

C. 物种包括分享共同基因库的所有个体

D. 不同物种间有生殖隔离,所以不同物种之间不能产生后代

19. 在一个种群内,不同年龄阶段的个体数量表现为:幼年最多、老年最少、中年居中,这个种群的年龄结构型为(　　)。
    A. 稳定型　　　　　B. 增长型　　　　　C. 衰退型　　　　　D. 混合型

20. 种群平衡是指(　　)。
    A. 种群的出生率和死亡率均为零　　　　B. 种群数量在较长时期内维持在几乎同一水平
    C. 种群迁入和迁出相等　　　　　　　　D. 种群的出生率和死亡率相等

21. 生物群落是指(　　)。
    A. 生物种内许多个体组成的群体　　　　B. 植物、动物、微生物有序,协调统一的群体
    C. 由许多植物组成的群体　　　　　　　D. 由许多动物组成的群体

22. 下列关于群落与环境关系的论述,不正确的是(　　)。
    A. 群落只是被动受环境制约　　　　　　B. 群落在环境制约下具有一定的分布和特征
    C. 群落可形成内部特殊环境　　　　　　D. 需要特殊环境的群落对环境具有指示意义

23. 一种蝴蝶突然展开它的翅,露出非常鲜艳刺眼的红黑环纹,这最可能是(　　)。
    A. 一种伪装　　　　　　　　　　　　　B. 吓唬捕食者
    C. 警告它是有毒的,不能吃　　　　　　D. 上述各项

24. 生物群落特征正确的论述是(　　)。
    A. 生物群落的特征是群落内所有生物的群体表现
    B. 一棵树木的高大挺拔代表了森林群落的外貌特征
    C. 一棵草,一棵树各自显示着不同生物群落的外貌
    D. 植物、动物、微生物对生物群落特征的影响大小一致

25. 群落结构最复杂的是(　　)。
    A. 苔原　　　　　　B. 荒漠　　　　　　C. 落叶阔叶林　　　D. 常绿阔叶林

26. 受季节变化影响最显著的群落是(　　)。
    A. 常绿阔叶林　　　B. 落叶阔叶林　　　C. 北方针叶林　　　D. 热带雨林

27. 群落演替速度特点是(　　)。
    A. 演替速度越来越快　　　　　　　　　B. 演替初始缓慢,中间阶段快,末期演替停止
    C. 演替越来越慢　　　　　　　　　　　D. 演替速度不随时间变化

28. 符合群落发育盛期特征的是(　　)。
    A. 建群种生长渐弱,更新能力下降　　　B. 群落内环境已变得不利远物种生存
    C. 群落结构已定型　　　　　　　　　　D. 种类数量不稳定

29. 与演替过程中的群落相比,顶级群落的特征是(　　)。
    A. 信息少　　　　　　　　　　　　　　B. 稳定型高
    C. 矿质营养循环开放　　　　　　　　　D. 食物网(链)简单

30. 森林砍伐形成的裸地,在没有干扰的情况下的演替过程是(　　)。
    A. 原生演替　　　　B. 次生演替　　　　C. 水生演替　　　　D. 旱生演替

31. 中国植物群落分类原则是(　　)。
    A. 生态学原则　　　　　　　　　　　　B. 植物区系原则
    C. 动态原则　　　　　　　　　　　　　D. 群落学—生态学原则

32. 下列表述正确的是( )。
    A. 生态学是研究生物形态的一门科学
    B. 生态学是研究人与环境相互关系的一门科学
    C. 生态学是研究生物与其周围环境之间相互关系的一门科学
    D. 生态学是研究自然环境因素相互关系的一门科学
33. 当代环境问题和资源问题,使生态学的研究日益从以生物为研究主体发展到( )。
    A. 以动物为研究主体   B. 以人类为研究主体
    C. 以植物为研究主体   D. 以种群为研究主体
34. 种群生态学研究的对象是( )。
    A. 种群   B. 群落   C. 生态系统   D. 有机个体
35. 下列范围不属于生物圈的是( )。
    A. 岩石圈的上层   B. 全部水圈
    C. 大气圈的上层   D. 大气圈的下层
36. 臭氧层破坏属于( )。
    A. 地区性环境问题   B. 全球性环境问题
    C. 某个国家的环境问题   D. 某个大陆的环境问题
37. 氧气对水生动物来说,属于( )。
    A. 综合因子   B. 一般生态因子
    C. 替代因子   D. 限制因子
38. 对于某种作物,当土壤中的氮可维持 250 kg 产量,钾可维持 350 kg 产量,磷可维持 500 kg 产量,则实际产量一般会在( )。
    A. 250 kg 左右   B. 350 kg 左右
    C. 500 kg 左右   D. 大于 500 kg
39. 在陆生生物群落中,最适合发展畜牧业和农业的是( )。
    A. 热带雨林   B. 温带草原   C. 稀树草原   D. 阔叶灌丛
40. 当光强度不足时,CO_2 浓度的适当提高,则使植物光合作用强度不致于降低,这种作用称为( )。
    A. 综合作用   B. 阶段性作用   C. 补偿作用   D. 不可替代作用
41. 植物开始生长和进行净生产所需要的最小光照强度称为( )。
    A. 光饱和点   B. 光补偿点   C. 光照点   D. 光辐射点
42. 某一种群的年龄锥体的形状为基部较狭,顶部较宽,这样的种群属于( )。
    A. 增长型种群   B. 稳定型种群   C. 下降型种群   D. 混合型种群
43. Deevey 将种群存活曲线分为 3 个类型,其中表示接近生理寿命前只有少数个体死亡的曲线为( )。
    A. 凸型曲线   B. 凹型曲线   C. 对角线型曲线 D. S 型曲线
44. $dN/dt = rN(K-N/K)$ 这一数学模型表示的种群增长情况是( )。
    A. 无密度制约的离散增长   B. 有密度制约的离散增长
    C. 无密度制约的连续增长   D. 有密度制约的连续增长
45. 种群在逻辑斯谛增长过程中,密度增长最快时的个体数量为( )。
    A. 小于 $K/2$ B. 等于 K C. 等于 $K/2$ D. 大于 $K/2$

46. 两种生物生活在一起时,对一方有利,对另一方无影响,二者之间的关系属于(　　)。
　　A. 原始合作　　　　B. 竞争　　　　C. 中性作用　　　　D. 偏利作用
47. 两种生物生活在一起时,对二者都必然有利,这种关系为(　　)。
　　A. 偏利作用　　　　B. 互利共生　　C. 原始合作　　　　D. 中性作用
48. 寄生蜂将卵产在寄主昆虫的卵内,一般要缓慢地杀死寄主,这种物种间的关系属于(　　)。
　　A. 偏利作用　　　　B. 原始合作　　C. 偏害作用　　　　D. 拟寄生
49. 白蚁消化道内的鞭毛虫与白蚁的关系是(　　)。
　　A. 寄生　　　　　　B. 拟寄生　　　C. 互利共生　　　　D. 偏利共生
50. 下列生物之间不属于互利共生关系的是(　　)。
　　A. 人与饲养的家畜　　　　　　　　B. 蜜蜂与其采蜜的植物
　　C. 附生植物与被附生植物　　　　　D. 豆科植物与固氮菌
51. 逻辑斯谛增长曲线的5个期中,个体数达到饱和密度一半(即$K/2$时)称为(　　)。
　　A. 加速期　　　　　B. 转折期　　　C. 减速期　　　　　D. 饱和期
52. 种群呈"S"型增长过程中,当种群数量超过环境容量一半时,种群的(　　)。
　　A. 密度增长越来越快　　　　　　　B. 环境阻力越来越大
　　C. 环境阻力越来越小　　　　　　　D. 密度越来越小
53. 不符合增长型的种群年龄结构特征的是(　　)。
　　A. 幼年个体多,老年个体少　　　　B. 生产量为正值
　　C. 年龄锥体下宽,上窄　　　　　　D. 出生率小于死亡率
54. 种群为逻辑斯谛增长时,开始期的特点是(　　)。
　　A. 密度增长缓慢　　　　　　　　　B. 密度增长逐渐加快
　　C. 密度增长最快　　　　　　　　　D. 密度增长逐渐变慢
55. 沿海地区出现的"赤潮"从种群数量变动角度看是属于(　　)。
　　A. 季节性消长　　　B. 不规则波动　C. 周期性波动　　　D. 种群的爆发
56. 欧洲的穴兔于1859年由英国传入澳大利亚,10几年内数量急剧增长,与牛羊竞争牧场,成为一大危害。这种现象从种群数量变动角度看是属于(　　)。
　　A. 种群大发生　　　B. 生态入侵　　C. 不规则波动　　　D. 种群大爆发
57. 在渔业生产上为获得持续最大捕捞量,海洋捕捞时,应使鱼类的种群数量保持在(　　)。
　　A. $K/2$　　　　　　B. K　　　　　C. $K/4$　　　　　　D. $K/3$
58. 蚂蚁在自然界的分布型为(　　)。
　　A. 均匀分布　　　　B. 成群分布　　C. 随机分布　　　　D. 带状分布
59. 下列说法正确的是(　　)。
　　A. 生态系统由动物、植物、微生物组成
　　B. 生态系统由自养生物、异养生物、兼养生物组成
　　C. 生态系统由植物、食植动物、食肉动物、食腐动物组成
　　D. 生态系统由生产者,消费者,分解者,非生物环境组成
60. 下列生物类群中,不属于生态系统生产者的类群是(　　)。
　　A. 种子植物　　　　B. 蕨类植物　　C. 蓝绿藻　　　　　D. 真菌
61. 下列生物类群中,属于生态系统消费者的类群是(　　)。
　　A. 高等植物　　　　B. 哺乳动物　　C. 大型真菌　　　　D. 蓝绿藻

62. 从下列生物类群中,选出生态系统的分解者( )。
   A. 树木　　　　　B. 鸟类　　　　　C. 昆虫　　　　　D. 蚯蚓
63. 生态系统的功能主要是( )。
   A. 维持能量流动和物质循环　　　　B. 保持生态平衡
   C. 为人类提供生产和生活资料　　　D. 通过光合作用制造有机物质并释放氧气
64. 陆生生物群落中生物种类最多的是( )。
   A. 热带雨林　　　B. 温带草原　　　C. 针叶林　　　　D. 温带落叶林
65. 常绿阔叶林生态系统的主要分布区位于( )。
   A. 热带　　　　　B. 亚热带　　　　C. 温带　　　　　D. 寒带
66. 落叶阔叶林生态系统的主要分布区位于( )。
   A. 热带　　　　　B. 亚热带　　　　C. 温带　　　　　D. 寒带
67. 下列生态系统中,初级生产力最高的是( )。
   A. 热带雨林　　　B. 亚热带季雨林　C. 常绿阔叶林　　D. 落叶阔叶林
68. 下列生态系统中,初级生产力最高的是( )。
   A. 沼泽与湿地　　B. 开阔大洋　　　C. 荒漠　　　　　D. 冻原
69. 下列生态系统中,初级生产力最高的是( )。
   A. 温带农田　　　B. 温带草原　　　C. 荒漠　　　　　D. 冻原
70. 按生产力高低排序,正确的答案应该是( )。
   A. 热带雨林>亚热带季雨林>北方针叶林>冻原
   B. 开阔大洋>河口>湖泊>大陆
   C. 温带草原>稀树草原>常绿阔叶林>北方针叶林
   D. 长江流域农田>黄河流域农田>黑龙江流域农田>热带雨林
71. 生态系统中的能流途径主要是( )。
   A. 生产者→消费者→分解者　　　　B. 生产者→分解者→消费者
   C. 分解者→消费者→生产者　　　　D. 消费者→分解者→生产者
72. 能量沿着食物网流动时,保留在生态系统内各营养级中的能量变化趋势是( )。
   A. 能量越来越少
   B. 能量越来越多
   C. 能量基本没有变化
   D. 因生态系统不同,能量或越来越多,或越来越少
73. 形成次级生物量的生物类群是( )。
   A. 化能合成细菌　B. 真菌　　　　　C. 蓝绿藻　　　　D. 蕨类植物
74. 下列叙述正确的是( )。
   A. 所有的自然生态系统都是开放的生态系统
   B. 所有的自然生态系统都是封闭的生态系统
   C. 森林生态系统在演替初期是开放的生态系统,演替后期是封闭的生态系统
   D. 湖泊生态系统是封闭的生态系统
75. 下列生态系统中,遭到破坏后最难恢复的是( )。
   A. 热带雨林　　　B. 北方针叶林　　C. 温带草原　　　D. 极地冻原
76. 温室效应的最直接后果是( )。

A. 气温升高 B. 极地和高山冰雪消融
C. 海平面上升 D. 生态系统原有平衡破坏

77. 能流和物流速度最快的生态系统是（ ）。
A. 热带雨林 B. 落叶阔叶林 C. 温带草原 D. 北方针叶林

78. 在森林生态系统食物网中，储存能量最多的营养级是（ ）。
A. 生产者 B. 初级消费者 C. 次级消费者 D. 分解者

79. 蚂蚁在自然界的分布型为（ ）。
A. 均匀分布 B. 成群分布 C. 随机分布 D. 带状分布

80. 原始森林遭到破坏后，形成森林的过程为（ ）。
A. 原生演替 B. 次生演替 C. 水生演替 D. 旱生演替

81. 下列能源中，属于可再生能源的是（ ）。
A. 石油 B. 天然气 C. 煤 D. 水能

82. 群落演替在后期的成熟阶段（ ）。
A. 总生产量与生物量的比值最高 B. 总生产量，净生产量达到最大
C. 总生产量大于总呼吸量 D. 总生产量与总呼吸量大体相等

83. 地球上可利用的淡水资源占地球总水量的比例约为（ ）。
A. 3% B. 0.5% C. 20% D. 万分之一

84. 在（ ）竞争方式下，个体不直接相互作用。
A. 干扰性 B. 利用性 C. 种间 D. 种内

85. 竞争剧烈时，生物可通过（ ）离开种群密度高的地区。
A. 流动 B. 扩散 C. 死亡 D. 隐藏

86. 全球陆地的净初级生产力大约为（ ）$t \cdot a^{-1}$干物质。
A. 120×10^9 B. 120×10^8 C. 50×10^9 D. 50×10^8

87. 酸雨中含有的酸性化合物是（ ）。
A. HCl 与 H_2SO_4 B. HNO_3 与 HCl
C. H_3PO_4 与 HNO_3 D. H_2SO_4 与 HNO_3

88. 捕食者优先选择能使其在单位时间内获得最大（ ）的一定大小的猎物。
A. 质量 B. 重量 C. 体积 D. 能量

89. 种群的年龄结构是每一年龄阶段个体数目的比率，通常用（ ）表示。
A. 年龄结构图 B. 年龄金字塔图 C. 年龄分布图 D. 年龄组成图

90. 大多数生物的稳态机制以大致一样的方式起作用：如果一个因子的内部水平太高，该机制将会减少它；如果水平太低，就提高它。这一过程称为（ ）。
A. 反馈 B. 内调节 C. 外调节 D. 负反馈

91. （ ）是生态学的一种主要影响力，是扩散和领域现象的原因，并且是种群通过密度制约过程进行调节的重要原因。
A. 种间竞争 B. 种内竞争 C. 个体竞争 D. 竞争

92. 在过去的一个世纪中，全球气温上升了（ ）。
A. 0.5～0.7 ℃ B. 0.3～0.5 ℃ C. 0.5～0.7 ℉ D. 0.4～0.7 ℉

93. 限制浮游植物初级生产量的一个关键因子是（ ）。
A. 磷 B. 碳 C. 硫 D. 钾

94. 下列各种初级生产量的限制因素中,在陆地生态系统中最易成为限制因子的是(　　)。
    A. 二氧化碳　　　　B. 温度　　　　C. 水　　　　D. 营养物质

连线题

1. 将下列生态学家和他们的主要贡献匹配:
    A. 黑克尔　　　　Ⅰ. 英国植物生态学家,提出生态系统概念
    B. 洪堡德　　　　Ⅱ. 前苏联植物学家,提出"生物地理群落"概念
    C. 坦斯勒　　　　Ⅲ. 美国动物学家,提出了"十分之一定律",即在食物链传输的能量,下一级进入到上一级的能量约为10%左右
    D. 辛柏尔　　　　Ⅳ. 德国植物生理学家,矿质营养理论的创始人,提出生态学上的最小因子定律
    E. 苏卡却夫　　　Ⅴ. 德国动物学家,"生态学"词汇的创始人
    F. 克莱门茨　　　Ⅵ. 德国植物地理学家,发表《植物地理学知识》,创立了植物地理学
    G. 林德曼　　　　Ⅶ. 美国植物生态学家,首次提出了生物群区概念,提出了植物群落演替学说
    H. 李比西　　　　Ⅷ. 德国植物生态学家,著作《以生理学为基础的植物地理学》,奠定了现代植物生态学的学科框架

2. 请将下列环境污染现象和造成该现象的气体匹配:
    A. 酸沉积　　　　Ⅰ. CFCs
    B. 臭氧层破坏　　Ⅱ. CO_2
    C. 温室效应　　　Ⅲ. O_3
    D. 光化烟雾　　　Ⅳ. SO_2

简答题

1. 一株细菌正处于生长的对数期,第6个小时菌数是 5×10^3,第8小时的菌数是 1.5×10^4,请估算该细菌的代时。
2. 影响生物活动的非生物因子有哪些?其中最重要的是哪个,为什么?
3. 种群具有不同于个体的特征有哪些?
4. 自然种群的数量变动包括哪些类型?
5. 生物种间关系有哪些基本类型?
6. 食草动物对植物群落的作用有那些?
7. 植物群落的基本特征有哪些?
8. 生态平衡包括哪些具体内容?
9. 空气主要组成成分的生态作用有哪些?
10. 简述生物与生物之间的相互作用。
11. 简述生物群落的演替特征。
12. 影响演替的主要因素有哪些
13. 简述生物群落的发生过程。
14. 简述以裸岩开始的旱生演替过程。
15. 简述以湖泊开始的水生演替过程。
16. 顶级群落有哪些主要特征?

17. 简述生态系统的碳循环途径。
18. 简述温室效可能带来的影响。
19. 逻辑斯谛增长模型的形成过程及各阶段的特征。
20. 简述生态系统的组成、结构与功能。

五、思考与讨论

1. 为什么要学习生态学？请举例说明环境对于生命的重要性。

　　首先，应从生态学的定义来看，因为生态学是研究生物（包括人）与环境之间的相互关系，研究自然生态系统和人类生态系统和功能的一门科学，无论是作为研究者还是被研究对象，人类在生态学研究中是占主要地位的，换句话说，研究生态学就是为更好地研究人类自己打基础。

　　其次，从生态学的研究课题和对象来看，农、林、渔、牧、野生动物管理，甚至人类面临的许多问题都是生态学所关心的，正是有了像生态学这样的综合性学科，才产生了许许多多更细的学科，使得人类能够生活得更舒适。可见，学习生态学的基本知识，了解生态学的基本常识是有相当大的实用意义的。

　　第三，纵观近二十年人类社会的发展过程，由于人口猛增、环境污染日益加剧和资源日益短缺这三大社会问题愈加严重，生态学的重要性也更加凸现出来。因为只有通过对生态学的研究以及与其他学科的综合研究，才能找到解决以上严峻问题的答案，这也表明生态学研究所具有的应用潜力和价值。

　　最后，学习生态学就是要强化全人类的生态意识。随着社会环境的改变，人们的环保意识在逐渐加强，而环保的根据和可持续发展理论的提出，恰恰是来自于生态学的研究。

2. 在种群个体数量增加的指数增长模式方程和逻辑斯蒂增长模式方程中，增长系数 r 值的本质含义是什么？

　　种群在无限制环境下的增长系数 r 值反映了对数生长期个体增殖的程度，r 越大，说明增殖越快。

3. 为什么说生态系统越复杂，其稳定性就越好？

　　原因有两方面：

　　（1）从物理结构来考虑。随着生态系统的复杂化，一个必然的结果就是其物理结构的复杂化，如垂直结构的出现。而从整个生态系统来看，大部分能量的来源是太阳，随着垂直结构的出现，光能的利用是从体系的最顶层开始的，随着高度的下降，光能可以不断地通过不同的生产者进入系统，这就提升了整个系统利用光能的效率，在单位面积光照强度不变的情况下，效率的提升就意味着可以有更多的能量流入系统，可利用能量的增多也就意味着生物个体数量的增多，可见，这时系统的稳定性得到了加强。

　　（2）从生物结构来看。生态系统中有很多食物链，食物链中每一环节的变化都会影响到链中更高环节生物的生存现状，从而影响整个生物系统的状况；而生态系统越复杂，生物种类越丰富，食物网也越复杂；一种生物可能同时属于多条食物链及多个营养级，那么它就会与更多种的生物产生互动，而使其获得能量的来源大为拓宽，而食物网中相应环节的补偿作用也会更明显地表现出来。

　　可见，生物的多样性和生态系统的复杂化可以说是同步进行的，随生态系统复杂化而来的生物多样性可以反作用于生态系统本身，使其结构随之变得复杂而能够抵抗更强的外界干扰。

4. 请列举科学家在个体、种群、群体和生态系统4个不同层次水平上开展生态学研究的例证。

(1) 个体

在个体层面上主要展开对生物个体及其周围环境的研究,重点则是它们之间的关系,如适应、改造等等。但要注意的是,这里的环境多指小环境,也就是对生物有着直接影响的邻接环境。

例1:通过考察太平洋鲑不同生活史阶段对温度条件的要求可验证生物耐受性原理。

例2:M. J. Coe 在1969年对羊茅草的研究,也是对小环境的考察,通过实验证明了因为羊茅草的作用,草丛外界的温度波动在草丛内部得到了缓冲。

例子也说明了在个体层面的研究中,非生物因子的重要作用和意义。

(2) 种群

种群是物种具体的存在单位、繁殖单位和进化单位,在种群层次主要研究能表现种群变化的4个主要参量:出生率,死亡率,迁入率和迁出率以及能表示出种群结构的种群密度、年龄结构和种群分布型等。主要例证有生命表的编制。

例3:通过研究酵母菌培养的结果,可很好地验证逻辑斯蒂曲线。

例4:高斯研究了大草履虫的实验种群,结果可用逻辑斯蒂方程拟和。

(3) 群落

群落中通常有许多不同的种群,在整个群落内,不同种群之间有着复杂的关系。群落是不会独立存在的,因此在研究一个特定群落时,总是或多或少地考察到它的相邻群落,所以对群落的研究往往是比较复杂的。通常对一个群落主要是考察其物种的多样性、群落结构、优势种群、物种相对数量、营养结构等比较重要的问题。

例5:辛普森指数回答了这样的问题:从无限大小的群落中随机取得两个标本,它们属于同一种的概率是多少。

如果从寒带森林随机的取两株树,它们属于同一种的概率就很高;相反,如果在热带雨林取样,两株树属于同一种的概率就很低。这就是科学家在生物群落多样性指数研究上的例证。

例6:1974年,G. W. Frankie 在哥斯达黎加研究了森林湿地环境下的气候因子对群落结构的影响和在旱地森林环境下气候因子对群落结构的影响,并对二者作了对比分析。

(4) 生态系统

生态系统是生物与其所处的非生物环境的统一整体。

例7:证明捕食食物链只有在某些水生生态系统中才有可能成为能量流动的主要渠道。如1968年,Cater 和 Lund 发现一些植食性的原生动物会在短时间(7~14 d)内将某些特定藻类吞噬干净。1975年,A. H. Ilbricht – Ilkowska 发现的淡水湖泊生境下浮游植物初级生产量与其取食者生产量之间的关系:滤食性的浮游生物直接获取生产者的能量(也就是直接捕食)的强度很大,而且这种强度与浮游植物的大小以及是否适合浮游生物的取食特点成正比,同时,这个过程中对能量的转化效率也就越高。

例8:对某特定区域初级生产量的研究,如1926年,美国生态学家 Edgar Transeau 在美国北部对一块玉米地在生长期内的净初级生产率的定量研究。1960年,美国学者 Frank Golley 对一块荒地上的一年生草本植物的研究等。

不难看出,在不同层面上,生态学的研究对象和目的都是有极大不同的:个体层面上对小环境的考察,种群上对结构的考察,群落层次上对影响群落的主要生物/非生物因子的研究以及生态系统上对能量和物质的探索,都是极有针对性的。

5. 地球上主要有哪些群落类型?它们各自有什么特征?

地球上的生物群落是多种多样的。首先生物群落可分为陆地生物群落和水生生物群落。

陆地生物群落的9种主要类型是:热带雨林、具稀疏乔木和灌木的稀树草原、荒漠、极地冰原、浓密常绿阔叶灌丛、温带草原、温带落叶林、针叶林、北极和高山冻原等群落型。水生生物群落包括淡水生物群落和海洋生物群落。

其各自特征见教材第十章第三节。

6. 为什么生态系统中的能量流动具有单向性特征?

生物有机体为了进行代谢、生长和繁殖都需要能量;一切生物所需要的能源归根到底都来自太阳能。太阳能通过植物的光合作用进入生态系统,将简单的无机物(二氧化碳和水)转变成复杂的有机物(如葡萄糖),即转化为贮存于有机物分子中的化学能。这种化学能以食物的形式沿着生态系统的食物链的各个环节,也就是在各个营养级中依次流动。在流动过程中有一部分能量要被生物的呼吸作用消耗掉,这种消耗是以热能形式散失的;还有一部分能量则作为不能被利用的废物浪费掉。所以处于较高的各个营养级中的生物所能利用的能量是逐级减少的。可见,生态系统中的能量流动是单方向的,是不能一成不变地被反复循环利用的。

7. 请从能量金字塔和食物链金字塔角度解释为什么要控制人口快速增长。

生态金字塔分为数量金字塔,生物量金字塔和能量金字塔。

太阳是生物圈的能量来源,植物通过光合作用将太阳光能转化为化学能,能量在食物链中的传递,而进入生态系统,并在生物之间流动开来。借助于食物链和食物网沿绿色植物→植食动物→一级肉食动物→二级肉食动物的逐级流动。其中能量流动具有单向性和逐级减少的规律。地球上的初级生产力是一定的,生态系统的能量分配和利用也是有限度的。也就是说,地球上的自然资源对于人口的供养是有限的。

近几个世纪来,人口的增长体现了典型的指数模型。如果继续按照目前增长速度,到2017年世界人口将达到80亿。不同学者根据不同统计资料推断,地球陆地表面可以供养80亿到150亿人口,也有人认为地球还可以供养更多的人口。但所有的学者都承认,地球上的自然资源对于人口的供养是有限的,人口数量不加以自觉限制,人类将无法维持生存安全和文明延续,人类最终将受到自然规律和生态规律的惩罚。

8. 生物多样性是衡量人类可持续发展的重要指标,为什么?

(1) 从生物多样性的3个层次来看:

① 生态系统的多样性保持了系统中能量和物质流动的合理过程,保持了可作为可持续发展对象的正常的繁衍过程。

② 物种多样性是提供人类可持续发展所需的经济物种的唯一来源,如农、林、渔、牧等行业所经营的主要对象。

③ 随着生物技术时代的来临,遗传多样性越来越重要,因为它是可持续发展中改良生物品质的基因库。

(2) 生物多样性作为一种资源来说是可更新的,它也是一种公共资源,对可持续发展的实现有着十分重要的作用和意义,维持着我们赖以生存的生命系统,为人类的发展和进步提供了重要的生态服务。

(3) 生物多样性有着巨大的社会经济价值,如《1997年中国生物多样性国情研究报告》中称:美国生物多样性价值约为3万亿美金,而我国为美国的1.5倍,达到了4.6万亿美金。我国拥有全球10%的高等植物类型,而脊椎动物更是有14%之多。

(4) 尽管地球上仍具备丰富的生物多样性资源,但是人类自工业革命以来,物种正以前所未有的速度灭绝,生物多样性遭到了极大的破坏,人类如果不及时悬崖勒马,一旦失去了日后可能恢复生态环境的资本——生物多样性,人类将走向自己搭建的绞架。

综上所述,以生物多样性作为衡量人类可持续发展的重要因素是完全合理的。

9. 从生态系统能量流动、平衡和环境保护的角度讨论可再生能源的主要类型和研究发展可再生能源的重要意义。

化石燃料是一次性的,大多数是碳氢化合物,燃烧后的主要产物是水和二氧化碳。大气中 CO_2 浓度上升的一个直接后果就是形成温室效应。大气层增温的后果包括海平面上升、干旱和更多的强降雨。极端的气象,如严峻的洪水会成为越来越平常的事。除了 CO_2,最有害的化石燃料燃烧产物是硫和氮的化合物。NO_2 和 SO_2 造成的酸雨会破坏远离污染源地区的生态系统。另外,阳光的能量能使 NO_2 进一步反应成为光化学烟雾,在短时间内,这种光化学烟雾会压抑人的肺和心脏。

可再生能源的主要类型有风能、太阳能、水能、生物质能、地热能、海洋能等非化石能源。除了其可再生的特点外,还有其环保性,无环境污染或者有害物质及少,其中生物质能被利用时排放二氧化碳,也可与生物质植物成长过程中吸收的二氧化碳可以相互循环、抵消,所以再生性能源对于改善环境,保持生态平衡意义重大。

10. 请讨论,我们每一个人为维持生态平衡和可持续发展可以做些什么。

(略)

六、推荐阅读材料

1. 孙儒泳. 基础生态学. 北京:高等教育出版社. 1993
2. 戈峰 主编. 现代生态学. 北京:科学出版社. 2002
3. 盛连喜. 环境生态学. 北京:高等教育出版社. 2001
4. Robert E Ricklefs 著. 孙儒泳等译. 生态学. 第5版. 北京:高等教育出版社,2004
5. Aulay Mackenzie, Andy S Ball & Sonia R Virdee 著. 孙儒泳等译. 生态学精要速览. 北京:科学出版社,2000
6. 网上达尔文著作阅读:http://books.mirror.org/gb.darwin.html
7. 与课程相关的国家级精品课程网址:
   基础生态学:北京师范大学   http://course.bnu.edu.cn/course/ecology/
   生态学:华中农业大学   http://nhjy.hzau.edu.cn/kech/stx/jxlx/jxlx.asp

七、参考答案

填空题

1. 个体,种群,群落,生态系统   2. 环境,非生物因素,生物因素   3. 物种,生物群落,生态系统研究   4. 竞争,捕食,寄生和共生   5. 太阳能的输入,地球在宇宙中的运动   6. 温度,降雨,地球表面温度不均衡   7. 热带多雨气候区,干旱气候区,温暖气候区,北方寒冷气候区,高原气候区和极地气候区,热带雨林,稀树草原,荒漠,极地冰原,浓密常绿阔叶灌丛,温带草原,温带落叶林,针叶林,北极和高山冻原   8. 密度,邻近   9. 生态幅,广适性生物,狭适性生物   10. 光饱和现象,光饱和点   11. 群集型,均匀型和随即型;增长型,稳定型和衰退型   12. 定向行为,社群行为,繁殖行为,通讯行为,节律行为,防御行为和攻击行为

13. 种群,种群,群落,种群生态学　　14. 逻辑斯谛增长　　15. 迁出,迁入,迁移　　16. 种内,种间,食物调节　　17. 行为调节,生理调节,遗传调节　　18. 捕食,寄生,种间竞争　　19. 偏利共生,原始协作,互利共生　　20. 竞争,捕食,寄生和偏害　　21. 互利共生,偏利共生,寄生,体外寄生和体内寄生　　22. 竞争,种内竞争,种间竞争,食物链,捕食　　23. 动物行为,先天,学习　　24. 纬度,经度,海拔　　25. 透光状况,水温和溶解氧　　26. 地衣阶段,苔藓阶段,草本植物阶段,灌木阶段和森林阶段;初生演替;次生演替　　27. 群落演替或生态演替,顶级群落,世纪演替,长期演替,快速演替　　28. 生物圈,大气圈,水圈,岩石圈,土壤圈　　29. 生态学,各类生物,与其相关联的环境因子,循环,线形,生物圈　　30. 分解作用,矿化,光合作用,细菌,真菌和一些动物　　31. 生产者,消费者,还原者,非生物环境　　32. 光合,呼吸,细菌,豆类,硝化　　33. 生物的种类和数量,物质和能量,物质与能量,自我调节　　34. 初级生产力　　35. 能量流动,物质循环　　36. 生物个体,生态系统层次,生物圈　　37. 陆地,海洋　　38. 森林,海洋,森林,分布均匀　　39. 固体废物,噪声　　40. 海岸生态系统,浅海生态系统,远洋生态系统　　41. 草原退化,碱化,沙化,气候恶化　　42. 含氮化合物,碳氢化合物,卤素化合物,碳氧化物,硫化合物　　43. 燃料燃烧,工业生产过程,交通运输　　44. 无机污染物,重金属,放射物质,有机物质,农药,石油,甲烷　　45. 大气污染型,水污染型,固体废弃物污染型,农业污染型　　46. 光化学降解,化学降解,微生物降解　　47. 人口,粮食,能源,资源,环境　　48. 工业革命,初级生产力,全球变暖　　49. 公平性原则,持续性原则,系统性原则

选择题

1. B	2. C	3. A	4. A	5. C	6. D	7. C	8. A、B、C
9. B	10. A	11. B、D	12. D	13. A	14. C	15. A	16. B
17. A	18. C	19. B	20. B	21. B	22. A	23. C	24. A
25. D	26. B	27. C	28. C	29. C	30. D	31. D	32. C
33. B	34. A	35. C	36. B	37. D	38. C	39. B	40. C
41. B	42. D	43. A	44. D	45. C	46. D	47. C	48. B
49. C	50. C	51. B	52. D	53. D	54. C	55. D	56. C
57. A	58. C	59. D	60. C	61. D	62. C	63. C	64. A
65. B	66. C	67. A	68. A	69. A	70. A	71. A	72. C
73. B	74. A	75. D	76. A	77. A	78. A	79. D	80. A
81. D	82. C	83. D	84. B	85. B	86. A	87. D	88. D
89. B	90. D	91. B	92. D	93. A	94. C		

连线题

1. A-Ⅴ,B-Ⅵ,C-Ⅰ,D-Ⅷ,E-Ⅱ,F-Ⅶ,G-Ⅲ,H-Ⅳ
2. A-Ⅳ,B-Ⅰ,C-Ⅱ,D-Ⅲ

简答题

1. 26 h。
2. 主要包括:气候因子、营养因子、水因子、地理因子、大气成分、自然灾变、地质条件等。

　　在各类环境和生态因子中,气候因素包括了影响生物活动和生命过程最重要的物理和化学因子。因为气候因素决定了一个区域环境中的温度、光照、降雨与湿度等,因此气候是控制

生物活动最重要和最直接的因子。

3. 种群具有个体所不具备特征大体分二大类：
   (1) 一是种群的密度和空间格局。
   (2) 二是种群参数，包括出生率、死亡率、迁入和迁出率、性比、年龄分布和种群增长率等。

4. (1) 季节消长　　(2) 不规则波动　　(3) 周期性波动　　(4) 种群爆发或大发生
   (5) 种群平衡　　(6) 种群的衰落与灭亡　　(7) 生态入侵

5. (1) 偏利　　(2) 原始合作　　(3) 互利共生　　(4) 中性作用　　(5) 竞争
   (6) 偏害　　(7) 寄生　　(8) 捕食

6. (1) 许多食草动物的取食是有选择性的，影响群落中物种多度。
   (2) 啃食抑制了竞争物种的生长，从而加速和维持了低竞争物种的多样性。

7. (1) 种类组成与结构　　(2) 不同物种间的相互关系　　(3) 一定的群落环境
   (4) 分布范围　　(5) 动态特征　　(6) 边界特征

8. (1) 生物的种类和数量保持相对稳定；
   (2) 物质与能量的输入和输出保持相对的稳定；
   (3) 物质与能量的循环与流动保持合理的比例与速度；
   (4) 生态系统具有良好的自我调节能力。

9. (1) 氧气是动植物呼吸作用所必需的物质，绝大多数动物没有氧气就不能生存。
   (2) CO_2 是植物光合作用的主要原料，在一定范围内，植物光合作用强度随 CO_2 浓度增加而增加。但大气中 CO_2 浓度升高引发地球的"温室效应"，会对生态平衡造成伤害。
   (3) 氮是一切生命结构的原料。大气成分中氮气的含量非常丰富，但绿色植物一般不能直接利用，必须通过固氮作用才能为大部分生物所利用，参与蛋白质的合成。固氮的途径有生物固氮和工业固氮。

10. 生物与生物之间的相互作用对于整个生物界的生存和发展是极为重要的，它不仅影响每个生物的生存，而且还把各个生物连接为复杂的生命之网，决定着群落和生态系统的稳定性。同时，生物在相互作用，相互制约中产生了协同进化。
    植物之间的相互关系主要表现在寄生、偏利、偏害、竞争、他感等方面。动物和动物之间，除了互相产生不利的竞争和捕食关系之外，还有偏害、寄生、互利等相互作用方式。动物与植物的相互关系除了捕食以外，还表现有原始合作、偏利和互利共生等。微生物与动物和植物之间的关系主要表现为互利共生和寄生等

11. (1) 演替的方向性：①群落结构由简单到复杂；②物种组成由多到少；③种间关系由不平衡到平衡；④稳定性由不稳定到稳定。
    (2) 演替速度：先锋阶段极其缓慢，中期速度较快，后期（顶极期）停止演替。
    (3) 演替效应：前期的生物和群落创造了适应后期生物和群落生存的条件，但对自己反而不利，最终导致群落的替代。

12. (1) 植物繁殖体的迁移，散布，动物的活动性。
    (2) 群落内部环境的改变。
    (3) 种内和种间关系的改变。
    (4) 环境条件的变化。
    (5) 人类活动。

13. (1) 物种迁移：包括植物，动物，微生物的迁移。

(2) 定居:生物在新地区能正常生长繁殖。

(3) 竞争:生物密集,种间产生竞争,竞争成功者留下,失败者退出,竞争成功者各自占有独特生态位,群落形成。

14. (1) 地衣群落阶段;

(2) 苔藓群落阶段;

(3) 草本群落阶段;

(4) 灌木群落阶段;

(5) 森林群落阶段。

15. (1) 裸底阶段;

(2) 沉水生物群落阶段;

(3) 浮叶根生生物群落阶段;

(4) 挺水植物阶段;

(5) 湿生草本生物群落阶段;

(6) 灌木阶段和森林阶段。

16. 顶极群落是群落演替达到的最终相对稳定状态,其主要特征有:① 群落稳定性高;② 物种多样性高;③ 群落结构和食物链复杂;④ 生物量高;⑤ 净生产量低。

17. (1) 陆地:大气 CO_2 经陆生植物光合作用进入生物体内,经过食物网内各级生物的呼吸分解,又以 CO_2 形式进入大气。另有一部分固定在生物体内的有机碳经燃烧重新返回大气。

(2) 水域:溶解在水中的 CO_2 经水生植物光合作用进入食物网,经过各级生物的呼吸分解,又以 CO_2 形式进入水体。

(3) 水体中 CO_2 和大气中 CO_2 通过扩散而相互交换,

(4) 化石燃料燃烧向大气释放 CO_2 参与生态系统碳循环,生物残体也可沉入海底或湖底而离开生态系统碳循环。

18. (1) 温室效应使地表温度升高,导致极地和高山冰雪消融速度加快,海水受热膨胀,使海平面上升,沿海城市可能受到侵袭。

(2) 可改变全球水热分布格局,部分湿润地区可能变得干燥,而部分干燥地区可能变得湿润。

(3) 可改变生态系统原有的平衡状态,一部分生物可能不适应环境的改变而濒危或灭绝。

19. 逻辑斯谛增长的假设是:①有一个环境容纳量;②增长率随密度上升而降低的变化,是按比例的。按此两点假设,种群增长是"S"型。

"S"型曲线有两个特点:①曲线渐近于 K 值,即平衡密度;②曲线上升是平滑的。

逻辑斯谛曲线常划分为 5 个时期:

(1) 开始期,也可称潜伏期,由于种群个体数很少,密度增长缓慢;

(2) 加速期,随个体数增加,密度增长逐渐加快;

(3) 转折期,当个体数达到饱和密度一半(即 $K/2$ 时),密度增长最快;

(4) 减速期,个体数超过 $K/2$ 以后,密度增长逐渐变慢;

(5) 饱和期,种群个体数达到 K 值而饱和。

20. (1) 完整的生态系统由生产者,消费者,分解者和非生物环境四部分组成。各部分通过能流、物流和信息流,彼此联系起来形成一个功能体系。

(2) 生态系统的结构包括形态结构和功能结构。形态结构是指群落结构,而功能结构主要指系统内的生物成分之间通过食物链或食物网构成的网络结构。

(3) 生态系统的功能包括能量流动、物质循环和信息传递。

能量是生态系统的基础,是生态系统运转、做功的动力,没有能量的流动,就没有生命,就没有生态系统。生态系统能量的来源,是绿色植物的光合作用所固定的太阳能,太阳能被转化为化学能,化学能在细胞代谢中又转化为机械能和热能。

生态系统的物质主要指生物生命所必须的各种营养元素。物质是储存化学能的运载工具和维持生命活动过程的结构基础。生态系统中的物质循环和能量流动是相辅相成、不可分割,构成了统一的生态系统功能单位。

除了物质循环和能量流动,还有有机体之间的信息传递。

第11章 人体健康与重大疾病预防

一、要点提示

人体的免疫系统

人体的免疫系统是由非特异性免疫系统和特异性免疫系统组成。

非特异性免疫系统是人体在人类长期发育进化过程中形成的一种天然的防御体系。它是由人体正常的解剖结构、生理功能或体液因素共同参与组成的。这种防御系统没有特殊的针对性。参与这类免疫反应的防疫系统主要有：皮肤、口腔、鼻腔、消化道与呼吸道中的黏膜等组成的人体对病原体侵害防御的第一道防线；以及由淋巴管、淋巴结、胸腺、骨髓、脾脏和扁桃体等器官组成的淋巴系统构成的第二道防线。

特异性免疫反应是一种后天获得的免疫反应，具有很强的针对性，只对人体接触过的抗原才有免疫作用。特异性免疫反应包括细胞免疫和体液免疫两种。引起人或动物体内免疫应答的特殊外来物质称为抗原，人体和哺乳动物能识别抗原并释放攻击入侵抗原的细胞或防御性蛋白质即抗体。靠B细胞产生抗体实现的免疫又称为体液免疫，依靠T细胞的免疫方式称为细胞免疫，是人体抵御病原体侵害的第三道防线。

病原体

引起疾病的病原体主要有病毒、立克次体、支原体、细菌、真菌、寄生虫等。这些生物性病因对机体的致病作用与病原体致病力强弱、侵入的数量、侵袭力、毒力以及逃避或抵抗宿主攻击的能力密切相关。病原体引起细胞病变的机制不同，其方式有三：①病原体进入细胞内，直接引起细胞死亡；②病原体释放内毒素或外毒素杀伤细胞，或释放酶降解组织成分，或损伤血管引起缺血性坏死；③病原体引起机体免疫反应，进而由于免疫介导机制引起组织损伤。

细菌是一类个体微小、结构简单的原核单细胞生物。细菌引起细胞病变是由于其黏附于宿主细胞和产生毒素。细菌毒素可引起全身性反应，如发热、白细胞增多、休克和巨噬细胞反应等免疫反应。同时肝、脾、淋巴结肿大,以及实质器官如心、肝、肾和神经系统的变性、坏死等。局部器官的病变和病原体种类、器官选择性及其毒素性质有关。G^+菌细胞壁较厚,含大量肽聚糖和磷壁酸侧链,网格编织紧密。G^+菌对青霉素和溶菌酶敏感,因为青霉素可以抑制肽聚糖网格结构中短肽与侧链的连接,使细菌不能合成完整的细胞壁而死亡。而溶菌酶则破坏肽聚糖中 N-乙酰葡萄糖胺和 N-乙酰胞壁酸之间的 β-1,4糖苷键的连接,引起细菌裂解。G^-菌细胞壁较薄,含肽聚糖较少,网格编织疏散,在其肽聚糖外还有脂多糖和脂蛋白组成的外壁层。

病毒的致病机制是:藉其表面蛋白和机体细胞特种蛋白(受体)相结合而进入细胞,如 EB 病毒(爱泼斯坦-巴尔氏病毒),一种疱疹病毒,可连结在吞噬细胞的 CR2 蛋白上而进入细胞。进入细胞后,病毒的核酸(DNA 或 RNA)进行复制,影响宿主的核酸代谢,抑制其 DNA、RNA 和蛋白合成;病毒蛋白部分插入宿主细胞的质膜,引起直接损伤;病毒蛋白裸露在宿主细胞表面,引起机体免疫系统和淋巴细胞的攻击;病毒损伤宿主抗微生物能力,引起继发感染。

常见的病毒性疾病主要有艾滋病、流行性感冒、乙型肝炎、严重急性呼吸系统综合征(SARS)、麻疹、脊髓灰质炎、狂犬病、登革热等。作为病原体,病毒侵入机体的途径包括呼吸道感染、消化道感染、昆虫或其他动物叮咬感染、接触感染、血液(输血)感染、经胎盘或产道感染、性接触感染等。病毒感染后一般情况下可以诱导机体产生抗病毒的免疫应答反应,干扰素就是一种病毒入侵引起非特异性免疫应答反应而产生的糖蛋白,它具有抗病毒作用,还有抑制肿瘤细胞生长和免疫调节等多方面的作用。

几种常见疾病

癌症是所有恶性肿瘤的代名词。肿瘤是一种多步骤的基因性疾病,由一种或多种基因功能的特殊改变导致细胞生长和分化失控而形成。肿瘤有良恶之分。良性肿瘤生长缓慢,有的还会暂时停止生长,极少数可以发生退化;肿瘤周围有一层外包膜,因而分界清楚;肿瘤呈膨胀性生长,组织结构和正常组织相似,不发生转移,但手术不彻底可复发,可发生于身体的任何部位。恶性肿瘤生长速度快,可于短期内明显增大,没有包膜或包膜不全,因而边界不清。恶性肿瘤细胞可伸向周围组织,与邻近正常组织犬牙交错,呈浸润性生长,可发生远位转移。环境中的化学致癌物质、放射性物质、病毒等等是导致癌症发生最主要的因素。人类和其他动物细胞中的癌基因起源于原癌基因。一些编码防止细胞无节制分裂蛋白的基因称为抑癌基因或肿瘤抑制基因。

高血压病是一种常见的、原因不明的、以动脉压升高为主的疾病。正常成人的血压收缩压≤140 mmHg,舒张压≤95 mmHg。在不同生理情况下常有一定的波动,当不同时间反复测定收缩压>140 mmHg 和(或)舒张压>95 mmHg,即可诊断为高血压。高血压的发病与遗传、精神过度紧张、肥胖、吸烟、酗酒、嗜盐等因素有关。早期可无症状,不易被发现,偶于体查时发现血压升高也可有头晕、眼花、耳鸣、失眠、乏力等症状。血压持久增高,若不积极治疗,可导致心、脑、肾等脏器的损害。

传染病是由病原体(细菌、病毒等)引起的,能在人与人、动物与动物或人与动物之间相互传染的疾病。传染病有以下特点:①有病原体。每一种传染病都有它特异的病原体,比如水痘的病原体是水痘病毒,猩红热的病原体是溶血性链球菌。②有传染性。传染病的病原体可以从一个人经过一定的途径传染给另一个人。③有免疫性。大多数患者在疾病痊愈后,都可产生不同程度的免疫力。④可以预防。通过控制传染源,切断传染途径,增强人的抵抗力等措施,可以有效地预防传染病的发生和流行。

有些传染病如乙型肝炎、艾滋病等均是目前难于根治、只能通过预防来避免的疾病。其中的艾滋病是由人类免疫缺陷病毒(缩写 HIV)引起的获得性免疫缺陷综合征。HIV 是一种逆转录病毒,可特异性地侵犯 T 细胞,破坏人体细胞免疫功能被。一旦 HIV 开始繁殖,它们就杀死寄主细胞然后感染其他细胞,最终摧毁人体的免疫能力。这时,由于失去了免疫能力,哪怕是任何最轻微的感染,都会直接威胁到人的生命。艾滋病的感染源是 HIV 携带者和艾滋病患者,传播感染途径包括血液传播、性传播、母婴垂直传播。对待艾滋病,应该加强教育宣传,切断传播途径,做好预防工作。《中华人民共和国传染病防治法》对传染病有详细的分类和预防措施。

二、基本概念

免疫(immunity):遗传的、后天的或诱发的对特定的病原感染的抵抗能力。在正常情况下,它对机体起到保护作用,有时也可能引起机体损伤。

非特异性免疫(nonspecific immunity):是机体在种系发育和进化过程中形成的天然免疫防御功能。这种免疫的特点是生来就有,不具有对病原体的选择性或特异性,而是对多种病原体都有一定的防御作用。

特异性免疫(specific immunity):特异性免疫又称获得性免疫,是机体经后天感染(病愈或无症状的感染)或人工预防接种(菌苗、疫苗、类毒素、免疫球蛋白等)而获得的针对某一种或一类微生物或其产物所产生的特异性抵抗力。特异性免疫具有特异性、获得性、排他性、多样性、记忆性、转移性、耐受性、不能遗传等特点。分为细胞免疫与体液免疫两类。

体液免疫(humoral immunity):成熟 B 细胞遭遇特异性抗原,则发生活化、增殖,并分化为浆细胞,通过产生和分泌抗体发挥清除病原体的作用。由于抗体(存在于体液中)是 B 细胞应答的主要效应分子,故将此类应答称为体液免疫应答。

免疫应答(immune response):指机体受抗原刺激后,体内抗原特异性淋巴细胞识别抗原,发生活化、增殖、分化或失能、凋亡,进而表现出一定生物学效应的全过程。

淋巴系统(lymphatic system):指各种免疫细胞协同作用的网状系统,它们由淋巴管、淋巴结以及胸腺、骨髓、脾脏和扁桃体等器官共同组成。

白细胞(leucocyte):存在于人体及哺乳动物血液和组织液中的最重要的一类非特异性防御细胞,包括巨噬细胞、中性粒细胞和自然杀伤细胞。

巨噬细胞(macrophage):人体内具有吞噬功能的各种细胞的总称。它们对入侵体的细菌、异物以及体内衰老、死亡的细胞和组织中的碎片进行吞噬、消化,以增强人体的防御功能。

中性粒细胞(neutrophilic granulocyte):是一类寿命比较短、可吞噬受感染组织中的细菌和病毒,还可以释放出杀死细菌的其他化学物质的细胞。

干扰素(interferon):指受病毒感染的细胞协同其他细胞共同产生一种糖原蛋白,用于活化相邻细胞表达抗病毒蛋白。按其来源分为:白细胞干扰素、成纤维细胞干扰素、免疫干扰素等。每一类干扰素又分成各不相同的型,不同型之间具有较高的同源性。

炎症(inflammation):具有血管系统的活体组织对损伤因子所发生的一种非特异防御反应。

抗原(antigen,Ag):指可被 T、B 淋巴细胞识别,并启动特异性免疫应答的物质。抗原具有免疫原性和抗原性两个重要特性。

抗体(antibody):B 细胞识别抗原后增殖分化为浆细胞所产生的一类球蛋白质,主要存在于血清等体液中,能与相应抗原特异性地结合,具有免疫功能。

组织相容性复合体 MHC(major histocompatibility complex):是哺乳动物和人的细胞上由遗传基因决定的糖蛋白,其构象如同人的指纹一样多种多样,T 细胞通过对 MHC 的识别确定是否是自身细胞,并由此进行防御。

抗原呈递细胞(antigen-presenting cell,APC)：指能摄取、加工处理抗原,并将抗原递呈给T淋巴细胞的一类免疫细胞,在机体免疫应答中发挥重要作用,也称辅助细胞。

疾病(disease)：指由致病因素作用于机体后,机体的稳态被破坏,导致代谢、功能和结构的损伤,同时引起机体的抗损伤反应的过程。

侵袭力(invasiveness)：指病原微生物穿过机体保护屏障,并在体内散布、蔓延的能力。

毒力(virulence)：指病原微生物在体内产生毒素和造成细胞或组织损伤的能力。

遗传易感性(genetic predisposition)：指某种遗传缺陷或基因多态性变异的个体容易发生某种疾病的特征。

革兰氏阳性菌(Gram-positive bacteria)和革兰氏阴性菌(Gram-negative bacteria)：细菌细胞先被结晶紫和碘液染涂,用酒精冲洗后再经红色染料复染,紫色者为革兰氏阳性菌(以G^+表示),红色者为革兰氏阴性菌(以G^-表示)。

化能异养(chemoheterotroph)：指通过消耗有机物来获取能量和碳源的细菌营养方式。

光能自养(photoautotroph)：指细菌利用光能以CO_2为碳源来合成有机物并获得能量的营养方式。

化能自养(chemoautotroph)：指细菌以CO_2为碳源,通过氧化H_2S、NH_3、Fe^{2+}、H_2等简单无机物获得能量的细菌营养方式。

光能异养(photoheterotroph)：指吸收光能并以有机物为碳源的细菌营养方式。

细菌毒素(toxin)：细菌产生的一些对机体具有毒害作用的物质称为细菌毒素。

外毒素(exotoxin)：主要是由革兰氏阳性菌和部分革兰氏阴性菌分泌的蛋白质,一般都由两种亚基组成。外毒素对机体的器官和组织有选择性毒害效应,毒性较强。

内毒素(endotoxin)：是革兰氏阴性菌细胞壁中的脂多糖组分,一般相对分子质量都大于1×10^5,内毒素分子通常由O-特异性多糖、非特异核心多糖和脂质A三部分组成,耐热性强,一般需160℃加热2~4 h才能灭活,毒性作用较弱。

荚膜(capsule)：某些细菌胞壁外围绕一层较厚的黏液性物质,称荚膜。荚膜具抗原性,可帮助鉴别细菌以及作为分型的依据。荚膜有保护细菌抵抗吞噬和消化的作用,增加了细菌的侵袭力,与细菌致病性有关。

芽胞(spore)：某些细菌在一定环境条件下,胞浆脱水浓缩,在菌体内形成具有多层膜状结构的圆形或卵圆形小体,称为芽胞。芽胞是细菌的休眠状态。其大小和位置随菌种而异,有重要鉴别意义,芽胞对干燥、热和消毒剂等理化因素抵抗力强,故能否杀死芽胞是消毒灭菌是否彻底的指标。

消毒(disinfection)：指利用化学药剂搽洗或喷洒来杀死物体表面病原菌的过程。

灭菌(sterilization)：指利用剧烈的物理方法杀灭物体上所有细菌(包括芽孢)。

逆转录病毒(retroviruses)：指以RNA为遗传信息的病毒。

噬菌体(bacteriophage或phage)：以细菌为宿主的病毒。

裂解循环(lytic cycle)：从噬菌体脱壳、核酸进入细菌细胞到宿主细胞裂解并释放出新的噬菌体的一个循环过程称为噬菌体增殖过程的裂解循环。

溶原循环(lysogenic cycle)：噬菌体核酸与宿主菌的染色体整合,并随着细胞的繁殖而不断复制,这样的循环并不产生新的病毒颗粒,也不造成宿主菌的裂解。

类病毒(viroid)：类病毒是一条没有蛋白质衣壳包裹的RNA链。

朊病毒(Prion)：朊病毒是一类能侵染动物、不含核酸、无抗原性、能在细胞内复制的传染性蛋白质颗粒。

肿瘤(tumour):现代医学所说的肿瘤专指"新的生长物"(neogrowths),或赘生物(neoplasms),它概括了所有体内非正常滋生的病变,因此,是一个总的称呼,既包括恶性肿瘤,也包括良性肿瘤。人们常说的"癌(cancer)",习惯上泛指所有恶性肿瘤。

化学致癌物质(chemical carcinogen):是指能引起人或动物形成肿瘤的化学物质,目前已发现环境中有2 000多种化学物质与癌症的发生密切相关,它们主要包括多环芳烃类、亚硝基化合物、烷化剂类、芳香胺类、偶氮染料、生物毒素等。

Rous 肉瘤病毒(Rous avian sarcoma virus,缩写 RSV):是一种反转录病毒(RNA 病毒),该病毒可以诱发小鸡成纤维细胞形成肿瘤。

原癌基因(proto-oncogene):一些与调节和控制细胞生长、分裂和细胞周期相关的基因,其结构变化或者失控就会演变成癌基因。

肿瘤抑制基因(tumor-suppressor gene):一些抑制细胞过度分裂的基因,即编码防止细胞无节制分裂蛋白的基因。

p53 蛋白(p53 protein):是一种核磷蛋白,活性受磷酸化调控。当细胞 DNA 受到紫外线、化学致癌物质等作用产生损伤时,p53 表达增高,可以阻止受损细胞进入细胞周期,同时使 DNA 损伤修复系统启动,修复被损伤的 DNA。p53 还有启动促进细胞凋亡基因转录的功能,从而清除那些未被修复的 DNA 损伤的细胞。

冠状动脉(coronary artery):向心脏供血的动脉。

收缩压(systolic pressure)和舒张压(diastolic pressure):心脏收缩时的血压最高值(即大动脉血管内的血液对血管壁的侧压力)称为收缩压,心脏舒张时的血压最低值为舒张压。

高血压(hypertension):是一种以动脉血压增高为主要表现的心血管疾病。一般正常人的收缩压不高于 140 mmHg,舒张压不高于 95 mmHg。高于这一标准便是高血压。

动脉粥样硬化(atherosclerosis AS):是动脉硬化中最重要的一个类型,基本损害是动脉内膜局部呈斑块状增厚,故又称动脉粥样硬化性斑块或简称斑块,病变主要累及主动脉、冠状动脉、脑动脉、肾动脉、大、中型肌弹力型动脉,最终导致它们的管腔狭窄以至完全堵塞,使这些重要器官缺血缺氧、功能障碍以至机体死亡。

HIV(人类免疫缺陷病毒 human immunodeficiency virus):是一种逆转录病毒,可特异性地侵犯 $CD4^+$ T 细胞,破坏人体细胞免疫功能被。

流感(flu):流行性感冒的简称,是一种急性上呼吸道传染病,它发病率高、传染性强、传播快、潜伏期短。

结核(tuberculosis):由结核杆菌引起的一种慢性肉芽肿病,以肺结核最常见。主要通过呼吸道传播,长期排菌的慢性纤维空洞型肺结核病人是最主要的传染源。病人在咳嗽、吐痰或打喷嚏时,飞沫或空气中的细菌就容易被健康人吸入。

病毒性肝炎(hepatitis):病毒性肝炎是一组由肝炎病毒引起的,以肝脏损害为主的全身性疾病。常见病毒性肝炎被分为甲型、乙型、丙型、丁型和戊型五种。病毒性肝炎的主要临床表现为乏力、食欲减退、恶心、呕吐、尿黄、皮肤和眼睛巩膜黄染、肝肿大、肝功能受到严重损害等。

非典型肺炎(severe acute respiration syndrome,严重急性呼吸综合征):是由变种冠状病毒(SARA 病毒)引起的一种呼吸系统传染性疾病。临床主要表现为肺炎,主要通过近距离空气飞沫和密切接触传播,有比较强的传染力。

健康(health):世界卫生组织(World Health Organization,WHO)关于健康的定义是:"健康不仅仅是没有疾病或病痛,而是一种身体上、心理上和社会上的完好状态。"

生命质量(quality of life):是指以人们对自己的身体状态、心理及感受、社会作用好坏的一种度量,这种度量往往以社会经济、文化背景和价值去取为基础,因此它还融入了人们的感觉体验的主观因素。通俗的讲生命质量就是指当下人对自己生存状态的感受,是幸福的还是不幸福的。

体质(constitution):是指人体活动的能力,反映人在运动、劳动、生活中所表现出的力量、速度、耐力、灵敏度、柔韧性能方面的能力,还要反映人体血液循环和新陈代谢的状况。

三、热点聚焦

RNA 干扰(RNAi)及应用

1. RNAi 简史

RNA 干扰(RNAi)是双链 RNA 介导的特异性基因表达沉默现象。首次发现双链短 RNA 能够导致基因沉默的线索来源于对线虫(*Caenorhabditis elegans*)的研究。1995 年,康乃尔大学的研究人员在试图利用反义 RNA(anti sense RNA)技术特异性地阻断秀丽新小杆线虫(*C. elegans*)中的 par-1 基因时,在对照实验中给线虫注射正义 RNA(sense RNA)以期观察到基因表达的增强,但得到的结果是二者都同样地切断了 par-1 基因的表达途径。这是与传统上对反义 RNA 技术的解释正好相反的。该研究小组一直没能给这个意外以合理解释。

1998 年 2 月,华盛顿卡耐基研究院和马萨诸塞大学癌症中心的研究人员首次解开这个悬疑之谜。他们证实,正义 RNA 抑制基因表达的现象及过去的反义 RNA 技术对基因表达的阻断,都是由于体外转录所得 RNA 中污染了微量双链 RNA 而引起。当他们将体外转录得到的单链 RNA 纯化后注射线虫时发现,基因抑制效应变得十分微弱,而经过纯化的双链 RNA 却正好相反,能够高效特异性阻断相应基因的表达。实际上每个细胞只要很少几个分子的双链 RNA 已经足够完全阻断同源基因的表达。后来的实验表明在线虫中注入双链 RNA 不单可以阻断整个线虫的同源基因表达,还会导致其第一代子代的同源基因沉默,该小组将这一现象称为 RNA 干扰(RNA interference,RNAi,也译作 RNA 干预或者干涉)。

2001 年,冷泉港实验室的科研人员发现了 Dicer 酶。Dicer 酶能将长的双链 RNA 切割成小的双链 RNA。这些小的双链 RNA 为小分子干扰 RNA(small interfering RNA,siRNA)或 microRNA(miRNA)。在 RNAi 中发挥作用的是 siRNA,而 miRNA 能抑制 RNA 翻译成蛋白质。siRNA 的作用与应用研究继 2001、2002 连续两年被美国《Science》杂志评选为年度 10 大突破技术以来,继续热度高涨,RNAi 技术已经作为研究工具用于各个领域。

2. RNAi 的分子机制

RNAi 包括起始阶段和效应阶段(initiation and effector step)。在起始阶段,加入的小分子 RNA 被 Dicer 的酶切割为 21~23 核苷酸长的 siRNA。每个片段的 3′端都有 2 个碱基突出。

在效应阶段,siRNA 双链结合一个核酶复合物从而形成所谓 RNA 诱导沉默复合物(RNA-induced silencing complex,RISC)。激活 RISC 需要一个 ATP 依赖的将 siRNA 解双链的过程。激活的 RISC 通过碱基配对定位到同源 mRNA 上,并在距离 siRNA3′端 12 个碱基的位置切割 mRNA。切割的确切机制尚不明了,但每个 RISC 都包含一个 siRNA 和一个不同于 Dicer 的 RNA 酶。

RNAi 途径不仅仅限于沉默 mRNA,还作用于基因组。这方面的具体机制还不是非常明确,但在植物中发现伴随有 DNA 甲基化现象,科学家们预测要描绘一张完整的 RNA 引导基因组改变的图谱可能需要对 RNA 信号、DNA 甲基化和组蛋白修饰之间的相互作用进行更进一步的研究。

3. RNAi 的应用方向

（1）基因功能的研究

从 2001 年《Nature》杂志上首家报道在哺乳动物培养细胞中通过 siRNA 成功诱导了特异性靶基因表达沉默后，RNA 干扰技术就作为一项特异性基因沉默的有效工具从低等生物成功进军哺乳动物领域。2003 年《Nature Genetics》上报道用病毒系统在原代哺乳动物细胞、干细胞和转基因小鼠上都取得了 RNA 干扰成功，更大地扩展了这项技术的应用范围。研究者们可以利用这项技术对目标基因进行特异性地表达沉默，通过观察其表达被抑制后细胞以至生物体从形态到各项生理生化的变化，对该基因的功能及参与的信号网络进行研究。这比传统的基因敲除方法要简单而且方便得多，因此短短几年，就有了很多突破性的成果。其中研究得最多的是跟疾病相关的一些基因，不仅对疾病机制及相关代谢网络有了进一步认识，也为基因治疗及药物筛选提供了一些借鉴。

在后基因组时代，需要大规模高通量的研究基因的功能，由于 RNAi 能高效特异地阻断基因的表达，因而 RNAi 成为研究基因功能的很好的工具。研究者将线虫三号染色体上 2 232 个基因对应的 dsRNA 合成出来，并注射到线虫性腺内，然后观察子代细胞分裂时出现的异常表型，结果发现了 133 个基因与细胞分裂异常有关。其中 104 个基因以前没有发现有这种功能。在另外一项研究中，线虫一号染色体上的 2 416 个基因对应的 dsRNA 被构建到细菌文库中，然后将细菌喂给线虫，观察形态学的异常、异常的运动、性别比例的变化、不孕的情况，结果将于这些表型有关的基因从 70 个增加到 178 个。

总的来说，RNA 干扰为系统地抑制 RNA 分子合成蛋白提供了快速而相对简便的途径。通过在一段时间内对一个基因 RNA 信号的抑制，研究者可以深入研究基因功能，进而开始描绘支配从细胞形态到信号系统的遗传网络。

（2）基因治疗及药物筛选

由于 RNA 干扰是针对转录后阶段的基因沉默，相对于传统基因治疗对基因水平上的敲除，整个流程设计更简便，且作用迅速，效果明显，为基因治疗开辟了新的途径。其总体思路是通过加强关键基因的 RNAi 机制，控制疾病中出现异常的蛋白合成进程或外源致病核酸的复制及表达。尤其针对引起一些对人类健康严重危害的核酸病毒，如对于 SARS 这种主体是单链核酸的新型冠状病毒，寻找药物靶点，设计核酸药物就更加方便。目前已经有很多公司在积极开发这方面的药物，如在 SARS 药物研究中一鸣惊人的美国俄勒冈州的 AVI BioPharma 生物制药公司等，国内也有很多研究机构及生物技术公司开展了 RNA 干扰药物的研究与开发。

基因治疗方面引人注目的进展之一是对肝炎的 RNA 干扰研究。McCaffrey A P 等在培养细胞水平和转染 HBV 质粒后免疫活性缺失的小鼠肝脏中，通过表达短发夹结构 RNA（short hairpin RNA，shRNA）的载体成功地抑制了 HBV 复制。与对照相比，小鼠血清中测得的 HbsAg 下降 84.5%，免疫组化对 HBcAg 的分析结果下降率更超过 99%。哈佛大学 Lieberman 的研究小组通过注射针对 Fas（对多种细胞具有杀伤活性的单克隆抗体所识别的细胞表面抗原）的 siRNA，过度激活炎症反应，诱导小鼠肝细胞自身混乱。然后给测试小鼠注入使 Fas hyperdrive 的抗体，发现未进行 siRNA 处理的对照组小鼠在几天中死于急性肝功能衰竭，而 82% 的 siRNA 处理小鼠都存活下来，没有患病，它们当中 80%～90% 的肝细胞经证实结合了 siRNA。并且，RNAi 发挥功能达 10 d，三周后才完全衰退。由于 Fas 很少在肝细胞外的其他细胞高表达水平，对它的抑制对其他器官几乎没有副作用。此外，这个小组还和其他研究者积极开展针对 HIV 的 RNAi 测试，目前报道他们使用的针对 CCR5 蛋白的 siRNA 能阻止 HIV 进入免疫细胞约三周，在已经感染的细胞中也能阻止感染病毒的复制。

在药物筛选领域，RNAi技术将逐渐成为药物靶点筛选和鉴定的强大工具。这项技术与高通量筛选、体外生物检测和体内疾病模式相结合，将提供大量基因功能方面的有用信息，在药物开发过程的多个阶段促进靶点的筛选。如已经有实验室利用RNAi技术识别出促癌基因和蛋白质，这一发现为治疗癌症带来了振奋人心的希望。

哈佛大学的研究成果显示利用RNAi技术关闭蠕虫体内的300个基因，其体内脂肪会大大减少，这300个基因中有许多在人体内同样存在。该研究小组推断，可以将这些基因作为药物靶标，在RNAi药物问世之前，开发出能靶向这些基因的传统药物，用以治疗日益严重的肥胖症，这将是一个很大的市场。

RNAi技术药物非常高效，极少量的RNAi诱导剂就能使基因沉默，这意味着，只要使药物进入目标细胞（而不需进入细胞中的目标基因），就能产生治疗效果，这将大大简化给药方式。虽然RNAi技术取得了不少成果，要真正用于医疗还需时日。目前大多数还停留在小鼠测试阶段，siRNA的导入多采用静脉或腹腔注射、尾部注射、细胞移植等，如何对人进行有效的给药，既能确保药效在靶器官靶组织有效释放，还要具有高度安全性等等问题都尚需进一步研究。我们期待着RNAi引领的新医学革命的到来。

四、精选习题

填空题

1. 天然免疫在长期种系进化过程中逐渐形成，其特点是：（　　）、（　　）、（　　），故亦称为（　　）和（　　）。
2. 有4种类型的突变可以将原癌基因转变为癌基因，它们是（　　）、（　　）、（　　）和（　　）。
3. 免疫应答的3个阶段是（　　）、（　　）和（　　）。
4. 免疫应答可分为B细胞介导的（　　）和T细胞介导的（　　）两种类型。
5. 免疫应答发生的主要场所是（　　）、（　　）等外周免疫器官。
6. 淋巴管中的淋巴液在（　　）中与血液混合后进入（　　）。
7. （　　）、（　　）和（　　）是3种具有非特异性防御作用的白细胞。
8. 参与细胞免疫应答的细胞主要有（　　）、（　　）和（　　）。
9. 免疫球蛋白分子是有两条相同的（　　）和（　　），通过（　　）连接而成的四肽链结构。
10. 根据免疫球蛋白重链抗原性不同，可将其分为（　　）、（　　）、（　　）、（　　）和（　　）等5类。
11. 乙肝主要经血液途经传播，如（　　）、（　　）、（　　）和（　　）等，消化道等不传播。
12. 细菌的特殊构造包括（　　）、（　　）、（　　）和（　　），与致病有关的是（　　），与细菌运动有关的是（　　）。
13. 革兰氏染色法染色步骤包括（　　）、（　　）、（　　）和（　　）。
14. 常用的细菌鉴别染色法有（　　）和（　　）。
15. 细菌生长繁殖的条件有（　　）、（　　）、（　　）和（　　）。
16. 细菌的生长曲线分4期（　　）、（　　）、（　　）和（　　），在（　　）期细菌的生物学性状典型。
17. 下列物品用何种方法消毒灭（除）菌：
    （1）玻璃器材（　　）；（2）烧伤病员（　　）；（3）体温表（　　）；（4）炭疽病畜尸体（　　）；

(5) 废弃培养物(　　);(6) 小牛血清(　　);(7) 塑料注射器(　　);(8) 不耐高热培养基(　　);(9) 牛奶(　　);(10) 自来水(　　)。

18. 高压蒸汽灭菌法所用压力为(　　),维持时间为(　　),能达到的温度是(　　)。
19. 能产生神经毒素的细菌有(　　)和(　　),能产生细胞毒素的细菌有(　　),能产生肠毒素的细菌有(　　)、(　　)和(　　)。
20. 内毒素的致病作用有(　　)、(　　)、(　　)和(　　)。
21. 机体的屏障结构有(　　)、(　　)和(　　)。吞噬细胞可分为(　　)和(　　)两大类。
22. 机体抗荚膜菌感染靠(　　);抗外毒素感染靠(　　);抗慢性胞内寄生菌感染靠(　　)。
23. 青霉素的作用机制是(　　)。
24. 75%酒精杀菌原理是使细菌的(　　)变性。
25. 判断灭菌效果应以(　　)是否被杀灭为指标。
26. 具有杀菌作用的紫外线波长范围是(　　)。
27. 预防结核病的主要措施是接种(　　)。
28. 病毒蛋白质的功能有(　　)、(　　)、(　　)和(　　)。
29. 病毒增殖的特点是(　　)和(　　)。其增殖周期可分为(　　)、(　　)、(　　)、(　　)和(　　)5个阶段。
30. 病毒与宿主细胞相互作用可引起3种类型感染,即(　　)、(　　)和(　　)。
31. 病毒感染引起宿主细胞的变化包括(　　)、(　　)、(　　)和(　　)。
32. 干扰素是一种小相对分子质量的(　　),功能是非特异性抗(　　)感染物质。
33. 病毒的感染物质是(　　)。
34. 病毒主要传染途径包括呼吸道、(　　)、皮肤、黏膜。
35. 脊髓灰质炎病毒的核酸型是(　　)。
36. 流感患者发病前后(　　)日内传染性最强。
37. 依靠(　　)细胞产生抗体实现的免疫称为体液免疫,依靠(　　)细胞的免疫方式称为细胞免疫。
38. 抗体是一种γ球蛋白,每一个分子有4条肽链组成,两条(　　)链,两条(　　)链。(　　)是指所有制备抗体的细胞都是同一个细胞的拷贝,因此产生的抗体也完全相同。
39. 对于多种细菌病,可用(　　)、(　　)或(　　)来预防或治疗;(　　)是死或弱化的不再能致病的活病菌,它起着(　　)的作用,能使受体产生抗体,属于(　　)免疫。
40. 过敏是一类免疫系统失调引起的疾病,(　　)导致体内与其互补的抗体大量增加,导致过敏反应。

选择题

1. **下列(　　)是淋巴器官。
   A. 扁桃体　　　　B. 脾　　　　C. 胸腺　　　　D. 上述各项
2. **淋巴系统不包括(　　)。
   A. 扁桃体　　　　B. 黏液　　　　C. 胸腺　　　　D. 淋巴结
3. **抗体是一种γ-球蛋白,它的每一个分子由(　　)条肽链组成,其中(　　)条为重链,(　　)条为轻链。
   A. 3,2,1　　　　B. 4,2,2　　　　C. 4,3,1　　　　D. 2,1,1

4. ** 干扰素是一种（　　）。
   A. 抗原　　　　　　　B. 抗体　　　　　　　C. 维生素类　　　　　D. 抗菌或抗病毒蛋白
5. ** 下面（　　）的描述是正确的。
   A. 引起人或动物体内免疫应答的外来物质称为抗体
   B. 体液免疫由 T 细胞产生抗体
   C. 细胞免疫依赖于 B 细胞直接攻击病原体
   D. 在免疫系统中，T 细胞通过自我识别特异性的人类白细胞抗原，因此只攻击外来病原体
6. ** 病原体入侵到体细胞或被巨噬细胞吞噬后，抗原分子与细胞表面的 MHC 分子嵌合，形成 APC，启动的一系列免疫应答反应不包括（　　）。
   A. 炎症反应
   B. 巨噬细胞与助 T 细胞相互作用
   C. 分泌白细胞介素 – 1 和白细胞介素 – 2
   D. T 细胞活化产生记忆细胞，后者下一次可识别原病原体，导致免疫应答效率更高
7. ** 感染性疾病的特点包括（　　）。
   A. 有具传染性的病原体
   B. 有流行性、地方性、季节性和爆发性
   C. 有免疫原性，即病原体侵入机体后会激活机体的防御性抵抗
   D. 上述各项
8. ** 青霉素对感染性疾病的治疗作用是由于（　　）。
   A. 可以抑制病毒的复制
   B. 破坏细菌细胞壁肽聚糖中的 N – 乙酰葡萄糖胺和 N – 乙酰胞壁酸之间的 β – 1,4 糖苷键的连接
   C. 抑制肽聚糖网格结构中短肽与侧链的连接
   D. 抑制细菌 DNA 的合成
9. ** 自然界大多数细菌属于（　　）。
   A. 化能自养型　　　B. 光能异养型　　　C. 光能自养型　　　D. 化能异养型
10. ** 下述（　　）项是细菌和病毒所共有的特征或过程。
    A. 以核酸为遗传物质　　　　　　　B. 依赖二分裂繁殖后代
    C. 有核糖体　　　　　　　　　　　D. 有丝分裂
11. ** RNA 病毒繁殖时需要有自身提供的某些酶，这是因为（　　）。
    A. 这些病毒很容易被宿主细胞的防御系统所消灭
    B. 宿主细胞不具有病毒基因组复制所需要的酶
    C. 这些酶用于病毒 mRNA 的翻译
    D. 病毒利用这些酶穿过宿主细胞的细胞膜或细胞壁
12. ** 下列不属于自身免疫疾病的是（　　）。
    A. 艾滋病　　　　　B. 类风湿关节炎　　C. 红斑狼疮　　　　D. 溶血性贫血
13. ** 逆转录病毒中的 src 基因来源于鸡细胞中正常的酪胺酸激酶基因，是科学家发现的第一个癌基因，携带 src 基因的逆转录病毒是（　　）。
    A. 单链 DNA 病毒　　　　　　　　B. 双链 DNA 病毒
    C. 单链 RNA 病毒　　　　　　　　D. 双链 RNA 病毒

14. ** 冠状动脉粥样硬化的最大危害在于(　　)。
    A. 使血液中胆固醇浓度增高　　　　B. 引起高血压
    C. 引起心绞痛　　　　　　　　　　D. 引起心肌缺血
15. ** 预防艾滋病的主要措施至少应包括(　　)。
    A. 遵守性道德,远离毒品
    B. 注意个人生活卫生,如不用未消毒的器械穿耳、文眉,不文身;使用干净的与个人相关的卫生设备或设施
    C. 在医生指导下安全输血或接受输血,个人不直接接触他人的血液或血液制品
    D. 上述各项
16. 下列关于免疫的正确概念是(　　)。
    A. 机体对病原微生物的防御能力　　B. 机体抗传染的过程
    C. 机体识别和排除抗原性异物的功能　D. 机体清除杀灭自体突变细胞的功能
    E. 机体清除自身衰老、死亡的组织细胞的功能
17. IgE 抗体主要引起(　　)。
    A. 速发型超敏反应　　　　　　　　B. 迟发型超敏反应
    C. 细胞毒型超敏反应　　　　　　　D. 血管炎型超敏反应
    E. 自身免疫性疾病
18. 医学免疫学研究的是(　　)。
    A. 病原微生物的感染和机体防御能力　B. 抗原抗体间的相互作用关系
    C. 人类免疫现象的原理和应用　　　　D. 动物对抗原刺激产生的免疫应答
    E. 细胞突变和免疫监视功能
19. 中和毒素的抗体主要是(　　)。
    A. IgG　　　　B. IgA　　　　C. IgM　　　　D. IgD
    E. IgE
20. 引起器官移植排斥反应的抗原是(　　)。
    A. 同种异型抗原　　B. 异种抗原　　C. 自身抗原　　D. 异嗜性抗原
    E. 隐蔽抗原
21. 下列不属于 IgG 特性的是(　　)。
    A. 含量最大　　B. 亲和力高　　C. 半衰期长　　D. ABO 血型抗体
    E. 抗 Rh 血型抗体
22. T 细胞分化成熟的场所是(　　)。
    A. 骨髓　　　　B. 胸腺　　　　C. 脾　　　　D. 淋巴结
23. 与类风湿因子有关的 Ig 是(　　)。
    A. IgG　　　　B. IgA　　　　C. IgM　　　　D. IgD
    E. IgE
24. 下列(　　)产生 IgE。
    A. T 淋巴细胞　　B. B 淋巴细胞　　C. 巨噬细胞　　D. 肥大细胞
    E. 嗜碱性粒细胞
25. 人或动物体内代表个体特异性的能引起强烈而迅速排斥反应的抗原系统称为(　　)。
    A. 组织相容性复合体　　　　　　　B. 移植抗原

C. 白细胞抗原　　　　　　　　　　D. 主要组织相容性抗原系统

26. 免疫对机体(　　)。
    A. 有利　　　　B. 有害　　　　C. 有利又有害　　　　D. 无利也无害
    E. 正常情况下有利,某些条件下有害

27. 关于 IgM 描述正确的是(　　)。
    A. IgM 在分子结构上有铰链区　　　　B. 天然的血型抗体为 IgM
    C. IgG 的溶血作用比 IgM 强　　　　D. 在个体发育中合成较晚
    E. 血清中 IgM 由 4 个单体通过 J 链连成四聚体

28. 关于 IgG 描述正确的是(　　)。
    A. IgG 以单体形式存在,广泛分布于体液中
    B. IgG 固定补体的能力最强
    C. IgG 半衰期相对较短
    D. 为天然血型抗体

29. 下列对免疫系统描述不正确的是(　　)。
    A. 补体是存在于血浆中的一系列蛋白　　B. T 细胞对巨噬细胞没影响
    C. B 细胞合成和释放抗体　　　　　　D. T 细胞和 B 细胞有特殊受体

30. 下列对免疫作用描述不正确的是(　　)。
    A. 细胞介导的免疫反应只有 B 淋巴细胞参与
    B. 主动免疫是指刺激身体产生大量的抗体
    C. 被动免疫指抑制性 T 淋巴细胞的注入
    D. 外显子的重排是导致重链与轻链多样性的因素

31. 下列对免疫作用描述不正确的有(　　)。(多选)
    A. 抗体的构成是蛋白型糖类
    B. B 淋巴细胞的活性决定了抗体介导的免疫性
    C. 抗原第一次进入机体发生的免疫应答是初次免疫应答
    D. 最大的抗体分子是 IgD

32. T 细胞要识别抗原必须和(　　)结合。
    A. 巨噬细胞　　　　B. B 细胞　　　　C. 淋巴细胞　　　　D. 补体

33. 抗体和抗原结合(　　)。
    A. 是在固定区域　　　　　　　　　B. 需要巨噬细胞的参与
    C. 需要补体的参与　　　　　　　　D. 在不同区域

34. 对"痘"描述正确的是(　　)。(多选)
    A. 一种单克隆抗体　　　　　　　　B. 是 MHC 蛋白
    C. 一种疫苗　　　　　　　　　　　D. 处理过的细菌或病毒或它们的蛋白质

35. 下列可以用于治疗过敏的是(　　)。(多选)
    A. 抗组织胺药物　　　　　　　　　B. 抗生素
    C. 甲状腺素　　　　　　　　　　　D. 肾上腺素

36. MHC-I 类分子的配体是(　　)。
    A. CD2　　　　B. CD3　　　　C. CD4　　　　D. CD8
    E. CD10

37. 病人做器官移植 HLA 配型时,下列(　　)供者最合适。
    A. 病人的父母
    B. 病人同卵双生同胞兄弟姐妹
    C. 病人同胞兄弟姐妹
    D. 病人子女
38. 具有抗原呈递功能的是(　　)。
    A. 杀伤性 T 细胞
    B. 抑制性 T 细胞
    C. 自然杀伤细胞
    D. B 细胞
39. 单核吞噬细胞系统的细胞功能是(　　)。
    A. 吞噬并清除病原微生物
    B. 清除衰老细胞,维持机体内环境稳定
    C. 抗原呈递作用
    D. 杀伤肿瘤细胞
    E. 以上均是
40. 能分化为巨噬细胞的前体细胞是(　　)。
    A. 单核细胞　　B. B 细胞　　C. T 细胞　　D. 嗜酸性粒细胞
    E. 红细胞
41. 关于细胞因子描述正确的是(　　)。
    A. 细胞因子是由细胞产生的
    B. 单一细胞因子可具有多种生物学活性
    C. 细胞因子可以自分泌和旁分泌两种方式发挥作用
    D. 细胞因子的作用不是孤立存在的
    E. 以上均正确
42. 宿主的天然抵抗力是(　　)。
    A. 经遗传而获得
    B. 感染病原微生物而获得
    C. 接种菌苗或疫苗而获得
    D. 母体的抗体(IgG)通过胎盘给婴儿而获得
    E. 给宿主转输致敏巴细胞而获得
43. 5 种免疫球蛋白的划分是根据(　　)。
    A. H 链和 L 链均不同
    B. V 区不同
    C. L 链不同
    D. H 链不同
    E. 连接 H 链的二硫键位置和数目不同
44. 用来测量细菌大小的单位是(　　)。
    A. 微米(μm)　　B. 厘米(cm)　　C. 毫米(mm)　　D. 纳米(nm)
45. 革兰氏阳性菌细胞壁的特点是(　　)。
    A. 较疏松　　B. 肽聚糖含量多　　C. 无磷壁酸　　D. 有脂多糖
46. 关于革兰氏阳性菌说法正确的是(　　)。
    A. 细胞壁的基本成分是肽聚糖
    B. 有蛋白糖脂质外膜
    C. 对青霉素不敏感
    D. 一般不产生外毒素
    E. 只有少量磷壁酸
47. 革兰氏染色的意义不包括(　　)。
    A. 细菌分类
    B. 选择药物用于治疗
    C. 鉴定细菌的依据
    D. 制作菌苗用于预防
48. 关于革兰氏染色,下述错误的是(　　)。
    A. 结晶紫染色　　B. 碘液复染　　C. 酒精脱色　　D. G^+ 菌染成红色

49. 在细菌生长中,生物学性状最典型的是（　　）。
    A. 迟缓期　　　　B. 对数期　　　　C. 减数期　　　　D. 稳定期
    E. 衰退期
50. 在细菌生长曲线中,细菌数增加最快的是（　　）。
    A. 迟缓期　　　　B. 加速期　　　　C. 对数期　　　　D. 稳定期
51. 属于细菌特殊结构的是（　　）。
    A. 鞭毛　　　　　B. 荚膜　　　　　C. 菌毛　　　　　D. 芽胞
52. 细菌中最耐热的结构是（　　）。
    A. 芽胞　　　　　B. 鞭毛　　　　　C. 荚膜　　　　　D. 繁殖体
53. 细菌的侵袭力不包括下述哪一种能力？
    A. 吸附和侵入的能力　　　　　　B. 繁殖的能力
    C. 抗吞噬的能力　　　　　　　　D. 产生毒素的能力
54. 下列关于噬菌体描述正确的是（　　）。
    A. 严格宿主特异性　　　　　　　B. 可用细菌滤器除去
    C. 含 DNA 和 RNA　　　　　　　D. 抵抗力比细菌强
    E. 以上都对
55. 下述对外毒素的叙述不正确的是（　　）。
    A. 是蛋白质　　　B. 是细胞壁成分　C. 不耐热　　　　D. 毒性强
56. 内毒素的主要成分为（　　）。
    A. 肽聚糖　　　　B. 脂多糖　　　　C. 鞭毛蛋白　　　D. 核质
57. 下述属于内毒素的特性的是（　　）。
    A. 强抗原性　　　　　　　　　　B. 毒性强
    C. 细菌的细胞壁裂解后才能游离出来　　D. 不耐热,易变性
58. 机体抗外毒素感染主要依靠（　　）。
    A. 激活的巨噬细胞分泌的蛋白酶类　　B. IgM 抗体
    C. 辅助 T 细胞　　　　　　　　　　D. 靶细胞表面毒素的受体被修饰
59. 消毒是指（　　）。
    A. 减少微生物数量　　　　　　　B. 杀灭病毒
    C. 杀灭芽胞　　　　　　　　　　D. 杀灭细菌
60. 湿热灭菌法中效果最好的是（　　）。
    A. 高压蒸气灭菌法　　　　　　　B. 流通蒸气法
    C. 间歇灭菌法　　　　　　　　　D. 巴氏消毒法
    E. 煮沸法
61. 杀灭包括芽胞在内的微生物的方法称为（　　）。
    A. 消毒　　　　　B. 无菌　　　　　C. 防腐　　　　　D. 灭菌
62. 高压蒸气灭菌法通常在 1.05 kg/cm^2 的压力下维持（　　）。
    A. 5 min　　　　 B. 10 min　　　　C. 15～20 min　　D. 25 min
63. 预防结核杆菌感染的人工自动免疫制剂是（　　）。
    A. 结核菌素　　　B. 卡介苗（BCG）　C. 丙种球蛋白　　D. 干扰素
64. 人体最易受结核侵犯的器官是（　　）。

A. 皮肤　　　　　　B. 胃　　　　　　C. 肠　　　　　　D. 肺
65. 关于结核杆菌,下列叙述错误的是(　　)。
　　A. 尘埃中保持传染性 8~10 天　　　B. 干燥痰中可活 2~8 个月
　　C. 直射日光下数小时死亡　　　　　D. 耐热,60 ℃、30 min 不死亡
66. 经血液传播的病毒是(　　)。
　　A. 乙型肝炎病毒　　　　　　　　B. 人免疫缺陷病毒
　　C. 丙型肝炎病毒　　　　　　　　D. 上述的 A、B、C
67. 关于病毒核酸的描述正确的是(　　)。
　　A. 可控制病毒的遗传和变异　　　　B. 决定病毒包膜所有成分的形成
　　C. RNA 不能携带遗传信息　　　　　D. 不能决定病毒的感染性
　　E. 病毒有一种或两种类型核酸
68. 病毒的致病因素是(　　)。
　　A. 内毒素　　　　　B. 外毒素　　　　　C. 荚膜　　　　　D. 侵袭力
　　E. 以上都不是
69. AIDS 的病原是(　　)。
　　A. 人类嗜 T 细胞病毒Ⅰ型　　　　　B. 人类嗜 T 细胞病毒Ⅱ型
　　C. 人白血病病毒　　　　　　　　　D. 人类免疫缺陷病毒
70. 乙型肝炎病毒具有(　　)。
　　A. 逆转录 DNA 聚合酶活性　　　　　B. DNA 聚合酶
　　C. 依赖 RNA 的 RNA 聚合酶　　　　　D. 逆转录酶
　　E. 溶菌酶
71. 下列属于 RNA 病毒的是(　　)。
　　A. 人类免疫缺陷病毒　　　　　　　B. 疱疹病毒
　　C. 腺病毒　　　　　　　　　　　　D. 乙肝病毒
72. 病毒的增殖过程包括吸附、进入、脱壳、合成与(　　)。
　　A. 分裂　　　　　B. 分泌　　　　　C. 释放　　　　　D. 分化
73. 病毒的繁殖方式是以(　　)方式。
　　A. 孢子生殖　　　B. 复制　　　　　C. 二分裂　　　　D. 芽生
74. 在病毒复制过程中,下述错误的是(　　)。
　　A. 以宿主细胞获得能量　　　　　　B. 只在活细胞内复制
　　C. 始终保持完整的结构　　　　　　D. 利用宿主细胞的合成机制来合成
75. 乙型肝炎病毒属于(　　)。
　　A. DNA 病毒　　　　　　　　　　　B. RNA 病毒
　　C. 逆转录病毒　　　　　　　　　　D. 既有 DNA 又有 BNA 病毒
76. 关于乙型肝炎病毒的表面抗原,错误的是(　　)。
　　A. 血清中的 3 种颗粒均含有 HBsAg　　B. HbsAg 有亚型
　　C. HbsAg(+)表示患病　　　　　　　D. 抗 - Hbs 表示有免疫
77. HBV 抗原抗体检测,(　　)呈阳性为病毒携带者。
　　A. HbcAg　　　　　B. HbsAg　　　　　C. HbeAg　　　　　D. 抗 - Hbs
78. HbsAg 阳性说明此病人是(　　)。

A. 具有免疫力 B. 病情比较稳定
C. 乙型肝炎恢复期 D. 具有传染性

79. 下列( )化验是诊断乙型肝炎的重要指标之一。
A. HbsAg B. 抗-Hbs C. HbeAg D. 上述 A、C

80. 乙型肝炎病后有免疫性的指征是检出( )。
A. HbsAg B. 抗-Hbc
C. HbsAg+抗-Hbc D. 抗-Hbs

81. 下列( )与人类癌症有关。
A. 水痘带状疱疹病毒 B. 柯萨奇病毒
C. 鼻病毒 D. 乙型肝炎病毒

82. 关于人免疫缺陷病毒(HIV),下列叙述错误的是( )。
A. 艾滋病的病原体 B. 侵犯人 $CD4^+$ 淋巴细胞
C. 可通过性行为传播 D. 不能垂直传播

83. 关于艾滋病预防主要措施,下列叙述错误的是( )。
A. 建立监测机构 B. 进行广泛宣传
C. 对供血者进行筛选 D. 消灭传染源

84. 下述中( )不是人类免疫缺陷病毒的传播途径。
A. 性行为 B. 血制品 C. 母婴垂直 D. 粪-口途径

85. 进食脂肪过多易患( )等疾病。
A. 高血脂症、冠心病、高血压
B. 胆囊炎、胆石症、胰腺炎
C. 肥胖症、脂肪肝、糖尿病
D. 以上都有

86. 肝炎预防的措施是( )。
A. 分餐制 B. 加强血液及血制品的管理
C. 注射乙肝疫苗 D. 以上都是

87. 预防高血压病包括( )。
A. 生活有规律、劳逸结合、情绪稳定、乐观
B. 坚持锻炼、保证睡眠、控制饮食、防止肥胖
C. 饮食低盐、低脂、清淡、多食素菜
D. 以上都是

88. 预防艾滋病应不与他人( )。
A. 共用交通工具 B. 共用牙刷、剃须刀
C. 共用浴室、游泳池 D. 共餐

89. 世界卫生日定于每年的( )。
A. 3月12日 B. 4月7日 C. 6月5日 D. 7月15日

连线题

1. 将下列抗体和其结构功能匹配:
A. IgM Ⅰ. 促进凝集、溶解细菌
B. IgG Ⅱ. 存在于血清和体外分泌物中的主要抗体形式

C. IgD　　　　　　　　　Ⅲ. 促进组织胺和其他攻击病原体因子释放的主要抗体
　　D. IgA　　　　　　　　　Ⅳ. B 细胞表面受体
　　E. IgE　　　　　　　　　Ⅴ. 存在于体液中的主要抗体形式,是次级免疫应答中分泌的抗体
2. 将下列抗体和其特性匹配:
　　A. IgE　　　　　　　　　Ⅰ. 在血清中含量最高
　　B. IgG　　　　　　　　　Ⅱ. 在血清中含量最低
　　C. IgM　　　　　　　　　Ⅲ. 在免疫应答过程中最早合成
　　D. IgD　　　　　　　　　Ⅳ. 新生儿从母乳中获得
　　E. IgA　　　　　　　　　Ⅴ. 能引起Ⅰ型超敏反应
　　　　　　　　　　　　　　 Ⅵ. 惟一能通过胎盘
3. 将下列科学家和其贡献匹配:
　　A. 1798,Jenner　　　　　　　Ⅰ. 制出抵御霍乱,炭疽病,狂犬病的疫苗
　　B. 1881—1885,Pasteur　　　　Ⅱ. 尝试接种法从而开启了遗传学的大门
　　C. 1882,Mechnikov　　　　　 Ⅲ. 尝试使用被动免疫疗法治疗破伤风
　　D. 1890,Behring　　　　　　 Ⅳ. 发现了巨噬细胞的噬菌性
　　E. 1900,Landsteiner　　　　　Ⅴ. 发现了过敏症
　　F. 1906,Pirquet　　　　　　　Ⅵ. 发现了 ABO 血型,红十字会建立
　　G. 1922,Fleming　　　　　　 Ⅶ. 发现了淋巴循环
　　H. 1959,Gowans　　　　　　 Ⅷ. 发现了溶菌酶和青霉素
　　I. 1974,Jerne　　　　　　　　Ⅸ. 制出单克隆抗体
　　J. 1975,Milstein 及 Kohler　　　Ⅹ. 推断出免疫控制的整套理论构架

简答题
1. 简述肽聚糖和脂多糖的组成及其医学意义。
2. 比较非特异性免疫和特异性免疫特点。
3. 简述 B 细胞的功能。
4. 简述免疫系统具有双重功能(防卫、致病)的理论基础。
5. 细胞免疫与体液免疫的主要不同是有哪些?
6. 致病菌感染人体的途径主要有哪些?
7. 简述病毒的基本结构和主要特征。
8. 简述细菌的侵袭力及其物质基础。
9. 在乙型肝炎的诊断中,常检测的 3 种抗原是什么? 体内出现何种抗体表示机体有了免疫力?
10. 乙型肝炎病毒的传染源有哪些? 人如何被传染?
11. 说明 HIV 所致疾病及其传染源、传播途径。
12. 简述病毒和细菌在体外培养、繁殖方式、核酸构成及对抗生素敏感性方面的异同?
13. 举例说明什么是消毒,灭菌和防腐?
14. 比较外毒素与内毒素的特点。
15. 比较干扰素与抗体的特点。

图示题
1. 该图为干扰素的作用机制示意图,请简述干扰素作用的过程。

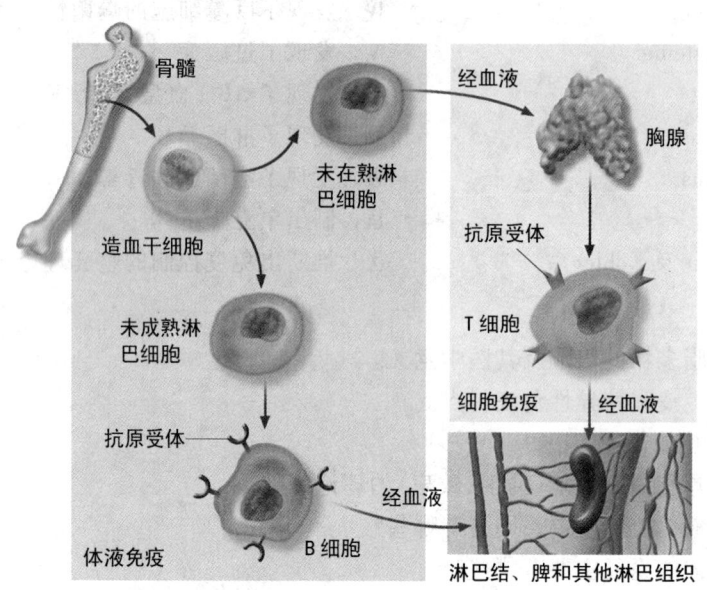

2. 请根据下图简述 B 细胞和 T 细胞的来源与分化。

3. 下图为 T 细胞介导的细胞免疫应答示意图,回答下列问题。
   (1) 病毒颗粒被吞噬细胞吞噬分解后,抗原分子与细胞表面的 MHC 分子嵌合,形成_____。
   (2) APC 的主要作用是将外来抗原提交给_____,并立即启动一系列的免疫应答反应。
   (3) 嵌合在抗原呈递细胞表面 MHC-Ⅱ型分子的抗原被_____CD4 受体识别,使两者结合并相互作用,分泌出称为_____的淋巴细胞因子。
   (4) _____是一种信号分子,它又进一步刺激助 T 细胞分泌_____。
   (5) 白细胞介素-2一方面通过正反馈机制刺激_____分泌出更多的白细胞介素-2,另一方面直接刺激淋巴细胞通过增殖作用分化出更多的_____,正是这些_____消灭了被病原体感染的、表面 MHC 分子嵌合了病原体抗原的靶细胞。
   (6) 胞毒 T 细胞首先与靶细胞结合,分泌一种称为_____的蛋白质,使被病原体感染的靶细胞解体和死亡。

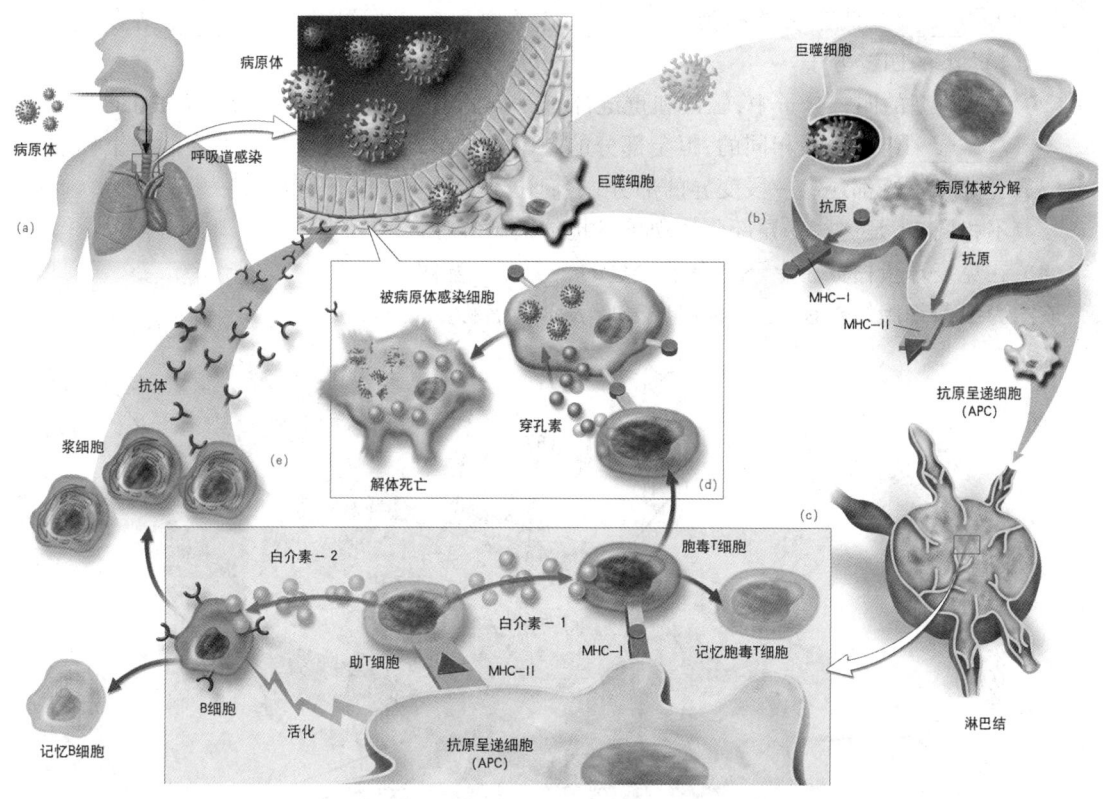

(7) 助 T 细胞分泌的_____还能刺激 B 细胞,使之迅速分化成_____和_____。

(8) 在细胞免疫过程中,_____活化时也能产生记忆细胞,这种记忆细胞使得下一次免疫应答发生的速度更快,效率更高。

4. 该图为 B 细胞受体的抗体分子结构模式图,标出序号所表示部位的名称,并完成下列填空。

(1) 各种免疫球蛋白都有共同的基本结构,即每一个分子都由 4 条肽链组成,其中两条短链称

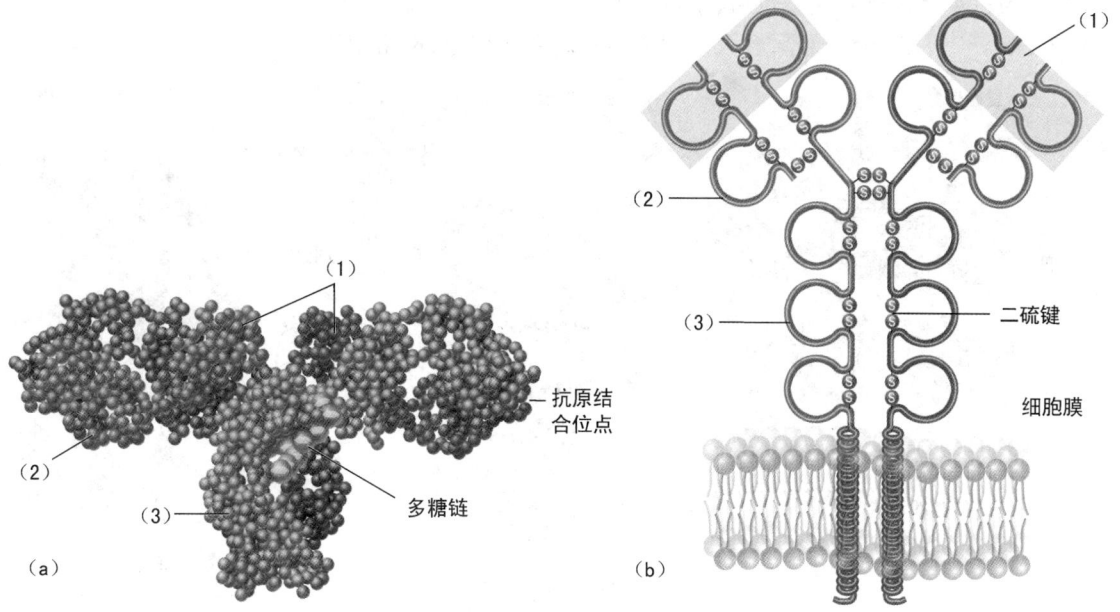

为_____,两条长链称为_____,各链内和各链之间以_____相结合,形成一个"Y"型的四链分子。

(2) 在"Y"型的四链分子中,轻链和重链都有一段恒定部分,每一类免疫球蛋白的恒定部分的_____组成都是相同的,恒定部分的_____是确定免疫球蛋白类型的一个标准。

(3) 轻链和重链都还有一段变异的部分,它们位于"Y"两臂的开口端,这一部分的_____各不相同,正是这些变异部分体现了各抗体的特异性。

(4) 在免疫球蛋白分子上还结合了少量的_____基团。

5. 该图为细菌细胞结构模式图,标出序号所表示的名称。

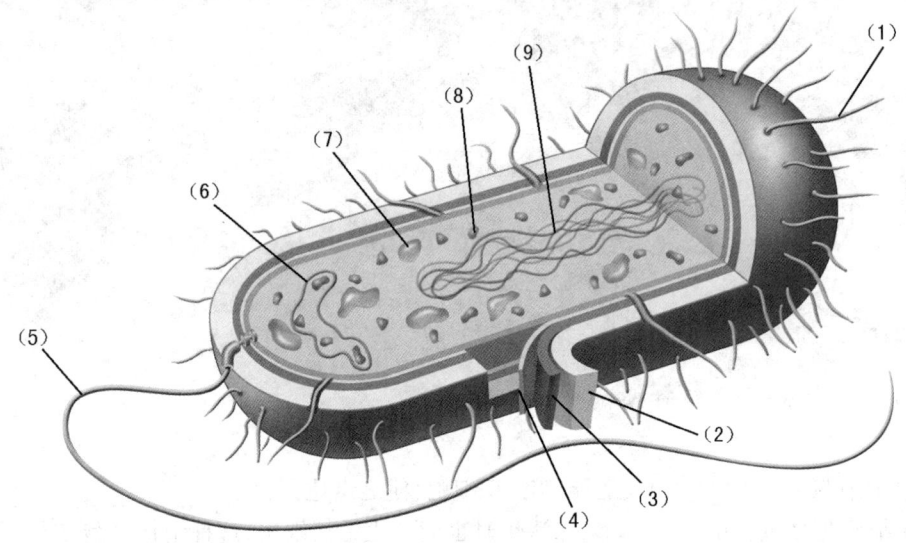

6. 该图为细菌细胞壁的结构模式图,指出两种不同类型细菌细胞壁的组成和特性。

(1) 细菌最外层是细胞壁,主要成分为_____,它由 N-乙酰葡萄糖胺和 N-乙酰胞壁酸通过短肽交替连接形成网状结构。

(2) 通过革兰氏染色法染色后,紫色者为_____,红色者为_____。

(3) _____细胞壁较厚,含大量肽聚糖和磷壁酸侧链,网格编织_____。

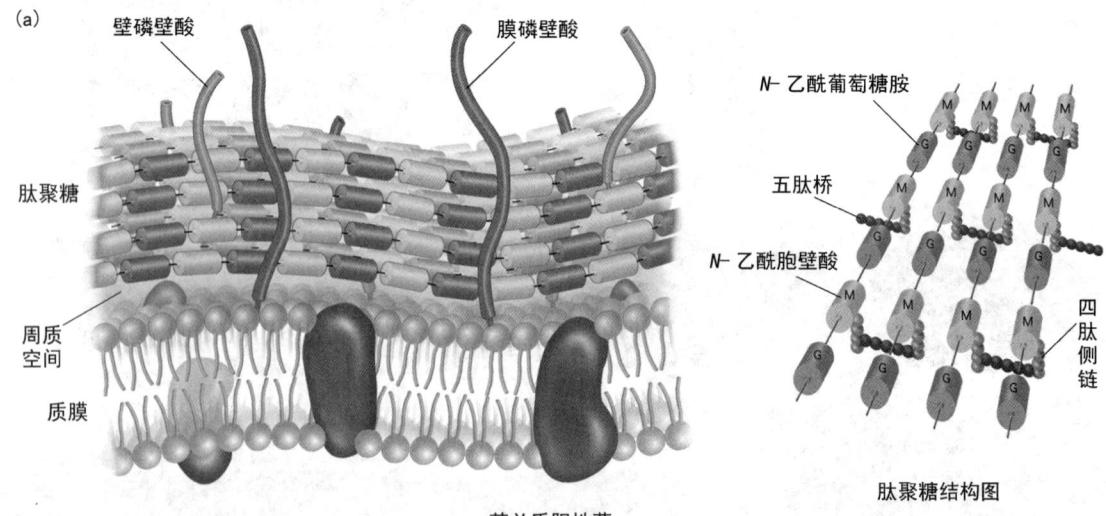

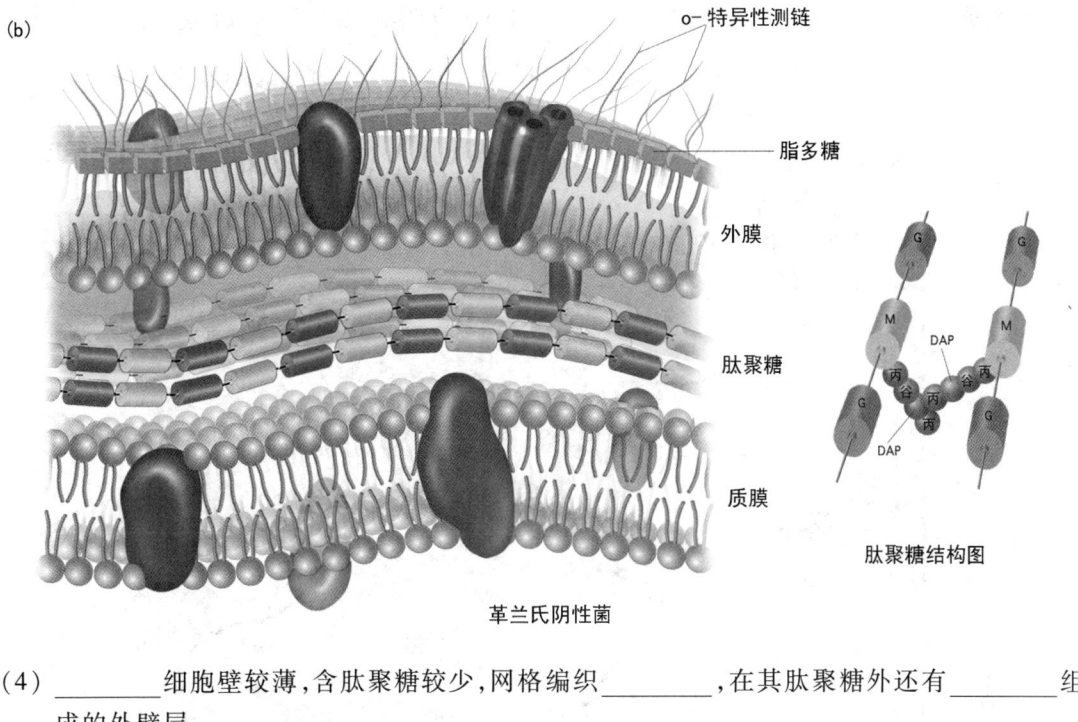

革兰氏阴性菌

(4) _____ 细胞壁较薄,含肽聚糖较少,网格编织_____,在其肽聚糖外还有_____组成的外壁层。

(5) 革兰氏阳性菌对青霉素和溶菌酶敏感,因为青霉素可以抑制_____。

(6) 而溶菌酶则破坏_____。

7. 下图为感冒病毒的增殖过程,请简述序号所表示的过程。

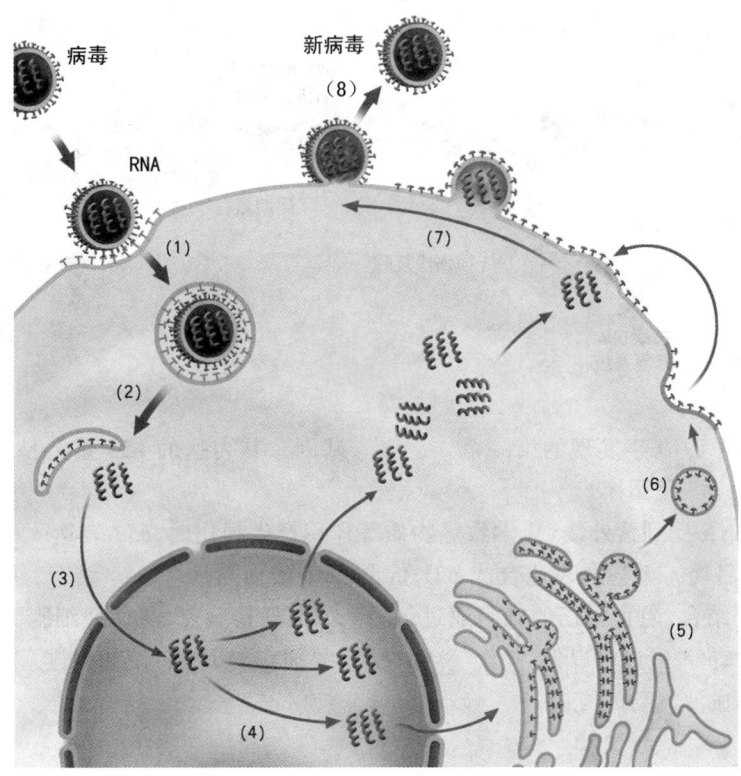

8. 请根据下图描述鸡成纤维细胞的 *src* 基因被 RSV – O 激活,并诱发肿瘤的过程。

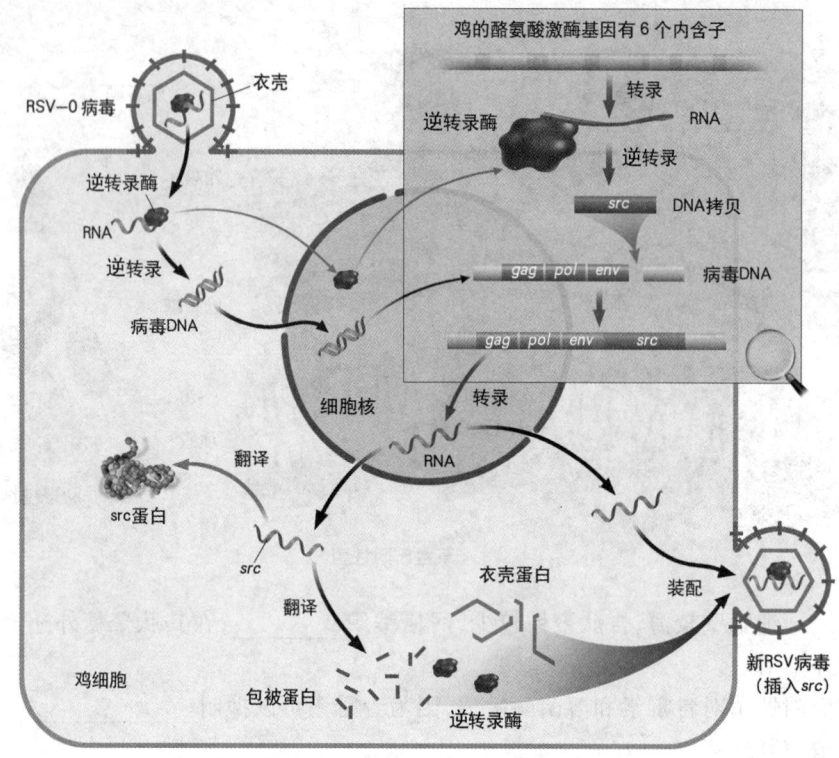

9. 根据 *p53* 基因的作用模式图,回答下列问题。

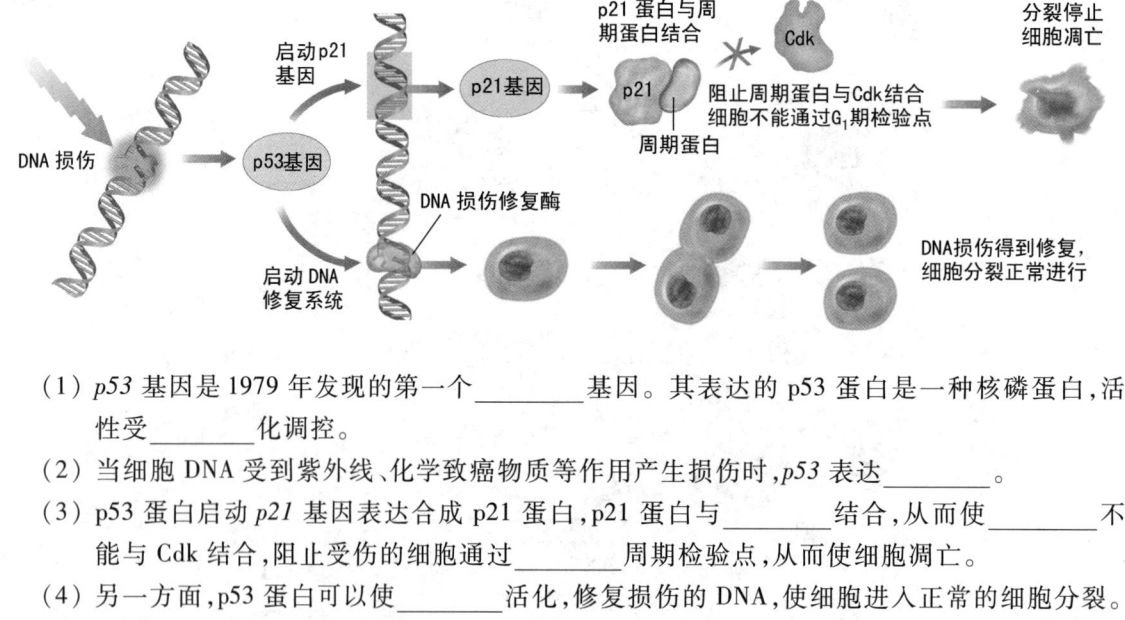

(1) *p53* 基因是 1979 年发现的第一个_____基因。其表达的 p53 蛋白是一种核磷蛋白,活性受_____化调控。

(2) 当细胞 DNA 受到紫外线、化学致癌物质等作用产生损伤时,*p53* 表达_____。

(3) p53 蛋白启动 *p21* 基因表达合成 p21 蛋白,p21 蛋白与_____结合,从而使_____不能与 Cdk 结合,阻止受伤的细胞通过_____周期检验点,从而使细胞凋亡。

(4) 另一方面,p53 蛋白可以使_____活化,修复损伤的 DNA,使细胞进入正常的细胞分裂。

10. 并用箭头标出血液流动的方向。

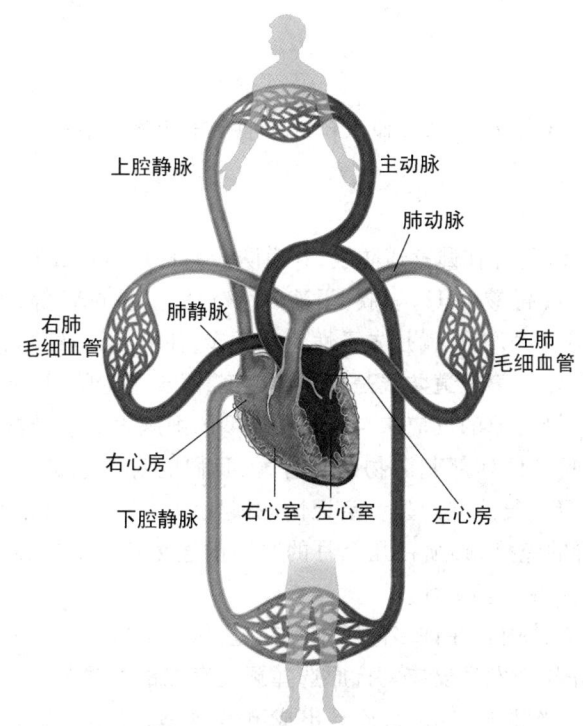

11. 该图为 HIV 感染 T 细胞的过程示意图，请填入序号所表示的过程。

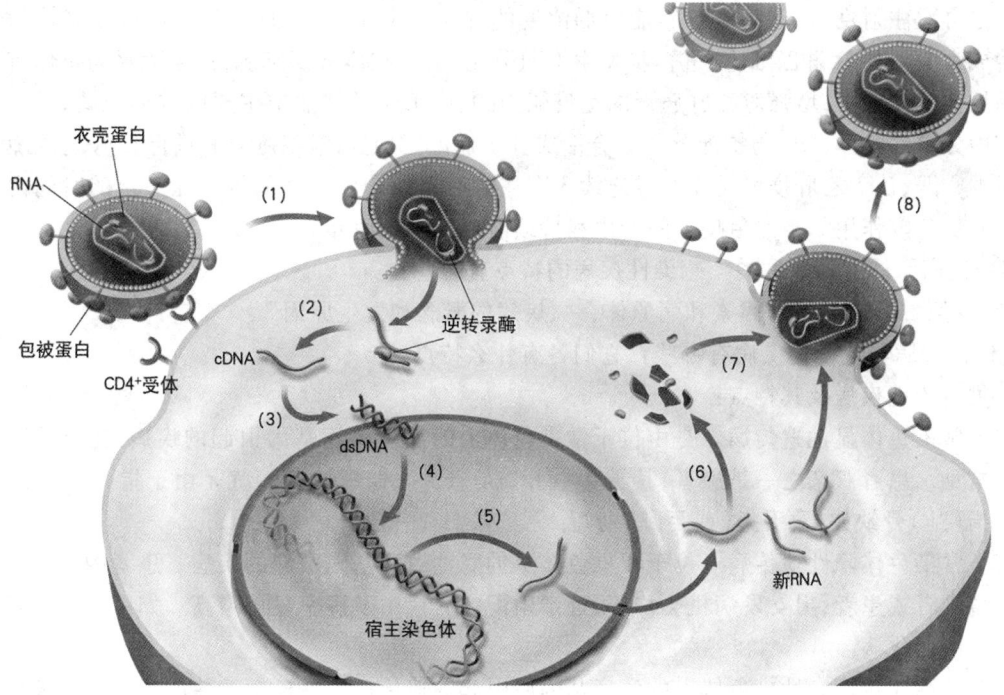

五、思考与讨论

1. 在西方一些发达国家,只有生物学专业本科毕业的学生才能有资格进入医学院学习,请讨论为什么要如此规定。

    略

2. 请说明人体对抗病原体侵害有哪三道防线,各道防线的特点是什么?

    第一道防线有皮肤、胃(胃酸:pH2)黏膜、泪液、唾液(溶菌酶,IgA)等,可以抵御病毒、细菌和霉菌。当第一道防御线被穿越,第二道就是先天性免疫反应,补体、巨噬细胞、溶菌酶和干扰素通过非特异性反应参与先天性免疫。第三道防线是特异性免疫,属于细胞防卫,能够识别特定的对身体有害的外部物质。这种能识别抗原的反应来自于3种类型的细胞表面感受器,分别是T细胞、抗体和MHC分子。由于难以判断一种外部刺激物是否有害,我们的身体总是假定未知物为有害的入侵者。如果免疫反应成功,身体复原并产生特定记忆,引起后天免疫,所以它下次能处理相同的物质。

3. 若想获得对乙肝病毒的免疫,必须在几个月的时间内连续注射3次疫苗。根据有关免疫系统克隆选择和记忆的知识,解释其必要性。

    根据克隆选择假说,人体内存在许多淋巴细胞克隆,每一克隆由一个前体细胞产生,不同克隆识别不同的抗原决定簇并与之发生反应。抗原选择预先存在的特异性克隆并激活它,使其增殖和分化成效应与记忆细胞。当注射疫苗后,诱导出成熟B细胞,并作为初级应答分泌抗体IgM,IgM可以和抗原结合导致蛋白凝集、细菌溶解。

    次级免疫应答要比初级免疫应答更快、更强,有质的区别,特异性免疫的这一特性称为免疫记忆性。当再次注射疫苗,记忆B细胞能对低浓度的抗原发生应答,一旦受到抗原以及其他信号的刺激就成为激活的B淋巴细胞,进一步发生增殖分化,成为抗体分泌细胞,产生大量与抗原有高亲和力的抗体到体液中,增强对乙肝病毒的免疫能力,其中IgG是体液中主要的抗体形式,是次级免疫应答中分泌的抗体,IgG与抗原分子结合形成分子标记,引起巨噬细胞对其进行吞噬,杀死病原。

    根据实践,认为乙肝疫苗需要经过连续3次注射后方能产生足够的抗体在一定的时间内对乙肝病毒起到免疫作用。当然免疫力的产生和持续时间又因人而异。

4. 感染性病原体有那些种类?感染性疾病的特点有哪些?

    参看"第二节 主要致病因素和病原体,一、疾病的概念和发生原因"

5. 遗传性疾病与免疫性疾病有哪些?它们各有什么特点?

    常见遗传性疾病及其特点:

    (1)常染色体显性遗传病。是由位于常染色体上的显性致病基因引起的疾病,在单基因遗传病中最常见。患者双亲之一是患者,其子女中1/2是患者。如短指(趾)症是由于指(趾)骨或掌骨变短或指(趾)骨缺如,致手指(或足趾)变短。

    (2)常染色体隐性遗传病。位于常染色体上的隐性致病基因引起的疾病。患者的双亲均为致病基因携带者或患者,男女发病机会均等,近亲婚配的后代中发病率显著增高。如由于黑色素代谢障碍引起的白化病。

    (3)伴性遗传病。性染色体上的致病基因所引起的遗传病。性连锁遗传的致病基因大都在X染色体上,男性患者远多于女性患者。如红绿色盲,患者对红绿色的辨别力缺乏或降低;抗维生素D佝偻病,主要是肾远曲小管对磷的转运机制有障碍,尿排出磷酸盐增多,血磷酸盐降低而影响骨质钙化,患者身材矮小,用维生素D治疗无效。

(4) 多基因遗传病。有多对致病基因控制的遗传病,发病率较低。常见的有先天性髋关节脱位、脊柱裂、唇裂或腭裂(俗称兔唇)和无脑儿等。

(5) 染色体病。因先天性染色体数目异常或结构畸变而引起的疾病。如唐氏综合征就是因21号染色体有三条引起的。主要表现为智力发育不全,眼距宽,眼裂外眦上斜,张口伸舌,流涎等。

由于免疫性因素产生的疾病及其特点:

(1) 免疫缺陷疾病。如艾滋病是由人 HIV 引起的获得性免疫缺陷综合征。HIV 可特异性地侵犯 $CD4^+$ T 细胞,使人体细胞免疫功能被破坏。一旦 HIV 开始繁殖,它们就杀死寄主细胞然后感染其他细胞,最终摧毁人体的免疫能力。重症联合免疫缺陷(SCID)是一种先天性的疾病,患者缺乏正常的人体免疫功能,只要稍被细菌或病毒感染,就会发病死亡。经过研究证实,病人细胞常染色体上的一个编码腺苷酸脱氨酶的基因发生了突变。

(2) 自身免疫病是一类最常见的免疫性疾病,它们起因于抗体或敏感的淋巴细胞失去了分辨自身与入侵者的能力。例如风湿性心脏病、类风湿性关节炎、风湿热、溶血性贫血、红斑狼疮等都属于自身免疫病。

(3) 过敏症是另一类免疫系统失调引起的疾病,机体免疫系统对抗原发生异常强烈的反应而引起变态或超敏反应,如异种血清蛋白、某些药物(如青霉素)、花粉、特殊食物等可造成某些免疫异常的个体的过敏性休克、哮喘、麻疹等变态或超敏反应。一些严重的过敏反应如果得不到及时治疗还会危及生命。

6. 请根据革兰氏阳性菌的结构特征说明为什么青霉素能杀死这些细菌。

革兰氏阳性菌细胞壁较厚,含大量肽聚糖和磷壁酸侧链,网格编织紧密。青霉素可以抑制肽聚糖网格结构中短肽与侧链的连接,使细菌不能合成完整的细胞壁而死亡。

7. 请以 T4 噬菌体的增殖过程为例,说明一般病毒的繁殖特征。

参看"第二节主要致病因素和病原体,三、病毒"

8. 什么是朊病毒?什么是类病毒?已知疯牛病的发病原因是什么?

朊病毒是一类能侵染动物、不含核酸、无抗原性、能在细胞内复制的传染性蛋白质颗粒。类病毒是一条没有蛋白质衣壳包裹的 RNA 链。

朊病毒蛋白分子本身不能致病,而必须发生空间结构上的变化转化为朊病毒才会损害神经元。即一个致病分子先与一个正常分子结合,在致病分子的作用下,正常分子转变为致病分子,然后这两个致病分子分别与两个正常分子结合,再使后者转变为致病分子。周而复始,通过多米诺效应倍增致病。由此可见,致病的基本条件有二,一是具有朊病毒,二是具有朊病毒蛋白。疯牛病的高发是与牛饲料添加剂中存在携带朊病毒的绵羊组织密切相关。

9. 已知癌症的发病与哪些因素相关?

致癌因素分为内源性和外源性两大类,两者可以互相影响。

内源性因素包括:①遗传因素,如结肠息肉病综合征、乳腺癌等。②内分泌因素,雌激素和催乳素与乳腺癌有关。③免疫因素,丙种球蛋白缺乏症和白血病与淋巴网状系统肿瘤有关。

外源性因素包括:①物理性致癌因素,如电离辐射、紫外线及异物等。②化学性致癌因素,如3,4-苯并芘、亚硝胺等。③生物性致癌因素,病毒如 EB 病毒、单纯疱疹病毒、乙肝病毒、C 型 RNA 病毒;寄生虫如埃及血吸虫、日本血吸虫、华枝睾吸虫。

10. 什么是冠心病?其主要造成哪部分器官组织的病理变化,为什么它被称为是危害人类健康最凶狠的恶魔?

冠心病是冠状动脉粥样硬化性心脏病的简称,它是由于供应心脏物质的血管——冠状动脉发生了粥样硬化所致,这种粥样硬化的斑块堆积在冠状动脉内膜上,久而久之,越积越多,使冠状动脉管腔严重狭窄甚至闭塞,从而导致心肌血流量减少,心脏供氧不足,而产生一系列缺血性表现。如胸闷、憋气、心绞痛、心肌梗塞甚至猝死。冠心病的病因与高血压、高脂血症、高黏血症、糖尿病、内分泌功能低下、吸烟、性格、遗传及年龄大等因素有关。同时脑力劳动者发病比例多于体力劳动者。

据统计,每100位40岁以上的中国人就有4~7人是冠心病患者。冠心病是当今世界上最常见和危害最大的疾病之一。在芬兰的死亡人口中有1/3是冠心病,在美国,每年有60万人死于急性心肌梗塞,其中有20万人是富有创造力年龄在65岁以下的成年人。虽然目前冠心病在中国的发病率和死亡率仍未超过世界平均水平,但由于中国人群主要冠心病危险因素包括高血压、高血脂、糖尿病、肥胖等的不利变化,中国离成为一个冠心病发病大国为时不远。冠心病已成为威胁中国公众健康的重要疾病。冠心病的预防和治疗成为医疗界甚至全社会迫在眉睫的要务。

目前常用的急救药物可以使冠心病患者及时治疗,最大程度地降低心脏病的危害。冠心病的介入与外科治疗技术,在我国也得到了快速发展和普及。但是,药物和手术的方法都是一种补救措施,要保证生活的高质量,对冠心病最好方法就是以预防为主。研究证明,冠心病是可以预防的,动脉粥样硬化可以消退,心肌梗塞的范围经过治疗可以得到限制或缩小,心绞痛可以解除。适当的体力活动对心脏有一定的保护作用,预防心脏病关键在于合理健康的饮食,多食蔬菜,少食油脂类食物等。

11. 从艾滋病感染人体和患者发病过程来说明如何预防艾滋病。

预防艾滋病的主要措施可包括:遵守性道德;怀疑自己或性伴侣可能受到艾滋病感染时一定坚持使用安全套;注意个人生活卫生;不以任何方式吸毒;不用未消毒的器械穿耳、纹眉,不纹身;有选择地使用干净卫生和消毒严格的理发店、美发店和公共卫生间;需要接受输血治疗时,一定使用经检验合格的血液;不与他人共用剃须刀、个人卫生用具和未经消毒的任何医疗器械;不直接接触他人的血液或血液制品。

12. 为了提高生命质量、增进身体健康,我们个人可采取哪些措施?为什么说采取了这些措施,我们就把握了通向健康大门的钥匙?

参看教材"第四节 保持身体健康,提高生命质量"。

六、推荐阅读材料

1. 于善谦 等. 免疫学导论. 北京:高等教育出版社,1999
2. 丁桂凤 等译. Roitt 免疫学基础. 第10版. 中文版. 北京:高等教育出版社,2004
3. 龚非力 主编. 医学免疫学. 北京:科学出版社,2000
4. 金伯泉 主编. 分子与细胞免疫学. 北京:科学出版社,2001
5. 余传霖,熊思东 主编. 分子免疫学. 上海:上海医科大学出版社/复旦大学出版社,2001
6. Abbas A K, et al. Cellular and Molecular Immunology. 4rd ed. Philadelphia W. B. Saunders Co. 2000
7. Roitt I M, et al. Immunology. 5th ed. HK: Mandarin Offset Ltd, 2001
8. 与课程相关的国家精品课程网址:
   医学生理学:西安交通大学　http://mcsl.xjtu.edu.cn/
   　　　　　　中山大学　http://202.116.65.193/jinpinkc/shengli/mpg/shenbao/index.htm
   　　　　　　中国科学技术大学　http://www.teach.ustc.edu.cn/jpkc/xiaoji/slx/kj/

physiology/000/index.htm
中南大学　http://cai.csu.edu.cn/jpkc/shenglixue/index.htm
医学微生物学:吉林大学　http://59.72.66.18/yxw/content/study.htm

七、参考答案

填空题

1. 个体出生时即具备,作用范围广,并非针对特定抗原,非特异性免疫,固有免疫　　2. 基因扩增和增强,染色体易位,基因转座,点突变　　3. 识别启动,增殖和分化,效应　　4. 体液免疫应答,细胞免疫应答　　5. 淋巴结,脾脏　　6. 静脉,心脏　　7. 巨噬细胞,中性粒细胞,自然杀伤细胞　　8. APC,CD4$^+$T,CD8$^+$T　　9. 重链,轻链,链间二硫键　　10. IgA, IgM,IgG,IgE,IgD　　11. 母婴,输血及血制品,不安全注射,性传播　　12. 荚膜,鞭毛,菌毛,芽胞,荚膜,鞭毛　　13. 结晶紫初染,碘液媒染,95%乙醇脱色,稀释复红或沙黄复染　　14. 革兰氏染色法,抗酸染色法　　15. 营养物质,酸碱度,温度,气体环境　　16. 迟缓期,对数生长期,稳定期,衰退期,对数生长期　　17. 干烤,紫外线,70%~75%酒精,焚烧,流通蒸汽,滤过除菌,γ射线,间歇灭菌,巴氏消毒,氯　　18. 103.4 kPa,15~20 min,120 ℃　　19. 破伤风杆菌,肉毒杆菌,白喉杆菌,霍乱弧菌,肠产毒性大肠杆菌,金黄色葡萄球菌　　20. 发热反应,休克,凝血,白细胞增多　　21. 皮肤黏膜,血脑屏障,胎盘屏障,中性粒细胞,单核巨噬细胞　　22. 体液免疫,抗毒素,细胞免疫　　23. 抑制细菌细胞壁的合成　　24. 菌体蛋白　　25. 芽胞　　26. 200~300 nm　　27. 卡介苗　　28. 保护病毒核酸,参与感染过程,具有抗原性,构成酶类　　29. 严格的细胞内寄生性,增殖的方式为复制,吸附,穿入,脱壳,生物合成,成熟与释放　　30. 杀细胞性感染,稳定性感染,整合感染　　31. 细胞死亡,细胞膜改变,形成包涵体,引起细胞转化和增生　　32. 糖蛋白,病毒　　33. 核酸　　34. 肠道　　35. RNA　　36. 三　　37. B,T　　38. 轻,重,单克隆抗体;　　39. 疫苗,抗毒素,抗血清,疫苗,抗原,主动;　　40. 过敏原

选择题

1. D	2. B	3. B	4. D	5. D	6. A	7. D	8. C
9. D	10. A	11. B	12. A	13. C	14. D	15. D	16. C
17. A	18. C	19. A	20. A	21. D	22. B	23. C	24. B
25. D	26. E	27. C	28. A	29. B	30. A	31. AD	32. A
33. D	34. CD	35. AD	36. D	37. D	38. D	39. E	40. E
41. E	42. A	43. D	44. D	45. D	46. D	47. D	48. D
49. B	50. C	51. D	52. A	53. D	54. D	55. B	56. B
57. C	58. D	59. D	60. D	61. D	62. D	63. B	64. D
65. D	66. D	67. A	68. E	69. D	70. D	71. A	72. C
73. B	74. C	75. A	76. C	77. D	78. D	79. D	80. D
81. D	82. D	83. D	84. D	85. D	86. D	87. D	88. B
89. B							

连线题

1. A–Ⅰ,B–Ⅴ,C–Ⅳ,D–Ⅱ,E–Ⅲ

2. A-Ⅱ、Ⅴ,B-Ⅰ、Ⅵ,C-Ⅲ,E-Ⅳ
3. A-Ⅱ,B-Ⅰ,C-Ⅳ,D-Ⅲ,E-Ⅵ,F-Ⅴ,G-Ⅷ,H-Ⅶ,I-Ⅹ,J-Ⅸ

简答题

1. 肽聚糖是细菌细胞壁的基础成分,由多糖骨架、四肽侧链和五肽链交联桥构成三维立体框架(革兰氏阳性菌)使细胞壁坚韧。

   脂多糖(LPS)即内毒素,是革兰氏阴性菌细胞壁成分,由类脂A、核心多糖和特异性多糖组成,类脂A决定了内毒素毒性。

2.

	非特异性免疫	特异性免疫
细胞组成	上皮细胞、黏膜、吞噬细胞、局部细胞分泌的抑菌和杀菌物质	T淋巴细胞、B淋巴细胞、抗原递呈细胞
作用特点	无特异性; 无免疫记忆性; 无须增殖分化,作用时间短而弱	特异性; 有免疫记忆性; 作用时间长而强等特点

3. (1)产生抗体:中和、调理作用;
   (2)呈递抗原:摄取、加工、处理外源性可溶性抗原;
   (3)免疫调节:分泌细胞因子参与免疫调节。

4. 免疫是指机体对对"自己"或"非己"的识别并排除非己的功能,即免疫系统对"自己"和"非己"抗原性异物的识别与应答,借以维持机体生理平衡和稳定,从而担负着机体免疫防御、免疫自稳和免疫监视这三大功能。免疫系统在免疫功能正常条件下,对非己抗原产生排异效应,发挥免疫保护作用,如抗感染免疫和抗肿瘤免疫;对自身抗原成份产生不应答状态,形成免疫耐受。但在免疫功能失调的情况下,免疫应答可造成机体组织损伤,引起各种免疫性疾病。如免疫应答过强造成功能与组织损伤引发超敏反应,或破坏自身耐受而致自身免疫病;如机体免疫应答低下,使机体失去抗感染、肿瘤能力,导致机体持续或反复感染、或肿瘤的发生。

5. 细胞免疫与体液免疫的主要不同是:

	体液免疫	细胞免疫
作用对象	抗原	被抗原侵入的宿主细胞(即靶细胞)
作用方式	效应B细胞产生的抗体与相应的抗原特异性结合	1. 效应T细胞与靶细胞密切接触 2. 效应T细胞释放淋巴因子,促进细胞免疫的作用

6. 致病菌感染人体的途径主要包括:
   (1)经空气传播和呼吸道感染,呼吸道感染的疾病有肺结核、白喉、百日咳、军团病等;
   (2)消化道感染,伤寒、痢疾、霍乱等胃肠道传染病都起因于摄入了被细菌污染的水和食物;
   (3)接触感染,淋病、麻风病、梅毒等属于带菌的人与人或动物密切接触而感染的疾病,人类鼠疫是由鼠蚤叮咬传播的疾病;
   (4)创伤感染,由于创伤使皮肤或黏膜破损,随处分布的致病性葡萄球菌、链球菌等侵入引起化脓性感染,如破伤风杆菌经皮肤伤口进入,产生外毒素,严重者可导致死亡。另外,还有些致病菌可通过以上多种途径进行感染。

7. 病毒的基本结构包括：
   (1) 核心——主要由 DNA 或 RNA 组成，含病毒的基因组，是病毒感染、增殖、遗传和变异的物质基础。
   (2) 衣壳——是包绕到病毒核心外面的蛋白质结构，由一定数量壳粒组成，壳粒数目和排列不同，使病毒体形成几种不同对称型，衣壳尚有保护核心和引起免疫应答功能。

   病毒的主要特征：
   (1) 体积微小，具有滤过性；
   (2) 属非细胞结构，只含一种类型核酸；
   (3) 专性细胞内寄生，只能在一定种类活细胞内增殖；
   (4) 增殖的方式是复制；
   (5) 对抗生素不敏感，但对干扰素敏感。

8. 侵袭力指细菌在体内定居繁殖和扩散的能力。主要构成因素有：
   (1) 菌体的表面结构：如菌毛有粘附作用，有利于细菌在体内寄居和繁殖。
   (2) 荚膜和微荚膜具有抗吞噬作用。
   (3) 侵袭性酶可协助细菌抗吞噬或在体内扩散。

9. 乙型肝炎病毒是一种脱氧核糖核酸病毒，呈一种双层外壳球形颗粒，分为核心和外壳两个部分。核心部分（即核心抗原 HbcAg）在肝细胞核内产生，外壳部分（即表面抗原 HbsAg）在肝细胞浆内形成。由于胞浆内形成的 HbsAg 过多，没有足量的 HbcAg 与之装配成病毒，从而把过剩的 HbsAg 释放到血循环中，还有一种 e 抗原（即 HbeAg），和乙型肝炎病毒的数量及 DNA 聚合酶活力有很大的相关性，是乙型肝炎病毒（HBV）复制活跃的标志。3 种抗原中，HbcAg 抗原不单独在血清中出现，常检测抗 – Hbc 做为 HBV 复制的指标。如血清出现高效价的抗—Hbs 抗体则表示机体已有了免疫力。

10. 乙型肝炎病毒通过非肠道或者不明显的非肠道途径传播，如血液、唾液、性液，乙型肝炎病人的体液和分泌物。HbsAg 只是病毒的外壳，本身不具有传染性。

    具体传播途径主要有：输血、注射、外科手术、针刺、公用剃刀、昆虫叮咬吸血、经口或性行为传播、分娩时胎儿被传染等。

11. (1) 所致疾病：人类获得性免疫缺陷综合征，即艾滋病。
    (2) 传染源：HIV 感染者和艾滋病患者。
    (3) 传播途径：同性或异性性行为，输注带有 HIV 的全血或血液制品，吸毒者共用污染的注射器，母婴垂直传播。

12. 细菌可在人工培养基上生长，以二等分裂方式繁殖，由 DNA 和 RNA 两种核酸构成，对抗生素敏感。而病毒只寄生在活细胞内，以复制方式繁殖，只有一种核酸 DNA 或 RNA，对抗生素不敏感。

13. 消毒是指杀死病原微生物，但不一定能杀死细菌芽胞的方法。如牛奶经加热 60°，30 min 处理可杀死结核杆菌、布氏杆菌等。

    灭菌是指把物体上包括细菌芽胞在内的所有微生物全部杀死的方法，高压蒸汽灭菌法是应用最广泛的灭菌方法。

    防腐是指防止或抑制微生物生长繁殖的方法，可用低温和加防腐剂进行防腐。

14.

	外毒素	内毒素
产生菌	革兰氏阳性菌为主	革兰氏阴性菌
化学成分	蛋白质	脂多糖（LPS）
释放时间	一般随时分泌	菌体死亡裂解后释放
致病特异性	不同外毒素各不相同	不同病原菌的内毒素作用基本相同
毒性	强	弱
抗原性	完全抗原，抗原性强	不完全抗原，抗原性弱
制成类毒素	能	不能
热稳定性	差	耐热性强

15.

	病毒特异性	种属特异性	作用部位
干扰素	无	有	细胞
抗体	有	无	病毒

图示题

1. 当一个正常的细胞受到病毒侵染时，可诱导细胞核中干扰素基因的表达，产生干扰素。该干扰素与相邻细胞膜上的受体结合，使细胞内的基因表达，产生抗病毒蛋白，后者可抑制病毒 mRNA 信息的传递，从而阻止病毒在宿主细胞内繁殖。干扰素为一类抗病毒蛋白，其作用机制在于阻断病毒繁殖和复制，但不能进入宿主细胞直接杀灭病毒。

2. T 细胞和 B 细胞均来源于骨髓干细胞，其中淋巴细胞随着血液从骨髓流入胸腺，在胸腺内发育成熟为 T 细胞，执行特异性细胞免疫应答，参与体液免疫应答。B 细胞的分化发育分两个时期，首先是在骨髓中的抗原非依赖期，然后是在外周淋巴器官抗原依赖期。

3. （1）抗原呈递细胞（APC）
　　（2）助 T 细胞
　　（3）助 T 细胞、白细胞介素-1
　　（4）白细胞介素-1、白细胞介素-2
　　（5）助 T 细胞、胞毒 T 细胞、胞毒 T 细胞
　　（6）穿孔素
　　（7）白细胞介素-2、浆细胞、记忆细胞
　　（8）助 T 细胞

4. （1）可变区　　（2）轻链　　（3）重链
　　① 轻链、重链、二硫键
　　② 氨基酸、氨基酸序列
　　③ 氨基酸序列
　　④ 糖类

5. （1）纤毛　　（2）黏液层　　（3）细胞壁　　（4）细胞膜　　（5）鞭毛
　　（6）质粒　　（7）囊泡　　（8）核糖体　　（9）拟核

6. （1）肽聚糖

(2) 革兰氏阳性菌、革兰氏阴性菌
(3) 革兰氏阳性菌、紧密
(4) 革兰氏阴性菌、疏散、脂多糖和脂蛋白
(5) 肽聚糖网格结构中短肽与侧链的连接,使细菌不能合成完整的细胞壁而死亡;
(6) 肽聚糖中 N-乙酰葡萄糖胺和 N-乙酰胞壁酸之间的 β-1,4 糖苷键的连接,引起细菌裂解。

7. (1) 病毒入侵,被宿主细胞质膜包裹。
   (2) 病毒核酸释放
   (3) 核酸进入细胞核
   (4) 病毒 RNA 复制
   (5) 合成病毒包被蛋白质
   (6) 蛋白质运转泡
   (7) 新病毒装配
   (8) 病毒释放

8. (1) *src* 基因能够使正常的鸡细胞转化为恶性癌细胞。鸡细胞中本身带有这种基因。
   (2) RSV-O 病毒为逆转录病毒,感染宿主细胞后,以病毒自身 RNA 为模板逆转录合成 DNA,并将生成的 DNA 插入到宿主细胞的 DNA 中。
   (3) RAV-O 病毒通过感染鸡细胞和反转录过程,从宿主鸡细胞中获得了 *src* 基因,从而形成插入了 *src* 基因而能诱发肿瘤的新的 RSV 病毒。
   (4) *src* 基因编码的 src 蛋白是一种催化酪氨酸磷酸化反应的酪氨酸激酶。
   (5) 有的酪氨酸激酶是细胞膜上表皮生长因子的受体,具有启动细胞分裂的信号功能。
   (6) 对宿主细胞中正常的 *src* 基因和 RSV 中 *src* 基因的比较研究显示,后者的核苷酸序列已经发生了许多突变,而且 RSV 中 *src* 基因编码产生的 src 蛋白即酪氨酸激酶活性大大强于正常的 *src*,因此具有致癌作用。

9. (1) 抑癌、磷酸
   (2) 增高
   (3) 周期蛋白、周期蛋白、G1
   (4) DNA 损伤修复酶

10. 见右图

11. (1) 感染　　　　　　(2) 反转录
    (3) 合成双链 DNA　　(4) 整合
    (5) 转录　　　　　　(6) 翻译
    (7) 装配　　　　　　(8) 新病毒释放

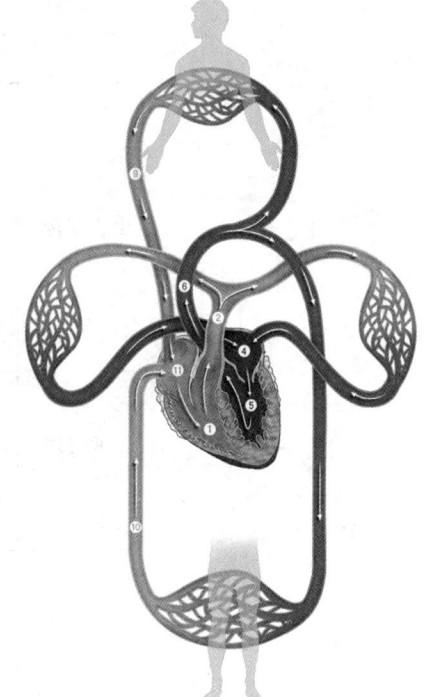

第12章 生物技术与人类未来

一、要点提示

生物技术 是"应用生物或来自生物体的物质制造或改进一种商品的技术,其还包括改良有重要经济价值的植物与动物和利用微生物改良环境的技术"。现代生物技术包括基因工程、蛋白质工程、细胞工程和发酵工程等工程技术。其中基因工程技术是现代生物技术的核心技术。

生物技术涉及的产业:

类 别		产品名称
生物制药	生物工艺合成的原料药	发酵或其它生物合成之原料药生物技术医药品
	生物药品	生物工程合成的蛋白类药物
	血液制剂	血浆成分制剂(凝血因子)、代用血
	疫苗	人用疫苗、免疫血清
	诊断试剂	临床化学检验试剂、免疫检验试剂、微生物检验试剂、尿液粪便分析检验试剂、核酸检验试剂、血液检验试剂、组织/细胞检验试剂、生物传感器、生物芯片
工业特用化学品	生物高分子	胶原蛋白、几丁质、甲壳素、透明质酸、PLGA 及其衍生物
	酶	青霉素固定化酶、植酸酶、半木纤维素酶、染整用工业酶、工业用固定化酶、洗衣用酶、其他工业酶、木瓜酶、菠萝酶、医用酶
生物农业	动物疫苗	动物用疫苗
	动物用添加剂	免疫制剂、饲料添加剂
	生物制剂	微生物杀虫剂、微生物杀菌剂
	植物组织培养	植物组织培养
生物环保	微生物制剂	废水处理技术、生物制剂与复合技术、废弃物资源化

(续表)

类别		产品名称
食品生物技术	食品添加剂	低热量糖醇、食用色素及香料
	功能性食品	食用酶
	发酵食品	新菌种、保健性菌种
	氨基酸	味精
	核苷酸	核苷酸
生物技术服务业	生物实验用品	实验室仪器设备、实验用试剂药品、实验室器皿耗材、实验用动物
	试验研究及生产代工	试验及研发委办代工、生产委办代工
	实验室技术服务	测序服务、缩氨酸及核酸合成服务、临床前及临床试验服务
	其他支持性服务	知识产权及法律、人才培养及中介、创业投资、信息服务、咨询服务等

基因工程

基因工程又叫重组 DNA 技术,是指在基因水平上,按照人类的需要进行设计,然后按设计方案创建出具有某种新的性状的生物新品系,并能使之稳定地遗传给后代。重组 DNA 操作是基因工程的核心技术,通常包括:①目的基因的获取;②在限制性内切酶的酶解和连接酶作用下目的基因与载体连接,形成重组 DNA 分子;③将重组 DNA 分子转化进入受体细胞,并在受体细胞中复制;④筛选出含有所需重组 DNA 分子的细胞;⑤对获得外源基因的细胞或生物体通过发酵、细胞培养、养殖或栽培等,最终获得所需要的遗传性状或表达出所需要的产物。

蛋白质工程

蛋白质工程就是利用基因工程手段,包括基因的定点突变和基因表达对蛋白质进行改造,以期获得性质和功能更加完善的蛋白质分子。蛋白质工程在诞生之日起就与基因工程密不可分。基因工程的产品是该基因编码的天然存在的蛋白质。蛋白质工程则更进一步根据分子设计的方案,通过对天然蛋白质的基因进行改造,来实现对其所编码的蛋白质的改造,它的产品已不再是天然的蛋白质,而是经过改造的,具有了人类所需要的优点的蛋白质。天然蛋白质都是通过漫长的进化过程自然选择而来的,而蛋白质工程对天然蛋白质的改造,好比是在实验室里加快了的进化过程,期望能更快、更有效地为人类的需要服务。

发酵工程

现代发酵工程也称微生物工程,是将传统发酵技术与现代 DNA 重组、细胞融合等新技术结合起来的现代微生物发酵技术。这种技术的主体是利用微生物,特别是用经过 DNA 重组技术改造过的微生物来生产商业产品。

现代发酵工程是将传统发酵技术与现代 DNA 重组、细胞融合等新技术结合起来的现代微生物发酵技术。利用微生物、特别是利用经过 DNA 重组技术改造过的微生物来生产某种商业产品。一般发酵工程的步骤包括优良菌种的选育,最适发酵条件(pH、温度、溶氧和营养组成)的确定,营养物的准备;细胞大规模培养,即发酵的主要过程;生产活性的诱导,即采用各种化学或物理方法在发酵过程的特定阶段诱导产生最多所需要的代谢产物;菌体及产物的收获和从细胞或培养液中分离纯化所需要的代谢产物。发酵工程的下游工程,即分离提取精制工程,也随着产物的特性和用途不同而采用各种不同提取设备、分离介质和精制工艺,几乎是在一个可控或自控的体系中进行,现代的高新技术,诸如计算机技术、新材料技术等均已进入了发酵工程领域。因此,现代发酵工程是集现代高新技术为一体,生产产品或服务于人类社会的一种工程技术。其主要产品包括食品、药品、精细化工产品以及许多工业用原料等,范围非常广泛。

细胞工程

是应用细胞生物学和分子生物学的理论和方法,按照人们的设计蓝图,进行在细胞水平上的遗传操作及进行大规模的细胞和组织培养。当前细胞工程所涉及的主要技术领域有细胞培养、细胞融合、细胞拆合、染色体操作及基因转移等方面。细胞融合是指两个不同种类的细胞,在一定条件下彼此融合成杂交细胞,使来自两个亲本细胞的基因有可能都被表达,这就打破了远缘生物不能杂交的屏障。细胞核移植对动物优良杂交种的无性繁殖具有重大意义。细胞器的移植主要是指叶绿体和线粒体的移植。染色体工程则是按人们需要来添加或削减一种生物的染色体,或用别的生物的染色体来替换。通过细胞工程可以生产有用的生物产品或培养有价值的植株,并可以产生新的物种或品系。

二、基本概念

生物技术(biotechnology):是应用自然科学及工程学的原理,依靠微生物、动物、植物等生物或来自生物体的物质作为反应器将物料进行加工,以提供产品为社会服务的技术,高技术、高投入、高利润是生物技术的显著特点。

基因工程(gene engineering):是指在微观领域中,根据分子生物学和遗传学原理,设计并实施一项把一个生物体中有用的 DNA 转入另一个生物体中,使后者获得新的需要的遗传性状或表达所需的产物,最终实现该技术的商业价值。它是现代生物技术发展最快的领域,其核心技术是在基因水平上进行操作。

蛋白质工程(protein engineering):主要是在对蛋白质的结构和功能认识的基础上,改造和表达现有的蛋白质,通过修改氨基酸序列(通常对编码该蛋白的基因进行设计改造)来改善蛋白质的结构和构象,以提高蛋白质的活性,稳定性和产率。

细胞工程(cell engineering):指在细胞水平上的筛选或改造,获得具有商业价值的细胞株或细胞系,再通过规模培养,获得特殊商品的技术和过程;它包含有动物细胞工程和植物细胞工程两部分,它们都以细胞培养为主要过程和内容。

发酵工程(fermentation engineering;zymolysis engineering):是指通过对微生物菌株的选择、培育或改造,对发酵罐和反应器的设计和对发酵工艺的改进,实现目标工程菌或细胞的规模化发酵培养,最终从发酵液或细胞中分离提取所需要的生物工程产品。

转化(transformation)和转化子(transformant):转化是指外源 DNA 分子或片段被细胞吸收,并整合进细胞染色体的遗传现象;引起转化的外源 DNA 称为转化因子,获得外源基因的细胞称为转化子。

基因文库(gene library):人工克隆基因的总称,广义的基因文库指来源于一种生物基因组的全部 DNA 克隆,理想情况下应含有这一基因组的全部 DNA 序列;狭义的基因文库有基因组文库和 cDNA 文库之分;基因文库中不同的 DNA 序列片段分别被克隆在适当的载体上,基因文库可用于研究基因的结构、功能和筛选基因工程目的基因等。

基因克隆(gene cloning):又称分子克隆,通过重组基因操作,把目的基因连接到载体上,在宿主细胞中增殖,从而产生遗传物质和状态的转移和重新组合。

逆转录(reverese transcription):是指以 RNA 为模板,在逆转录酶的作用下,根据碱基互补原则人工合成一段与之互补的 DNA 片段的过程。

cDNA（complementary DNA）：是由 RNA 逆转录的 DNA，可由 RNA 启动 DNA 聚合酶或逆转录酶催化合成。单链 cDNA 可由 DNA 启动的 DNA 聚合酶转变成双链。

PCR（polymerase chain reaction）：即聚合酶链反应技术，是一种选择性体外扩增 DNA 片段的方法，是一个在模板 DNA、引物、4 种脱氧核苷酸和 DNA 聚合酶存在下的酶促合成反应，通常经历变性、退火、延伸三步过程。

限制性内切酶（restriction enzyme）：一类可识别一小段特殊的核苷酸序列并将其在特定点处切开的核酸内切酶，主要是从细菌中分离得到的。它主要有两类，一类在识别位点附近进行切割，但切割的核苷酸序列无专一性，一类专一切割特定位点，第二类在分子生物学操作中具有非常重要的用途。

载体（vector）：在基因工程中，可与包含目的基因的外源 DNA 片段连接构成重组体，并将重组体导入受体细胞，使目的基因得以复制和表达的 DNA。常用的载体有质粒、噬菌体、粘粒、人工染色体等。

质粒（plasmid）：细菌、真菌和少数其他生物细胞中自然存在于染色体外可以自主复制的 DNA 分子。大部分质粒为环状双链 DNA，能在子代细胞中保持恒定的拷贝数，并表达所携带的遗传信息；质粒并非细胞生存所必需，但能赋予细胞以各种各样的特性，它经改造后可以作为基因重组技术的载体。

凝胶电泳（gel electrophoresis）：以丙烯酰胺或琼脂糖凝胶为支撑物，在电场作用下分离蛋白质或核酸的分离纯化技术。

探针（probe）：一种利用杂交技术来鉴定克隆基因或特定 DNA 片段的带有放射性同位素标记（也可以是一个对亲和标记能起键合位点作用的化合物）的 DNA 或 RNA 分子。

Southern 印迹（Southern blot）：一种用于确定和定位与另一段探针 DNA 互补的 DNA 序列的技术。

基因诊断（gene diagnosis）：是利用现代分子生物学和分子遗传学的技术方法直接检测基因结构及其表达水平是否正常，从而对人体状态和疾病作出诊断的方法。

基因治疗（gene therapy）：目前从广义来说，将某种遗传物质转移到患者细胞内，使其在体内发挥作用而达到治疗疾病目的的方法均称为基因治疗。

RNA 干扰技术（RNA interference，RNAi）：是指正常生物体内抑制特定基因表达的一种现象，它是指当细胞中导入与内源性 mRNA 编码区同源的双链 RNA 时，该 mRNA 发生降解而导致基因表达沉默的现象，这种现象发生在转录后水平，又称为转录后基因沉默。RNAi 具有特异性和高效性。

生物芯片（biological chip）：是指本身储存有大量的生物信息，并能够对生物分子或组分进行高通量快速并行处理和分析的小面积的薄型固体器件。

原代培养（primary culture）：是指将动物体取出的组织或细胞进行初次培养的过程，初次培养的细胞大约繁殖 10 代左右，称为原代细胞。

继代培养（subculture）：指将培养物转移到新的培养基上继续培养。

细胞融合（cell fusion）：是指通过培养和诱导两个或多个细胞合并成一个双核或多核细胞的过程。

细胞重组（cellular reprogramming）：其主要的概念是将细胞的发育过程逆向操作，制造出类似胚胎干细胞性质，未来会重新发育成特定细胞的技术。

核移植（nuclear transfer）：就是将动物早期胚胎卵裂球或动物体细胞的细胞核移植到去核的（同种或异种）受精卵或成熟的卵母细胞质中，从而获得重构卵，并使其恢复细胞分裂，继续发育为与供体细胞基因型完全相同的后代的技术。

杂交瘤技术(hybridoma technique)：将具有无限繁殖能力、不能分泌抗体的骨髓瘤细胞与具有抗体分泌能力、不能无限繁殖的 B 细胞，在一定条件下进行细胞融合，可以产生即能无限繁殖又能分泌抗体的杂交瘤细胞。

单克隆抗体(monoclonal antibody)：利用把可能形成抗体的细胞核与能持续分裂和生长的骨髓瘤细胞融合等方法可以得到产生抗体的单型细胞系，培养这些单型细胞产生的抗体只含有单品种的免疫球蛋白分子，这类抗体被称为单克隆抗体；单克隆抗体理化性状高度均一，生物活性单一，与抗原结合的特异性强，便于人为处理和质量控制，并且来源容易，在疾病诊断、疾病防治、愈后判断以及疾病机制研究等方面起着重要作用。

人类基因组计划(Human Genome Project)：是指美国科学家首先提出并开始实施的一项全球性合作研究项目。它的具体研究内容包括：①建立高分辨率的人类基因组遗传图；②建立人类所有染色体的物理图谱；③完成人类基因组的全部序列测定；④发展取样、收集、数据的储存及分析技术。

生命伦理四原则(the four principles approach to bioethics)：1979 年，著名生命伦理学家 Beauchamp 和 Childress 出版《生命伦理学的基础》，提出自主、有利、不伤害、公正四原则，这就是国际医学伦理学和生命伦理学界著名的"四项基本原则"。

生物经济(Bio-economy)：生物经济是建立在生物资源可持续利用、生物技术基础之上，以生物技术产品的生产、分配、使用为基础的经济。

三、热点聚焦

"Bio-X"推动生物科学的发展

"Bio-X"是由美籍华裔物理学家朱棣文教授（1997 年诺贝尔奖获得者）提出的新概念。Bio 表示生物学，X 表示非生物学的学科，如生物物理学(biophysics)、生物医学工程学(biomedical engineering)、生物数学(biomathematics)、生物芯片(biochip)、生物材料(biomaterials)等均属于此列。鉴于所有自然学科可以分为两大类，一类为生物学科，另一类即为非生物科学。朱棣文作为物理学家，提出在目前和今后的形势下，号召物理学家、工程学家、生物学家、医学家应该互相融合共同探讨生命科学的尖端问题，才可能以快的速度获得生命科学的新成果。他在美国斯坦福大学建立 Bio-X 研究中心。

生物科学的发展，很多重要的成果都离不开物理学、化学等学科的直接贡献。如 X 射线晶体衍射对 DNA 双螺旋结构的确定、各种先进设备用于精确和高通量的基因测序、数学和计算机技术对基因组测定的整合和分析等极大地推动了分子生物学和最近"人类基因组计划"的发展；X 射线晶体衍射、多维 NMR、二维电镜技术、计算机科学等在结构生物学的出现和进展中的地位是不言而喻的；根据物理化学原理提出的兴奋膜的离子基础及模型、膜片钳技术、Hopfield 神经网络理论模型等大大充实了神经生物学的内涵；f-MRI(Functional Magnetic Resonance Imaging)、PET(Positron-emission Tomography)、脑功能光学成像、复杂系统的数学模型、信息处理和控制论、人工智能等已使我们对脑的研究发展成为受到人们极为关注的脑科学；化学渗透偶联假设、X 射线晶体学、物理化学中的电荷分离原理、各种时间分辨波谱分析技术等使在生物能量转换的原初机制研究中有好多位诺贝尔奖金获得者的出现；流动镶嵌模型、各种凝聚态物理学技术等从根本上改变了人们对生物膜结构的认识。但另一方面，生物科学也对其他学科的发展作出了相当大的贡献。涉及的方面有：不可逆过程热力学、自组织和耗散结构理论的发展；神经计算机的研究和开发、基于生物学理论的计算机算法(生物进化、神经网络理论、核酸碱基配对等);第三代同步辐射装置、NMR、PET、基因测序仪、新型质谱仪、各类电镜等众多大型、精密装置和仪器的开发;控制论和自动化技术;生物材料、生物传感器;生物技术和制药;伦理学等。此外,还促使诞生了一批新学科,包括生物物理学、生物数学、神经科学、结构生物学、生物信息学、组合化学、生物无机化学、生物医学工程学、生物力学、组织工程学等。

目前学科之间的相互交叉和协同研究越来越必要和迫切。生物科学无论在分子、细胞或整体、生态系统各个结构层次上的实验数据都爆炸性地累积,如何加以定量分析和整合、如何从分子水平上阐明生物大分子之间动态的相互作用、如何对结果模型和理论化等都需要其他学科直接提供理论、概念、研究方法和实验手段。再则,近代生物科学已是新的高科技产业的滋生基地,为此也需其他自然科学和工程学的支持。

根据目前的发展趋势,生物科学中如下的研究领域迫切需要多学科交叉共同研究和参与。

1. 后基因组

后基因组时代,"蛋白质组学"越来越受到广泛的关注。蛋白质组学研究中蛋白质分离,目前都是用二维凝胶电泳法;接着是用质谱、高压液相色谱(HPLC)、N端氨基酸序列分析等方法对蛋白质进行表征。在记录和分析蛋白质表达谱、正常异常的差异确定、数据库及数据整合等过程中不但涉及数据自动采集和成像技术,还要依赖于生物信息学的理论和分析。在确定蛋白质功能时,除了酶活性分析、受体结合分析、细胞内定位(绿色荧光蛋白融合法)、酵母双杂交及基因剔除等生物学方法外,X射线晶体学、多维NMR、质谱、生物信息学等都是强有力的技术。目前人们正在积极研究和开发各种微量、快速、高通量和高自动化的技术,特别是基于芯片的自动化技术。

2. 基于同步辐射的结构生物学

搞清生命过程的本质,一个根本的前提是必须要了解蛋白质、核酸等大分子具有原子分辨率的空间结构以及这种结构又如何与其生物学功能相联系的。由此诞生了"结构生物学"这一新的研究前沿。同步辐射X射线特别适用于那些相对分子质量大(可至数百万)、晶体小(几十微米)的超分子复合体及膜蛋白。这种结构的测定给新药设计提供了分子结构基础,有力促进了"基于结构的药物设计"或"合理的药物设计"的发展。基于同步辐射X射线的高亮度、高通量、高准直度等特性,能在非结晶的状态利用X射线吸收谱获悉生物大分子中金属活性中心附近的详细特征;用小角散射法探测溶液中大分子的动态和静态大小及形状、追踪蛋白质折叠过程;X射线显微镜则提供了一种新的细胞及细胞器活体成像法。花费12亿元建设的"上海同步辐射装置",设计能量为3.5 GeV,在世界第三代同步辐射装置中位居第四,期望在推动结构生物学和其它生命科学的发展中该项设施起着重要的作用。

3. 单分子测量

科学的发展已经能够从单分子水平进行生命过程的定量研究,阐明生命的微观活动规律。随着80年代末发明了"膜片钳位"技术,可对一个蛋白质分子进行测量并纪录到流过单个离子通道的电流以来,激光钳、原子力显微术(AFM)、荧光标记等物理学技术在此领域中大放异彩。如用激光钳方法操纵单个"马达蛋白"研究它在细胞内交通网络(微管)上的运动规律。用激光钳和显微录像术研究RNA聚合酶分子和DNA链相互作用的过程则让我们更好地了解基因转录的分子机理。以前为研究蛋白质的折叠,首先是用加热或化学变性剂使蛋白质解折叠,目前则可通过AFM或激光钳方法实现并进行所需力的测量。德国学者将AFM针尖粘在嗜盐菌膜上细菌视紫红质蛋白的C端(位于胞质侧),当针尖向上回缩时,受到机械力拉伸蛋白质发生分段式解折叠,测量出该膜蛋白7次跨膜的各个螺旋锚定在膜中的力在100至200 pN之间,并探测到了单个螺旋解折叠的途径。日本学者擅长用荧光标记方法观测肌肉收缩、鞭毛运动,特别是用实验证实了 ATP 合酶(F_0F_1 - ATPase)是一种旋转酶或旋转马达的假设。国内外不少实验室用 AFM 操纵 DNA 和蛋白质分子已取得许多成绩。荧光能量转移法结合 AFM、激光钳、膜片钳等技术,在单分子水平上研究 DNA - 蛋白质相互作用、DNA 分子螺旋的机械特性、各种核酸酶分子在聚合或解聚过程中的构象变化和位移、单通道开启和关闭过程中蛋白质的构象变化等也开始有报道。

4. 纳米技术

生物大分子用作新型纳米材料现已越来越受到重视。有人将直径约 13 nm 的金微粒粘附上一定碱基序列的 DNA 链,当在溶液中这些 DNA 链和互补的碱基序列结合后就形成 DNA 链的网络,使得其上的微粒间距拉近,结果由于金粒的表面等离子波共振现象,体系的颜色从原来的红色变为蓝色,这种方法对医生用于检测病原体是非常简单和价廉的。哈佛大学的研究者利用一种细菌的离子通道(a -溶血素)加上电压后使通道打开,DNA 或 RNA 分子通时不同碱基引起离子通量的变化,从而形成一种完全新的"纳米孔测序"技术,目前的速度已达每毫秒 1 个碱基。假如一片含 500 个这种孔道的芯片,那么从一个人的细胞中读出完整人类基因组的碱基序列只需 2 h,对于病毒则几秒种就行,相比之下,目前的通用测序法在国际合作的基础上也要约二年。材料化学界,也正在探索用生物大分子具有分子识别的特性来将无机材料组装成有序、复杂的结构。有些研究组已经开始探讨如何将生物专一性相互作用的原理用于形成新结构的工程材料、将分子材料组装成功能性的生物无机结构。贝尔实验室和牛津大学的研究者开发了第一个 DNA 马达,这是一种纳米级器件,可用以开发有几十亿半导体元件的计算机芯片(现今半导体技术只能有几百万个),因而用此技术可制造比当今快 1 000 倍的计算机。在制作 DNA 马达时的每一步都是靠 DNA 的彼此识别,在试管中唯一成分是 DNA。另外,DNA 不仅是结构材料,而且也作为"燃料"(F 链),马达能自给自足,不需要另外的化学试剂。DNA 马达的自身装配是另一重要特点。

5. 脑科学

目前,人们正在对各种脑功能成像技术、神经网络模型、信息处理和加工、发育神经生物学、学习与记忆、神经退行性疾病的分子病理学、人工智能、复杂系统的数学问题等方面进行着积极的研究,不少国家都投以巨资实施脑科学规划。脑科学的研究可以在从分子到整体各个层次上展开,只有众学科合力攻关才能见效。

除以上几个方面外,在生物科学的其它众多领域中这种多学科的交叉也非常广泛和深入。可以列举的研究领域还有:基因芯片、计算生物学、蛋白质折叠、生物医学工程。"Bio - X"交叉学科迫切需要从事非生命科学领域的研究者渗透和融入到生物科学的前沿中来。

四、精选习题

填空题

1. 现代生物技术主要包括( )、( )、( )和( )等。
2. Southern 印迹法,Northern 印迹法和 Western 印迹法是分别用于研究( )、( )和( )转移和鉴定的常规技术。
3. 细胞工程是在( )水平上的遗传操作及进行大规模的细胞和组织培养。当前细胞工程所涉及的主要技术领域有( )、( )、( )、( )和( )等方面。
4. ( )就是在对( )结构与功能认识的基础上,对( )进行有目的的设计改造,通过基因工程等手段进行表达和分离纯化,最终获得商业化的产品。

5. 以（　　）操作为主的（　　）技术是基因工程的核心技术。
6. （　　）可以识别特殊的 DNA 序列,将 DNA 在特殊位点切开,被比喻成 DNA 操作的分子手术刀;其分割后的末端有（　　）、（　　）和（　　）几种形式。
7. 许多限制性内切酶的识别序列为（　　）;有相同识别序列的限制性内切酶被称为（　　）。
8. 载体是运送目的基因片段进入宿主细胞的工具,载体要求有（　　）、（　　）和（　　）;目前最常用的载体包括（　　）、（　　）、（　　）和（　　）等 4 类,按其用途又可分为（　　）、（　　）和（　　）。
9. 质粒是细菌细胞中自然存在于染色体外可以（　　）复制的一段（　　）状的（　　）链 DNA 分子。
10. 基因的直接转移可以用（　　）、（　　）和（　　）等。
11. 实验室一般常用（　　）和（　　）方法来检查克隆的基因。（　　）是用于分离、纯化和鉴定 DNA 片段最常规的实验技术。
12. 外源基因转入宿主后,通常采用 3 种方法进行检测:一是（　　）;二是（　　）;三是效果检测。
13. 通过自动获取或人为地供给外源（　　）,使细胞或培养的受体细胞获得新的（　　），这就是转化作用。
14. 一个完整的基因克隆过程应包括:目的基因的获取,（　　）的选择与改造,（　　）的连接,重组 DNA 分子导入受体细胞,筛选出含感兴趣基因的重组 DNA 转化细胞。
15. 限制性核酸内切酶是一类识别（　　）的（　　）核酸（　　）酶。
16. 科学家感兴趣的外源基因又称（　　），其来源有几种途径:化学合成,酶促合成 cDNA,制备的基因组 DNA 及（　　）技术。
17. 外源 DNA 离开染色体是不能复制的。将（　　）与（　　）连接,构建成重组 DNA 分子,外源 DNA 则可被复制。
18. 只要 DNA 或 RNA 的单链分子之间存在着一定程度的（　　），就可以在不同的分子间形成（　　）。
19. 根据采用的克隆载体性质不同,将重组 DNA 分子导入细菌的方法有（　　）、（　　）及感染。
20. 存在于硝酸纤维素膜（NC 膜）上的生物分子可以放到杂交液中,与（　　）进行（　　）。
21. Southern blotting 主要用于（　　）的分析,也可以用于（　　）。
22. Northern blotting 主要用于检测（　　）的表达水平以及比较（　　）表达情况。
23. 蛋白质的印迹分析,也称为（　　）或（　　）。
24. 在转基因技术中,被导入目的基因称为（　　），目的基因的受体动物称为（　　）。

选择题

1. ** 在进行 DNA 重组实验中,首先要获得目的基因,一般不使用下面那种方法（　　）。
   A. 从细胞内部总 DNA 提取分离目的基因.
   B. 构建基因文库,从中调取目的基因
   C. 以 mRNA 为模板,反转录合成互补的 DNA 片断
   D. 利用 PCR 特异性的扩增所需要的目的基因
2. ** PCR 反应中使用 TaqDNA 聚合酶,延伸过程一般要需要的温度是（　　）℃。
   A. 95　　　　　B. 72　　　　　C. 55　　　　　D. 68
3. ** 电泳是常用的 DNA 检测方法,在电泳中 DNA 分子的泳动方向是（　　）。
   A. 从负极向正极　　　　　　　　B. 从正极向负极
   C. 和正负极没有关系　　　　　　D. 大片段向负极,小片段向正极

4. ** 在 Southern 杂交实验中,一般使用的探针是(　　)。
   A. 带有同位素标记的单链 RNA 分子　　B. 带有同位素标记的双链 DNA 分子
   C. 带有同位素标记的单链 DNA 分子　　D. 带有同位素标记的小分子蛋白
5. ** 为了重复克隆羊实验,从 A 猴子的体细胞中提取双倍体核,转入去核的 B 猴子的卵细胞中,植入 C 猴子的子宫当中进行培养,实验进行很成功,最后生下的猴子(　　)。
   A. 与 A 相像　　　　　　　　　　　　B. 与 B 相像
   C. 与 C 相像　　　　　　　　　　　　D. 同时具有 A、B、C 的特征
6. ** DNA 芯片技术和下面那种技术的原理更相似(　　)。
   A. PCR　　　　　　　　　　　　　　B. Northern blotting
   C. 电泳　　　　　　　　　　　　　　D. 大规模集成电路技术
7. ** 在治疗 SCID 患者的过程中,最终导入的患者体内的是(　　)。
   A. 携带有正常 ada 基因的细菌　　　　B. 已经整合了 ada 基因的病毒
   C. 转入了 ada 基因的转基因 T 淋巴细胞　D. 直接将 ada 基因导入体内
8. ** 在用 ASO 方法对人类遗传病进行分子诊断时,正常的 ASO 和突变的 ASO 都显示浅色的杂交斑,则被检测样品属于(　　)。
   A. 正常细胞　　　B. 杂合子细胞　　　C. 病变细胞　　　D. 无法判断
9. ** 哪一个不是基因重组和克隆操作中最重要的工具(　　)。
   A. 限制性内切酶　B. 载体　　　　　　C. Taq 酶　　　　D. 宿主菌
10. ** 不可以作为基因重组载体的是(　　)。
    A. 细菌质粒　　　B. 噬菌体　　　　　C. cosmid 质粒　　D. 大肠杆菌
11. ** 关于限制性内切酶,下列说法错误的是(　　)。
    A. 限制性内切酶是从细菌中分离提纯的蛋白酶
    B. 限制性内切酶可以识别一小段特殊的核酸序列,并将其在特定位点处切开
    C. 利用限制性内切酶可将外源基因连接到不同的载体上
    D. 限制性内切酶是基因重组和克隆操作的重要工具
12. ** 科学家预言:人类历史上的第三次技术革命是(　　)。
    A. 以计算机、网络为标志的电子信息技术
    B. 以纳米材料为标志的材料技术
    C. 以重组 DNA 和基因克隆为标志的生物技术
    D. 以宇宙飞船、航天飞机为标志的航天技术
13. ** 利用大肠杆菌生产人胰岛素利用的技术是(　　)
    A. 基因工程技术　B. 蛋白质工程技术　C. 发酵工程技术　D. 细胞工程技术
14. ** RNA 干扰技术是用(　　)来干扰相关基因的表达,让基因(　　)。
    A. 一段内源 RNA　　转录表达　　　　B. 一段外源 RNA　　沉默
    C. 一段外源 DNA　　转录表达　　　　D. 一段外源 RNA　　与 RNA 结合
15. 下列可以用于制备重组 DNA 的是(　　)。
    A. 质粒　　　　　　　　　　　　　　B. 两个不同来源的 DNA
    C. 限制性核酸内切酶　　　　　　　　D. 上述都是
16. 下列关于 PCR 反应叙述正确的是(　　)。
    A. 由变性、退火、延伸三步循环　　　B. 发明人是 Mullis

C. 所用 DNA 聚合酶具有很好的耐热性　　D. 上述各项

17. 通常 PCR 反应需要(　　)个引物。
    A. 1　　B. 2　　C. 3　　D. 4
18. 在 PCR 技术中,决定 PCR 的扩增区域的是(　　)。
    A. 引物　　B. 连接酶　　C. 脱氧核苷酸　　D. TaqDNA 聚合酶
19. 下列不是 PCR 反应所需的为(　　)。
    A. 连接酶　　B. 引物　　C. 脱氧核苷酸　　D. Mg^{2+} 离子
20. PCR 反应中变性、退火、延伸的大致温度分别为(　　)℃。
    A. 95,55,72　　B. 95,72,55　　C. 72,95,55　　D. 55,72,95
21. 互补的两条 DNA 单链在下列(　　)情况下结合成双链。
    A. 加聚合酶　　B. 加连接酶　　C. 变性　　D. 退火
22. 关于以 mRNA 为模板合成 cDNA,下列叙述正确的是(　　)。
    A. 需要逆转录酶
    B. 含内含子
    C. 为了获取具有特定功能的目的基因
    D. 以上各项
23. 关于限制性内切酶,下列叙述正确的是(　　)。
    A. 降解甲基化 DNA
    B. 主要来源于病毒
    C. 在切点附近碱基呈重复序列
    D. 是重组 DNA 的重要工具
24. 下列对载体描述正确的是(　　)。
    A. 质粒和病毒都可作为载体
    B. 质粒可作载体,但病毒不能
    C. 载体只将外来基因带入宿主细胞
    D. 载体可以是任意大小的
25. 下面对质粒载体描述不正确的是(　　)。
    A. 只要酶切位点合适,可以作为任意大小 DNA 片段的载体
    B. 一般有多克隆位点
    C. 必须有报告基因
    D. 可自主复制
26. 下列对于几类质粒描述不正确的是(　　)。
    A. 测序质粒通常为高拷贝复制质粒
    B. 整合质粒可以准确地整合到受体细胞染色体上
    C. 一个穿梭质粒可以在任意供体和受体细胞间转移
    D. 表达载体通常有两套启动子
27. 目前进行商业生产的重要目的基因主要利用(　　)表达。
    A. 大肠杆菌　　B. 枯草杆菌　　C. 酵母　　D. 马铃薯
28. 在制备大肠杆菌感受态细胞时应取用(　　)的大肠杆菌。
    A. 迟滞期　　B. 对数期　　C. 平台期　　D. 衰亡期
29. T4 连接酶可以(　　)。
    A. 修复双链 DNA 上的单链缺口
    B. 连接 RNA-DNA 杂交双链上的 DNA 链缺口或 RNA 链缺口
    C. 连接断开的两个平头双链 DNA 分子
    D. 上述各项
30. 凝胶电泳检测 DNA(　　)。

    A. 通常用琼脂凝胶   B. 利用不同大小 DNA 迁移率不同

    C. DNA 向阳极迁移   D. 上述各项

31. 重组 DNA 技术可以不需要( )。

    A. 载体   B. 限制性内切酶   C. 噬菌体   D. 供体 DNA

32. 在重组 DNA 操作中最应注意的是( )的污染。

    A. DNA   B. 蛋白   C. 脂肪   D. 核酸酶

33. 在 Southern 杂交实验中,一般使用的探针是( )。

    A. 带有同位素标记的单链 RNA 分子   B. 带有同位素标记的双链 DNA 分子

    C. 带有同位素标记的单链 DNA 分子   D. 带有同位素标记的小分子蛋白

34. 下列对核酸杂交描述不正确的是( )。

    A. 不同来源的两条单链 DNA 也可以杂交

    B. RNA 链可以和编码的多肽链杂交形成杂交分子

    C. DNA 链可以和 RNA 链杂交

    D. 核酸杂交可用于研究核酸的结构和功能

35. "Southern Blotting"指的是( )。

    A. 将 DNA 转移到膜上,用 DNA 做探针杂交   B. 将 RNA 转移到膜上,用 DNA 做探针杂交

    C. 将 DNA 转移到膜上,用蛋白质做探针杂交   D. 将 DNA 转移到膜上,用 RNA 做探针杂交

36. 分子杂交实验不能用于( )。

    A. 单链 DNA 分子之间的杂交   B. 单链 DNA 与 RNA 分子之间的杂交

    C. 抗原与抗体分子之间的结合   D. 双链 DNA 与 RNA 分子之间的杂交

    E. RNA 与 RNA 之间的杂交

37. 用以标记核酸探针的物质可以是( )。

    A. 放射性同位素   B. 生物素   C. 地高辛   D. 以上都对

38. 用于核酸杂交的探针至少应符合下列( )的条件。C

    A. 必须是双链 DNA   B. 必须是双链 RNA

    C. 必须是单链 DNA   D. 必须是蛋白质

39. 某种遗传性疾病是由一个点突变(无限制性内切酶位点变化)引起,可以用( )。

    A. DNA 单链构象多态性分析突变   B. 限制性片段长度多态性分析突变

    C. Western Blotting 分析突变   D. 电泳分析基因组 DNA

    E. 电泳分析细胞中的所有蛋白质

40. 免疫印渍技术指的是( )。

    A. 结合在膜上的蛋白质分子与抗体分子结合

    B. 结合在膜上的 DNA 分子与抗体结合

    C. 结合在膜上的 RNA 分子与抗体结合

    D. 结合在膜上的 DNA 分子与 RNA 分子结合

41. 同位素标记探针检测 NC 膜上的 RNA 分子叫做( )。

    A. Northern Blotting   B. Southern Blotting

    C. Western Blotting   D. 都不对

42. 用做探针的 DNA 分子必须( )。

    A. 在杂交前变性   B. 在杂交前复性

C. 是双链分子 D. 长于 30 个核苷酸

43. 由整合酶催化、在两个 DNA 序列的特异位点间发生的整合称（　　）。
   A. 位点特异的重组 B. 同源重组
   C. 随机重组 D. 基本重组
   E. 人工重组

44. 限制性核酸内切酶切割 DNA 后产生（　　）。
   A. 5′磷酸基和 3′羟基基团的末端 B. 5′磷酸基和 3′磷酸基团的末端
   C. 5′羟基和 3′羟基基团的末端 D. 3′磷酸基和 5′羟基基团的末端

45. 可识别并切割特异 DNA 序列的称（　　）。
   A. 非限制性核酸外切酶 B. 限制性核酸内切酶
   C. 限制性核酸外切酶 D. 非限制性核酸内切酶

46. 在重组 DNA 技术中催化形成重组 DNA 分子的是 DNA 的（　　）。
   A. 解链酶 B. 聚合酶 C. 连接酶 D. 内切酶

47. 在重组 DNA 技术领域所说的分子克隆是指（　　）。
   A. 建立多克隆抗体 B. 建立单克隆抗体
   C. 有性繁殖 DNA D. 无性繁殖 DNA

48. 在已知序列的情况下获得目的 DNA 最常用的方法是（　　）。
   A. 筛选 cDNA 文库 B. 筛选基因组文库
   C. 化学合成法 D. 聚合酶链反应

49. 重组 DNA 技术领域常用的质粒 DNA 是（　　）。
   A. T 病毒基因组 DNA 的一部分 B. 细菌染色体外的独立遗传单位
   C. 细菌染色体 DNA 的一部分 D. 真核细胞染色体外的独立遗传单位
   E. 真核细胞染色体 DNA 的一部分

50. 某限制性内切核酸酶按 GGG▼CGCCC 方式切割产生的末端突出部分含（　　）。
   A. 1 个核苷酸 B. 2 个核苷酸
   C. 3 个核苷酸 D. 4 个核苷酸
   E. 5 个核苷酸

51. 某限制性内切核酸酶切割 5′…GGGGGG▼AATTCC…3′序列后产生（　　）。
   A. 5′突出末端 B. 5′或 3′突出末端
   C. 5′及 3′突出末端 D. 3′突出末端
   E. 平末端

52. 直接针对目的 DNA 进行筛选的方法是（　　）。
   A. 氨苄青霉素抗药性 B. 青霉素抗药性
   C. 分子杂交 D. 分子筛

53. "克隆"某一目的 DNA 的过程不包括（　　）。
   A. 重组 DNA 分子导入受体细胞 B. 外源基因与载体的拼接
   C. 基因载体的选择与构建 D. 筛选并无性繁殖含重组分子的受体细胞
   E. 表达目的基因编码的蛋白质

54. 表达人类蛋白质的最理想的细胞体系是（　　）。
   A. 酵母表达体系 B. 原核表达体系

C. *E. coli* 表达体系   D. 昆虫表达体系
E. 哺乳类细胞表达体系

55. 不能用作克隆载体的 DNA 是(　　)。
   A. 质粒 DNA   B. 噬菌体 DNA
   C. 细菌基因组 DNA   D. 腺病毒 DNA
   E. 逆转录病毒 DNA

56. 将目的基因与载体 DNA 拼接成重组 DNA 分子属于(　　)。
   A. 位点特异的重组   B. 同源重组
   C. 随机重组   D. 自然重组   E. 人工重组

57. 人类基因组计划研究内容不包括(　　)。
   A. 遗传作图   B. 物理图谱   C. 基因组序列图   D. 蛋白质表达图
   E. 转录图

58. 后基因组研究内容包括(　　)。(多选)
   A. 测定全部基因组序列   B. 研究基因产物的功能
   C. 测定一条染色体上 DNA 的序列   D. 研究不同组织细胞中基因表达的差异

59. 蛋白质组学的内容包括(　　)。(多选)
   A. 是后基因组研究的一部分   B. 研究组织细胞中全部蛋白质表达的情况
   C. 以双向电泳为一重要手段   D. 是以蛋白质的分类为研究目标
   E. 需要对差异蛋白进行质谱分析

60. 关于克隆羊"多莉"的产生不正确的叙述是(　　)。
   A. 属于同种异体细胞核转移技术   B. 多莉的遗传基因与卵细胞来自不同的羊
   C. 需要在试管内受精   D. 属于无性繁殖

61. 有关转基因技术的说法不正确是(　　)。
   A. 基因转移只能在同种个体之间进行   B. 将目的基因整合人受精卵细胞
   C. 将目的基因整合人胚胎干细胞   D. 按受了目的基因的动物不能遗传

连线题

1. 请将下列现代生物技术发展的大事件和相关的科学家进行匹配:
   A. 创立经典的遗传学法则,被称为遗传学之父   Ⅰ. Watson, Crick
   B. 创立了微生物学,被尊为微生物学之父   Ⅱ. Kary Mullis
   C. 发现青霉素   Ⅲ. Wilmut
   D. 通过肺炎双球菌实验证明了 DNA 是遗传物质   Ⅳ. Mendel
   E. 发现 DNA 的双螺旋结构,这一事件被称为现代生物学的里程碑   Ⅴ. Alexander Fleming
   F. 首次完成 DNA 体外重组,被誉为重组 DNA 技术之父   Ⅵ. Cohn, Boyer
   G. PCR 技术的发明   Ⅶ. Avery
   H. 首例克隆哺乳动物绵羊"多莉"的克隆   Ⅷ. Pasteur

2. 将下列操作步骤与其目的或使用技术连接起来
   A. 基因载体的选择与构建   Ⅰ. 产生嵌合 DNA 分子
   B. 外源基因与载体的拼接   Ⅱ. 可能应用限制性核酸内切酶
   C. 重组 DNA 分子导入受体细胞   Ⅲ. 获得 DNA 克隆
   D. 筛选并无性繁殖含重组分子的受体细胞   Ⅳ. 应用转化、转染或感染技术

E. 表达目的基因编码的蛋白质　　　　Ⅴ. 获得转基因产品

简答题

1. 什么是聚合酶链反应？
2. 简述获得目的基因最常用的方法。
3. 请将 PCR 的 3 个基本步骤进行排序,并说明在每个步骤之后 DNA 的状态。
4. 简述 DNA 重组的步骤。
5. 请描述核酸杂交技术鉴定克隆基因的基本过程。
6. 通过反转录法可以得到真核生物基因吗？为什么？
7. 分子诊断的特点有哪些？
8. 目前分子诊断可应用于哪些疾病？
9. 当前基因治疗拟采用哪些方法？
10. 现在需要将一个含有已知蛋白的菌种鉴定出来,你认为用哪种方法比较好？具体做法如何？
11. 蛋白质工程与基因工程的区别是什么？
12. 蛋白质工程的主要步骤有哪些？
13. 发酵工程的基本步骤是什么？
14. B 淋巴细胞杂交瘤的骨髓瘤细胞具备哪些特点？
15. 目前常用的生物大分子印迹技术有哪些？
16. 人类基因组计划对于医学发展将会带来哪些影响？
17. 后基因组研究包括哪些研究内容？
18. 试举例说明现代生物技术的应用。
19. 现代生物技术发展趋向有哪些？

图示题

1. 根据下图序号描述重组 DNA 操作的一般步骤。

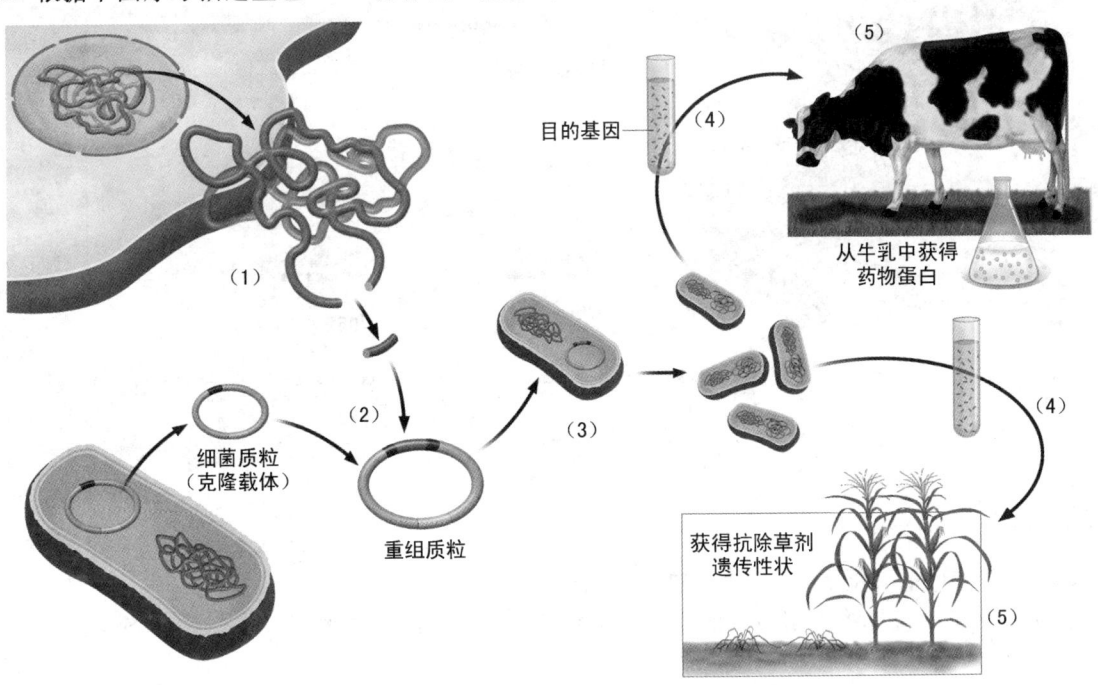

2. 标出 eppondorf 管中图示的 4 种试剂名称，并简答下列问题。

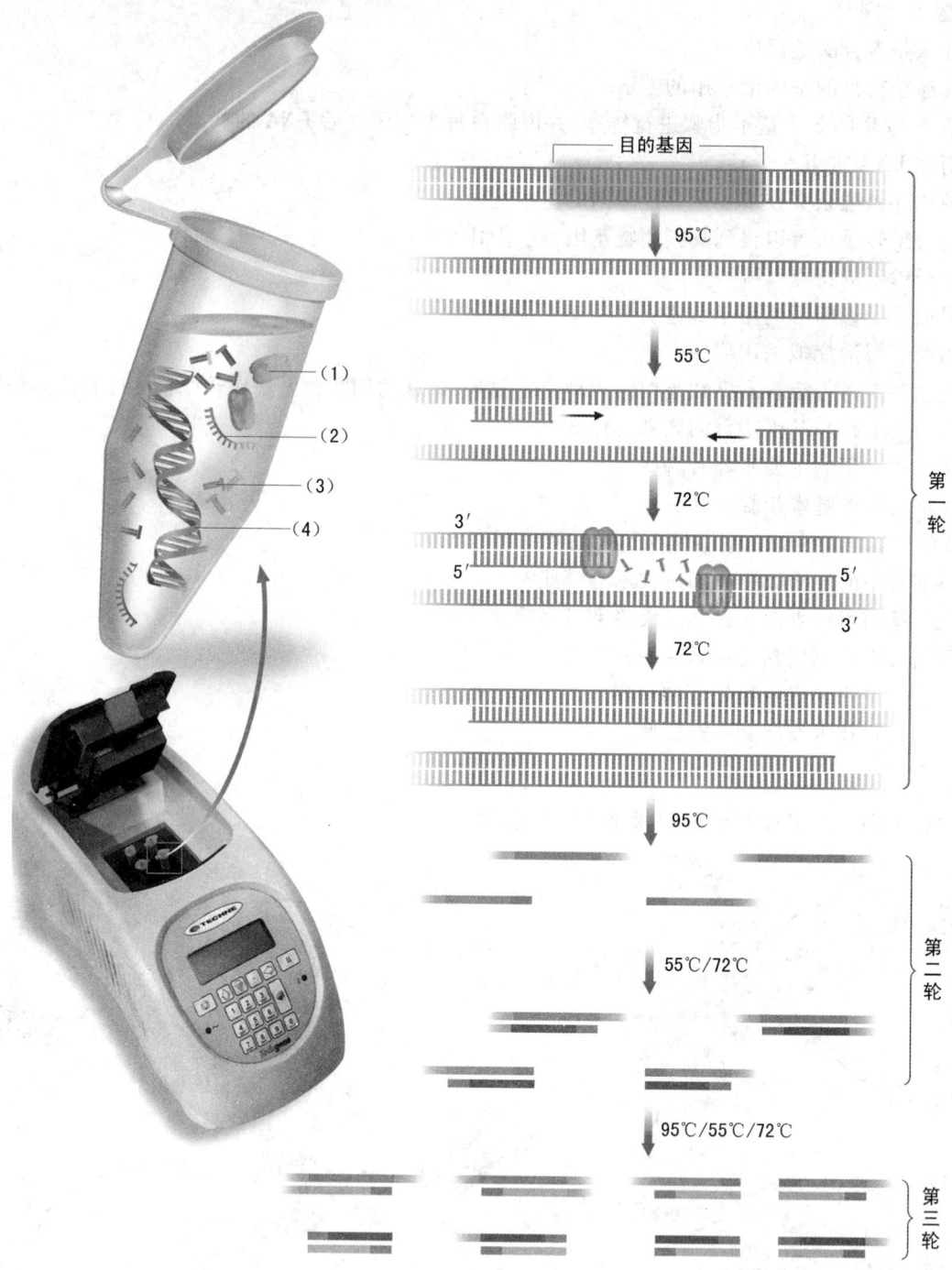

(1) 聚合酶的作用是什么？
(2) 3 种不同的温度下，各有什么样的反应？
(3) 如果一次循环为 3 min，一条目的基因模板经过 90 min 的扩增可以得到多少个目的基因片段。

3. 下图为将目的基因转移到大肠杆菌中的过程,简述序号所表示的操作。

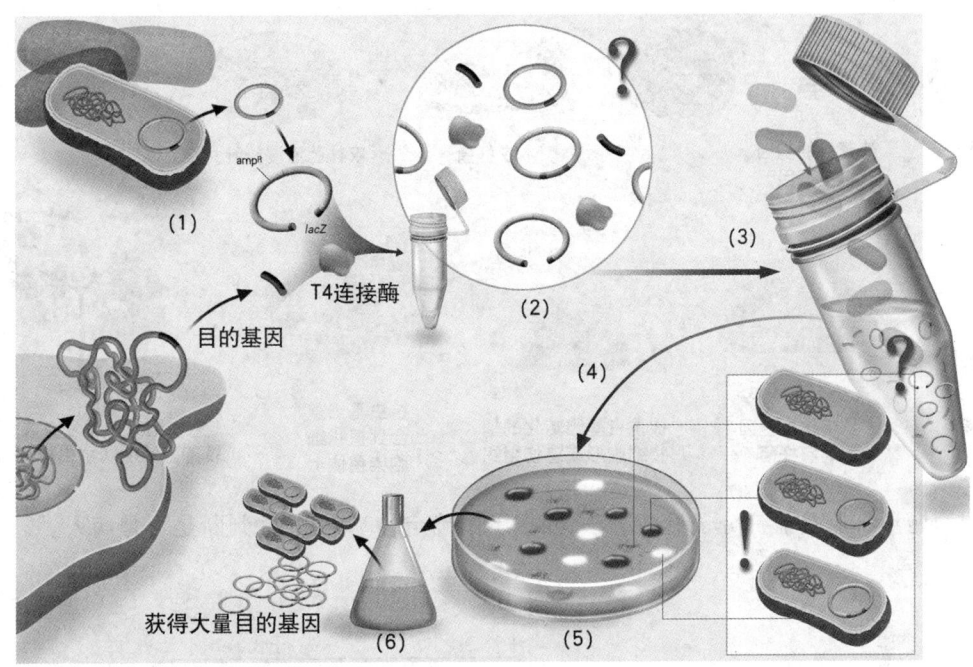

4. 该图为 Southern 杂交实验的结果,请将图中电泳条带所对应的基因片段用字母表示(完成下表)。(斜线处表示探针结合部位)

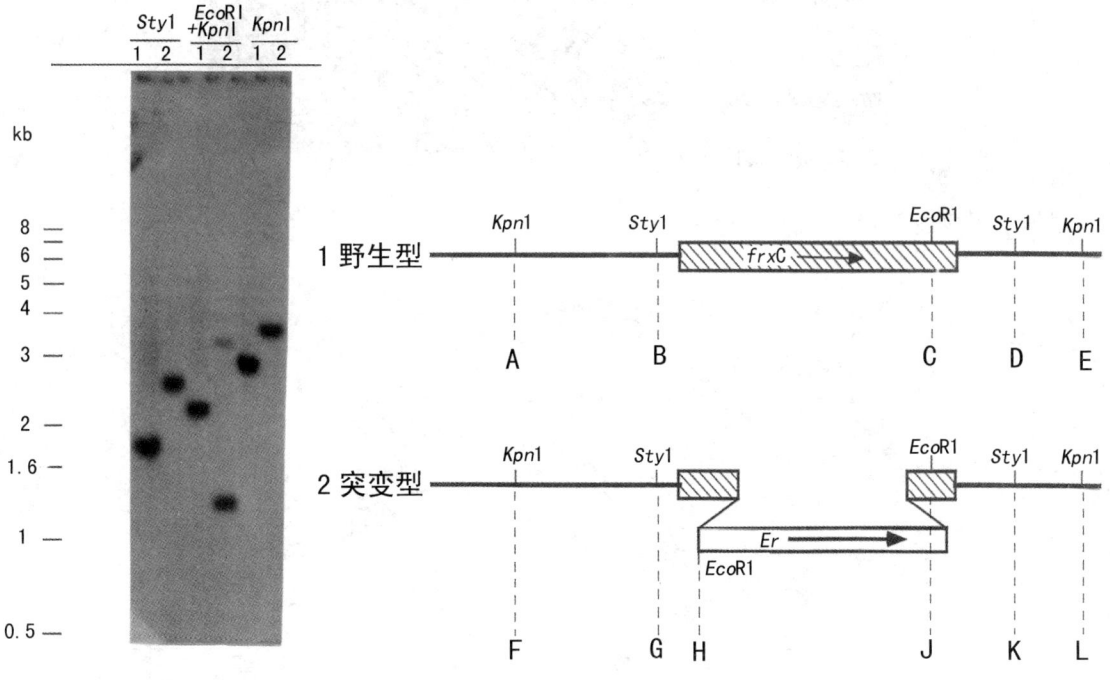

	StyI	EcoRI + KpnI	KpnI
1			
2			

5. 将下面各步骤按照转化过程的顺序排列。

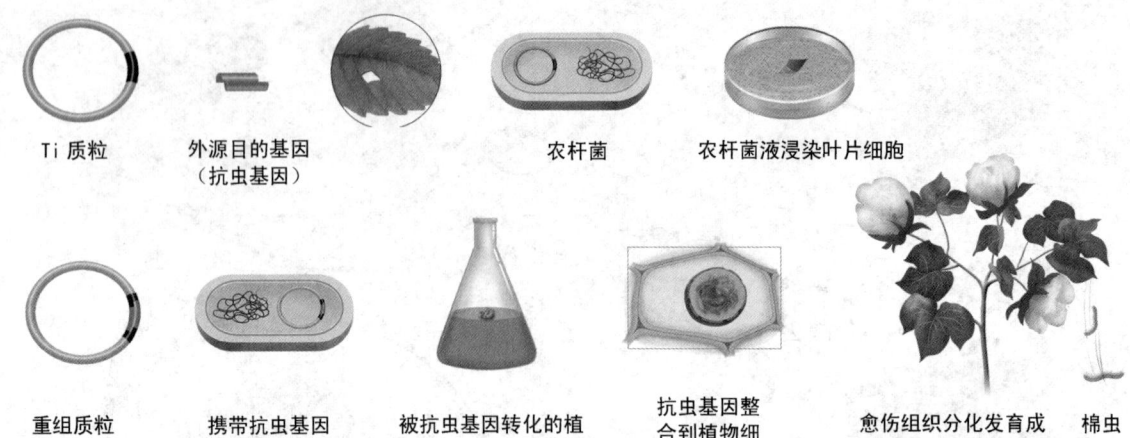

6. 下图为镰形细胞贫血症分子诊断方法，根据下图确定各基因型，并判断是否是病人。

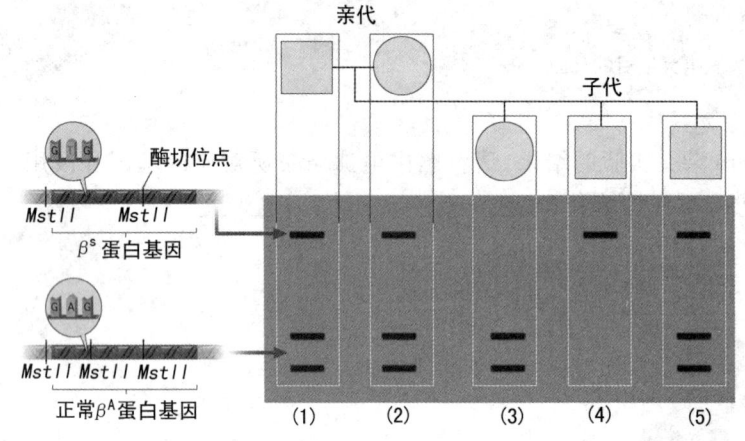

7. 根据下图简述 RNA 干扰技术原理。

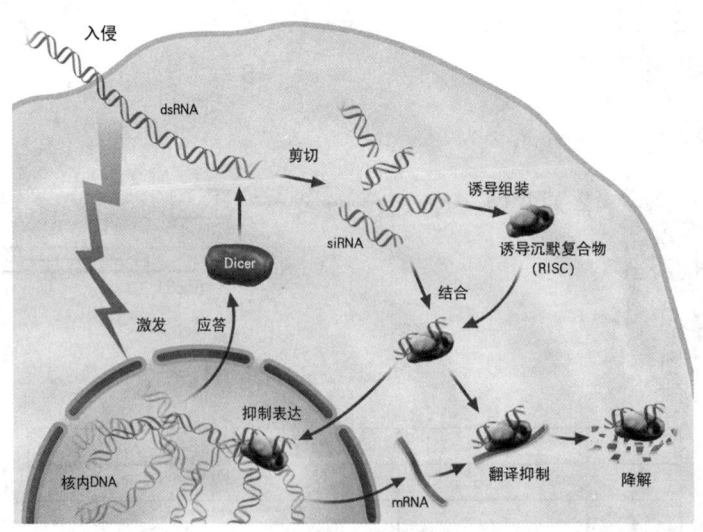

8. 请将下列各图利用箭头按照单克隆抗体的制备过程连接起来。

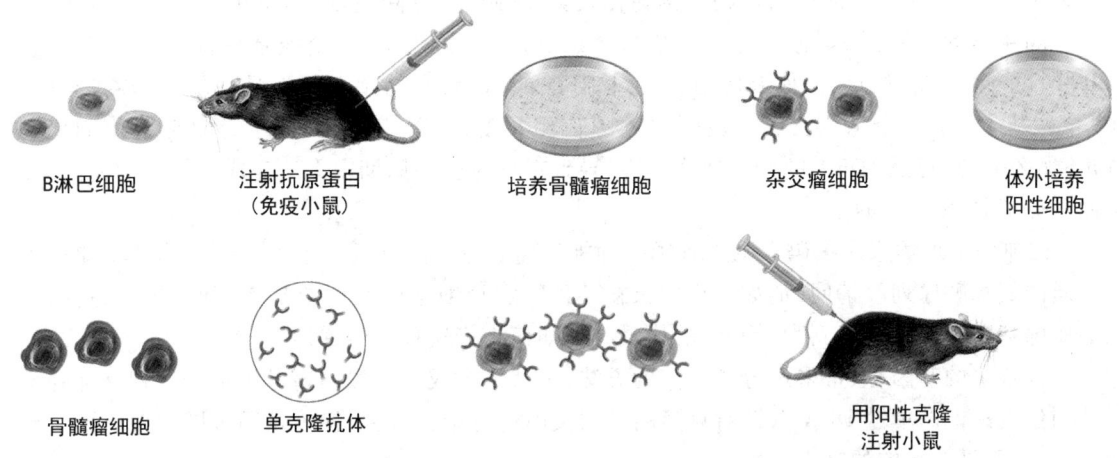

五、思考与讨论

1. 请讨论生物技术的定义和内容，为什么要突出强调生物技术的商品属性？

生物技术是未来经济发展的新动力，生物技术与人类的生产生活息息相关，应用范围极广。生物技术是以生物为原料生产产品的，因而成本较高，需要大量资金的支持。生物技术产业突出体现了研究与生产一体化的模式，其最终目标就是生产商业产品，因此，与很多科学研究不同，现代生物技术的研究是由经济的发展所推动的。商业不仅支撑着现代生物技术的研究，而且商业回报预期也是人们在现代生物技术发展的早期阶段对其投资的原因。因此要强调生物技术的商业属性。

2. 为什么要将"工程"一词用于基因的操作？

基因工程以重组 DNA 为核心技术，其目的、原理和步骤等类似于现代工程学科中的设计与施工过程，都要经过精密的设计，严格的施工，从而从整体上把握好每一步，完成一个作品。因此用"基因工程"这个词形象地表达了在微观细胞结构中设计并进行操作的过程。

3. 请给出基因克隆的定义。如何理解分子生物学家常说的"把某个基因克隆到某种生物中去"？克隆是名词，动词，还是既可做名词又可做动词？

基因克隆是指通过基因重组操作，把特定的基因连接到载体，在细菌等宿主细胞中增殖，而得到均一的基因群。"把某个基因克隆到某种生物中去"，就是指通过基因重组的方法，将该基因与载体连接形成重组 DNA 分子，再转化受体细胞，使重组 DNA 分子进入宿主细胞，通过培养宿主细胞，使该基因形成大量的拷贝（即克隆），并可能进一步进行表达。"克隆"来自英文"clone"，既可做名词也可做动词，做名词时是指从一个共同的祖先无性繁殖下来的一群遗传上同一的细胞、DNA 分子或个体所组成的特殊的生命群体（即无性繁殖系）；做动词时是指从同一祖先产生这些同一的细胞、DNA 分子或个体群体的操作。

4. 用反转录方法从 mRNA 合成互补的目的基因片段有什么独到的好处？

真核生物基因中含有不编码肽链的内含子，而通过反转录方法从 mRNA 合成互补的目的基因片段中没有内含子。

5. 在 PCR 反应中，为什么科学家常合成 20 个左右碱基的核苷酸片段作为引物，而不用更多或更少碱基的核苷酸片段？

经验表明,引物设计的正确与否是关系 PCR 扩增成败的关键因素。引物太短,就有可能同非靶序列杂交,得到非预期的扩增产物。例如在人类基因组中克隆基因,如果用 8 核苷酸引物,那么平均每隔 $4^8 = 65\,536$ 个碱基就会有一个结合位点,在全长 3×10^9 个碱基的基因组中大约会有 43 000 个可能的结合位点;而如果使用 20 个核苷酸的引物,它的预期频率是平均每隔 $4^{20} = 1.1 \times 10^{12}$ 个碱基才会有一个结合位点,远超出人类基因组长度,可以获得单一的扩增产物。但如果引物过长,那么引物同模板 DNA 的杂交速率下降,导致在反应循环周期内无法完成同模板的完全杂交,从而降低了 PCR 反应的杂交率。

6. 一位神经生理学家对编码人脑细胞中一种神经递质蛋白的基因发生了兴趣。他已经知道这种蛋白质的氨基酸序列。请问,他如何识别只在某种特定脑细胞中表达的基因?他如何识别编码神经递质的基因?他如何得到大量基因的拷贝?他如何生产这种神经递质?

识别特定的基因,通常采用分子杂交的方法,也就是合成一小段与该基因部分序列互补并被放射性同位素标记的单链 DNA 探针对克隆的基因文库进行杂交实验,使该基因被同位素标记而被识别,因此还要具备相应的基因文库。

根据已知的该神经递质氨基酸序列由遗传密码推测出它的一段 DNA 序列,合成探针,再进行分子杂交。

要得到大量目的基因的拷贝,可以采用基因克隆的方法,即将该目的基因与合适的载体连接形成重组 DNA 分子,转化进入细菌等宿主细胞,并通过培育宿主细胞,使该基因随宿主的繁殖而大量复制。生产这种神经递质,可以通过重组 DNA 技术将目的基因导入大肠杆菌等便于培养的宿主,对大肠杆菌进行大量培养使该目的基因在大肠杆菌中大量表达与积累,通过对表达产物的分离纯化,得到这种神经递质产品。

7. 请简单说明电泳的原理和 Southern 杂交的操作步骤。

电泳就是带电离子在直流电场中向所带电荷相反的电场移动。DNA 片段上常带有负电荷,所带电荷的多少、相对分子质量的大小和形状的不同可表现出不同的迁移率,因而将其分离。

Southern 杂交的主要步骤:①从转化子提取总 DNA;②酶切;③凝胶电泳形成 DNA 条带;④转移条带印迹到滤膜上;⑤碱液处理使 DNA 解链;⑥DNA 探针杂交;⑦洗去多余探针分子;⑧放射自显影;⑨与野生型 Southern 杂交结果作对照。

8. 请讨论重组 DNA 技术的实践意义。

不同的物种基因千差万别,它们都拥有各自的优势和不足,DNA 重组技术合理运用它们各自的特点,取优去劣,能更好地改善自然,造福人类。重组 DNA 技术一举打开了基因工程的大门,在生命科学领域掀起了一场影响深远的技术革命,在农业、医药卫生、食品和其他工业方面获得了广泛的应用。DNA 重组技术最大的应用领域在医药方面,包括活性多肽、蛋白质和疫苗的生产,疾病发生机理、诊断和治疗,新基因的分离以及环境监测与净化。此外利用重组 DNA 技术还可以提高食品的营养价值,去除天然食物中的有害成分,通过对农作物品种改良,大大减少种植过程中农药、化肥等化学品的使用量。

9. 什么是生物芯片,你能说出生物芯片的工作原理与应用例证吗?

生物芯片又称 DNA 芯片或基因芯片,是 DNA 杂交探针技术与半导体工业技术结合的结晶,将大量的探针分子固定于支持物上后与带荧光标记的 DNA 样品分子进行杂交,通过检测每个探针分子的杂交信号强度进而获取样品分子的数量与序列信息的技术。

其原理是采用光导原位合成或微量点样等方法,将大量生物大分子有序地固化在支持物表面,组成密集二维分子排列,然后与已标记的待测生物样品中靶分子杂交,通过特定的仪器对杂交信号的强度进行快速、并行、高效的检测分析,从而判断样品中靶分子的数量,该技术常用玻片、硅片做为支持物,由于在制作过程中模拟了芯片技术的高集成,因而被称为生物芯片。

生物芯片可用于大规模筛查由基因突变引起的疾病,同时在寻找新基因、基因表达检测、突变检测、基因组多态性分析、基因作图、杂交测序、新药开发和司法鉴定中都有重要的应用。如有研究者用 DNA 芯片检测遗传性乳腺癌和卵巢癌患者 BRCAI 基因第 11 外显子与全长 3.45 kb 序列的突变,检测了 15 例病人样品,发现 14 例有变化,为遗传性乳腺癌和卵巢癌的早期诊断提供了有效的手段。

10. 请讨论分子诊断和基因治疗在防治疾病方面的应用前景。

基因诊断技术就是利用基因探针,经过核酸分子杂交,检测有无异常基因,以进行疾病诊断和病因研究的方法。通过分子诊断可以快速找出病变或缺陷基因,利用多拷贝 RNA 探针,各种非放射性探针能更有效地标记缺陷基因,而不对人体产生危害。基因诊断技术的广泛应用将对传染病和遗传病的准确诊断,对优生学、移植等领域产生巨大的推动作用。

基因治疗被认为是最根本治疗遗传疾病的方法,是在现代生物学和分子医学基础上发展起来的,最初仅被用于治疗一些先天的遗传疾病,但现在发现很多疾病,包括肿瘤和一些目前尚无有效治疗方法的慢性疾病,利用基因治疗可以使疾病得到缓解和治疗。目前主要应用于下面一些情况:由单一基因异常引起的疾病;基因表达不会造成人体损害;便于操作,不需调控;病情严重,其他方法无法治疗的。基因治疗的前景广阔,但是其发展不但要依赖于生物学、医学的进步,也要求社会舆论环境的进一步完善。基因诊断和治疗给人类大幅度提高自身的健康状况带来了新的曙光。

11. 你认为目前若实施人类克隆,在技术上还存在哪些难题?会引起哪些社会问题?你认为克隆人最终会出现在我们身边吗?

目前,克隆人的存在的技术难度仍然很大,克隆过程的怀孕成功率很低,容易发生危险的流产和死产;成功出生的婴儿可能会在很短的时间内因为器官功能异常而夭折;成长中的克隆人即便表面正常,但大脑是否正常,细胞分裂是否恰当,是否潜在有早衰和得癌症的危险等等,都是目前尚不清楚的。因而动物的克隆技术还远未成熟。

人类克隆面临的更为严峻的问题是克隆引发的社会伦理问题,克隆人技术打破了传统的生育观念和生育模式,造成人伦关系的模糊、混乱乃至颠倒,甚至破坏最基本的父子、夫妻等社会人伦关系。克隆人和核供体之间既不是亲子关系,也不是兄弟姐妹关系,应该是类似于"同卵多胎"关系,但是又存在代间年龄差,这在伦理道德和法律关系上都很难定位,很可能造成社会的混乱,这也是很多国家用法律禁止克隆人研究的原因。此外,克隆人还可能造成性别比例失调,克隆优生的"纳粹"思想等问题。

克隆人可能会出现,但不会多,也不会长期发展,因为克隆人很难解决其出现存在的人性伦理问题。

12. 有人惊呼:生物经济,人类技术革命的第四次浪潮,惊涛拍岸,汹涌而至! 请讨论:培养生命科学与生物技术复合型人才对于应对生物技术与生物经济的竞争和挑战的重要性。

(略)

六、推荐阅读材料

1. 张惠展 编著. 基因工程概论. 上海:华东理工大学出版社,1999
2. Sambrook J,Fritsch E F,Maniatis T. Molecular Cloning. N. Y. :Cold Spring Harbor Press,2001

3. Lewin B. Gene Ⅷ. Oxford:Oxford Uni. Press,2004
4. Watson J D,Gilman M,Witkowski J,et al. Recombinant DNA. Scientific American Books,1992
5. Primrose S, Twyman R. Principles of Gene Manipulation and Genomics. 7th ed. Oxford:Blackwell Publishing,2005
6. 与课程相关的国家级精品课程网址：
   细胞工程学:华中农业大学　　http://nhjy.hzau.edu.cn/kech/xbgc/
   分子生物学实验:北京师范大学　　http://course.bnu.edu.cn/course/molecule/
   现代遗传学:上海交通大学　　http://genetics.sjtu.edu.cn/

七、参考答案

填空题

1. 基因工程,细胞工程,发酵工程,蛋白质(酶)工程　　2. DNA,RNA,蛋白质　　3. 细胞,细胞培养,细胞融合,细胞拆合,染色体操作,基因转移　　4. 蛋白质工程,蛋白质,蛋白质　　5. 基因克隆,重组 DNA　　6. 限制性内切酶,平头末端,5′黏性末端,3′黏性末端　　7. 回文序列,同切点酶　　8. 复制起点、适宜的限制性酶切位点,选择标记,质粒,噬菌体,粘粒,人工染色体,克隆载体,穿梭载体,表达载体　　9. 自主,环,双　　10. 高压电脉冲电激穿孔,基因枪法,微注射法　　11. 酶切,电泳,凝胶电泳　　12. 与标记基因和报告基因整合－间接检测,直接检测外源基因是否转录及其表达产物　　13. DNA,遗传表型　　14. 克隆基因载体,目的基因与载体　　15. DNA,特异序列,内切　　16. 目的基因,PCR　　17. 外源基因,载体　　18. 碱基配对关系,杂化双链　　19. 转化,转染　　20. 探针,杂交反应检测　　21. 基因组 DNA,分析重组质粒或噬菌体　　22. 某一组织或细胞中已知的特异 mRNA,不同组织和细胞同一基因的　　23. 免疫印渍技术 Western blotting　　24. 转基因,转基因动物

选择题

1. A	2. B	3. A	4. C	5. A	6. B	7. C	8. B
9. D	10. D	11. C	12. C	13. C	14. B	15. D	16. D
17. B	18. A	19. A	20. A	21. D	22. C	23. D	24. A
25. A	26. C	27. A	28. E	29. D	30. A	31. C	32. A
33. C	34. B	35. A	36. D	37. D	38. C	39. A	40. A
41. A	42. A	43. A	44. A	45. D	46. C	47. D	48. D
49. B	50. B	51. A	52. C	53. E	54. E	55. C	56. E
57. D	58. B、D	59. A、B、C、D、E	60. C	61. D			

连线题

1. A-Ⅳ,B-Ⅷ,C-Ⅴ,D-Ⅶ,E-Ⅰ,F-Ⅵ,G-Ⅱ,H-Ⅲ
2. A-Ⅱ,B-Ⅰ,C-Ⅳ,D-Ⅲ,E-Ⅴ

简答题

1. 聚合酶链反应(缩写 PCR)是在小试管(eppondorf 管)中通过酶促反应有选择地大量扩增(包括分离)一段目的基因的技术。该技术高效、快捷、特异性好。

完成 PCR 需要在小试管中加入 4 种物质：①作为模板的 DNA 序列，即从细胞中提取分离的微量总 DNA；②与计划获取的目的基因双链各自 3′端序列相互补的两种 DNA 引物（人工合成的约 20 个碱基的短 DNA 小片段）；③具有很好的热稳定性的 DNA 聚合酶；④4 种脱氧核苷酸，简写为 dNTP（包括 dATP，dTTP，dGTP 和 dCTP）。

2. A. 直接从生物体中提取总 DNA，构建基因文库，从中调用目的基因；B. 以 mRNA 为模板，反转录合成互补的 DNA 片段；C. 利用聚合酶链反应（PCR）特异性地扩增所需要的目的基因片段；D. 化学合成法。

3. PCR 分别经过 A. 变性，在变性之后双链 DNA 解链为单链 DNA；B. 退火，退火后部分引物和模板单链 DNA 的特定互补部位相配对和结合；C. 延伸，新链合成，形成互补的 DNA 双链。

4. 通常包括如下 5 个步骤：
   (1) 获得需要的目的基因（外源基因）。
   (2) 经过限制性内切酶酶解和连接酶作用，形成重组 DNA 分子，并对其加以克隆和筛选。
   (3) 用重组 DNA 分子（重组质粒）转化受体细胞，使之进入受体细胞并能够在受体细胞复制和遗传。
   (4) 对获得外源基因的受体细胞（转化子）进行筛选和鉴定。
   (5) 对获得外源基因的细胞或生物体通过发酵、细胞培养、养殖或栽培等，最终获得所需的遗传性状或表达出所需的产物。

5. 基本过程包括：A. 将培养基上得菌落原位转移到滤膜上；B. 对滤膜和细胞进行处理，使 DNA 暴露并变性成单链；C. 将同位素探针液加入到滤膜上保温一定时间使之与克隆的目的基因杂交，冲洗滤膜，除去多余的探针分子；D. 将滤膜在光学胶片上进行放射自显影；E. 根据放射自显影的具体的斑点位置，挑选出克隆了目的基因的菌落。

6. 不行，因为真核生物基因中含有内含子，而反转录得到的互补 DNA 是不含内含子序列的。

7. 分子诊断具有诊断方法所没有的特点：
   (1) 以探测基因为目标，针对性强。
   (2) 所用的分子杂交技术是以特定基因序列作为探针，具有高度特异性。
   (3) 由于分子杂交和 PCR 技术都有放大效应，故有高度灵敏度。
   (4) 因内源基因和外源基因均可检测，则适用性强，诊断范围广。

8. 目前分子诊断可应用于遗传性疾病、肿瘤、感染性疾病和某些传染性流行病等的诊断、分类分型；还可用于器官移植的组织配型。

9. 目前基因治疗拟采用的方法有基因矫正、基因置换、基因增补、反义核酸技术及自杀基因的应用。

10. 原位杂交。设计探针：根据蛋白的氨基酸序列查出相应 DNA 的核苷酸序列。如只要知道该蛋白的前 30 个左右的氨基酸序列，可根据这 30 个氨基酸序列查出约 90 个左右的核苷酸序列，再在这 90 个左右的核苷酸顺序中选出 2 个片段，合成之后用同位素标记。能和这两个探针都杂交的菌落就含有这种蛋白基因的菌落。

11. 蛋白质工程就是根据蛋白质的精细结构与功能之间的关系，利用基因工程的手段，按照人类自身的需要，定向地改造天然的蛋白质，甚至创造新的、自然界本不存在的、具有优良特性的蛋白质分子。基因工程是通过基因操作把外源基因转入适当的生物体内，并在其中进行表达，它的产品还是该基因编码的天然存在的蛋白质。蛋白质工程与基因工程密不可分，而蛋白质工程则更进一步，它可以根据对分子预先设计的方案，通过对天然蛋白质的基因进行改造，来实现对它所编码的蛋白质进行改造。因此,它的产品已不再是天然的蛋白质,而是经过改造的、具有了人类所需要的优点的蛋白质。

12. 主要步骤包括:A. 分离出目的蛋白;B. 测定氨基酸序列;C. 得到蛋白质的二维重组和三维晶体结构;D. 了解蛋白质的结构变化,包括折叠去折叠等对其活性的影响;E. 设计蛋白质基因的改造方案,通过改变核苷酸序列来改变蛋白一维结构,使蛋白质发生改变;F. 分离、纯化新蛋白,功能检测后投入实际应用。

13. ① 菌种选育,即筛选和培育出生长快、产物含量高、易于大规模培养的微生物菌种,还包括利用细胞诱变或基因工程技术改造获得的工程菌等;② 中试放大,大规模工业生产。其中采用各种化学或物理方法在发酵过程的特定阶段诱导产生最多所需要的代谢产物;③ 收获产物的下游工艺过程,包括预处理、提取、精制和成品制作等几个阶段。

14. ① 稳定,易培养;　　② 自身无分泌功能;　　③ 融合率高。

15. 目前常用的生物大分子印迹技术包括:① DNA 印迹技术(DNA blotting),被广泛称为 Southern blotting。它主要用于基因组 DNA 的分析,尤其是用于某种基因在基因组中的定位研究,也可以用于分析重组质粒和噬菌体。② RNA 印迹技术(RNA blotting),也称为 Northern blotting。RNA 印迹技术主要用于检测某一组织或细胞中已知的特异 mRNA 的表达水平以及比较不同组织和细胞的同一基因的表达情况。③ 蛋白质的印迹分析,也称为免疫印迹技术(immunoblotting)或 Western blotting。主要用于检测样品中特异性蛋白质的存在、细胞中特异蛋白质的半定量分析以及蛋白分子的相互作用研究等。

16. 人类基因组计划的实施大大促进了医学的发展,DNA 的遗传作图和物理作图对于认识疾病相关基因具有巨大的推动作用。遗传性疾病的基因定位,尤其是多基因复杂性状的基因位点也将在全基因组定位扫描中得到充分认识。例如高血压、糖尿病等吸引着众多的医学家和药物学家从分子水平对这些疾病的认识,从而改变传统治疗方式。

17. 后基因组的研究工作目前主要涉及以下几个方面:① 功能基因组学将揭示不同细胞在不同的发育阶段,在不同的生理病理条件下的基因表达状态,从而深入认识这些基因在发育、分化、病理等状态下的功能变化,认识其表达调控方式及调控机理。② 蛋白质组学是后基因组研究中的一个重要内容,是研究不同生命时期,或正常、或疾病、或给药前后细胞和组织中蛋白质的表达变化。③ 蛋白质的空间结构的分析与预测。④ 基因表达产物的功能分析。⑤ 细胞信号转导机理研究。

18. (1) 现代生物技术是实现高效农业和可持续发展农业的重要手段。
    (2) 生物技术的发展给人类带来了健康的福音。
    (3) 进行生物治理环境,是保护地球的根本出路。
    (4) 现代生物技术的渗透将使传统工业大大改观。

19. (1) 基因操作技术日新月异,不断完善,并将通过商业渠道,大力推广。
    (2) 生物治疗将突飞猛进。
    (3) 转基因植物和动物将有重大突破。
    (4) 阐明生物体基因组及其编码蛋白质的结构和功能是当今生命科学发展的一个主流方向。
    (5) 生物技术与其它科学技术的相互交叉融合,将带来科学技术体系和社会生活的全面改观。

图示题

1. (1) 获取目的基因　　(2) DNA 重组　　(3) 基因克隆　　(4) 转化
   (5) 得到转基因的动、植物

2. (1) Taq 聚合酶　　(2) 引物　　(3) 4 种脱氧核苷酸(dNTP)底物　　(4) DAN 模板

① Taq 聚合酶相对分子质量为 9.4×10^4,为单分子酶,在 75 ℃活性最强。具有 5′→3′合成活性和 5′→3′外切活性,但是无 3′→5′外切活性。启动 PCR 反应的能力很强,聚合速度快,在 72 ℃的聚合速度为每秒 30~100 碱基。由于没有 3′→5′外切活性,在扩增过程中有 8.9×10^{-5} ~ 11×10^{-5} 的错配几率。另外目前使用最广泛的是 Pfu DNA 聚合酶,具有 3′→5′外切活性,具有很好保真度和极高的热稳定性。

② 首先将模板 DNA 置于 92 ℃ ~96 ℃,进行变性处理,使双链 DNA 在高温下解链成为单链 DNA,且热变性不改变其化学性质;然后退火,将温度降至 37 ℃ ~72 ℃,使引物与模板的互补区相结合;最后,在 72 ℃ 条件下, DNA 聚合酶将 dNTP 连续加到引物的 3′- OH 端,合成 DNA,这个步骤称为延伸。这 3 个热反应过程的重复称为一个循环,一般需要 2~6 min。

③ $2^{30}(1.07\times10^9)$

3. (1) 选择目的基因和载体质粒,用相同的限制性内切酶进行酶切;
(2) 将酶切后的两者混合,并加入 T4 连接酶连接以形成重组质粒;
(3) 连接物转化到大肠杆菌;
(4) 转入平板培养基培养;
(5) 没有转入质粒的不能生长,转入带有目的基因质粒的大肠杆菌为白色菌落,转入没有携带目的基因质粒的为蓝色菌落。
(6) 挑选白色菌落,转入液体培养,随大肠杆菌的增殖,质粒的大量复制,目的基因被大量克隆。

4.

	StyI	*EcoRI + KpnI*	*KpnI*
1	B→D	B→C	A→E
2	G→K	H→J	F→L

5.

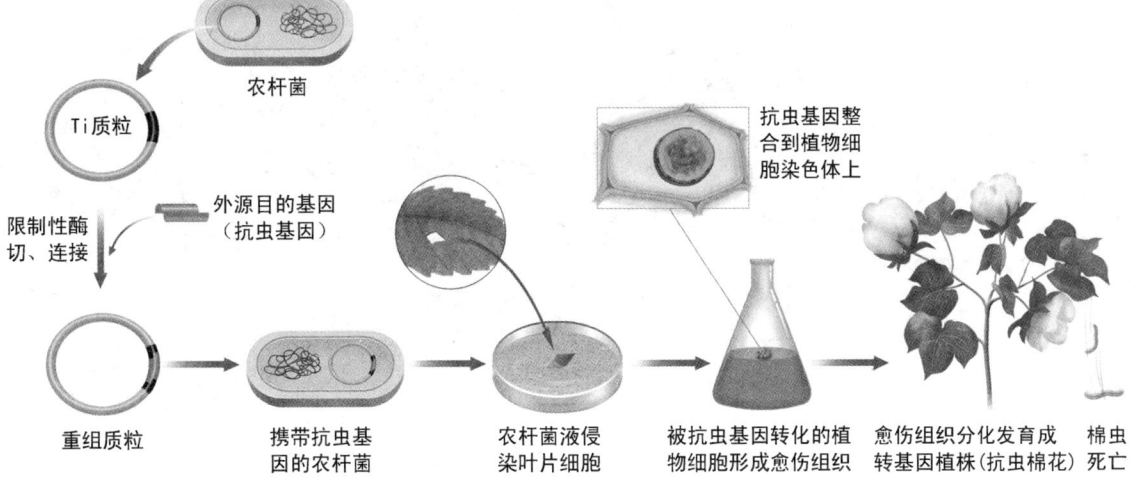

6. 该放射自显影胶片上有 3 条带,最上面一条带来自发生突变基因,下面两条带来自正常基因。如果有 3 条带是杂合子,如(1)、(2)和(5),其基因型是 $\beta^A\beta^S$,出生后不会出现镰形细胞贫血症,但是该病遗传基因的携带者;如果只有最上面一条带,是突变基因的纯合子,如(4),基因型

是 $\beta^S\beta^S$,是该病的病人;如果只有下面两条带,是正常基因的纯合子,如(3),基因型是 $\beta^A\beta^A$,即不是病人,也不携带该病遗传基因。

7. 所谓 RNA 干扰(RNAi)技术,就是利用一小段双链 RNA(dsRNA)导入人体或其他哺乳动物细胞中,使特定的基因表达产生沉默。基因表达沉默的原因在于,真核细胞有一种天然的防御机制,能对侵入细胞的外源 dsRNA 产生应答,激发细胞产生一种称为 Dicer 的 RNA 酶,Dicer 将入侵的外源 dsRNA 切割成 22~25 bp 大小的许多小片段,这些小段双链 RNA 称为小分子干扰 RNA(siRNA)。同时 siRNA 又诱导组装出一种称为 RNA 诱导沉默复合物(RISC)的核酸酶,RISC 与 siRNA 结合,这时,细胞自身的 mRNA 如果含有与此小片段即 siRNA 同源的序列,就会被降解,因此引起转录该序列的基因表达表现出沉默。实际上,RNAi 是一种操纵基因表达、使特定基因沉默的新技术,它有望用于基因治疗或基因药物的研制)。

8.

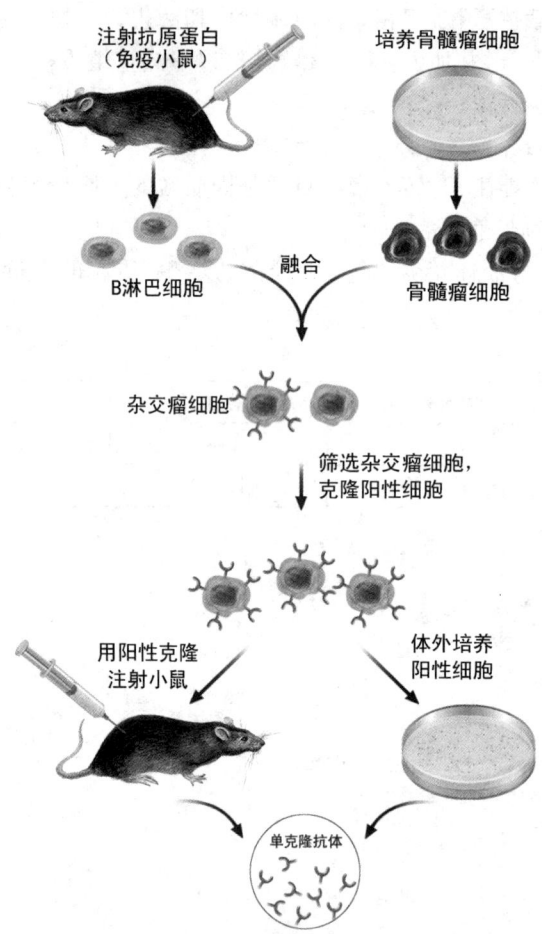

后　　记

　　本书是《基础生命科学》(第2版)的配套学习指导。书中各章与《基础生命科学》(第2版)的章节一致,每一章包括要点提示、基本概念、热点聚焦、精选习题、推荐阅读材料和参考答案等部分。

　　要点提示概括了教材的每章重点和难点,以便掌握每章的重点内容;基本概念共收入了641条;热点聚焦介绍了相关内容的某个最新研究热点及进展,目的在于进一步扩展知识面和引导读者对生命科学的兴趣;精选习题中除带有星号标志的是课文后面的习题,其余为根据教材、相关专业书籍和网络资料编写或精选出来的,基本上涵盖了本章的重点内容,并有所延伸,以便为准备硕士生入学考试的学生提供参考;推荐阅读材料有参考书目和国家精品课程的网址,国家精品课程是教育部组织评选的优秀课程,非常方便课后学习。全书共有题目1928道,其中有图示题72道。

　　在本书的编写过程中,高阳、徐翰、崔云鸾等同学协助完成了重点和热点聚焦的撰写,严雪老师、李民、刘兴国、张连文、李秀峰等同学在基本概念、习题解答及校对中提供了大量的帮助,在此表示真诚的感谢。

郑重声明

高等教育出版社依法对本书享有专有出版权。任何未经许可的复制、销售行为均违反《中华人民共和国著作权法》，其行为人将承担相应的民事责任和行政责任；构成犯罪的，将被依法追究刑事责任。为了维护市场秩序，保护读者的合法权益，避免读者误用盗版书造成不良后果，我社将配合行政执法部门和司法机关对违法犯罪的单位和个人进行严厉打击。社会各界人士如发现上述侵权行为，希望及时举报，我社将奖励举报有功人员。

反盗版举报电话　　（010）58581999　58582371
反盗版举报邮箱　　dd@hep.com.cn
通信地址　北京市西城区德外大街4号　高等教育出版社法律事务部
邮政编码　100120

读者意见反馈

为收集对教材的意见建议，进一步完善教材编写并做好服务工作，读者可将对本教材的意见建议通过如下渠道反馈至我社。
咨询电话　400-810-0598
反馈邮箱　gjdzfwb@pub.hep.cn
通信地址　北京市朝阳区惠新东街4号富盛大厦1座
　　　　　高等教育出版社总编辑办公室
邮政编码　100029